建筑遮阳技术

白胜芳 主编

U0193939

中国建筑工业出版社

图书在版编目（CIP）数据

建筑遮阳技术/白胜芳主编 . —北京：中国建筑工业
出版社，2013.1
ISBN 978 - 7 - 112 - 15144 - 8

Ⅰ. ①建…　Ⅱ. ①白…　Ⅲ. ①建筑—遮阳—技术
Ⅳ. ①TU113.4

中国版本图书馆 CIP 数据核字（2013）第 033940 号

本书顺应我国建筑节能和绿色建筑的可持续发展观念，集中总结了近年来我国建筑遮阳方面的科研、技术创新和工程案例的经验，内容涉及我国不同建筑气候区的建筑遮阳发展趋势、建筑遮阳技术研究、建筑遮阳设计、关键数据测试计算、工程技术案例以及国外建筑遮阳，为我国从事这方面工作的人员提供可靠的依据和案例参考。

责任编辑：石枫华　李　杰　兰丽婷
责任设计：赵明霞
责任校对：刘梦然　王雪竹

建筑遮阳技术
白胜芳　主编
＊
中国建筑工业出版社出版、发行（北京西郊百万庄）
各地新华书店、建筑书店经销
华鲁印联（北京）科贸有限公司制版
北京世知印务有限公司印刷
＊
开本：787×1092 毫米　1/16　印张：25¾　字数：640 千字
2013 年 6 月第一版　2013 年 6 月第一次印刷
定价：66.00 元
ISBN 978 - 7 - 112 - 15144 - 8
(23115)

本书编委会

主　　编　白胜芳

编　　委　（按姓氏拼音排序）

冯　雅　付祥钊　蒋　荃　李家泉　李峥嵘　刘俊跃

卢　求　孟庆林　彭红圃　任　俊　王立雄　许锦峰

杨仕超　曾晓武　赵士怀　赵文海

序

　　建设美丽中国是党的十八大报告首次提出的有关我国未来发展的重要理念。美丽中国，人们首先想到的是外貌的美丽，诸如城乡要洁净亮丽，形象要有序美观；但更重要的是内在的美丽，如民众文明素质的提升，文化传承的延续、资源利用的节约，三废排放的控制，自然生态的维护等等。美丽中国涉及面广，她是无数众多美丽细胞积聚而成，包含了城市建设的规划、设计、建造、运营与管理全过程的合理性、有效性、安全性、长寿性等。其中建成节能－绿色建筑是关键，科技应用是保证。从节能环保的角度来讲，如果城市建筑要充分做到节能减排，建筑遮阳是不容忽略的重要措施。综合的节能技术和措施到位的节能建筑构成的城市单元，才能成为真正意义上的美丽中国的有形有机的沧海一粟。

　　建筑遮阳具有科技与美学功能，具体反映在室温、光照、通风以及立面形象等方面。应该说，过去人们对遮阳问题并不太重视，一般在追求能源节约与居住舒适时，更多会关注供热与制冷的能耗，也会考虑室内适宜温度与人体的感受，也常以有无日照、采光、通风来衡量室内环境的优劣，但往往忽略过量的日照，特别是东西朝向过度的太阳辐射热致使采用能源制冷的负面影响。其实，早期人们已经发现这个问题，例如较早时代出现的木制外百叶窗和窗上布制的外遮阳篷等等措施都是为了解决此类问题，但尚未意识到节约能源，只是希望减少日照的过分干扰，不过已考虑了一定的美观，如遮阳篷的色彩与造型，百叶窗的花饰与油漆用色等。待到科技发展与节能减排的重要性日趋明显时，遮阳就被提到了日程，譬如《居住建筑节能设计标准》就提出了不同气候分区的外遮阳系数标准；同时，提供了不同方位外遮阳形式；《住宅设计规范》也提出了除严寒地区外，居住空间朝西和朝东的外窗，应适宜采取外遮阳措施等等。这一切都表示了建筑遮阳在法规上的重视。此外，对建筑遮阳技术也进行了研究，例如，提出遮阳措施有绿化遮阳、构件遮阳、设施遮阳；遮阳材料有木材、金属、混凝土、玻璃、塑料制品等。遮阳虽能阻挡阳光直射，但也会遮隔自然采光与通风，以及对建筑立面的干预，所以又提出需进行整合设计，要求遮阳不仅对节能减排、舒适宜居发挥作用，还应使建筑物由于遮阳部件布置合理和应用巧妙更显示出其特殊的美学魅力。

　　鉴于建筑遮阳技术不断发展，建筑遮阳观念延续拓宽，系统汇集遮阳技术无疑是一把省力有效解案的钥匙。为了能积极充分发挥建筑遮阳在节能与创美方面的作用，编著人专门编写了《建筑遮阳技术》一书，收集与撰写了大量有关方面的论文，其中有建筑遮阳概述、专家访谈、建筑遮阳技术研究、建筑遮阳设计、建筑遮阳工程案例以及国外建筑遮阳等内容，知识性、技术性很强，对了解建筑遮阳、探索建筑遮阳以至设计建筑遮阳非常有

4

助，是一本对普及、推广、应用建筑遮阳技术非常有益的科技读物，期盼本书早日面世；更希望广大建筑设计师能够充分认识到建筑遮阳对建筑起到的节能降耗作用，以及遮阳构件和设施对建筑美学起到的积极作用，从而对促进建筑遮阳技术发展，提高建筑节能减排和改善建筑立面效果起到积极创新的作用。

2013 年 2 月 2 日，于北京

前　言

　　《建筑遮阳技术》出版了。这是关于当代建筑遮阳"为什么"和"如何做"的具有实际操作意义的一本书。本书汇集了十几年来，我国致力于建筑节能的著名专家、学者和遮阳企业家们多年来在与"中国遮阳网（www. chinasunshade. com）"合作的过程中，在建筑遮阳技术方面的基础理论研究和开拓历程；详解了在我国不同建筑气候区建筑遮阳技术研究、工程案例和产品应用的真实案例；用相关基础参数和推解得出了对相关指标的计算公式；展现了针对不同建筑类型所采取的设计理念和遮阳产品；汇集了按照行业标准对不同遮阳产品进行的检测以及国内外遮阳工程实例等。《建筑遮阳技术》是一本技术理论研究缜密、实用性强的专业技术书籍。

　　如果说，我国的建筑节能事业得益于中国的改革开放，那么，我国当代建筑遮阳技术的发展则是搭上了建筑节能的顺风车。经过十几年的发展，我国建筑节能事业步步深入，节能建筑设计标准的颁布实施和不断修订，为建筑遮阳技术的推广和应用创造了有利时机。2005年颁布实施的《公共建筑节能设计标准》中，对遮阳就有了强制性要求，因此，目前我国公共建筑采用遮阳设施的案例多于居住建筑。随着我国不同气候区建筑节能设计标准对节能指标的不断提高，居住建筑节能潜力需要进一步挖掘，于是，遮阳对节能的贡献逐渐显现出来。遮阳设施和技术对节能建筑的贡献得到了普遍认可。我国地域宽广、幅员辽阔，建筑气候区划分为五个：严寒地区、寒冷地区、夏热冬冷地区、夏热冬暖地区和温和地区。由于我国所处纬度、地理位置和环境因素，夏季我国大陆腹地受到强烈的太阳辐射，与同纬度的国家相比，气温大致高出 1.3～2.5℃。而冬季，西伯利亚和蒙古高原寒流向南袭击，我国不同地区的气温与同纬度国家相比，气温大致低出的幅度在 8～18℃之间。这些现状表明，在我国积极建造节能建筑，采用遮阳措施十分必要。同时，建筑遮阳的设计也要根据不同气候区以及不同气候区的典型建筑为依据，有针对性地进行设计。由于我国季风多、风力大、高层或超高层建筑居多，对于遮阳设施就有了抗风力、负风压的要求。抗风力指标又成为我国建筑遮阳技术新的特色。希望针对我国不同建筑气候区所应采取的遮阳措施，能够在这本书中找到答案。

　　在我国当代建筑遮阳技术不断发展的过程中，有四种遮阳构件形式是基础。归纳起来是：水平式、垂直式、挡板式和综合式。当我国遮阳技术不断发展为设施和产品阶段的今天，还可以从中清楚地看到这四种遮阳形式的痕迹和影子。建筑遮阳本应是节能建筑技术集成中的一个有机组成部分，随着建筑师对遮阳理念的认识，肯定遮阳结构构件和产品对建筑立面美学的作用，并且进行主动设计，相信遮阳会对建筑节能做出积极的贡献。总的来讲，经过精心设计、制造、配置的良好遮阳设施，不仅在遮阳方面，并且在透光、通风、克服眩光、保温隔热、降低噪声、防盗以致整洁市容方面的功能和作用，也逐渐为人们所认可。这些就是当代建筑遮阳的基本内涵。我们不必过度解读建筑遮阳，关键是要根据我国不同气候区和建筑的特点，设计和使用符合当地条件的遮阳设施，开发和利用有效的遮阳产品，才能够使我国节能建筑具有更加突出的、立竿见影的节能效果，使我国建筑节能工作更上一层楼。

　　我们邀请了我国建筑设计大师赵冠谦先生为本书写序，意在启发和引导我国建筑设计师们，感悟和运用遮阳的观念，认真扎实地做些功课，在节能建筑设计中贯彻遮阳理念，积极设计和采用遮阳设施和产品，为我国的节能建筑达到更高的境界、为节能建筑的遮阳设计与美学表现的完美结合做出应有的贡献。

2013 年 4 月 26 日，于北京

目　录

第1章　建筑遮阳概述 ·· 1
1.1　我国建筑遮阳发展概述 ·· 2
1.2　行业标准《建筑遮阳工程技术规范》JGJ 237-2011 及《建筑遮阳通用要求》
　　JG/T 274-2010 编制思路和基本内容介绍 ··················· 12
1.3　建筑遮阳技术推广的若干问题 ··································· 21
1.4　我国建筑外遮阳发展现状及其标准化进展 ······················ 24
1.5　我国夏热冬暖地区建筑遮阳的发展现状与趋势 ·················· 31
1.6　建筑遮阳技术是建筑适应气候变化的需求 ······················ 34

第2章　专家访谈 ··· 37
2.1　遮阳是南方地区建筑节能主要措施 ····························· 38
2.2　江苏省外遮阳政策实施概况 ····································· 41
2.3　建筑师对建筑遮阳的解读与认识 ································· 43
2.4　建筑师应该对建筑遮阳设计负责任 ······························ 46
2.5　行业标准实现遮阳"一体化"管理 ································ 49
2.6　遮阳节能应由内而外 ··· 52
2.7　建筑遮阳技术与艺术需紧密结合 ································· 54
2.8　世博的节能与遮阳 ··· 57
2.9　建筑单体的遮阳设计 ··· 60
2.10　遮阳将由建筑走向空间 ·· 62
2.11　遮阳应注重形式与效果评价 ···································· 64
2.12　建筑遮阳技术发展前景广阔 ···································· 68

第3章　建筑遮阳技术研究 ··· 73
3.1　建筑外遮阳设施节能评价标准方法研究 ························· 74
3.2　遮阳装置的遮阳与采光特性计算分析 ··························· 80
3.3　建筑遮阳系统计算与评价软件研究 ······························ 89
3.4　遮阳系数的原理及其测试分析 ··································· 96
3.5　遮阳系数与遮蔽系数的区别 ····································· 103
3.6　关于玻璃遮阳系数检测标准的若干问题研究 ····················· 106
3.7　居住建筑活动外遮阳设施抗风性能浅析 ························· 111
3.8　建筑外遮阳百叶的应用对建筑表面风压的影响 ·················· 118
3.9　建筑外遮阳产品耐久性及其评价技术综述 ······················ 124

3.10　既有建筑绿色改造中自然采光优化应用模拟分析 ················· 131

3.11　建筑遮阳硬卷帘产品特点与工程应用 ····························· 138

3.12　纤维织物材料的遮阳性能实验研究 ······························· 142

3.13　建筑内遮阳产品的技术要求解析 ································· 149

3.14　夏热冬暖地区建筑内置活动百叶中空玻璃的热工适应性研究 ······· 153

3.15　夏热冬暖地区与夏热冬冷地区建筑外窗遮阳节能差异性分析 ······· 157

3.16　"夏氏遮阳"的技术分析 ··· 161

3.17　夏热冬冷地区外窗遮阳对室温的影响 ······························· 166

3.18　夏热冬冷地区某建筑遮阳设施节能效果分析 ······················· 171

3.19　重庆建筑外遮阳效果案例分析 ··································· 178

3.20　北京地区窗墙比和遮阳对住宅建筑能耗的影响 ····················· 182

3.21　天津地区居住建筑窗体遮阳现状调研及功能需求分析 ··············· 187

3.22　基于有限元分析与实验的窗口热环境品质综合提升研究 ············· 192

3.23　体育场馆透明围护结构遮阳性能实测分析 ························· 199

3.24　外遮阳作用下的会展中心热环境测试 ······························· 206

3.25　多功能节能窗的构造原理及应用前景 ······························· 208

3.26　居住区室外环境遮阳现状研究 ··································· 212

第4章　建筑遮阳设计 ··· **219**

4.1　建筑遮阳装置效果计算及设计应用分析 ··························· 220

4.2　建筑遮阳设计 ··· 231

4.3　建筑师与建筑遮阳设计 ··· 239

4.4　基于动态分析的成都双流国际机场 T2 航站楼屋盖方案优选 ········· 245

4.5　公共建筑中庭遮阳技术案例赏析 ··································· 252

4.6　玻璃幕墙建筑的遮阳设计与节能 ··································· 256

4.7　绿色建筑对建筑遮阳选材技术的要求 ······························· 261

4.8　玻璃幕墙建筑的节能与遮阳系统的设计与应用 ····················· 266

4.9　建筑遮阳设计思路 ··· 270

4.10　华南理工大学人文馆屋顶空间遮阳设计 ··························· 274

4.11　夏热冬暖地区建筑外遮阳板参数设计计算与运用 ··················· 276

4.12　浅谈居住建筑活动外遮阳产品选型与技术要求 ····················· 283

4.13　城市公共空间遮阳分析 ··· 289

4.14　浅议建筑遮阳的表皮化趋势 ······································· 294

第5章　建筑遮阳工程案例 ··· **297**

5.1　"环保、节能、可持续发展"的绿色建筑——环境国际公约履约大楼
（4C 大厦） ··· 298

5.2　天津生态城建筑遮阳应用案例 ··································· 300

5.3　遮阳技术在北方住宅建筑中的应用探讨 ··························· 305

5.4　上海典型建筑遮阳工程案例简介 ················· 308

5.5　从上海世博会浅析建筑遮阳的发展方向 ················· 316

5.6　"沪上·生态家"动态遮阳技术及节能效果 ················· 322

5.7　上海建科院绿色建筑示范区建筑遮阳工程案例赏析 ················· 328

5.8　外遮阳百叶帘的工程应用 ················· 335

5.9　广东公共建筑遮阳技术工程实践 ················· 341

5.10　遮阳在绿色建筑中的应用——以南国弈园为例 ················· 347

5.11　玻璃幕墙建筑外遮阳工程案例——深圳方大装饰公司设计及施工的外遮阳
　　　工程简介 ················· 350

5.12　深圳高新区软件大厦电动遮阳系统 ················· 359

5.13　遮阳是温和地区建筑节能的重要措施——海埂会堂建筑遮阳设计 ················· 363

5.14　生态幕墙与舒适建筑 ················· 369

第6章　国外建筑遮阳 ················· **373**

6.1　欧洲建筑遮阳产品认证技术简述 ················· 374

6.2　德国政府对建筑遮阳产品的政策支持与经济资助措施 ················· 378

6.3　不拘一格的欧洲建筑遮阳 ················· 384

6.4　德国汉堡联合利华总部大楼的遮阳技术 ················· 390

6.5　Animeo LON 智能遮阳系统在三星总部大厦中的应用 ················· 394

6.6　德国沃班住宅小区的建筑遮阳和"增能建筑" ················· 398

第 1 章
建筑遮阳概述

1.1 我国建筑遮阳发展概述

白胜芳

建筑节能是全社会节能减排的重要组成部分，是贯彻国家可持续发展战略的重大举措，是实现社会与环境协调发展的必然要求。随着建筑节能工作的逐步实施，在建筑节能法规、标准的推动下，建筑遮阳技术得以迅速发展。

改革开放以来，我国城市化建设规模一直呈现高速发展态势，预计到 2020 年，全国房屋建筑面积总量将达到 680 亿 m^2[1,2]。到目前为止，我国既有建筑中非节能建筑占到了建筑面积总量的 90% 以上。这些建筑的使用过程中所消耗的能源将占到全社会能源消耗总量近 1/3。由于城市化进程中房屋的大规模建造和继续使用，这个比例还在增加。如此能源消耗，给能耗供应带来极大压力的同时，也给全社会的环保带来了极大压力。节约能源和环境保护的双重压力，全社会在呼唤节能建筑。经过多年的建筑节能工作，我国节能建筑围护结构热工指标的提高已经没有太大的潜力，而围护结构当中的一个重要措施：建筑遮阳，正是提高围护结构热工指标的行之有效的节能措施。大力提倡建筑遮阳，积极采用遮阳设施，推进遮阳技术的发展，是节能建筑的福音，也是全社会节能减排、保护环境的不可或缺的重要环节。

1.1.1 我国当代建筑遮阳技术发展和现状

当代建筑遮阳是采用建筑构件或安置设施以遮挡或调节进入室内的太阳辐射的措施。包括固定遮阳装置、活动遮阳装置。这些遮阳装置又分为：安设在建筑物室外侧的外遮阳装置、安设在建筑物室内侧的内遮阳装置和位于两层透明围护结构之间的中间遮阳装置。与遮阳构件和措施有关的重要技术指标包括：太阳能总透射比、遮阳系数、外遮阳系数和外窗综合遮阳系数等[3]。随着节能建筑普及的要求，赋予建筑遮阳新的内涵。在夏季建筑能耗中，由于太阳辐射引起的空调负荷占很大比重，采用设置良好的遮阳设施，把炎热的太阳热辐射阻挡在室外，只让光线进入室内，少用或者不用空调制冷，室内温度也很舒服。在冬季夜间，将带有保温层的遮阳硬卷帘（板）闭合，可有效阻挡夜间的冷风和冷空气进入室内，有利于保持室内的热舒适度，降低采暖能耗，并且可以防盗；冬季白天把活动外遮阳硬卷帘（板）打开，让阳光照射进室内，提高了室内温度和光照度。建筑遮阳对降低建筑能耗有立竿见影的效果，见效快，造价相对较低，容易实施。

当代建筑遮阳既要满足防晒遮阳的要求，又要满足通风换气、抗风压和防水的要求，同时，还需具有一定的装饰作用，以提高室内外视觉和建筑立面的美感。更加重要的是，建筑遮阳不仅是调节室内光热舒适度的措施，还是促进建筑节能的重要途径。

1. 建筑节能促进当代建筑遮阳技术发展

我国当代建筑遮阳技术的发展，得益于改革开放以后，重视建筑节能发展的大趋势；也得益于紧随建筑节能设计标准对围护结构热工性能的不断提高的要求。当围护结构中的墙体、屋面、地面以及外门窗的节能潜力逐渐缩小时，建筑遮阳技术的优越性就体现出来。

2005 年，我国国家标准《公共建筑节能设计标准》GB 50189 颁布实施以来，不仅为我国公共建筑节能提出了目标，还为我国建筑遮阳指出了方向。标准中对建筑遮阳的强制性条文，促使我国新建公共建筑在采取遮阳措施方面有了新的突破。以北京和上海为例，2006 年以后建筑的公共建筑，多数均考虑了遮阳。如果绕北京的各个环路走下来，能够看到许多采用了遮阳设施和手段的公共建筑，这些公共建筑以结构构件遮阳居多，其次是固定外遮阳形式；上海由于地处夏热冬冷地区，《公共建筑节能设计标准》颁布实施以来，特别是上海世博会在上海召开，世博会上不拘一格、林林总总的建筑遮阳，更是成为了世博建筑一大看点。

从建筑气候区划来讲，我国夏热冬暖地区和夏热冬冷地区采用遮阳设施较早。在制定我国行业和国家建筑节能设计标准时，多数在南方工作的专家、学者很早就提出建筑遮阳问题，并在这些专家的提议下，将建筑遮阳条文写进了标准。进入 21 世纪，随着我国建筑节能形势的发展和深入，节能建筑设计标准的实施和不断修订，《公共建筑节能设计标准》GB 50189 中对遮阳的强制性条文的规定，为我国建筑遮阳起到了关键性的推动作用。同时，我国居住建筑节能设计的几个标准的颁布实施和修订，对建筑遮阳都有了进一步明确规定，遮阳企业和产品的大幅度发展和创新，使我国当代建筑遮阳技术和产品推陈出新，跨出了新的步伐。自 2001 年始，《夏热冬冷地区居住建筑节能设计标准》JGJ 134、和《夏热冬暖地区居住建筑节能设计标准》JGJ 75 中均对居住建筑的遮阳系数有了具体规定。这两个标准近年来进行了修订，对建筑遮阳有了更加严格的要求。《严寒和寒冷地区建筑节能设计标准》JGJ 26 的修订，也将遮阳列入标准的具体要求当中。

我国建筑遮阳历史悠久。自唐宋以来，就有建筑的大屋檐、回廊、连廊、外窗遮阳窗扇等遮阳措施。我国当代遮阳技术是延续了祖国悠久的遮阳技术，不断发展而来。我国南方地区（包括夏热冬冷地区、夏热冬暖地区和温和地区）从来就没有放弃过遮阳技术的使用，因为遮阳是当地人们生活的必需条件。由于从新中国成立以来到改革开放以前，我国经济发展受到局限，虽然建设事业也在不断发展，但是较低的造价和简陋的房屋建设是当时的特征，节约能源也没有受到应有的重视，建筑遮阳仅仅是百姓各家各户的自发行为，甚至是简之又简的或布质、或木质、或竹质遮阳帘，抑或是窗口上方的折叠布篷而已。

随着我国改革开放和进入 WTO，以及能源危机的症候遍布世界，"走出去，请进来"的国际间技术和贸易交流不断深入，业务范围不断拓展，遮阳技术和产品不断涌入中国这个庞大的市场。如果说，我国建筑节能事业的发展得益于改革开放的进程，那么建筑遮阳技术的逐步被重视、认知和使用、发展，一定是我国建筑节能事业不断发展的必然结果。

值得一提的是，在我国经济不发达时期，智慧的建筑技术人员，就逐步摸索出对今天的建筑遮阳有着十分重要参考价值的四种建筑构件遮阳形式：水平式遮阳、垂直式遮阳、挡板式遮阳和综合式遮阳（具体形式在本书中有具体介绍，这里不予详述）。这几种遮阳形式，为以后我国建筑遮阳技术措施的发展和提高起到了非常重要的作用，我国当代遮阳设施遮挡形式，均是这几种遮阳形式的演绎和发展。许多遮阳产品脱离了建筑结构构件钢筋混凝土材料，朝着合金、石材、陶瓷、塑料、木质、玻璃、化学纤维等丰富的材质拓展，遮阳设施和产品正朝着广阔的空间发展。

2. 遮阳产品对建筑遮阳的促进作用

改革开放以来，我国国际贸易往来频繁。其中，遮阳产品的进出口贸易促进了我国遮阳产品的生产和繁荣。从1980年代后期开始，我国对纤维遮阳制品进行来料加工和出口贸易，范围主要在我国南方地区。从对遮阳产品化学纤维面料的加工，发展为对金属活动外遮阳百叶帘的加工，继而是进口和生产金属活动外遮阳百叶帘。同时，这些产品在我国南方地区开始采用。南方地区对遮阳和建筑遮阳的需求导致南方许多企业在做遮阳产品出口贸易的同时，也把产品投向国内市场。国内遮阳产品市场的需求，促进了一些中小型遮阳产品企业的发展。因此，进出口遮阳产品贸易，对我国当代遮阳技术直接采用进口机械生产的遮阳产品有着直接的影响。直接用国外进口的机械生产遮阳产品，不一定适合我国气候和建筑的条件，这也是为什么以往多数遮阳产品不适合我国建筑遮阳技术的发展和应用的主要原因。

21世纪初，世界各发达国家目光投向中国这个经济迅速发展、城市化进程快速拓展的大国。荷兰的亨特公司、法国的尚飞公司、德国的旭格公司等有着跨国贸易背景的遮阳公司，也纷纷进入中国市场。每年一度的专项遮阳博览大型展会R＋T，在上海开展。国内外遮阳技术、产品和设计理念在展会上频频交流，对我国的遮阳技术和行业发展起到了积极的推动作用。

从2007年开始，我国建筑遮阳标准在行业内专家和企业家的呼吁下，受到住房城乡建设部的重视，仅仅几年时间，建筑遮阳标准已经形成系列，多达近30部之多。建筑遮阳系列标准的不断颁布实施，无疑对我国建筑遮阳技术的发展起到了极大的促进作用，使我国建筑遮阳技术和产品有据可查，有法可依，对我国建筑遮阳行业的健康发展起到了积极的推动作用。

到目前为止，我国遮阳产品逐渐丰富，也有了相当比例的创新，包括：建筑遮阳帘、建筑遮阳百叶窗（卷帘窗）、建筑遮阳板、建筑遮阳篷、建筑遮阳格栅（花格）、户外遮阳篷、伞等。我国建筑遮阳产品与国际市场交流频繁，与发达国家遮阳产品的差距已经不大。甚至某些遮阳产品还是出口的主要产品。

经"中国遮阳网"调查和不完全统计，到2011年年底，遮阳企业从2006年的不足1000家，发展到2010年的3500家，增长了3.5倍[4]。其特点之一，是地域性比较强，遮阳企业比较集中在江浙和广东一带；特点二是，进行遮阳产品加工企业占多数；其三是，遮阳企业规范化经营在逐渐增多。下列三个表格是遮阳产品和企业的具体状况。

地域与遮阳企业分布基本数据

表1.1-1

地域	浙江	上海	广东	北京	江苏	其他	合计
企业数量	956	698	758	480	367	213	3472

注：2009年，江苏省住房城乡建设厅在全省下文，对新建建筑强制性采用外遮阳设施，以后的2010年至2011年期间，江苏省外遮阳企业迅猛发展，这里的数据是2010年以前的数据。

我国从事遮阳产品企业数量

表1.1-2

遮阳专业	企业数量
建筑外遮阳	713
建筑内遮阳	617
金属及配件	407

续表

遮阳专业	企业数量
电机控制系统	388
户外休闲	366
型材织物	725
涂层贴膜	58
汽车遮阳	66
机械设备及其他	98
工程装饰	558
贸易采购	2128
其他	201
合计	5825

遮阳产品与生产企业　　　　　　　　　　　　　表 1.1 - 3

遮阳产品	生产企业
遮阳面料类	720
金属遮阳产品	810
电机控制系统	380
遮阳产品用金属构件	460
遮阳产品组装	1200
与遮阳产品相关	3700

从上面几个表格可以看出，从事遮阳产品组装的企业占了大多数，说明我国遮阳企业还是以来料加工和组装为主，参与到建筑遮阳设计的企业很少。遮阳企业有专业遮阳设计的企业更少，被动型遮阳企业占多数。同时说明，到目前为止，我国的遮阳企业处在低端发展的状态，有着"街边作坊"的倾向，这样的企业很容易在遮阳技术发展过程中被淘汰。而从事遮阳设计、遮阳效果与节能相关数据的计算、与建筑协调和美感设计等方面的工作和人员还相当欠缺；追求以装饰为主、遮阳效果为辅的遮阳形式，强于以遮阳效果为主、节能环保意识为主的理念。虽然，我国遮阳产品品种丰富多样，已与发达国家没有太大差距，但是产品的系列化、高端化，遮阳产品与建筑结合的程度以及应用，还存在一些差距和问题，从这种现象分析，政府应尽快加以政策性引导，给予一定的激励政策和财政补贴。结合目前节能减排和环境保护的国策，结合建筑节能标准设计热工指标不断提高的要求，建筑设计人员也应该积极参与，与遮阳企业紧密结合，创造、开发出适合我国国情和我国建筑的遮阳技术和产品，使遮阳企业向正规化、规模化、专业化和高端化发展。

3. 我国建筑遮阳的相关标准

2007 年建设部下达了系列编制建筑遮阳标准的通知，对建筑遮阳从工程规范到产品标准方面进行了系列标准编制。从 2007 年至今，我国建筑遮阳行业标准已形成系列，达30 部之多，已经颁布实施的有 20 部。

我国建筑遮阳标准系列见表 1.1 - 4。

我国建筑遮阳行业标准　　　　　　　　表 1.1-4

标准类别	标准名称	标准号码
工程标准	《建筑遮阳工程技术规范》	JGJ 237
通用标准	《建筑遮阳通用要求》	JG/T 274
	《建筑遮阳产品电力驱动装置技术要求》	JG/T 276
	《建筑遮阳热舒适、视觉舒适性能与分级》	JG/T 277
	《建筑遮阳产品用电机》	JG/T 278
	《建筑遮阳名词术语标准》	编制中
	《建筑用遮阳面料》	编制中
	《建筑用遮阳膜》	编制中
	《建筑用光伏遮阳构件通用条件》	编制中
产品标准	《建筑用遮阳金属百叶帘》	JG/T 251
	《建筑用遮阳天篷帘》	JG/T 252
	《建筑用曲臂遮阳篷》	JG/T 253
	《建筑用遮阳软卷帘》	JG/T 254
	《中空玻璃内置遮阳制品》	JG/T 255
	《建筑用铝合金遮阳板》	编制中
	《建筑用遮阳硬卷帘》	编制中
	《建筑用遮阳非金属百叶》	编制中
	《建筑用遮阳一体化窗》	编制中
试验方法标准	《建筑外遮阳产品抗风性能试验方法》	JG/T 239
	《建筑遮阳篷耐积水荷载试验方法》	JG/T 240
	《建筑遮阳产品机械耐久性能试验方法》	JG/T 241
	《建筑遮阳产品操作力试验方法》	JG/T 242
	《建筑遮阳产品误操作试验方法》	JG/T 275
	《建筑遮阳产品声学性能测量》	JG/T 279
	《建筑遮阳产品遮光性能试验方法》	JG/T 280
	《建筑遮阳产品隔热性能试验方法》	JG/T 281
	《遮阳百叶窗气密性试验方法》	JG/T 282
	《建筑遮阳热舒适、视觉舒适性能检测方法》	JGJ 356
	《建筑遮阳产品雪荷载试验方法》	编制中
	《建筑遮阳产品抗冲击性能试验方法》	编制中

　　建筑遮阳标准系列的形成和逐步完善，促进了我国建筑遮阳技术和产品的发展，使我国遮阳产品有据可查，有法可依。为我国建筑遮阳工程实践提供了推进条件和质量保证。

　　4. 我国建筑遮阳技术发展现状

　　近年来，建筑遮阳技术在我国逐步受到重视。自 2005 年《公共建筑节能设计标准》颁布以来，公共建筑采用遮阳技术的工程案例不断涌现，特别是北京、上海、广州等大城市，采用遮阳措施的公共建筑越来越多。我国建筑遮阳技术和产业也伴随着公共建筑的发展而不断发展起来。各个不同气候区的居住建筑节能设计标准的颁布和修订，为遮阳技术的发展指出了明确方向。

与以往建筑节能工作中墙体节能的发展不同，相对而言，我国建筑遮阳高端产品的开发和技术创新与建筑遮阳标准的编制几乎是同步发展。回顾 1990 年代，我国进行建筑节能工作的重点是在建筑的围护结构方面，墙体就成为了这个时期的技术发展重点。在墙体节能方面，除了向发达国家学习经验外，还结合我国实情，在建设主管部门的指导和积极推动下，进行了多次工程项目考察、实践，树立示范项目典型，并在建设主管部门的支持下，召开了多次墙体保温隔热方面的、不同气候区、不同节能率保温隔热新技术发展研讨会，研讨和总结这方面的技术经验，相互学习借鉴，然后再进行不同节能墙体的构造和技术方法的标准、规范等的编制，向全国推广。节能墙体发展的道路，为我国建筑节能工作打下了坚实的基础。

我国建筑遮阳产品和技术是伴随遮阳产品进出口贸易而来，并随着建筑节能工作的步步深入而发展。我国南方地区对遮阳设施和产品的渴望，促进了遮阳产品的快速发展，若不及时制定出相关标准，遮阳产品质量难以得到控制和把握，尽快制定遮阳标准就成为当务之急。同时，在建设主管部门还没有来得及召开研讨会和示范工程项目的时候，遮阳产品和工程已经逐步发展。同时，结合我国建筑节能标准体系的形成和标准的修改和节能建筑热工指标的不断提高，建筑遮阳技术，将会成为我国节能建筑在围护结构热工指标提升的新的技术创新点。

为得到真实依据，住房城乡建设部和有关行业、协会组织以及遮阳生产企业组织了多次赴欧洲考察建筑遮阳的技术考察团，收集了大量建筑遮阳产品、工程案例和节能数据等资料，建筑遮阳对节能建筑的能耗贡献得到了认可和肯定。

从采取遮阳措施的建筑分类来看，由于《公共建筑节能设计标准》中对遮阳有强制性条文，因此，我国公共建筑采取遮阳措施的多于居住建筑；由于气候条件，我国南方公共建筑采取遮阳措施的多于北方的建筑；而在采取遮阳措施的公共建筑当中，采用建筑构件遮阳者居多。这些现象均说明了，在我国南方更需要采取遮阳措施。又因为我国北方地区冬季寒风凛冽，高层和超高层公共建筑，采用建筑构件遮阳更加安全可靠，并且有效。而对于我国居住建筑，由于多数均为高层和超高层建筑以及我国的季风性气候，北方冬季风大，南方夏季台风和热带风暴居多，因此，至今建筑遮阳设施没有被积极采用的一个重要原因，就是没有适用于超高层建筑、抗风能力强的遮阳产品，这方面的客观原因，阻碍了我国建筑遮阳事业的发展。

近年来，在住房城乡建设部等行业主管部门的关心和支持下，我国建筑遮阳快速发展。除了不断完善的建筑遮阳标准的编制，还于 2011 年 7 月发布了《建筑遮阳技术推广目录》，共有 21 个类型的建筑遮阳产品和技术列入目录，包括建筑外遮阳织物卷帘、建筑外遮阳金属百叶帘，遮阳保温一体化双层节能窗、玻璃用透明隔热涂料、百叶帘调光控制系统等。第一批列入建筑遮阳科技示范工程的有 17 个项目。已经有 5 个项目通过验收，正式获得住房和城乡建设部建筑遮阳科技示范工程称号。这些示范工程的共同特点是在建筑设计时就将建筑遮阳设计纳入其中，进行同步设计，对全国建筑遮阳工程有着示范和指导意义[5]。

1.1.2 我国建筑遮阳技术发展展望和建议

进入21世纪，能源资源和环境保护问题已成为我国国策和战略目标。我国建筑节能工作也在不断深入。我国城镇化进程和建设在不断深入发展和扩大，建设任务仍然是我国国民经济发展的主体目标，我国既有建筑节能改造任务已经铺开。如何使节能建筑的热工指标再上一层楼，如何使建筑室内热环境更加接近人居需求？如何在达到理想室内热环境的同时，又有利于节约能源，使有限的能源更好地服务于民，使建筑得到可持续发展？如何使建筑节能在全寿命使用期内得到能源的更加有效的利用？从建筑的围护结构，到暖通空调，到新能源和可再生能源的利用，空间在逐步缩小。建筑遮阳，这个立竿见影的节能措施已经以其自身的魅力，向我们提出了新的挑战，运用好遮阳技术，充分发挥它的作用，正是我们亟须面对的新的课题。

1. 建筑遮阳是节能建筑的重要手段，应予以足够的政策支持和重视

建筑遮阳是节能建筑的重要手段，这个观念已经为业内广为认可。政府应尽快加以政策性引导，给予一定的激励政策和财政补贴。目前，虽然行业主管部门已经对建筑遮阳予以重视，如果设计师重视程度还不够，跟不上技术发展步伐，将是一大遗憾。《严寒和寒冷地区居住建筑节能设计标准》JGJ 26、《夏热冬冷地区居住建筑节能设计标准》JGJ 134、《夏热冬暖地区居住建筑节能设计标准》JGJ 75以及《公共建筑节能设计标准》GB 50189当中，均已给出了"不同朝向、不同窗墙面积比的外窗传热系数和综合遮阳系数限值"，以及"典型形式的建筑外遮阳系数SD"等重要指标要求。也给出了"水平遮阳和垂直遮阳的外遮阳系数计算公式的有关系数"和"典型的太阳光线入射角"等重要计算和参考数据。建筑师在进行建筑设计时，如何考虑遮阳系数计算，如何选择遮阳方式和遮阳产品，还是要做些功课。只有对遮阳技术了然于心，才能够设计出符合当地气候特点、合适地选择遮阳措施以及建筑美学的和谐统一建筑。

2. 应该对建筑遮阳的节能效果进行系统研究，达到规范化、数字化要求

到目前为止，我国已有许多建筑遮阳工程示范和应用案例，其中有些遮阳设计做到了与建筑设计同步、同步施工，其节能效果、遮阳效果都很理想。但是，在工程验收时，缺乏相应的数据。这种现象在遮阳工程中十分普遍，应该予以重视。节能建筑是根据设计标准要求进行设计的，而遮阳设施的设计也应该遵照相应的标准进行，如遮阳设施的遮阳系数、抗风压等级等，只有将这些关键数据进行标准化、规范化、数字化处理，才能够得出遮阳效果，达到推广价值。在这项系统设计工程中，要有建筑设计师、遮阳技术和产品设计师以及遮阳产品企业的通力合作和配合，才能够得到理想的遮阳工程和遮阳效果。

各相关部门和研究单位，应设立专项研究课题，对建筑遮阳进行系统研究，关键是在遮阳设施和产品与建筑的结合和应用方面作文章，研究出适宜我国不同气候区、不同建筑的遮阳技术和产品，推动节能建筑向更高的品质迈进。

3. 按照不同气候区对遮阳系数的要求设计遮阳设施。

除了在建筑设计时就考虑遮阳设施设计外，按照不同气候区建筑的特点设计遮阳设施并达到节能设计标准要求，十分必要。夏热冬冷地区、夏热冬暖地区和温和地区的建筑遮阳设施应该更加重视通风，而寒冷地区（或北方地区）的建筑遮阳设施更应该考虑冬季保

温问题。寒冷地区建筑外遮阳的保温措施，可以在冬季夜晚有利于保持室内温度，降低采暖能耗。不论是南方还是北方，兼顾采光、通风的遮阳设施最符合实际。室内光热环境和视觉舒适度以及降低建筑能耗才是节能的目的和硬道理。

4. 在遮阳标准完善的条件下编制和完善建筑遮阳标准图集

到目前为止，我国建筑遮阳行业标准已经颁布和正在编制当中的已达到 30 部。在不断完善遮阳标准的同时，建筑遮阳标准图集也有 2 本已经发行。这些图集还远未达到需求，继续完善和出版建筑遮阳图集，是建筑师克服建筑与遮阳不配套的关键问题所在。尽早完善图集，对促进建筑与遮阳设计同步进行有积极的推动作用。

5. 建筑设计与遮阳设计同步进行

建筑遮阳作为节能建筑的重要组成部分，虽然已为业内人们接受，但到目前为止，我国的建筑遮阳设计和应用还处于低水平，大多数建筑师在进行建筑设计时，很少同时考虑遮阳，或将遮阳作为建筑的一个有机组成部分对待。后续的遮阳设施的再次设计和安装就会影响到建筑立面的美学效果。因此，遮阳与建筑的同步设计、同步施工和同步安装就十分重要。在《建筑遮阳工程技术规范》JGJ 237、《建筑遮阳通用要求》JG/T 274 中对建筑设计与建筑遮阳设计同步进行和采用建筑遮阳产品的要求均有明确规定。只有在建筑设计的时候考虑到遮阳，在遮阳设施设计时有针对性地采用遮阳手段和产品，才能够保证遮阳设施的安全可靠。外遮阳装置（或设施）与建筑围护结构连接部分的构造设计，是节能建筑设计的一个重点部位，这部分的节点处理不好，就会形成节能建筑的薄弱环节，使节能建筑大打折扣。因此，精心设计、合理施工才是保障。同时，遮阳设施的个性化设计正是从建筑设计这个环节开始的。遮阳设施应该与建筑美学相协调才能相得益彰。

6. 注意对四种基础遮阳设计的创新应用

到目前为止，我国多数遮阳设施的设计还是在水平式、垂直式、综合式和挡板式四种传统方式的基础上发展而来，不论公共建筑还是居住建筑，也不论建筑构件遮阳还是遮阳产品的使用，均是如此。因此，灵活掌握和应用，并在这四种传统遮阳方式上的创新，才更加有利于新产品的开发。目前我国遮阳产品材料丰富多样，有合金、塑料、玻璃、陶瓷、石材、木质和织物，这些材质质量也在不断提升，结合建筑立面美学要求，因地制宜地研发和选用具有更好保温性和耐久性的材料和配件研制出外窗与遮阳一体化的新型产品，可以在遮阳方式与建筑艺术的结合方面大做文章，为建筑和遮阳延展出新的外观和内涵。

7. 结合我国既有建筑节能改造考虑安设外遮阳设施

既有建筑节能改造在我国已经铺开，在"十二五"期间，各省有不同面积的改造任务。可以结合建筑节能改造，在更换外窗的同时，考虑安设外遮阳设施，或直接采用外窗与遮阳一体化设施，才是利国利民，节能节约的有效措施。在"十二五"期间，政府已经出台了相应措施，从政策方面和资金方面给予大力支持，我们不能在良好的条件下，把遮阳问题留在以后解决。既有建筑节能改造能够尽可能多地采用各项节能技术和措施，才是节约能源资源、克服浪费现象的利国利民的正确方向。

8. 对遮阳装置的遮阳效果应有统一的评价方法

随着建筑节能设计标准中对围护结构热工指标的提高，建筑遮阳逐渐受到重视，但是大多数建筑在设计和采用遮阳措施时，没有做到与相应的遮阳系数挂钩，更没有统一的评价方法。在建筑使用后对遮阳效果的评价更是无从谈起。因此，在设计环节就做到用数据化表达遮阳效果十分重要。我们知道，一旦建筑开始使用，影响建筑能耗的因素很复杂，再测试遮阳效果，几乎是难以做到的。我国目前在这方面的研究已有进行，但是还没有普遍应用到工程实践当中，影响遮阳效果的评价。

9. 遮阳产品不能直接依靠国外设备，要针对国情研究开发生产适合我国国情的遮阳产品

虽然我国的遮阳产品应有尽有，但是多数是直接引进国外设备生产的，如外遮阳金属卷帘，这种卷帘没有通风的考虑，也几乎没有采光的考虑，只适合国外使用。在国外，一般不会是几代人生活在一起，年轻人白天外出工作，家里没有人，把遮阳帘打开，既遮阳又防盗；夜晚使用遮阳帘，既保护私密，又整晚使用空调保持室内热舒适度，十分方便。我国就不同，我国的传统习惯是几代人住在一起，白天年轻人外出上班，家里总会有老人和孩子，若使用这样遮阳帘，室内几乎没有通风，又没有采光，难道只有靠空调控制室温，在白天开灯看路吗？根本没有方便可言，更不要说节约能耗了。因此，开发适合我国国情的建筑遮阳设施势在必行。开发生产遮阳—采光—通风一体化的作用设施，才有出路。

10. 建筑外窗与遮阳一体化是发展方向

实践证明，采用设置良好的建筑外遮阳是节能减排，达到理想室内热舒适度的良好措施。但是在目前条件下，外遮阳受到制约的主要原因就是遮阳设施安装在高层或超高层建筑上的安全性问题。我国居住建筑多数为高层或超高层，要从根本上解决遮阳设施问题，外窗与遮阳一体化就成为唯一的出路。发达国家居住建筑的遮阳设施多数是外窗与遮阳一体化、在工厂由生产流水线制作的，这才是质量保证的前提。其次，一体化生产要在外窗质量好的条件下进行。我国目前外窗还有许多问题亟待解决，外窗与遮阳一体化似乎就很遥远。要彻底解决这个问题，外门窗的质量改革和创新将是一个艰巨的问题，有待政府下决心解决，更有待科研人员和遮阳企业不断沟通，共同探讨。

近年来，国内一些遮阳企业已经在积极研究开发生产外窗与遮阳一体化产品，工程实践不多，还没有形成规模。这样的企业，政府应该给予支持。有利于建筑遮阳的发展。

当然，目前我国也有一些晶硅或非晶硅光伏发电与建筑遮阳一体化，并与外窗一体化的工程实践，但是用在居住建筑上，还行不通。居住建筑外窗与外遮阳一体化将是今后发展方向。

11. 建筑遮阳走向空间

随着节能减排环保的步步深入，人们对室外活动空间的环境质量的要求也在不断提高，"温室气体效应"、"城市热岛效应"也为人们所厌恶。许多高大公共建筑采用的外挑大屋檐、外挑遮阳板、膜建筑等，都为人们提供了遮阳、挡风避雨的条件，建筑遮阳走向空间遮阳在我国南方许多城市已有体现。空间遮阳为人们提供的室外活动条件以及对环境保护的理念，已经为广大群众所接受和欢迎，空间遮阳的发展，不可避免地会成为生态城市和绿色城市发展的良好措施之一，值得提倡和发展。

此外，行道树也是很好的遮阳措施，能有效降低辐射热，调节温度、湿度和风速，改善局部小气候，也是节能减排的有效途径。

1.1.3 结语

建筑节能是我国经济快速健康发展的国策。建筑遮阳是节能建筑不可或缺的有效技术手段，遮阳与节能建筑的结合和推广，有利于节能减排，环境保护，符合利国利民、可持续发展方针。深入系统研究和推广遮阳技术，在今天我国经济繁荣、技术创新的有利大环境下，已经成为可能。建筑遮阳技术的探索和应用仍然任重道远，希望每一位关心建筑节能事业的人，关心和关注这个领域的前进步伐，积极参与进来。我国的建筑遮阳事业一定会有光明的前途。

参考文献

[1] 万蓉，刘加平，孔德泉. 建筑节能、绿色建筑与可持续发展建筑 [J]. 四川建筑科学研究. 2007, 3 (2)：150-152.

[2] 建设部. 中国楼市 [N] 中国建设报, 2005 (8)：2.

[3] 建筑遮阳工程技术规范. JGJ 237-2011.

[4] "中国遮阳网" 2010 年底统计数据.

[5] 徐得阳. 建筑遮阳节能——开展建筑遮阳技术推广和工程示范 [J] 建设科技. 2012, (15)：9.

1.2 行业标准《建筑遮阳工程技术规范》JGJ 237－2011 及《建筑遮阳通用要求》JG/T 274－2010 编制 思路和基本内容介绍

白胜芳　涂逢祥

我国建筑节能工作已经开展 20 多年。20 多年来，随着建筑节能工作的不断深入，节能建筑在我国各地不断涌现，建筑节能标准也逐渐形成了体系。但是，近些年来我国建筑的窗户越开越大、玻璃幕墙建筑越来越多，致使室内温度夏季过高、冬季过低，极大地增加了夏季空调的供冷量和冬季采暖的供热量。这种现象严重影响了建筑节能设计标准的贯彻执行，同时，也使我国在节能减排和环境保护方面的负担加重。为了克服建筑物采用大开窗以及玻璃幕墙建筑对执行节能设计标准的负面影响，建筑节能设计标准对围护结构的透明部分作出了严格的规定，同时提出了对建筑遮阳指标的专项规定，建筑遮阳开始受到各方面的重视。2003 年颁布执行的《夏热冬暖地区居住建筑节能设计标准》JGJ 75 中对南方建筑遮阳做出了明确规定。2005 年颁布执行的《公共建筑节能设计标准》GB 50189 中更是将建筑遮阳作为强制性条文，要求公共建筑节能设计均要考虑遮阳问题。近几年，《严寒和寒冷地区建筑节能设计标准》JGJ 26、《夏热冬冷地区居住建筑节能设计标准》JGJ 134、《夏热冬暖地区居住建筑节能设计标准》JGJ 75 等标准均进行了修订，在遮阳方面均作出了明确规定，提高了对建筑围护结构和建筑遮阳的要求。

为使建筑遮阳在工程技术建设、遮阳产品标准方面有法可依，有据可查，从 2007 年始，住房和城乡建设部（原建设部）针对建筑遮阳安排了系列标准的编制工作。至今，已经完成了 20 几个建筑遮阳标准，这一举措是前所未有的，充分体现了住房和城乡建设部对建筑遮阳的重视。在这些遮阳标准当中，《建筑遮阳工程技术规范》JGJ 237－2011（以下简称《规范》）是建筑遮阳标准中纲领性的标准；《建筑遮阳通用要求》JG/T 274，（以下简称《要求》）则是遮阳产品系列标准的重中之重。这些规范和标准的制订实施，无疑会促使节能建筑从遮阳设计的实现到遮阳产品的安全质量控制依据标准规范实施执行，也将使节能建筑走上一个新的台阶。本文仅就《规范》和《要求》的编制思路和基本内容作一些阐述。

2007 年，根据建设部《关于印发〈2007 年工程建设标准规范制订、修订计划（第一批）〉的通知》（建标［2007］125 号）和《关于印发〈2007 年建设部归口工业产品行业标准制订、修订计划〉的通知》（建标［2007］127 号文件）的要求，分别向建设行业工程标准归口管理单位（《规范》归口管理）和建筑制品与构配件产品标准化技术委员会（《要求》归口管理），提出了《规范》和《要求》标准的编制计划，组建了标准编制组。由北京中建建筑科学研究院有限公司和中国建筑业协会建筑节能分会会同有关单位承担工程建设行业标准《规范》的编制任务；由中国建筑业协会建筑节能分会和上海市建筑科学研究院有限公司会同有关单位承担行业建筑遮阳标准《要求》的编制任务。

1.2.1 制定建筑遮阳标准的意义和思路

降低能源消耗，提高环保意识，在建筑行业已是大势所趋。然而，目前我国的建筑物窗户越开越大，玻璃幕墙建筑越来越多，致使室内温度夏季过高，冬季过低，极大地增加了夏季空调的供冷量和冬季采暖的供热量。而过量的建筑能耗对节能减排和环境保护造成了严重的负面影响。采用大面积透明玻璃的建筑与全球节能减排保护环境的要求背道而驰。夏季，大量太阳辐射热从玻璃窗进入室内，使室温增高，不得不加大空调功率；冬季，室内大量热量从保温较差的玻璃窗户逸出，使室温下降，又不得不增加采暖供热量。因此，大面积的玻璃窗和玻璃幕墙已成为建筑物能源消耗的主要部位，更加突出说明建筑遮阳的必要性。

在我国，建筑遮阳是一个新兴行业，过去没有任何产品标准，也很少有这方面的科学技术研究，缺乏基础资料。为了制定好建筑遮阳产品标准系列，借鉴发达国家的经验，结合我国具体情况编制《规范》是一条捷径。在发达国家中，美国建筑节能设计标准中有太阳得热因子（Solar heat gain factor）的指标规定，但没有制定过建筑遮阳方面的独立标准。而欧洲国家建筑遮阳历史悠久，建筑遮阳的采用十分普遍，早已制定了多项遮阳标准，经过几十年的不断修订补充，已经形成的欧盟建筑遮阳标准已经配套，成为系列，比较完善。此次编制的《规范》，以及其他一些遮阳标准，主要以欧盟标准（EN）为基础。欧盟的遮阳标准，同时也是德国、英国、意大利的遮阳标准（DE、BS、UNI）。《规范》编制组主要执笔人在国内进行了建筑遮阳技术、标准和产品应用方面的调研和考察，并于2008 年到德国、法国和意大利进行建筑遮阳专题考察，了解到欧盟各国遮阳标准是统一的，欧洲各国全都采用这套欧盟遮阳标准。在对欧洲几国的考察中，我们得到的资料表明："欧洲遮阳组织"在 2005 年 12 月发表的研究报告《欧盟 25 国遮阳装置节能及二氧化碳减排》介绍，设置良好遮阳的建筑，可以大大改善窗户隔热性能，节约建筑制冷用能25% 以上；并使窗户保温性能提高约一倍，节约建筑采暖用能 10% 以上。欧盟 25 国 4.53亿人口，住房面积 242.6 亿 m^2，其中有一半采用遮阳，因此每年减少制冷能耗 3100 万 t油当量，CO_2 减排 8000 万 t；每年还减少采暖能耗 1200 万 t 油当量，CO_2 减排 3100 万 t。在欧美发达国家，建筑遮阳已经成为节能与热舒适的一项基本需要。不少欧洲国家，不仅公共建筑普遍配备有遮阳装置，一般住宅也几乎家家安装窗外遮阳。

如果经过努力，到 2020 年我国能发展到也有一半左右建筑采用遮阳，每年因此减少采暖与空调能耗当超过 1 亿 t 标准煤，减排 CO_2 当超过 3 亿 t。由此可见，推广建筑遮阳，对于节能减排、提高建筑舒适性的作用十分巨大。

建筑遮阳正在我国大范围推广应用，为了使遮阳工程的设计、施工、验收与维护，做到安全适用、经济合理、确保质量，必须有标准可依，而过去的建筑工程技术标准中，缺乏这方面的内容，因此编制本标准，是一项重要而紧迫的任务。

我国遮阳标准参照国际标准结合本国情况编制，首先是有利于保证我国遮阳产品的质量，特别是产品的安全性、适用性得到保证，又可使我国的遮阳产品达到国际先进水平，能够满足国外市场的要求。现在，我国的遮阳产品已经大量外销，有对外遮阳业务的企业达 500 多家，其中不乏年出口上亿美元的遮阳产品生产企业。参照欧盟遮阳标准制定我国遮阳标准，对于遮阳产品出口十分有利。

建筑遮阳对节能建筑降低能耗的贡献十分突出。多年来，我国夏热冬暖地区乃至夏热冬冷地区的建筑设计研究人员对建筑遮阳已经予以重视，研究工作也在不断进行当中，但没有在标准和规范中体现。2005 年颁布执行的国家标准《公共建筑节能设计标准》将建筑遮阳作为强制性条文，要求公共建筑节能设计均要考虑遮阳问题。对我国公共建筑建筑遮阳起到了积极的推动作用。

《规范》是建筑工程技术标准和规范当中的首个建筑遮阳方面的标准，为国家标准《公共建筑节能设计标准》在建筑遮阳方面的实施提供了可靠的技术依据。《规范》明确规定，建筑遮阳要与新建建筑主体的设计开始就参与进来，突出要做到"三同"，即同步设计、同步施工、同步投入使用，这样做有利于保证遮阳装置与建筑较好地结合，保证工程质量，在新建建筑投入使用时即可发挥作用，并从结构安全到遮阳产品质量和维修保证等方面，均要按照规范严格执行。《要求》则是从建筑外遮阳、内遮阳、除内置遮阳中空玻璃以外的建筑用遮阳几种遮阳设施对遮阳产品的术语和定义、分类和标记、材料、要求和试验方法等方面做出了明确规定。

1.2.2　《建筑遮阳工程技术规范》和《建筑遮阳通用要求》编制过程

此两项标准从 2007 年开始。为了编好这两份行业内首次编制的遮阳工程技术规范和遮阳产品标准，编制组组织了国内建筑节能和遮阳方面最具实力的一些科研、设计单位和生产企业及其代表专家，组成一个责任心强的高水平的编制团队。在规范编制过程中，有关人员分别对国内外建筑遮阳有关材料生产、设计施工技术、标准规范、工程应用情况以及文献资料等进行了多次多方面的调研，包括到建筑遮阳工程应用得很普遍的一些欧洲国家进行专项考察，到我国南北方多个城市不同遮阳工程与遮阳产品生产厂家调查了解，参观国际遮阳展览，召开多次国际和国内遮阳研讨会等，从中深入掌握国内外建筑遮阳工程技术的基本情况，为编好本规范打基础。

《规范》在建设工程标准中是首次遮阳方面的标准，没有直接的技术资料可参考，编制组主要执笔人员，组织国内这方面的专家和企业技术人员分工合作，根据各自的研究和工程实践中得出的相关遮阳设计、施工、安装、维护维修等方面的经验，撰写出各章必需的内容，提交编制组讨论。所谓"三同"（同步设计、同步施工、同步投入使用）即是来自实践中的宝贵经验和总结。

根据实际情况考虑，只有完成了产品标准，有了产品标准作为基础，才好进一步在技术规范方面对遮阳工程进行各方面的标准规定。于是，编制组首先着手编制《要求》。2007 年 7 月这两个标准编制组同时成立，首先着手编制《要求》。《要求》在以往建设工程产品标准中针对遮阳产品也是首次编制。但是由于近年来，我国采用的遮阳产品绝大多数为引进发达国家的产品，这些产品又均为发达国家常用的遮阳百叶、户外遮阳板、篷、帘以及户内遮阳百叶和遮阳帘等。这些产品标准，恰在欧盟建筑遮阳标准系列中，是得到公认最核心的三个基本性能要求标准，即

EN 13659：2004 Shutters—Performance requirements including safety "百叶窗——包括安全在内的性能要求"；

EN 13561：2004 External blinds—Performance requirements including safety "户外遮阳板、遮阳篷、遮阳帘——包括安全在内的性能要求"；

EN 13120：2004 Internal blinds—Performance requirements including safety "户内遮阳板、遮阳帘——包括安全在内的性能要求"。

因此在编制《要求》时，主要参照欧盟的上述三个遮阳产品标准，在认真翻译的基础上，重新进行分析调整，在考虑中国的实际情况的同时，对其内容进行整理归纳，并根据我国编制产品标准的规定做了调整补充，充实了对遮阳产品所用的主要材料的要求，增加了规范性引用文件，增加了产品的分类和标记，删除了欧盟法令、产品认证等附录。

在完成《要求》的基础上，开始编制《规范》。

这两个标准均经过多次工作会议进行深入细致的讨论，反复修改，形成了征求意见稿。并通过住房城乡建设部标准编制网站向社会公开征求意见，编制组也有针对性地向有关单位发出征求意见稿，在采纳和处理反馈意见的基础上，形成了标准的报批稿。《规范》和《要求》这两项标准分别经过多次会议讨论和修改，反复修改的规范版本前后共有十几次之多。

1.2.3 《建筑遮阳工程技术规范》和《建筑遮阳通用要求》的主要技术内容

《规范》是针对包括设置在建筑物不同部位的活动遮阳和固定遮阳在内的建筑遮阳，从遮阳的设计开始，至施工安装和工程验收等方面作出了相关规定。《要求》则是对遮阳产品的材料以及性能方面作出了相关规定。

1. 《规范》主要技术内容

本规范的主要内容是：1 总则；2 术语；3 基本规定；4 建筑遮阳设计；5 结构设计；6 机械与电气设计；7 施工安装；8 工程验收；9 保养和维修。附录A 遮阳装置的风荷载实体试验；附录B 遮阳装置的风感系数现场试验方法等。

本规程主要章节的重点内容简介如下：

第一章 总则

"总则"就本规范的适用范围与建筑遮阳作了界定。本规范适用于新建、扩建和改建的民用建筑遮阳工程的设计、施工安装、验收与维护。凡是称得上建筑遮阳工程、需要进行正式设计和施工的遮阳建设活动，都属于本规范的适用范围。本规范所指的建筑遮阳，包括设置在建筑物不同部位的活动遮阳和固定遮阳、外遮阳和内遮阳。在当前阶段，规范中暂不涉及贴膜和涂膜遮阳。

建筑遮阳装置与新建建筑要做到"三同"，即同步设计、同步施工、同时投入使用，这样做有利于保证遮阳装置与建筑较好的结合，保证工程质量，并在新建建筑投入使用时即可发挥作用。

第二章 术语

本章主要对固定遮阳装置、活动遮阳装置、外遮阳装置、内遮阳装置以及中间遮阳装置做了解释；还对太阳光总透射比和遮阳系数作了说明。

第三章 基本规定

本章对建筑遮阳工程的基本技术范围作出了规定。

夏热冬暖地区、夏热冬冷地区和寒冷地区建筑的东向、西向和南向外窗（包括透明幕墙）、屋顶天窗（包括采光顶），在夏季受到强烈的日照时，大量太阳辐射热进入室内，造成建筑物内过热和能耗增加，降低室内舒适度。采用有效的建筑遮阳措施，将会降低建筑物运行能耗，并减少太阳辐射对室内热舒适度和视觉舒适度的不利影响。

《规范》中包含的有效的遮阳措施可概括为：绿化遮阳、结合建筑构件的遮阳和专门设置的遮阳。常见的有：加宽挑檐、外廊、凹廊、阳台、旋窗等。专门设置的遮阳包括水平遮阳、垂直遮阳、综合遮阳、挡板遮阳、百叶内遮阳、活动百叶外遮阳等，可根据不同气候、地域特点和建筑情况，采取适宜的遮阳措施。建筑的绿化遮阳不属于建筑工程技术范围，本《规范》不予涉及。

建筑遮阳形式和措施的确定，应综合考虑地区气候特征、经济技术条件、房间使用功能等因素，以满足建筑夏季遮阳、冬季阳光入射、冬季夜间保温，以及自然通风、采光、视野等要求。

外窗综合遮阳系数的确定应符合有关建筑节能标准的规定。

外遮阳装置必须与建筑主体结构可靠连接，做到结构安全耐久。对于中高层、高层、超高层建筑以及大跨度等特殊建筑的外遮阳装置及其安装连接应进行专项结构设计。

遮阳装置应具有防火性能。当发生紧急事态时，遮阳装置应不影响人员从建筑中安全撤离，等等。

第四章　建筑遮阳设计

本章对如何做建筑遮阳设计作出原则规定，如应根据当地的地理位置、气候特征、建筑类型、建筑功能、建筑造型、透明围护结构朝向等因素，选择适宜的遮阳形式，并应优先选择外遮阳。

建筑遮阳的目的在于防止直射阳光透过玻璃进入室内，减少阳光过分照射加热建筑围护结构，减少直射阳光造成的眩光。根据建筑遮阳装置与建筑外窗的位置关系，建筑遮阳分为外遮阳、内遮阳和中间遮阳三种形式。外遮阳是将遮阳装置布置在室外，挡住太阳辐射。内遮阳是将遮阳装置布置在室内，将射入室内的直射光分散为漫反射，以改善室内热环境和避免眩光。中间遮阳是将遮阳装置设于玻璃内部、两层玻璃窗或幕墙之间，此种遮阳易于调节，不易被污染，但造价与维护成本也较高。采用外遮阳时，可将60%～80%的太阳辐射直接反射出去或吸收，使辐射热散发到室外，减少了室内的太阳得热，节能效果较好。而采用内遮阳时，遮阳装置反射部分阳光，吸收部分阳光，透过部分阳光，由于所吸收的太阳能仍留在室内，虽然可以改善热环境，但节能效果却不理想。为此，应优先选择外遮阳。

遮阳措施能阻断直射阳光透过玻璃进入室内，为室内营造舒适的热环境，降低室温和空调能耗。我国地域辽阔，建筑物所在地气候特征各不相同，同时由于建筑物的使用性质不同，建筑类型、建筑功能、建筑朝向、建筑造型不同，所适宜的遮阳形式也不尽相同。因此，本规范提出了建筑遮阳设计时应合理选择遮阳形式的要求以及建筑外遮阳形式的选用原则等。

例如，建筑不同部位、不同朝向遮阳设计的优先次序可根据其所受太阳辐射照度，依次选择屋顶水平天窗（采光顶）、西向、东向、南向窗，北回归线以南地区必要时还宜对北向窗进行遮阳。

本章还规定了遮阳系数的计算要求。即居住建筑遮阳系数根据不同气候区，应按《严寒和寒冷地区居住建筑节能设计标准》JGJ26－2010、《夏热冬暖地区居住建筑节能设计标准》JGJ134－2010和《夏热冬暖地区居住建筑节能设计标准》JGJ75－2003计算。温和地区则宜按本规范规定计算。公共建筑应符合现行国家标准《公共建筑节能设计标准》GB 50189的相关规定。

第五章　结构设计

本章规定建筑遮阳工程应根据遮阳装置的形式、建筑应用地域的气候条件、建筑部件等具体情况进行必要的结构计算、构造设计，并符合现行国家标准《建筑抗震设计规范》GB 50011以及其他结构设计的相关规范的规定。

遮阳装置尤其是大型遮阳系统的使用，通常涉及到自身结构安全问题，应通过专项结构设计、构造措施予以保障。即使小型遮阳系统也应有相应的基本节点构造要求。以保证安全使用。与主体结构一体的固定式外遮阳构件（如混凝土挑板等）应与主体结构一并设计。后装固定式或活动式外遮阳装置应验算自身的结构性能并符合具体的安装构造要求。大型内遮阳装置宜根据情况考虑结构性能验算项目，并应有具体的安装构造要求。遮阳装置的使用对主体结构产生的影响，应通过荷载的方式反映到主体结构设计中，由主体结构设计考虑。

为保证结构安全，本章还规定了活动外遮阳装置及固定外遮阳装置应分别按系统受到的自重、风荷载、正常使用荷载、施工阶段及检修中的荷载等验算其静态承载能力。同时应在结构主体计算时考虑遮阳装置对主体结构的作用。当采用尺寸在3m以上大型外遮阳装置时，应做抗风振、抗地震承载力验算，并考虑以上荷载的组合效应。对于尺寸在4m以上的特大型外遮阳装置，且系统复杂难以通过计算判断其安全性能时，应通过风压试验或结构试验，用实体试验检验其系统安全性能。

为保证结构安全，本章对外遮阳装置的风荷载、自重荷载、积雪荷载、积水荷载、检修荷载以及不同荷载组合时的取值，做出了规定。

为保证遮阳装置的安全使用，将遮阳装置分为产品类遮阳装置和组装类遮阳装置两类。对产品类遮阳装置的抗风等结构性能应符合建筑设计要求；对组装类遮阳装置的设计要求则按不同遮阳装置发生极限状态时情况分别做出规定。还规定遮阳装置的抗震计算与构造措施。

为确保锚固安全，本章对遮阳装置与主体结构的各个连接节点的锚固力设计取值与锚固要求做出了明确的规定。

第六章　机械与电气设计

本章规定遮阳装置所用电机的主要参数应与所驱动的遮阳装置完全匹配，机械驱动装置应带有限位装置，遮阳装置用电机内部应有过热保护装置。在电机正常转矩范围内，如果卷帘操作动作过频会引起电机过热——电机温度达到150℃时，热保护装置应自动关闭内部控制线路，避免发生电机烧毁等严重后果；待电机冷却后内部线路能自动复位，可以继续运转。

3m以上的大型外遮阳装置应使用电机驱动。对于集中控制的遮阳系统，系统应可显示遮阳装置的状态。

立面安装的垂直运行的遮阳帘体的底杆应平直并有保持自垂所需的足够的重量。导向系统应保证遮阳装置在预定的运行范围内平顺运行。

第七章　施工安装

本章要求制定建筑遮阳工程专项施工方案，对施工准备工作和遮阳组件安装做出了具

17

体规定，使施工工序合理，保证安全。遮阳安装施工往往要与其他工序交叉作业，编制遮阳工程施工方案有利于整个工程的联系配合。

为了保证遮阳装置与主体结构连接的可靠性，预埋件应在主体结构施工时按设计要求的位置与方法埋设；如预埋件位置偏差过大或未设预埋件时，应协商解决，并有相关人员签字的书面记录。

调试和试运转是安装工作最后的重要环节。要经过反复试运行，并排除各种故障，做到顺利灵活操作。但由于建筑遮阳用电机是不定时工作制，有的伸展一次就处于热保护状态，无法立刻进行收回调试，在夏天可能需要半小时以后才能恢复，但调试必须至少一个循环，必要时需要做 3 个循环。

第八章　工程验收

本章规定建筑遮阳工程应作为建筑节能工程的分项工程进行验收，与建筑结构同时施工的固定遮阳构件应与结构工程同时验收。还规定了质量验收时应检查的文件和记录，并对规定的隐蔽项目进行验收。本章规定了遮阳工程的主控项目与一般项目的检验数量及检验方法。

第九章　保养和维护

本章规定遮阳产品供应商应向业主提供《遮阳产品使用维护说明书》以及该说明书应包括的内容。业主应根据《遮阳产品使用维护说明书》的相关要求及时制定遮阳装置的维护计划，定期进行保养维护，以保证遮阳产品正常运行。

关于强制性条文

《规范》内有 4 条强制性条文，必须严格执行。现介绍如下：

（1）第 3.0.7 条：遮阳装置及其与主体建筑结构的连接应进行结构设计。

（2）第 7.3.4 条：在遮阳装置安装前，后置锚固件应在同条件的主体结构上进行现场见证拉拔试验，并应符合设计要求。

（3）第 8.2.4 条：遮阳装置与主体结构的锚固连接应符合设计要求。

检验数量：全数检查验收记录。

检验方法：检查预埋件或后置锚固件与主体结构的连接等隐蔽工程施工验收记录和试验报告。

（4）第 8.2.5 条：电力驱动装置应有接地措施。

检验数量：全数检查。

检验方法：观察检查电力驱动装置的接地措施，进行接地电阻测试。

2.《要求》主要技术内容

《要求》的主要内容包括：1 范围；2 规范性引用文件；3 术语和定义；4 分类和标记；5 材料；6 要求；7 试验方法；附录 A（规范性附录）建筑遮阳产品抗风性能简图及性能要求；附录 B（规范性附录）建筑遮阳产品耐雪荷载试验方法；附录 C（规范性附录）建筑遮阳卷帘窗抗冲击性能试验方法等。

在 5 材料一章中，涉及的遮阳产品材料有金属、织物、木材、玻璃、塑料。

对于金属材料，有外观的性能要求、耐腐蚀性要求、涂层耐久性要求等。

对于织物材料，有日晒色牢度等级及效果要求、耐气候色牢度等级及效果要求、断裂强力要求、断裂伸长率等级及效果要求、透光等级及效果要求、防紫外线等级及效果要求和遮阳性能效果和遮阳系数等方面的要求。

对于木材，有透纹理的装饰材料活节要求、不透纹理的装饰材料活节要求、物理性能、木材处理等方面的要求。

对于玻璃材料，有玻璃系统可见光透过性能分级、玻璃系统遮阳性能分级、建筑遮阳玻璃系统保温性能分级等方面的要求。

以塑料为材料的遮阳产品，由于越来越趋于少量使用，因此未有详细要求。

在"性能要求"章中包括抗风性能、抗雪荷载性能、耐积水荷载性能、操作力性能、误操作、锁定机构的阻力、机械耐久性能、霜冻条件下操作、抗冲击性能、电动装置。

由于我国东南沿海多台风，台风强度很大。为了保证遮阳设施的安全，对于户外遮阳篷、外遮阳帘和百叶的抗风性能等级规定的测试荷载比欧盟标准有所提高。

关于遮阳的英文词汇，有 solar shading，sun protection，solar protection 等多种，实际含义应该是相同的。而在实际使用中，由于欧美国家的长期习惯，遮阳这类词汇用得较少，他们一般常用的是 shutter 遮阳百叶和 blind 遮阳板（篷/帘）。因此，在欧盟的标准中，我们说的遮阳标准，就是 shutter 和 blind 的标准。

需要说明的是，尽管这本标准范围很宽，所规定的还只限于建筑遮阳产品的内在功能（intrinsic performance），即指各种遮阳产品总体的功能，如材料、抗气候、便于操作、耐久、安全等基本要求，而不涉及遮阳产品的具体用途。这正是欧盟国家编制遮阳标准的思路，是他们通过长期的实践，总结得出的经验。至于建筑遮阳产品的具体功能（specific performance），即与具体产品有关的功能，则属于内在功能的补充。如热舒适和视觉舒适性能，即为具体功能，其中内容十分复杂，包括一系列光学和热学原理的应用。在光的性能方面，有光的透射、反射和吸收，以及遮阳系数；在热舒适方面，有向室内二次传热、直射透射防护等问题；在视觉舒适方面，又有不透明度控制、眩光控制、夜间私密性、与外部的视觉联系等等。这些功能十分复杂，并且往往还需要分为若干个等级。这些专门问题，由另外两个标准，即《建筑遮阳热舒适和视觉舒适性能分级标准》和《建筑遮阳对室内环境热舒适与视觉舒适性能的影响及其检测方法》解决。

1.2.4　《建筑遮阳工程技术规范》和《建筑遮阳通用要求》的技术水平、作用和效益

《规范》和《要求》是我国首次编制的建筑遮阳方面的重要标准，2009年9月《要求》送审稿通过住房城乡建设部组织的专家组审查后报送住房城乡建设部批准，于2011年1月1日起实施；2010年5月《规范》送审稿通过住房城乡建设部组织的专家组后报送住房城乡建设部批准，于2011年12月1日起实施。

《规范》和《要求》分别在住房城乡建设部组织的专家审查会中，经过认真讨论，达成共识，认为《建筑遮阳通用要求》和《建筑遮阳工程技术规范》的编制，达到了国际先进水平。

《规范》是建筑遮阳工程建筑设计、结构设计、机械与电气设计、施工安装、工程验收以及保养和维修工作中贯彻执行国家技术经济政策的依据，遵循了节能低碳、安全适用、技术先进、保证质量、经济合理、方便施工、保护环境等方针。可供建筑遮阳工程建筑设计、施工安装、工程验收以及保养和维修单位使用，对保证建筑遮阳工程的质量、安全有重要意义，填补了国内空白，达到国内领先水平。故《规范》的实施将产生明显的经

济和社会效益。并为执行《节约能源法》、《民用建筑节能条例》、《公共机构节能条例》以及《公共建筑节能设计标准》、《夏热冬暖地区居住建筑节能设计标准》、《夏热冬冷地区居住建筑节能设计标准》和《严寒和寒冷地区居住建筑节能设计标准》的实施提供质量和安全保证。

《要求》对于遮阳产品的材料、要求等做出了明确的规定,《要求》与相关的遮阳标准相互协调,可操作性强,为保证我国建筑遮阳行业与建筑节能的健康发展意义重大。

建筑遮阳能够大大提高建筑热舒适与视觉舒适性。发展建筑遮阳产业有利于扩大内需、增加就业。建筑遮阳工程技术是建筑节能减排技术中不可或缺的关键技术,在构建以低碳排放为特征的建筑体系中起到越来越重要的作用。

建筑遮阳技术已在许多发达国家得到广泛应用,随着人们对建筑节能减排的日益重视,以及对建筑遮阳作用认识的不断提高,建筑遮阳技术必将在中国迅速推进。建筑遮阳正面临大发展的历史机遇,建筑遮阳工程技术规范的实施,跨越式大发展建筑遮阳工程技术,必将为缓解全球气候变化、节约建筑用能、转变经济发展方式、改善人民生活做出重要贡献。

标准是政府进行行业管理的重要手段,是进行相关规划、工程建设与施工、日常运行管理与维护、监测与预警等活动的统一的基本准则。建筑遮阳标准是不断完善的建筑节能标准系列的有机组成部分,也是住房和城乡建设部推进建筑节能工作的有力的技术支撑的一个组成部分。建筑遮阳规范和标准的实施,将有效促进建筑行业建筑节能各项指标的完成,有效促进节能减排目标的实现。

在这里我们要感谢参与两个标准编写的专家和技术人员:

《建筑遮阳工程技术规范》参编人员:杨仕超、冯雅、许锦峰、刘强、段恺、张树君、崔旭明、赵士怀、朱惠英、刘月莉、陆津龙、卢求、刘翼、任俊、孟庆林、张震善、王涛、蔡家定、邱文芳、程立宁、梁世格、胡白平、许增建、王述裕、陈威颖。

《建筑遮阳通用要求》参编人员:陆津龙、杨仕超、许锦峰、张树君、张震善、段恺、邱文芳、卢求、赵士怀、朱惠英、刘月莉、任俊、刘翼、蔡家定、王涛、程立宁、胡白平、王鹏、梁世格、陈威颖、赵立华。

1.3 建筑遮阳技术推广的若干问题

杨仕超　马扬

广东省建筑科学研究院

摘　要： 本文针对我国推广建筑遮阳技术的几个关键问题，如建筑遮阳设计、计算及遮阳效果评价技术、完善现有遮阳相关标准等，进行论述，提出了解决问题的方法。

关键词： 建筑遮阳技术；技术推广

建筑需要自然采光，需要自然通风，需要景观。透明围护结构满足了这些需求，但透明围护结构对太阳的抵挡能力却远不如非透明围护结构，过多的透明围护结构使得建筑对恶劣气候的阻隔能力变差。如果都用设备调节，势必用掉很多的能源，形成高能耗。这时，用遮阳设施调节透明围护结构就很重要。需要阳光时，就不使用遮阳设施；不需要阳光时就遮阳。而且，在室内环境方面，光环境和热辐射环境都是非常重要的，遮阳设施用得好，可以得到很好的协调。近些年来，建筑遮阳的重要性逐渐被重视起来，尤其是夏热冬冷地区的空调建筑。

目前我国的遮阳标准已经基本形成系列，包括产品标准、检测标准及工程设计标准，基本可满足工程应用的需要。建筑遮阳技术正处于被大力推广的过程中，若想做好遮阳技术推广工作，还必须关注并解决很多问题。

1.3.1 建筑遮阳推广的关键问题

1. 建筑遮阳设计、计算及遮阳效果评价技术的重要性

建筑遮阳的重要性已经得到业界的普遍认同，大家都认为遮阳措施是解决建筑透明围护结构隔热问题，调节室内光、热环境的有效措施。目前也有相关的产品标准、检测标准可对遮阳产品的遮阳性能进行测试、确定，但是只能作为产品之间的性能比较，却不能真实地反映遮阳产品应用于建筑上之后的遮阳效果。这正是因为建筑遮阳的遮阳效果及对建筑能耗的影响均与太阳辐射有密切关系，也就是说建筑遮阳的遮阳系数应该是一个时刻变化的参数。

遮阳设计应该是室内建筑物理环境设计的重要内容，应该把建筑遮阳设计纳入建筑设计，与建筑设计同步进行，不能到装修时才做遮阳设计。

如果我们在建筑设计时要想选择合适的遮阳技术及产品，应该进行冬季和夏季的光影分析，结合太阳光学进行遮阳计算，综合全年的情况，才能切实评价遮阳效果。固定遮阳必须进行直射阳光的设计计算，遮阳板的位置、形状应根据所要遮挡的直射阳光进行设计。

对于建筑全年负荷、能耗计算，也涉及建筑遮阳的实际遮阳系数，也就要求我们必须关注建筑遮阳设计、计算及遮阳效果评价技术的重要性，尽快系统研究，形成可提供给建筑设计师进行遮阳设计时适用的技术工具，将遮阳技术应用在设计这个龙头环节，才能做到合理准确。

2. 完善现有遮阳相关标准，强化标准执行力度

目前的《公共建筑节能设计标准》虽然有遮阳系数的要求，但活动遮阳不是遮阳系数的问题，是我们如何使用控制遮阳装置以达到较好的室内环境的问题，遮阳系数不能衡量活动遮阳装置对节能的贡献。建筑的东西向采用遮阳装置无论如何都是有利的，但节能计算的结果却不一定。对于采暖为主的地区，可能遮阳系数小反而会使能耗增加。所以，公共建筑进行权衡计算不能反映遮阳的真实作用。其他的节能标准也都是如此，只有夏热冬暖地区南区是只考虑夏季，所以全年计算的结果是正常的。

现在虽然有了一系列的遮阳标准，但源头还在设计规范。设计时如果不考虑遮阳设施，遮阳的所有标准都是没有用的。其实目前我们的标准体系中有《民用建筑热工设计规范》，但这本规范执行得不好，有些建筑师甚至不知道这本标准。空调设计的规范虽然有负荷计算，但只有在负荷计算有问题时才想到做遮阳设计。

对于以上问题，我们在标准体系完善方面，还需要做以下工作：

（1）建筑节能标准应增加强制性条文，建筑的东西朝向对于窗墙面积比超过一定比例的外窗应该设置活动的外遮阳。

（2）固定遮阳需要进行复杂的计算，以确定遮阳装置的位置和形状，而且较适合于南方炎热地区。

（3）内遮阳也可以作为节能措施，但必须有管理措施，避免图纸有设计，而实际不安装。如为内遮阳，应该由建筑统一设计，并且能统一自动控制；遮阳帘应该是反光隔热型的，透光率很低，反光率很高，这样才能节能；遮阳装置必须进行统一的验收。

（4）超过一定面积的采光顶必须设置电控活动遮阳装置，内外均可，因为采光顶装外遮阳有时很难。夏季的空调负荷非常大，只有少量采光顶下面在夏季能够达到舒适水平。采光顶如采用内遮阳，要达到节能的效果也需要设反光帘。

（5）在住宅设计规范和其他建筑设计规范中，也应加入指导遮阳设计的条款。如南方（夏热冬暖地区）适合采用固定遮阳，南向采用水平遮阳，北向采用综合遮阳，东西向采用挡板遮阳，等等。

3. 内遮阳的节能效果评价及认可

建筑内遮阳在我们国家一直是在室内装修时才进行设计，因此在建筑施工图设计及审查阶段无法进行有效的监督、控制，并且在使用阶段，受到室内使用者的人为因素影响较大，无法明确其节能效果。所以，近几年内遮阳的效果一直不被认可，影响了这一技术与产品的推广应用。但是完全不考虑内遮阳也是不完全合理的，对于无法安装外遮阳的建筑，尤其是超高层玻璃幕墙建筑，此时必须使用内遮阳，才能做到室内环境调节。并且，建筑内遮阳确实是对室内热环境的改善及空调负荷的降低有明显作用，这是我们不应忽视的。

目前我们要改善内遮阳的应用情况，急需做以下的工作：

（1）进行大量的试验、调研，得到丰富的实际工程数据，向社会各界证明内遮阳的节能效果。

（2）如何使建筑内遮阳成为建筑上的永久设施，便于政府主管部门的监管，实现内遮阳的正常运用，是目前遮阳行业必须解决的问题。

（3）优化内遮阳集中控制系统，以便于统一控制、管理，实现良好的遮阳效果。

（4）在上述基础之上，研究内遮阳节能效果的计算及评价方法体系，形成统一标准，使内遮阳纳入建筑设计环节，从设计源头控制。

（5）制定相关的内遮阳使用、管理制度，规范使用者的操作，以保证合理使用。

4. 加强对外遮阳工程的设计和施工管理

建筑外遮阳在南方台风常发地区难以推广的一个重要因素是安全问题，安全隐患一直是让业主和设计师不愿、不敢尝试的关键原因。因此，外遮阳要进行必要的结构设计，满足结构安全要求，遮阳装置的安装应由专业施工单位施工，制造企业能否直接施工应有规定，特别是对于旧建筑加设外遮阳，一定要进行连接设计和施工验收，以确保安全。

遮阳装置进行相关的安全、功能检验是必须的，但现已经出台了很多其他的性能检验标准，不可要求进行不必要的检验，特别是复验，以免增加工程负担。因为许多性能不是大多数遮阳装置所必备的，即使需要，形式检验已经可以满足要求了。

5. 加强遮阳装置的维修保养管理

遮阳装置容易因气候发生机械装置失灵、不畅等问题，需要定时或不定时地进行检查。另外，遮阳装置连接部位可能腐蚀，造成安全问题，需要定期检查，及时维修。所以，使用的业主应建立维修保养制度，至少应明确大风天气、阴天、夜晚应收起外伸的活动外遮阳装置，以防出现意外。

6. 加强指导、培训

许多遮阳技术措施、产品并不为大家所熟悉，应组织企业多出资料，指导建筑师选用。应组织专业人员编写遮阳产品的选用指南、遮阳措施的设计指南等指导性材料，供建筑师参考。

加强组织人员编制培训教材，对注册建筑师进行建筑遮阳知识的培训，把遮阳设计培训纳入必修培训课程。注册监理工程师也应学习建筑遮阳工程的设计、施工、验收知识。建筑门窗、幕墙施工企业的设计师、建造师也应该组织建筑遮阳工程知识的培训。

1.3.2 结语

建筑遮阳技术对建筑节能的重要性及有效性已经得到社会的关注和认可，在发展之时，也有几项迫切的工作急需完成：完善现有遮阳相关标准，强化标准执行力度，将建筑遮阳设计纳入建筑设计环节；在建筑遮阳设计阶段，应进行建筑计算及遮阳效果评价；加强内遮阳的集中控制及效果评价研究，早日使内遮阳的节能效果得到"官方认可"，根据客观需要，选择采用内遮阳或外遮阳设施才能真正在建筑节能设计中体现其效果；加强施工管理及行业指导与培训，等等。

建筑遮阳技术目前已经开始逐步推广使用，只要我们能及时解决以上这些问题，必然具有良好的发展前景。

1.4 我国建筑外遮阳发展现状及其标准化进展

刘翼[1] 蒋荃[2]

1. 中国建筑材料检验认证中心；2. 国家建材工业铝塑复合材料及遮阳产品质量监督检验测试中心

摘　要： 近年来，随着我国建筑节能的发展，建筑遮阳的推广应用已为大势所趋。本文即对当前我国建筑遮阳行业现状进行了综述，对其标准化进展的相关情况进行了介绍，并对当前遮阳行业面临的问题进行了分析。

关键词： 建筑遮阳；发展现状；标准化

建筑遮阳技术是建筑节能技术的重要组成部分，是中高纬度地区建筑节能的关键措施。外门窗、玻璃幕墙等透光建筑构件是建筑外围护结构中热工性能最薄弱的环节，通过透光建筑构件的能耗，在整个建筑能耗中占有相当大的比例。在夏季它往往成为影响建筑热舒适的致命问题，在这种情况下，遮阳设计也就理所当然地成为必不可少的环节。建筑遮阳的目的在于阻断直射阳光透过玻璃进入室内，防止阳光过分照射和加热建筑围护结构，防止直射阳光造成的强烈眩光。在所有的被动式节能措施中，建筑遮阳也许是最为立竿见影的有效方法。良好的遮阳设计不仅有助于节能，符合未来发展的要求，而且遮阳构件成为影响建筑形体和美感的关键要素。建筑外遮阳产品进入中国已有将近 10 年的时间，随着社会和政府对建筑节能，尤其是近几年对建筑夏季隔热节能的日益重视，建筑遮阳行业迎来了一个高速发展期。

1.4.1 建筑外遮阳的分类和适用范围

由于采用内遮阳时，太阳辐射热量已经进入室内。因此，除了防止眩光外，内遮阳对降低建筑能耗的作用很小。在建筑热工设计与节能设计标准中，均不包括内遮阳。本文所提遮阳指建筑外遮阳和位于双层透明围护结构之间的中间遮阳。建筑外遮阳的分类和适用范围见表 1.4 - 1。

建筑外遮阳的分类和适用范围　　　　表 1.4 - 1

外遮阳分类			操作方式			使用材料			遮阳位置				与建筑立面关系				适用层高				
			手动	电动	固定	金属	织物	玻璃	窗口	采光顶	墙体	玻璃幕墙	水平式	垂直式	挡板式	综合式	低层	多层	中高层	高层	超高层
遮阳板				◎	◎	◎		◎	△	▲	▲	▲	▲	▲	△		▲	▲	▲	▲	▲
遮阳帘	百叶帘	轨道导向	◎	○		◎				▲		△			▲		▲	▲	△	×	×
		钢索导向	◎	○		◎				▲		△			▲		▲	▲	△	×	×
	硬卷帘		◎	○		◎				▲	△				▲		▲	▲	△	×	×
	天篷帘	轨道导向					◎			▲			▲	▲	▲		▲	▲	△	×	×
		钢索导向					◎			▲			▲	▲	▲		▲	△		×	×
	软卷帘	轨道导向	◎	○			◎		▲						▲		▲	▲	×	×	×
		搭扣式	◎	○			◎		▲						▲	△	▲	△	×	×	×

续表

外遮阳分类			操作方式			使用材料			遮阳位置				与建筑立面关系				适用层高				
			手动	电动	固定	金属	织物	玻璃	窗口	采光顶	墙体	玻璃幕墙	水平式	垂直式	挡板式	综合式	低层	多层	中高层	高层	超高层
遮阳篷	曲臂遮阳篷	平推式	◎	◎			◎		▲				▲				▲	△	×	×	×
		斜伸式	◎	◎			◎		▲							▲	▲	△	×	×	×
		摆转式	◎	◎			◎		▲							▲	▲	△	×	×	×
	折叠遮阳篷		◎	◎			◎		▲						▲	△	▲	△	×	×	×
内置遮阳中空玻璃制品			◎	◎		◎	◎		▲	▲						▲	▲	▲	▲	▲	▲
遮阳格栅				◎	◎				▲	△	▲	△	▲	▲	△	▲	▲	▲	▲	▲	▲

注：1. ◎表示"有"，▲表示"宜"，△表示"可"，×表示"不宜"。
　　2. 当遮阳产品配有"风速感应-自动收回"系统时，使用层高不受本表限制。

1.4.2 我国外遮阳工程设计现状

1. 外遮阳产品生产技术现状

我国目前的外遮阳技术基本为国外引进技术，尤其是欧洲技术。欧洲属地中海气候，而我国主要属于大陆季风气候和亚热带气候，二者差别较大。适应于欧洲气候特点（主要指抗风性）的产品未必适合我国大多数地区，尤其是东南沿海地区。而且从量大面广的居住建筑来说，其技术特点不完全适应我国居住建筑的形式要求。欧洲的居住建筑多为独栋低层别墅或多层公寓，而我国则多为高层建筑。因此，除了遮阳产品的适应性外，外遮阳的相关技术配套措施目前也不完善，且不能照搬欧洲的技术。

目前国内的外资企业遮阳产品，其各种配件大多以进口为主，在国内只完成组装的任务。国内部分做高端遮阳产品的企业虽然同样使用进口原材料与配件，但在设计理念、人性化设计、组装精度、质量控制等与国外企业还有一定的差距。

2. 外遮阳工程设计现状

我国遮阳行业与发达国家相比，最突出的差距在于遮阳工程的设计。不少建筑设计单位没有将遮阳工程设计纳入建筑设计的范畴，而是完成建筑设计后再将内遮阳设施作为补充。而发达国家在建筑设计过程中将外遮阳设计与建筑立面融为一体，十分重视整体规划，具有整体美感。

在国内绝大多数建筑设计科研单位缺少建筑遮阳方面的研究设计人才，大多数设计师将遮阳仅仅当作一种建筑装饰的附加配套设施，目的是为了标榜该建筑的造价及档次，过于注重表现遮阳的符号性，而忽略了节能的重要含义。或者在设计中，过于片面强调建筑物的立面效果，而忽略了遮阳的建筑日照设计与节能设计，虽然设计了外遮阳设施，但遮阳的节能效果并没有得到很好的体现。

北京西环广场为一典型的案例，该建筑大面积使用了玻璃幕墙，南侧和弧形屋顶采用白色铝合金型材组成的外遮阳系统。但在中低纬度地区，建筑立面遮阳首当其冲的应该是西面。据在这里上班的员工反映，阳光的照射常常影响到他们的正常工作，办公室里的窗帘从早到晚都被用来遮挡阳光。正对西边的公司更是深受其害，在强烈的阳光下即使拉下窗帘也起不了太大的作用，他们不得不用易拉宝或横幅等所有能想到的东西去遮挡阳光

（见图1.4-1）。更为严重的是，即使空调满负荷运转，西侧的办公室夏季仍然炎热，热舒适度很差。

图1.4-1　北京西环广场外观及室内环境

1.4.3　我国建筑遮阳标准化进展

1. 我国节能设计标准的要求

随着国家对建筑遮阳的逐渐重视，在最近几年新修订的民用建筑节能设计标准中，对建筑透明围护结构的遮阳系数都提出了明确的规定，主要有以下几个方面。

（1）《公共建筑节能设计标准》GB 50189-2005[1]中对严寒地区遮阳不作规定，对其他地区按不同的窗墙面积比及外窗的传热系数均有具体规定，其中对寒冷地区的规定见表1.4-2，对夏热冬冷地区的规定见表1.4-3，对夏热冬暖地区的规定见表1.4-4。当有外遮阳时，遮阳系数＝玻璃遮阳系数×外遮阳的遮阳系数；无外遮阳时，遮阳系数＝玻璃遮阳系数。

GB 50189-2005中对寒冷地区遮阳系数的规定　　　　　　表1.4-2

围护结构部件		遮阳系数（东、南、西北/北向）
单一朝向外窗（包括透明幕墙）	窗墙面积比≤0.2	—
	0.2＜窗墙面积比≤0.3	—
	0.3＜窗墙面积比≤0.4	≤0.70/—
	0.4＜窗墙面积比≤0.5	≤0.60/—
	0.5＜窗墙面积比≤0.7	≤0.50/—
屋顶透明部分		≤0.50

GB 50189-2005 中对夏热冬冷地区遮阳系数的规定　　　　　　表 1.4-3

围护结构部件		遮阳系数（东、南、西北/北向）
单一朝向外窗 （包括透明幕墙）	窗墙面积比≤0.2	—
	0.2＜窗墙面积比≤0.3	≤0.55/—
	0.3＜窗墙面积比≤0.4	≤0.50/0.60
	0.4＜窗墙面积比≤0.5	≤0.45/0.55
	0.5＜窗墙面积比≤0.7	≤0.40/0.50
屋顶透明部分		≤0.40

GB 50189-2005 中对夏热冬暖地区遮阳系数的规定　　　　　　表 1.4-4

围护结构部件		遮阳系数（东、南、西北/北向）
单一朝向外窗 （包括透明幕墙）	窗墙面积比≤0.2	—
	0.2＜窗墙面积比≤0.3	≤0.50/0.60
	0.3＜窗墙面积比≤0.4	≤0.45/0.55
	0.4＜窗墙面积比≤0.5	≤0.40/0.50
	0.5＜窗墙面积比≤0.7	≤0.35/0.46
屋顶透明部分		≤0.35

（2）《严寒和寒冷地区地区居住建筑节能设计标准》JGJ 26-2010[2]中规定，寒冷地区 B 区（2000≤HDD18＜3800，100＜CDD26≤200，包括北京、天津等）建筑的南向外窗（包括阳台的透明部分）宜设置水平遮阳或活动遮阳。东、西向的外窗宜设置活动遮阳。活动式外遮阳容易兼顾建筑冬夏两季对阳光的不同需求，如设置了展开或关闭后可以全部遮蔽窗户的活动式外遮阳，则认定对外窗的遮阳系数要求得到满足。该地区对遮阳系数的具体要求见表 1.4-5。

寒冷地区（B）区外窗综合遮阳系数限值　　　　　　表 1.4-5

		遮阳系数 SC（东、西向/南、北向）			
		≥14 层建筑	9～13 层的建筑	4～8 层的建筑	≤3 层建筑
外窗	窗墙面积比≤20%	—/—	—/—	—/—	—/—
	20%＜窗墙面积比≤30%	—/—	—/—	—/—	—/—
	30%＜窗墙面积比≤40%	0.45/—	0.45/—	0.45/—	0.45/—
	40%＜窗墙面积比≤50%	0.35/—	0.35/—	0.35/—	0.35/—

注：1. 表中的窗墙面积比按建筑开间计算。
　　2. 综合遮阳系数＝窗的遮阳系数×外遮阳的遮阳系数；窗的遮阳系数＝玻璃的遮阳系数×（1-窗框比），PVC 塑钢窗或木窗窗框比可取 0.30，铝合金窗窗框比可取 0.20。

（3）《夏热冬冷地区居住建筑节能设计标准》JGJ 134-2010[3]规定：东偏南 45°至东偏北 45°，西偏南 45°至西偏北 45°范围的外窗应设置挡板式遮阳或可以遮住窗户正面的活动外遮阳，南向的外窗宜设置水平遮阳或可以遮住窗户正面的活动外遮阳。窗户设置了可以遮住正面的活动外遮阳（如卷帘、百叶窗等）则对遮阳系数的要求自动满足。对遮阳系数的具体要求见表1.4-6。表中对窗墙面积比大于0.45的建筑明确提出了设置外遮阳的要求。

夏热冬冷地区居住建筑的外窗综合遮阳系数限值　　　　表1.4-6

建筑	窗墙面积比	外窗综合遮阳系数 SC_w（东、西向/南向）
建筑层数≥6	窗墙面积比≤0.20	—/—
	0.20＜窗墙面积比≤0.30	—/—
	0.30＜窗墙面积比≤0.40	夏季≤0.40/夏季≤0.45 冬季≥0.60
	0.40＜窗墙面积比≤0.45	夏季≤0.35/夏季≤0.40 冬季≥0.60
	0.45＜窗墙面积比≤0.60	东、西、南向设置外遮阳 夏季≤0.25　冬季≥0.60
建筑层数≤5	窗墙面积比≤0.20	—/—
	0.20＜窗墙面积比≤0.30	—/—
	0.30＜窗墙面积比≤0.40	夏季≤0.40/夏季≤0.45 冬季≥0.60
	0.40＜窗墙面积比≤0.45	夏季≤0.35/夏季≤0.40 冬季≥0.60
	0.45＜窗墙面积比≤0.60	东、西、南向设置外遮阳 夏季≤0.25　冬季≥0.60

注：1. 表中的窗墙面积比按建筑开间计算。
　　2. 表中的"北"代表从北偏东60°至北偏西60°的范围；"东、西"代表从东或西偏北30°（含30°）至偏南60°（含60°）的范围；"南"代表从南偏东30°至偏西30°的范围。
　　3. 综合遮阳系数＝窗的遮阳系数×外遮阳的遮阳系数；窗的遮阳系数＝玻璃的遮蔽系数×（1-窗框比），标准大小的PVC塑钢窗或木窗窗框比可取0.30，铝合金窗窗框比可取0.20，其他框材的窗按相近原则取值。外遮阳的遮阳系数按该标准的附录C计算。

（4）《夏热冬暖地区居住建筑节能设计标准》JGJ 75正在修订中，将分南北区、按不同的窗墙面积比及外窗的传热系数，对外窗的综合遮阳系数作出具体规定。

（5）值得一提的是，江苏省住房城乡建设厅2008年发了269号文《关于加强建筑节能门窗和外遮阳应用管理工作的通知》，把建筑外遮阳实施工作的情况列入专项检查的内容之一，开始在江苏省内的夏热冬冷地区强制性推广外遮阳。招标使用经省建设主管部门推广认定的外遮阳产品，形成了从设计、审图、工程建设、验收一整套的闭合管理体系。在《江苏省居住建筑热环境和节能设计标准》DGJ32/J 71-2008[4]中，则首次提出南向外窗遮阳系数，不应计算玻璃的遮阳系数，仅计算外遮阳系数（法式阳台、防火构造、活动外遮阳窗帘等）。相当于在这一强制性标准中明确提出了南向窗户必须使用外遮阳，否则设计图无法通过审核。

2. 我国遮阳产品标准体系

在欧美日等发达国家，都有建筑遮阳标准体系，其中以欧盟的遮阳标准体系最为完备。而在我国，由于长期以来国内更侧重于研究建筑遮阳的热工性能，缺少对遮阳产品的遮阳性能以及构件材料的固有性能、安全性能和寿命周期的检测技术和方法的研究，致使相应的检测方法标准和产品标准几乎空白，这成为限制我国建筑遮阳行业发展的瓶颈。为贯彻国家节能降耗要求，促进我国遮阳技术发展、规范我国建筑遮阳的市场，在不断完善的建筑节能标准体系的推动下，在相关专家和行业协会的倡议下，住房城乡建设部自 2006 年至今共下达了 24 项遮阳标准编制计划，初步构建了我国的遮阳标准体系，具体见表 1.4-7。在 2011 年，还将有部分遮阳标准的编制任务下达。

我国遮阳标准体系

表 1.4-7

标准类别	标准名称	标准号	所参考欧盟标准号
通用标准	建筑遮阳产品术语	在编	EN 12216
	建筑遮阳通用要求	JG/T 274-2010	EN 13569 EN 13561 EN 13120
	建筑遮阳产品电力驱动装置技术要求	JG/T 276-2010	EN 14202 EN 14203
	建筑遮阳产品用电机	JG/T 278-2010	—
	建筑遮阳产品热舒适、视觉舒适性能与分级	JG/T 277-2010	EN 14501
产品标准	建筑用遮阳金属百叶帘	JG/T 251-2009	
	建筑用遮阳天篷帘	JG/T 252-2009	
	建筑用曲臂遮阳篷	JG/T 253-2009	
	建筑用遮阳软卷帘	JG/T 254-2009	
	内置遮阳中空玻璃制品	JG/T 255-2009	
	建筑用铝合金遮阳板	在编	
	建筑用遮阳硬卷帘	在编	
试验方法标准	建筑遮阳产品抗风性能试验方法	JG/T 239-2009	EN 1932
	建筑遮阳产品耐积水荷载试验方法	JG/T 240-2009	EN 1933
	建筑遮阳产品机械耐久性能测试方法	JG/T 241-2009	EN 14201
	建筑遮阳产品机操作力测试方法	JG/T 242-2009	EN 13527
	建筑遮阳热舒适、视觉舒适性能检测方法	JG/T 356-2012	EN 14500
	建筑遮阳产品隔热性能试验方法	JG/T 281-2010	—
	建筑遮阳产品遮光性能试验方法	JG/T 280-2010	—
	建筑遮阳产品声学性能测量	JG/T 279-2010	—
	建筑遮阳产品误操作试验方法	JG/T 275-2010	EN 12194
	密封百叶窗气密性试验方法	JG/T 282-2010	EN 12835
	建筑遮阳产品雪荷载试验方法	在编	
工程标准	建筑遮阳工程技术规范	JGJ 237-2011	—

3. 遮阳产品认证技术

欧盟普遍将涉及公共安全、健康、环保、节能等 6 个方面的建筑产品列入 CE 强制性的产品认证目录，对其进行约束管理。自 2006 年 4 月 1 日起，欧盟对所有的建筑外遮阳产品实施 CE 强制性认证，要求进行抗风压测试，并要求生产厂家提供产品的抗风压等级。[5]欧盟对建筑遮阳产品进行 CE 认证的标识见图 1.4-2。

CE

Name:　　　　　WAREMA Renkhoff GmbH
Year of declaration of conformity:　　　2006
Head office:　　Hans-Wilhelm-Renkhoff-Straße 2
　　　　　　　　97828 Marktheidenfeld
　　　　　　　　Germany
Norm:　　　　DIN EN 13561
Product:　　　Awning
Intended use:　　　　　for outdoor installation
Wind class:
　　　　　　　　with guide rail　　　　　3^1
　　　　　　　　with rod guidance　　　　2^2
　　　　　　　　with cable guidance　　　1^3
Noise emission level:　　　　<70 dB(A)^4

图 1.4-2　欧盟建筑遮阳产品 CE 认证标识

目前在国内还没有对建筑外遮阳产品提出强制性认证的要求，只有中国建筑材料检验认证中心（CTC）开展了建筑遮阳产品质量、节能等自愿性认证。外遮阳产品在使用过程中受到风荷载、雪荷载、积水荷载及自然老化等诸多因素影响，尤其是抗风性能涉及使用安全。因此，研究 CE 的认证技术，在我国开展外遮阳产品抗风性能强制性认证是一个必然的发展方向。

1.4.4　结语

1. 建筑遮阳正面临着空前的发展机遇。整个行业应抓住这次机遇，在发展中提升技术水平与核心竞争力，在技术开发上加大投资力度，重点开发适合我国国情、安全可靠、耐久性好、价格适中的遮阳产品，实行规模生产，满足建筑节能需要；同时，我们应大力提升遮阳工程的设计水平，使得建筑外遮阳在满足节能需要的同时与建筑外立面相得益彰。

2. 我国建筑遮阳领域标准体系初步形成，还处在发展阶段，需要不断完善。同时，标准的宣传工作迫在眉睫，行业内对标准必须认真执行。要加强监管力度，对于外遮阳产品，无论设计还是安装，必须把遮阳的安全性放在首位，必须符合工程建设标准的要求，消除安全隐患。对外遮阳产品的性能进行强制性认证就是一种较好的方法。

参考文献
[1] 公共建筑节能设计标准 . GB 50189-2005.
[2] 严寒和寒冷地区地区居住建筑节能设计标准 . JGJ 26-2010.
[3] 夏热冬冷地区居住建筑节能设计标准 . JGJ 134-2010.
[4] 江苏省居住建筑热环境和节能设计标准 . DGJ32/J 71-2008.
[5] 楼明刚，岳鹏，王苗苗 . 中欧建筑遮阳技术标准的比较 [J] . 上海建设科技 . 2008（1）：70-72.

1.5 我国夏热冬暖地区建筑遮阳的发展现状与趋势

徐春桃 赵士怀
福建省建筑科学研究院

摘 要：本文介绍了对我国夏热冬暖地区建筑遮阳的研究和应用现状。探讨了国内建筑遮阳发展趋势和建筑遮阳标准建设。并指出，开发探讨适合我国不同地区的遮阳产品，研究有效合理的检测方法、完善我国的标准体系已是刻不容缓的任务。

关键词：夏热冬暖地区；建筑遮阳；遮阳设计一体化

我国夏热冬暖地区夏季漫长，太阳辐射强烈。该地区经济普遍发达，人们对居住环境舒适性的要求在不断提高，在夏季普遍使用空调降温。近年来受到简约主义思想的影响，片面地追求建筑的通透艺术和室内观景功能需要，建筑无遮阳的大玻璃窗建筑立面比比皆是。南方地区的民用建筑夏季室内温室效应加剧，热环境质量恶化，为降温而投入的空调能耗巨大、浪费惊人。

窗的得热主要是太阳直射辐射造成的，通过合理地运用遮阳技术势必能够有效地消除太阳透射引起的空调负荷，降低能耗。国外研究表明，建筑做水平、垂直、格子遮阳，分别可获得7％～16％、6％～13％、13％～24％的节电效果。因此，开发研究适合我国夏热冬暖地区建筑综合遮阳构造技术具有重要的节能意义。

本文结合我国夏热冬暖地区建筑遮阳研究和应用现状以及建筑遮阳设计一体化的、复合化、双层表皮、专业化和智能化的发展趋势，提出开发适合我国不同地区的遮阳产品、研究有效合理的检测方法、完善我国的标准体系已是刻不容缓。

1.5.1 国内建筑遮阳现状

国外遮阳技术的研究和发展相对成熟。建筑物外遮阳在欧洲应用很普遍，遮阳技术已经和建筑设计融为一体，很多遮阳系统本身就是建筑艺术的一部分。而我国现代建筑遮阳研究才刚刚起步，从国内的实际情况来看，我们在以往的建筑中可能更加注重建筑的外在形式（包括门窗和幕墙在内）。人们习惯于把建筑造型设计与遮阳这一物理功能分开考虑，先作造型，遮阳设施由用户自己解决。这必然造成以下三个问题：

1. 在居住建筑中，各家各户的遮阳方法五花八门，材料东拼西凑，立面上极不协调。严重破坏了建筑的整体效果，建筑艺术性荡然无存。

2. 由于用户缺乏相应的建筑物理知识，安装的遮阳设施往往不合理，达不到预期效果。最明显的例子是有些住宅北向采光口大量采用了水平遮阳。而实际上由于在夏季当太阳照到北立面时，太阳高度角已经很低，水平遮阳效果显然不大。

3. 多采用PVC遮阳篷，这种材料宜老化，抗腐蚀能力差，有安全隐患。

1.5.2 国内建筑遮阳的发展趋势

建筑外遮阳逐渐成为建筑立面上主要的装饰手段，在设计手法上，日益强调遮阳设施与建筑外墙面结合，力求全新的艺术形式和设计理念。在很多当代建筑大师的经典建筑中都有遮阳板的身影，可见遮阳板在建筑立面处理中的地位。随着建筑技术日臻成熟，建筑遮阳系统呈现新的发展趋势。

1. 遮阳设施与建筑外墙面结合，设计一体化与复合化

结合建筑整体设计，合理设置屋檐、阳台、外廊、墙面的遮阳板等遮阳构件。造型上，强调板面结合、虚实对比，打破原有建筑各功能构件框架，采光口与屋顶、阳台、外廊、墙面的遮阳综合设计，使遮阳设施与建筑浑然天成。这种集遮阳、通风、排气、检修等物理功能和外廊、阳台等过渡空间于一身的思维模式，是建筑遮阳主要发展方向，得到了大多数建筑师的认同。

2. 双层表皮

遮阳设施作为一种独立的设计元素，与建筑外墙面分开，力求全新的艺术形式和设计理念。在扩大开窗面积，增设开敞或半开敞空间的建筑中，利用色彩鲜艳的外遮阳构件或支撑起曲面形遮阳布，称之为"双层里面形式"。这种具有动感的建筑物双层表皮的形式不是建筑里面的时尚需要，而是现代技术解决人类对建筑节能和享受自然需求而产生的新的建筑形态，以实现单层里面不能满足的物理功能和使用功能。

3. 专业化

遮阳的设计需要考虑很多的因素，因为遮阳不仅能减少太阳辐射，同时也可能导致室内的采光不足及减少冬季室内的太阳得热。遮阳不是简单的遮挡，而应根据当地的气候、太阳高度角、文化等进行综合科学的设计及选材，才能达到所需的效果。通过对遮阳设施设计进行深入的研究，以弥补建筑师专业知识的匮乏，从而提高遮阳设计的科学性，实现遮阳设计的理想化：经济、合理、高效。

4. 智能化

智能遮阳系统是建筑智能化系统中不可或缺的一部分，相信越来越多的建筑将会采用。遮阳系统为改善室内环境而设，遮阳系统的智能化将是建筑智能化系统最新和最有潜力的一个发展分支。建筑遮阳系统智能化就是对控制遮阳板角度调节或遮阳帘升降的电机的控制系统采用现代计算机集成技术。目前国外已经成功开发了时间电机控制系统、气候电机控制系统等。我国少数公共建筑也有使用。遮阳系统依靠它的智能控制系统，实现节能目的。

1.5.3 标准建设

随着遮阳技术及产品的不断普及，为了规范引导行业市场的健康发展，制定相应的标准、法规。至今，国内有关遮阳产品的标准相继出台，如：

JGJ 237《建筑遮阳工程技术规范》

JG/T 274《建筑遮阳通用要求》

JG/T 239《建筑外遮阳产品抗风性能试验方法》

JG/T 240《建筑遮阳篷耐积水荷载试验方法》

JG/T 241《建筑遮阳产品机械耐久性能试验方法》

JG/T 242《建筑遮阳产品操作力试验方法》

JG/T 251《建筑用遮阳金属百叶帘》

JG/T 252《建筑用遮阳天篷帘》

JG/T 253《建筑用曲臂遮阳篷》

JG/T 254《建筑用遮阳软卷帘》

JG/T 255《中空玻璃内置遮阳制品》

JG/T 275《建筑遮阳产品误操作试验方法》

JG/T 276《建筑遮阳产品电力驱动装置技术要求》

JG/T 277《建筑遮阳热舒适、视觉舒适性能与分级》

JG/T 278《建筑遮阳产品用电机》

JG/T 279《建筑遮阳产品声学性能测量》

JG/T 280《建筑遮阳产品遮光性能试验方法》

JG/T 281《建筑遮阳产品隔热性能试验方法》

JG/T 282《遮阳百叶窗气密性试验方法》

JG/T 356《建筑遮阳环境热舒适、视觉舒适性能检测方法》

《建筑遮阳产品雪荷载试验方法》、《建筑遮阳名词术语标准》和《建筑遮阳硬卷帘》等几个标准正在编制当中。

1.5.4 需解决的障碍

虽然近几年建筑遮阳的应用大幅度增加，技术也逐渐成熟，但是还面临如下几个困难：

1. 国外对于遮阳的研究相对成熟，国内对遮阳的研究起步晚。国内很多工程实例都是照搬国外设计及产品应用，因为没有结合我国国情，因地制宜地研发适合我国各个地区的遮阳产品，使得所选用的产品不能达到预期效果，体现不出技术、产品的优越性，阻碍了遮阳技术、产品的发展。

2. 我国建筑遮阳相关标准都是近几年才相继出台，且很多标准都是借鉴国外的方法和理念。因缺少深入的研究资料，使得很多人，甚至是相关专业人士都对标准及其检测方法处于一知半解的状态。

3. 能完全胜任检测、评估工作的国内检测单位少，甚至有些性能至今无法定义和量化，使遮阳产品检测工作复杂度增加及费用高。

4. 因为遮阳是建筑立面重要的装饰构件，根据建筑造型需要，遮阳系统的造型也是千变万化。而标准、检测方法和检测设备都要求对其进行简化。简化带来的影响大小，直接影响产品效果的判定。

1.5.5 结语

建筑遮阳是降低建筑能耗、改善室内舒适性的重要措施之一，人们虽已认识到遮阳作为建筑的必备功能的重要性，但研究工作有待进一步深入开展。遮阳产品的专业化、智能化、一体化是市场发展的要求，也是推动节能建筑发展的动力。开发探讨适合我国不同地区的遮阳产品、研究有效合理的检测方法、完善我国的标准体系已是刻不容缓。

参考文献

[1] 付祥钊. 夏热冬冷地区建筑节能技术［M］. 北京：中国建筑工业出版社，2002.

[2] 王玥. 遮阳技术在建筑节能设计中的应用［J］. 华中建筑. 2008，(3)：41-44.

[3] 陈马良. 住宅户外遮阳现状及发展方向［J］. 住宅产业. 2008，(6)：74-76.

1.6 建筑遮阳技术是建筑适应气候变化的需求

李峥嵘

同济大学

建筑是为了适应人类走出山洞后遮风挡雨、保护自身安全需要而产生的。人类和建筑的发展史显示：人类所从事的大规模建筑事业是从奴隶社会建立以后才开始的。也就是从这个时候开始，整个建筑活动的意义不再仅仅是为了满足人类在社会中生活与生产的需要，更重要的价值是在于反映当时的思想与艺术的要求。正是在这些需求的引导下，逐步形成了建筑的双重属性。

首先是建筑的社会学属性。当人类社会出现阶级的划分后，建筑的形式就不再是为了适应遮风避雨、逃避野兽攻击而存在，而是通过自己的形象和空间来表达当时的政治、经济、文化的需求。

其次是建筑的自然科学属性。任何建筑形式的出现和演变都离不开当时社会经济和技术发展水平的约束，发达的科学技术水平是建筑发展的最基本条件之一。

在特定的历史和经济技术背景下，这两种属性决定了建筑风格的特殊性。例如我国著名的福建土楼建筑，圆形封闭式结构和狭小外窗是防止外族袭击、保护本族安全的必然措施。建筑的坡屋顶设计主要是为了顺利排除雨水，但是每一层内廊檐设计风格除了挡雨外，实际上主要起了夏季遮阳、隔热的功能，与建筑的其他技术结合可以在一定程度上维持夏不过热冬不过冷的室内环境。这些都是为了适应当地炎热、潮湿气候而衍生出来的建筑技术（图 1.6-1，图 1.6-2）。

图 1.6-1

图 1.6-2

同样，亚热带建筑设计中也非常容易看到这些技术的巧妙应用。在空调技术没有诞生之前，大挑檐、坡屋顶等设计与大面积可开启门窗相结合，可以在夏季组织有效自然通风，实现遮阳与通风降温的作用，提高室内舒适度。这种构造实际上就是一种完全建筑一体化的遮阳构件。类似的应用还有建筑阳台，既是建筑联系自然的外延结构，也是下一层住户的天然遮阳板。中国古典建筑中高度重视植物的培植，一方面是满足园林山水的审美需求，同时也是为了在夏季制造遮阴避暑的良好环境，是遮阳技术最经典、最古老的应用之一（图 1.6-3，图 1.6-4）。

图 1.6－3

图 1.6－4

类似的建筑大屋檐设计在江南地区古建筑中也非常普遍，逐渐形成了当地的一种建筑文化。

随着通风空调技术发展与科技进步，人类发现完全可以用人工的空调通风手段调控室内环境，满足舒适要求，于是逐渐放弃了遮阳等建筑自身调节技术的应用，诞生了现代建筑的设计模式。然而，随着能源危机和室内空气品质（如众所周知的空调病）问题的产生，人类自身的自然属性（即人是在自然界中生存发展的，必须与自然紧密接触才能健康发展）重新得到重视，在回归自然和可持续发展的背景下，很多建筑自身的调节技术（即所谓的被动式冷却技术、免费冷却技术等）也得以被重新审视，其中遮阳技术作为一种有效的隔热措施，得以与现代建筑设计手法完美结合，创造出更多的建筑杰作（图 1.6－5，图 1.6－6）。如：德国柏林的北欧五国大使馆建筑、法国国家图书馆建筑、阿拉伯世界文化中心等等。

上海某建筑

图 1.6－5

浦东机场二期中某建筑

图 1.6－6

在中国，虽然遮阳技术在现代建筑中的应用还有待提高，但是已经开始的实践也足以证明该技术和产品的应用有着广阔的空间和社会价值。

可见，建筑的属性决定了建筑遮阳技术的产生和应用是建筑发展的必然，是建筑适应环境变化必然产生的一种自我调节的手段。

第 2 章
专家访谈

2.1 遮阳是南方地区建筑节能主要措施

受访专家 赵士怀

赵士怀教授级高工为福建省建筑科学研究院顾问总工（原院长）、享受国务院特殊津贴专家、中国绿色建筑和节能委员会委员、全国暖通空调学会副理事长、福建省建设工程标准化协会建筑节能专业委员会主任委员。赵士怀教授级高工长期从事南方地区建筑节能、暖通空调领域的科研、检测、设计和标准编制工作，对窗户遮阳节能性能有较深入的研究。多项建筑节能科研成果获省部级科技二、三等奖，目前正主持福建省重大科技专项"建筑节能关键技术的研究与应用示范"研究。

中国遮阳网：当前国家颁布和实施了哪些与夏热冬暖或夏热冬冷地区建筑遮阳有关的技术标准？

赵士怀：建筑遮阳节能要求越来越受重视，国家已经颁布的设计标准有《夏热冬暖地区居住建筑节能设计标准》JGJ 75（目前正在修编）、《夏热冬冷地区居住建筑节能设计标准》JGJ 134 和《公共建筑节能设计标准》GB 50189 等，这些标准都对建筑外窗遮阳系数做出了相关规定。其中《夏热冬暖地区居住建筑节能设计标准》是我国第一部对建筑外窗遮阳系数做出具体量化设计的节能标准，使设计人员在做遮阳设计时有指标可循，节能设计会更加全面和深入。随着遮阳行业的发展，住房城乡建设部近几年下达了编制建筑遮阳工程标准和产品标准的任务，其中有的已经实施，如：《建筑遮阳工程技术规范》、《建筑遮阳通用要求》等 20 多部行业标准。

中国遮阳网：2011 年，北京正在加快修订《北京市居住建筑节能设计标准》，并将要求新建居住建筑强制采用外遮阳设施，同时作为夏热冬冷地区的上海市即将推出的《建筑遮阳设计规程》也标志着上海将对外遮阳做强制性推广要求。那么夏热冬暖地区各城市是否也有必要制定相关政策或标准来推动遮阳节能？为什么？

赵士怀：设计师进行建筑遮阳设计时，必须按照节能标准规定的指标，发挥聪明才智，进行创新性的思维，设计出符合指标的遮阳装置装配到建筑上。《夏热冬暖地区居住建筑节能设计标准》和《公共建筑节能设计标准》是对全国各个气候区的遮阳统一要求，各地可以根据当地的气候特点和节能发展状况，制定更加详细、更加严格的遮阳措施（细则或标准），有利于推动当地建筑遮阳的开展。

中国遮阳网：南方（夏热冬暖或夏热冬冷）地区建筑节能为什么要强调建筑遮阳？

赵士怀：通常建筑节能主要通过两个途径实现：一是提高建筑围护结构的保温隔热性能；二是提高采暖空调（照明）设备效率。如居住建筑，南方地区夏季室内外气温的昼夜平均温差变化不大，温差传热量也不是很大。然而夏季太阳热辐射强烈，进入室内的太阳辐射得热量成为夏季建筑空调负荷的主要部分。

计算分析表明，南方地区居住建筑的空调负荷大部分来自于透过窗户的太阳辐射热。

若在窗户上设置遮阳设施，就能把太阳辐射热遮挡在窗户外面，减少太阳辐射热进入室内，从而减少空调负荷，降低建筑能耗，达到节能效果。

这就像在夏天烈日下，外出活动的人们一般都拿遮阳伞遮挡太阳，减少阳光对人体的照射，增加人体的舒适性一样。

中国遮阳网：夏热冬暖地区与夏热冬冷地区对外窗遮阳要求有何不同？

赵士怀：《夏热冬冷地区居住建筑节能设计标准》与《夏热冬暖地区居住建筑节能设计标准》对外窗性能均作出了不同的要求：

1. 夏热冬冷地区对外窗的遮阳系数和传热系数均作了规定，而夏热冬暖地区南区只对外窗的遮阳系数作了规定，充分体现夏热冬暖地区建筑节能以遮阳为主的特点。

2. 夏热冬暖地区对外窗遮阳性能规定比夏热冬冷地区来得严格，如窗墙面积比小于等于0.3时，夏热冬暖地区对外窗遮阳系数有具体要求，而夏热冬冷地区没有要求。

3. 由于夏热冬冷地区冬季需要采暖，该地区外窗宜设置活动外遮阳；而夏热冬暖地区外窗宜设置固定外遮阳。

中国遮阳网：在夏热冬冷地区如何设置活动遮阳设施？

赵士怀：由于夏热冬冷地区冬季需要采暖，所以外窗宜设置活动外遮阳。活动遮阳设施是指非永久、可调节地遮挡太阳光进入室内的装置。窗口上沿活动的篷罩、百叶窗、百叶帘等都是常见的活动遮阳设施。活动遮阳可分为内、外两种，外遮阳的遮阳效率要高于内遮阳，对遮阳率要求高的建筑应尽量安装外遮阳，这样便可把大部分太阳辐射热阻挡在室外。

室内活动遮阳设施遮阳效果虽然不及外遮阳，但安装和维护则比较方便。其中活动百叶窗帘分为水平式和垂直式两种，水平式对来自上方的太阳辐射比较有效，易于遮挡南向辐射，而垂直式对来自阻挡水平方向的辐射效果较好，对防西晒比较有效。

有些生产厂家将百叶帘等装在两层玻璃之间（中置遮阳），这样窗户的内外两侧都不需要再增添其他的遮阳物，也是当前一种有特色、使用较普遍的遮阳方式。近几年，一些企业研发了窗与遮阳一体化产品，安装和使用非常方便，受到用户的欢迎。

中国遮阳网：夏热冬暖地区沿海城市（福建、海南）台风比较常见，对于高层建筑如果加设遮阳设施安装应该注意哪些问题？同时解决高层建筑的遮阳问题也是目前行业内比较关注的热点，您是怎么看的？

赵士怀：这个问题很重要，涉及遮阳装置的安全性，也是行业内关注的热点，不解决好，将会影响建筑遮阳节能的正常开展。国家行业标准《建筑遮阳工程技术规范》把遮阳装置的安全性规定放在十分突出的位置。在标准"基本规定"章节中，明确规定：外遮阳装置必须做到结构安全，构造牢固，耐久美观。对于中高层、高层、超高层建筑以及大跨度等特殊建筑的外遮阳装置及其安装连接应进行专项结构设计。在"结构设计"章节中，对遮阳装置的安全性设计也作了具体规定。

中国遮阳网：目前采用各种形式遮阳的工程案例越来越多，但遮阳对某个具体建筑的节能到底起到多大的作用却一直没有比较健全的检测和评估方法，遮阳很多时候还是被当做一种改变立面设计的装饰物，您对这样的现象有什么看法？

赵士怀：从理论和工程实践证明，南方地区建筑遮阳对节能的贡献十分突出。近几年，住房城乡建设部十分重视建筑遮阳热工性能试验有关标准的制定，如行业标准《建筑遮阳通用要求》、《建筑遮阳热舒适、视觉舒适性能检测方法》、《建筑遮阳热舒适、视觉舒适性能与分级》以及《建筑遮阳制品遮光性能试验方法》和《建筑遮阳隔热性能试验方法》等均已颁布。

建筑遮阳的节能评估方法，有待在遮阳节能效果基础上，进一步总结和完善。遮阳首先是节能，遮阳装置与建筑的有机结合，将会产生很好的视觉美。

（采访人：卫敏华）

2.2 江苏省外遮阳政策实施概况

受访专家　许锦峰

许锦峰博士为江苏省建筑科学研究院有限公司总工程师、江苏省建筑节能技术中心常务副主任。许博士通过总结工作经验，介绍了江苏省既有建筑遮阳改造的工程案例，概述江苏省外遮阳政策实施状况，并浅析当前江苏外遮阳政策实施过程中的实际问题。

中国遮阳网：自2009年江苏省外遮阳政策出台后实施外遮阳的建筑比例是多少？比较典型的示范工程有哪些？分别运用了何种遮阳技术和遮阳产品？为什么选择这些技术和产品？

许锦峰：目前江苏省实施建筑外遮阳的建筑比例据不完全统计为85%。比较典型的示范工程有镇江科苑华庭、苏州南山别墅等，均运用了可调节遮阳技术的活动铝合金百叶外遮阳。由于镇江和苏州都属于夏热冬冷地区，活动铝合金百叶外遮阳在夏季可阻挡太阳辐射得热近85%，冬季可收起，使得室内获得充分太阳辐射得热。此外，活动铝合金百叶外遮阳耐久性好且美观，达到与建筑一体化的效果，且百叶外遮阳在遮阳时可以同时保证通风与采光。

中国遮阳网：目前遮阳企业的技术生产力是否符合推广政策要求？存在哪些差距？

许锦峰：目前遮阳企业的技术生产力总体上按照推广政策的路线走，但是与推广政策的具体要求又存在一些差距。如产品质量问题、安装服务问题、售后保障问题、价格不规范问题，等等。因此，下一步我们各家遮阳企业应该努力完善各自的技术生产能力，提升产品质量和售后保障，不断优化服务质量，为广大用户提供更好的外遮阳产品。

中国遮阳网：这些示范工程中遮阳设施节能效果如何测评，具体的数据怎样？又如何传达给那些技术上成熟、市场运作成功的遮阳企业？

许锦峰：就目前而言，示范工程中遮阳设施的节能效果测评还是相对缺乏的，因为目前还缺乏从事外遮阳节能测评的第三方机构，只有少数企业或单位对自己的遮阳设施进行了节能效果测评，但是这种由企业自己出具的测试数据和节能报告肯定还欠公正和科学。下一步建议有实力基础和经验基础的第三方机构，拓展外遮阳设施节能效果测评的业务，各遮阳企业可以委托第三方机构对遮阳产品进行节能效果测评。

中国遮阳网：没有产品验收标准，只有工程标准，对那些质量过关却没有办法验收的产品如何看待？有没有什么办法可以解决这个问题？

许锦峰：针对目前没有产品验收标准，只有工程标准的现状，对那些质量过关却没有办法验收的产品，建议通过第三方机构来测评产品的质量和节能效果，若符合要求，建议由第三方机构出具测评报告，暂时代替产品验收标准通过验收。因此下一步比较紧急的问题是，尽快出台建筑外遮阳产品验收标准（各类标准正在编制中），规范建筑外遮阳产品市场，同时期待相应国标尽早出台。

中国遮阳网： 江苏省建筑遮阳最突出的贡献在哪些方面？江苏省对于遮阳方面的推广工作规划是什么？

许锦峰： 江苏省建筑遮阳方面突出的贡献主要体现在两个方面：一是严格执行《建筑外遮阳工程质量验收规程》，把好外遮阳工程质量验收关；二是举办了"2010 第三届江苏遮阳技术及建筑节能展览会"，有效推动了建筑外遮阳设施的应用。

今后，江苏省拟规划全省绿色建筑、生态小区强制执行建筑外遮阳措施；拟尽快召集各知名建筑外遮阳企业和第三方测评机构，编制建筑外遮阳产品验收标准，用以规范现有遮阳产品市场有关质量、性能、安全等方面的问题。

（采访人：卫敏华　程小琼）

2.3　建筑师对建筑遮阳的解读与认识

受访专家　李家泉

云南省设计院李家泉副总建筑师，从一个建筑师的角度结合建筑学来分析和解读建筑遮阳。

中国遮阳网：您如何理解建筑与遮阳的设计关系？

李家泉：遮阳挡雨、御寒避暑是建筑起源的根本缘由，从某种意义上讲，遮阳是建筑的基本功能之一。

随着人类文明史的发展，建筑肩负起了社会学和自然科学的双重属性。当今建筑节能、绿色建筑、可持续建筑的人文理念，不仅是一种新的建筑模式，一种新的建筑技术体系，更是一种新的建筑文化。遮阳属建筑的外表装置，其功能的"双重性"和"新的建筑文化"内涵被充分展现出来。即遮阳设计不仅遮光、挡雨，隔热、导风，节能、减排，同时通过自身的形体语言表达建筑风格，地域文化和政治内涵，并努力让建筑与环境"天人和谐"，凸显一种新的建筑模式。

建筑遮阳的双重属性和新的文化理念，决定了建筑设计方案是遮阳应用的源头。即在区域总图规划时，建筑气候，特别是太阳辐射照度，是规划设计的重要参数，日照分析与遮阳概念设计应纳入建筑方案设计。

在初步设计时，建筑遮阳应尊重、顺应区域内的自然环境，不但要从传统建筑、地域文化和环境等方面综合思考形体语言的表达方式，更应该将绿色人文理念，新技术元素融入其身。当然，遮阳施工图设计和能耗计算要有专业人员配合。建筑与遮阳应同步设计，同步施工，同步验收。实践证明：建筑遮阳设施是建筑外形一种既活跃，又有生命力的建筑语言表达形式。

中国遮阳网：作为一名建筑师，您觉得应该如何应用和推广建筑遮阳？

李家泉：遮阳的设计应用涵盖多领域知识范围，并以多学科发展为依托，这就要求建筑师建立跨学科的思维模式，增强环境物理量化的实施能力；树立绿色建筑的人文理念，以生态自然观为基础，以生态学为规范，以生态美学为审美情趣，用建筑修养激活遮阳的"建筑化"、"一体化"和"专业化"。当遮阳"技术实现了它真正使命，它就升华为了艺术"。

遮阳装置的深入推广和应用，还需要建筑师尊重遮阳的"双重属性"和"新的建筑文化"，关键在"创新"。

中国遮阳网：您认为哪些遮阳措施更容易在温和地区被使用推广？

李家泉：在云南，多个民族的建筑特色之一就是建筑的大挑檐，如傣族、基诺族、拉祜族等的传统民居，这些建筑方式已经考虑了遮阳，适应于当地的建筑气候。遮阳设计应尊重、继承和发扬这一地区的传统文化元素。（见图 2.3-1，图 2.3-2）

以昆明为中心的云南省大部分地区属我国主要的温和地区（占全省面积的 85.5%），温和地区的气候特征为：在采用了被动式建筑遮阳后，室内气候环境与人的热舒适性指标较接近。结合当地情况，内遮阳可在温和地区居住建筑中推广。关键是遮阳的合理设计和材料选择，如应使用反射率大于 0.7 的纤维织布作为内遮阳材料。

图 2.3-1　景洪热作所傣式竹楼宾馆

建筑内遮阳具有隔热、保温效果，这是国内外学者共识的一个客观事实，不能因"主管不认可"、"监管困难"而否认其节能效果。内遮阳在不同的建筑气候区域，其隔热、保温原理都相同，但产生的热舒适效应在不同的气候环境中，人的热舒适感觉显然不同。应先明确气候区域和环境条件，才能正确评价内遮阳的热舒适性能。

温和地区室内外温差较小，内遮阳具有一定的隔热效果，夏季可使室内温度有所降低，正是

图 2.3-2　西双版纳基诺族村寨

这点"效果"和"降低"，营造了温和地区舒适的室内环境。它正符合温和地区"不耗能，少耗能，就是节能"的绿色建筑理念。温和地区民用建筑多采用内遮阳，其缘由正是内遮阳的热舒适效应，适合温和地区的气候特征，不同于夏热冬暖、夏热冬冷地区对建筑遮阳隔热、保温的高要求。根据研究测试结果：纤维织布遮阳，合理设置在窗口内，可减少 60% 的太阳辐射热。

中国遮阳网：遮阳设计应属于建筑学中的什么范畴？

李家泉：在一个生态环境区域内，太阳辐射照度的年总量及时空分布，是构成该区域气候环境的首要因素，研究气候环境，应该首先分析其日照状况。

建筑遮阳设计：先对建筑所处区域日照环境进行量化时空分析，再考虑选择适宜的日照调节措施，巧妙地利用建筑布局、形式和构件开展遮阳设计，这个过程称为"建筑遮阳设计"，归属"建筑气候设计"。实现建筑气候设计学科基础理论与设计方法称"建筑气候学"，故建筑遮阳设计属建筑学中的建筑气候学范畴。

"建筑气候学"是研究人、建筑、气候的相互作用关系的学科，是将气候学、环境心理学与生理学引入建筑设计的一门新兴学科。是现代建筑设计理论与建筑物理环境设计理论深入发展的必然产物。

建筑气候学内涵中的遮阳设计，正是利用设计手段通过建筑构件和遮阳装置，有效地控制和利用太阳辐射照度，改变室内气候条件，创造舒适的室内热环境。尊重、顺应自然，利用、享受自然是建筑气候学的基本原则，它凸显了"天人和谐"的绿色建筑人文理念，反映了现代建筑学所倡导的建筑与人类可持续发展的核心思想。

建筑遮阳设计的基本原则，必然导向一种新的建筑形态，这种"形态"具有明显的地

域性，又富有生机和时代感。这就是建筑的创新。建筑遮阳装置正是应用时代元素解决人类对建筑节能和享受自然而产生出的建筑新形态。

中国遮阳网：遮阳属于建筑外表面装置，在建筑与室外环境景观之间起到怎样的作用？

李家泉：建筑遮阳是创造"灰空间"的重要手段，"灰空间"作为空间的创意，对室内外空间形成的过渡而赋予了建筑多样化的空间形式，建筑遮阳使建筑与室外景观空间从二元的对立转向相互渗透，最终实现建筑与环境的融合，建筑遮阳是建筑与室外环境对话的载体。

对单体建筑而言，建筑遮阳、开敞、半开敞空间与室外环境的交接过渡，半透半隐。在一定程度上，淡化建筑内、外环境的界限，突破了封闭空间的制约，消除了建筑内外隔阂，给人一种自然、舒适的感觉。

建筑物周围有序的植物遮阳用生态理念将建筑与室内环境达到新的境界（见图2.3－3）。围绕建筑的"植物空间"无时无刻体现出对于环境的尊重，建筑通过"植物空间"的过渡，与日相接，与月相映，显示了建筑的"隐""虚""透"。

对公共群体建筑而言，长廊遮阳和柱廊空间将不同功能、不同体量的建筑群体，通过长廊遮阳和柱廊空间相串联，形成了完整的连续统一空间体系。正是长廊的串联作用以及与自然景观的交融，建筑与自然景观的边界已经模糊。因为通过长廊遮阳空间的过渡，串联的建筑隐于景观之中，室内外空间景观构成既统一又独立的景观系统，从而形成"建筑中的景观"、"景观中的建筑"，完成了建筑与环境融合，空间与环境气质的统一。

在我国不少的园林中，亭台楼阁、山池塔桥这些依山就势神奇散落在绿荫中绚丽的珍珠，被连廊遮阳和蜿蜒的小道自然而巧妙地串联起来，构筑成经典的林园文化。其中长廊遮阳的双重属性展现得淋漓尽致（见图2.3－4，图2.3－5）。

图2.3－3　昆明居住建筑露台上的
植物遮阳（室内、外）

图2.3－4　昆明翠湖海心亭长廊遮阳

图2.3－5　昆明大观楼及长廊遮阳

（采访人：卫敏华）

2.4 建筑师应该对建筑遮阳设计负责任

受访专家 车学娅

车学娅教授为同济大学建筑设计研究院副总建筑师。车教授以坦诚、直率的态度将此次采访变成了一场关于遮阳设计、绿色建筑、标准制定、政策导向的演讲和讨论。

中国遮阳网：作为一位建筑师，您眼中的建筑遮阳应用现状是怎样的？

车学娅指出，国内建筑有一个很奇怪的现象：目前很多公共建筑外立面设置了很多装饰百叶，但是需要遮阳的地方没有百叶，不需要遮阳的地方却有百叶。简单地认为百叶是起建筑立面装饰作用的。

（1）对国外建筑遮阳设计表面化的生搬硬套

对于国内建筑师形而上学模仿国外遮阳设计的现状，举一个非常有趣的例子：有一次她参加某区的一个节能示范项目的评审，该项目由某知名房地产公司开发，其中有一组西班牙风格的低层住宅，令人咋舌的是建筑师将西班牙特有的外开遮阳百叶窗做成了装饰品，固定在窗户的两侧。而之前她恰恰去过西班牙考察，对西班牙的遮阳普及率印象深刻：无论是富丽堂皇的教堂，还是简单朴素的居民住宅，不管是新建建筑，还是既有建筑，建筑的所有外门窗都设有遮阳。其中有些百叶窗是外平开的活动遮阳，可根据日照情况做开合。但是在这个项目中却变成了纯粹的装饰摆设。"这说明建筑师注重装饰效果，轻视使用功能，建筑设计以国外建筑杂志上的建筑作品为模板，做方案的时候一味地模仿建筑外形及装饰，缺少对功能用途和适用性的考虑。"

（2）结合时代需求-灵活采用遮阳形式

石库门建筑是上海独有的居住建筑类型，也成了上海文化的代名词。谈到建造现代石库门类型的居住建筑，不宜原封不动地照搬原有建筑，应结合现在的居住要求，体现时代的特点，并满足节能要求。若能在石库门的外窗上安装可伸缩遮阳篷，与建筑有机结合，更能体现居住建筑的地方风情。

（3）建筑师应对建筑遮阳设计负责任

同济大学建筑设计研究院建筑设计项目中有很多外省市项目，遇到有些省市强制实施外遮阳政策，个别建筑师没有将遮阳设施设计与建筑有机地结合在一起，仅应付性地在剖面图上写"遮阳由专业厂家负责"。对此，我认为这是建筑师不负责任，我绝不允许这种现象存在。在进行设计图纸审核时，要求建筑师必须提供节点详图，清楚地表达遮阳如何与窗结合，如何与墙体结合，遮阳设施不应影响建筑外立面的美观。这是建筑师的基本素质问题——应对建设工程负责，研究、掌握遮阳的构造。

建筑师应具备建筑节能的基本常识，了解建筑设计和围护构件热工性能的相互关系。如：在建筑设计中，窗墙比0.4是一个限值指标的界限。窗墙比不大于0.4，可选择传热系数为2.8W/（m²·K）的窗，如果窗墙比达到0.41，则必须选择传热系数为2.5W/（m²·K）的窗，在这种情况下，建筑师应开动脑筋，相应减少个别窗洞的宽度，或减少某些窗，结合建筑设计将这个0.01消化掉，这样就可以选择传热系数为2.8W/（m²·K）

的窗，同样也是一种节能的措施。但是建筑师缺少主动意识，缺少钻研。

了解和掌握建筑材料的性能对于综合选用建筑材料非常重要。有些建筑师业务不精，将围护结构热工性能计算简单地推给专人计算，而计算者只会根据材料性能参数做机械计算，导致建筑保温材料的使用不经济，没有真正达到建筑节能的目的。

（4）遮阳产品质量要用数据说话

"应重视遮阳产品的技术标准，没有国家标准，就应执行地方标准，没有地方标准，企业标准就是唯一的标准。产品质量需要有检测数据来衡量。不检测，你凭什么说你的遮阳产品满足标准？对于检测数据的不重视，不应以检测费用高昂作为不检测的理由，况且遮阳产品本身价格也不便宜，其成本构成应包括检测费用。

中国遮阳网： 建筑遮阳设计往何处去？

车雪娅： 着重讲两点：

（1）内遮阳不可忽视

抵抗太阳辐射热以外遮阳为主，尤其以活动外遮阳为佳。但是完全排斥内遮阳并不科学，虽然内遮阳存在有一部分热量进入室内的问题，但还是可以遮挡及反射相当量的太阳辐射热。但如果节能设计标准允许内遮阳计入指标，标准的执行又难以把控。

内遮阳的问题还需要探讨，对于玻璃幕墙建筑，设置活动外遮阳存在结构安全问题，设置固定遮阳百叶影响室内采光，也影响冬季太阳辐射热的利用。设置内遮阳就既能在夏季减少太阳辐射热，又能在冬季充分利用太阳的热量减少采暖能耗。

（2）建筑与遮阳一体化

建筑遮阳的落实，设计是源头，在设计过程中，建筑师的意识也是源头。建筑遮阳是简单易行的有效节能措施，如何将建筑与遮阳一体化？建筑设计如何融合遮阳？既不影响立面，满足遮阳要求，同时满足结构安全要求。车教授建议，在编制《建筑遮阳设计规程》时，应有结构专业人员参与编制，设置相应的结构条文，保证建筑遮阳的结构安全。

中国遮阳网： 建筑遮阳发展与推广？

车雪娅： （1）节能达标必须设置活动外遮阳

建筑遮阳设计是建筑节能达到高标准的重要措施。不能简单地依靠 Low-E 玻璃达到遮阳指标要求。因为 Low-E 玻璃在夏季可以满足遮阳系数要求，但在冬季也遮挡了需要的阳光，节能设计标准要求夏季遮阳系数达到 0.4 或 0.3，冬季不应小于 0.6，低透的 Low-E 玻璃无法满足要求，必须选用高透 Low-E 玻璃加上室外活动遮阳，才能同时满足夏季、冬季的节能要求。

（2）强制性推行建筑外遮阳，政策支持、监管验收要及时跟上

车教授认为政策推行需要过程，初期需要有强制性的规定。围护结构的节能产品可能在初期会遇到价格高的问题，那是因为产品用量小，成本高而造成的，若使用量大了，产量就会增加，市场就会有竞争，成本就会更合理，价格也会自然下来。现在新建建筑的外窗都会自觉采用中空玻璃就是一个有力的证明。

现行的国家和地方相关居住建筑节能设计标准中将建筑遮阳作为重要指标，这一强制性规定需要开发商、建设方、设计方共同自觉执行，施工图设计文件审查要严格把关，还

必须依靠施工监管和施工验收监督管理予以落实。

（3）百姓认知遮阳节能媒体责无旁贷

老百姓接受遮阳的前提是安全和方便使用。遮阳的节能效果，需要媒体加强宣传力度。遮阳的节能效果需要让老百姓明白，这就需要在各大媒体上做广泛的宣传，仅仅是专业人士清楚还远远不够。

车教授还谈到了与遮阳密不可分的概念——节能建筑。节能建筑、绿色建筑应落在实处，不应成为"贴标签"的建筑，她说，很多建筑为了更好地销售，强调自己获得了美国的 LEED 认证，而 LEED 作为美国的标准和本土国情存在差异，所有很多建筑虽然获得认证，但实际上既不节能也不省钱。她也谈到了很多让人痛心疾首的政绩工程、短命建筑，纯造型建筑，对资源造成了极大的浪费。

如针对央视大楼因烟花燃放导致火灾之后，有个别关于保温材料聚氨酯的报道，车学娅教授表达了自己的不同意见，"这不是保温材料惹的祸，如果没有烟花投入，保温材料不会自行燃烧，不应让保温材料背黑锅"。面对建筑设计审查，她一丝不苟，该有的说明文字和节点详图，一个都不能少，"要么不要找我审查，要我审查就绝不会放过不符合规定的设计"。面对学生，她强调治学严谨，加强节能意识，从设计方案的开始就应考虑建筑的使用功能。

这就是一位建筑师的仗义执言和直言不讳。

（采访人：程小琼）

2.5 行业标准实现遮阳"一体化"管理

受访专家 赵文海

赵文海教授级高工为北京中建建筑科学研究院有限公司院长，赵文海院长长期主持和参加了多项建筑遮阳行业标准的修编工作，对建筑材料、建筑节能技术、建筑工程施工有多年的深入研究。赵院长将目前遮阳行业现有的 20 多个建筑遮阳行业标准做了相应梳理，对标准所能起到的作用和效益做了分析。

中国遮阳网： 您认为我国建筑遮阳标准编制的重要性是什么？

赵文海： 标准是政府进行行业管理的重要手段，建设行业标准是进行相关规划、工程建设与施工、日常运行管理或维护、检测与预警等活动的统一的基本准则，而不断完善的建筑节能标准系列，是住房和城乡建设部推进建筑节能工作的有力的技术支撑，有效地促进了建筑行业建筑节能各项指标的完成，并促节能减排目标得以实现。

建筑遮阳标准是建筑节能标准体系的重要组成部分。经过多年的发展，我国遮阳行业已经有 2000 多家企业，其产品也囊括了几乎所有遮阳产品种类，遮阳设施也被更多地应用到建筑当中，而遮阳设施与节能窗结合，构成了节能建筑围护结构不可分割的一个重要的组成部分。如何使所生产的遮阳产品成为合格产品？怎样保证遮阳设施的安全可靠？遮阳产品如何达到节能指标？如何使遮阳设施与建筑有机地结合，甚至在建筑物设计的同时就考虑并且设计遮阳？如何规划和管理遮阳市场？制定建筑遮阳标准，就是对这些问题的最好回答。

设置有良好遮阳的建筑，可大大改善窗户的隔热性能，节约建筑制冷用能约 25%，甚至还多；良好的遮阳设施与节能窗结合，其保温性能能够提高一倍，节约建筑采暖用能 10%左右。在发达国家，建筑遮阳已经成为节能与热舒适的一项基本需要。欧洲许多国家不仅公共建筑普遍配置有遮阳装置，普通住宅几乎也是家家安设窗外遮阳设施。建筑遮阳对节能减排起到了非常积极的作用。

中国遮阳网： 我国建筑遮阳标准的编制出于何种原因呢？

赵文海： 目前，我国的建筑物窗户越开越大，玻璃幕墙建筑越来越多。夏季，大量太阳辐射热从窗进入室内，致使室内温度夏季过高，不得不加大空调功率制冷，极大地增加了夏季空调的供冷量；而在冬季，室内大量的采暖热量从保温较差的玻璃窗逸出，使室温下降，又不得不增加采暖供热量，极大地增加了采暖的供热量。因此，大面积的玻璃窗和玻璃幕墙已成为建筑物能源消耗的主要部位，更加突出说明了建筑遮阳的必要性。

2003 年颁布的《夏热冬暖地区居住建筑节能设计标准》对我国南方地区居住建筑有了遮阳方面的要求；2005 年颁布的《公共建筑节能设计标准》对建筑遮阳有强制性条文规定。这就引起了全国范围内对建筑遮阳的重视。由于我国当时做遮阳产品的企业正处于兴旺发展状态，遮阳产品的品种十分丰富，与国外相关产品差距不大，然而标准缺失产品质量就无法保证。

为节能减排，降低建筑能耗，更好地执行建筑节能设计标准，利用遮阳设施为建筑围护结构的节能助力，也为了使遮阳行业更加规范，遮阳产品更加有质量保障，2007 年始，在建设部的安排下，开始编制建设行业建筑遮阳系列标准。

中国遮阳网：请您概括下我国建筑遮阳标准的具体内容及分类情况？

赵文海：自 2007 年至今，我国建设行业已经颁布和正在编制的建筑遮阳标准已达 20 余个。包括：

1. 《建筑遮阳工程技术规范》JGJ 237
2. 《建筑遮阳通用要求》JG/T 274
3. 《建筑外遮阳产品抗风性能试验方法》JG/T 239
4. 《建筑遮阳篷耐积水荷载试验方法》JG/T 240
5. 《建筑遮阳产品机械耐久性能试验方法》JG/T 241
6. 《建筑遮阳产品操作力试验方法》JG/T 242
7. 《建筑用遮阳金属百叶帘》JG/T 251
8. 《建筑用遮阳天篷帘》JG/T 252
9. 《建筑用曲臂遮阳篷》JG/T 253
10. 《建筑用遮阳软卷帘》JG/T 254
11. 《中空玻璃内置遮阳制品》JG/T 255
12. 《建筑遮阳产品误操作试验方法》JG/T 275
13. 《建筑遮阳产品电力驱动装置技术要求》JG/T 276
14. 《建筑遮阳热舒适、视觉舒适性能与分级》JG/T 277
15. 《建筑遮阳产品用电机》JG/T 278
16. 《建筑遮阳产品声学性能测量》JG/T 279
17. 《建筑遮阳产品遮光性能试验方法》JG/T 280
18. 《建筑遮阳产品隔热性能试验方法》JG/T 281
19. 《遮阳百叶窗气密性试验方法》JG/T 282
20. 《建筑遮阳环境热舒适、视觉舒适性能检测方法》JG/T 356
21. 《建筑遮阳产品雪荷载试验方法》JG/T 编制中
22. 《建筑遮阳名词术语标准》JG/T 编制中
23. 《建筑遮阳硬卷帘》JG/T 编制中

其中，一个工程技术标准《建筑遮阳工程技术规范》JG/J 237 和一个产品通用标准《建筑遮阳通用要求》JG/T 274 这两个标准是从工程技术到产品方面起到统领作用的两个重要标准。

其中，9 个遮阳产品标准：

《建筑用遮阳金属百叶帘》JG/T 251

《建筑用遮阳天篷帘》JG/T 252

《建筑用曲臂遮阳篷》JG/T 253

《建筑用遮阳软卷帘》JG/T 254

《中空玻璃内置遮阳制品》JG/T 255

《建筑遮阳产品电力驱动装置技术要求》JG/T 276

《建筑遮阳热舒适、视觉舒适性能与分级》JG/T 277

《建筑遮阳产品用电机》JG/T 278

《建筑遮阳硬卷帘》JG/T 编制中

10 个遮阳产品试验方法标准：

《建筑外遮阳产品抗风性能试验方法》JG/T 239

《建筑遮阳篷耐积水荷载试验方法》JG/T 240

《建筑遮阳产品机械耐久性能试验方法》JG/T 241

《建筑遮阳产品操作力试验方法》JG/T 242

《建筑遮阳产品误操作试验方法》JG/T 275

《建筑遮阳产品声学性能测量》JG/T 279

《建筑遮阳产品遮光性能试验方法》JG/T 280

《建筑遮阳产品隔热性能试验方法》JG/T 281

《遮阳百叶窗气密性试验方法》JG/T 282

《建筑遮阳热舒适、视觉舒适性能检测方法》JG/T 356

3 个在编标准：

《建筑遮阳产品雪荷载试验方法》（编制中）

《建筑遮阳名词术语》（编制中）

《建筑遮阳硬卷帘》（编制中）

中国遮阳网：我国建筑遮阳标准的技术水平如何？它所起到的作用和效益将会是怎样的？

赵文海：近几年不断颁布实施和不断完善的建筑遮阳规范和标准，涉及建筑遮阳工程的遮阳设计、结构设计、机械与电气设计、施工安装、工程验收、保养维修和遮阳产品质量的各个环节，是执行国家相关技术经济政策的依据，遵循了节能低碳、安全适用、技术先进、保证质量、经济合理、方便施工、保护环境等方针。可供建筑遮阳工程建筑设计、施工安装、工程验收以及保养和维修单位使用，对保证建筑遮阳工程的质量、安全有重要意义，填补了国内空白。

这些规范和标准的实施将产生明显的经济和社会效益，也是为执行《节约能源法》、《民用建筑节能条例》和《公共机构节能条例》，以及《公共建筑节能设计标准》、《夏热冬暖地区居住建筑节能设计标准》、《夏热冬冷地区居住建筑节能设计标准》和《严寒和寒冷地区居住建筑节能设计标准》的重要产品提供质量和安全保证。同时，也为我国遮阳产品的进、出口贸易提供了质量保证，将有效促进建筑行业建筑节能各项指标的完成。

（采访人：卫敏华）

2.6　遮阳节能应由内而外

受访专家　杨仕超

由杨仕超教授级高工为广东省建筑科学研究院副院长，杨院长对目前遮阳市场上内遮阳措施的应用从现状、优势、推广方面做了分析，对内遮阳的节能效果作了客观诠释，到底内遮阳的发展困境在哪？又该如何解决？

中国遮阳网：作为行业专家，您是怎么看目前遮阳市场的？

杨仕超：目前的遮阳市场主要由遮阳企业负责做产品，事实上遮阳市场很大，例如遮阳工程，有相当一部分的遮阳工程由门窗或幕墙企业负责安装，而这些公司很可能将一部分工程转给遮阳企业，但是大部分还是由门窗幕墙企业自己消化掉，比如门窗本身就含有遮阳设施，或者幕墙中含有的遮阳板可能就由幕墙企业自己安装完成，而内遮阳很多是由内装修企业负责安装。

中国遮阳网：如何看内外遮阳的应用现状？

杨仕超：无论是官员、专家还是整个行业，外遮阳的节能效果都是被认可的，但是内遮阳的节能效果却不被大家认可，不认可的原因有两种：一是因为几乎所有人都认为内遮阳只是单纯的改变环境而并不节能，但是事实上内遮阳也有节能效果，关键在于节多少能，而不是节能与不节能的问题；另外一个原因便是内遮阳无法监管，这便使得内遮阳的运用成为一种障碍，即便使用了再好的内遮阳也会被认为节能效果是"零"，除了用户自己，没有人承认内遮阳的节能效果。由于内遮阳设施今天装明天拆，所以建筑上并没有把它看作是永久性的设施，因此它的节能效果不能被现行的节能设计标准采纳和认可。这对内遮阳的发展相当不利，而我始终认为内遮阳是能够起到一定节能作用的。由于内遮阳特别灵活，几乎可以适用于所有的情况，例如窗墙面积比很大的情况下可以使用高反射的内遮阳措施从而达到较好的节能效果，这不是件困难的事情，反而外遮阳措施受使用条件限制，在有些条件下节能效果却是有限的。

中国遮阳网：内遮阳应用的优势体现在哪些方面？

杨仕超：虽然内遮阳的节能效果不被"官方认可"，但实际上目前运用最普遍的还是内遮阳措施，因为这是由用户决定的，而不是由市场决定的，更不是由政府部门决定的。当建筑师设计玻璃房子时，可能他会一时忽视环境舒适度，但是用户肯定会注重环境舒适度，一旦觉得玻璃房子过于热了，他们自然会想到选用反射热的内遮阳帘，而且在装修中便会装上内遮阳设施，如果发现效果不好用户肯定会主动地改换内遮阳帘，所以无论是否承认内遮阳的遮阳效果，它始终是运用最为普遍的遮阳措施。而外遮阳早期运用最为普遍的是固定遮阳装置，如遮阳帘（包括竹帘）、遮阳百叶（以前的老别墅常用，相当于现在的百叶窗）、遮阳板（夏热冬冷地区住宅运用得较多）等。如今的金属卷帘运用得很普遍，外遮阳百叶有些地区用得很多，大型的遮阳百叶板则在很多公共建筑中被广泛使用，但价格昂贵。

中国遮阳网：为什么在国内内遮阳无法得到推广应用？

杨仕超：在很多文献中都能看到有关内遮阳系数的描述，说明学术界是认可内遮阳的，那为什么内遮阳的节能效果不被认可？除了以上说明的两方面原因之外，有些人的错误观念影响了政府官员的观念。但实际上国内不承认内遮阳的原因主要是因为政府无法监管，认为它是一个非永久性措施，而并没有认为它的节能效果不好。如果想让政府承认内遮阳的节能效果，"怎么能让政府承认内遮阳设施是永久性措施"这是关键所在，也是我们行业必须解决的主要问题，从而实现内遮阳也可以监管。

中国遮阳网：不同遮阳形式的遮阳效果存在差异；就目前检测的结果来看，未来哪种遮阳形式会被大范围运用？

杨仕超：目前针对遮阳效果的检测工作还很少，主要还是以检测产品的光学性能及产品的尺寸为主，当然有一些测试遮阳效果的实验，但那并非是正规的检测。如果谈及未来哪些遮阳形式会被大范围使用，这不是技术问题而是产品随着市场发展的方向问题，它是如何适应市场的，影响因素会比较多。建筑遮阳比门窗本身对建筑的外观和内饰影响更大，也跟人们的喜好有关。还牵扯到一个流行趋势的问题，遮阳是跟装饰、美观紧密相关的，因此无法判断未来哪些遮阳形式会被大范围使用。但是我们要尽量宣传好的遮阳产品，改变大家的观念去接受一些遮阳效果好的产品，当然企业也要不断改变产品形象，促使各种遮阳产品都能有各自的发展前途。不过我还是认为百叶的遮阳效果最好，百叶板本身（金属百叶、木百叶）比织物遮阳产品维护更方便，而且更灵活，可通过调节面积、角度适应不同的环境，还能兼顾通风。

（采访人：卫敏华）

53

2.7 建筑遮阳技术与艺术需紧密结合

受访专家 冯雅

冯雅教授级高工为中国建筑西南设计研究院副总工程师。冯总工主要从事建筑热工与节能，暖通空调设计等方面的研究工作，曾参与了国家标准《夏热冬冷地区居住建筑节能设计标准》和《公共建筑节能设计标准》国家标准的编制工作，尤其在建筑热工学、高原建筑采暖与节能、太阳能建筑应用、建筑节能技术方面有很高的理论水平和丰富的工程应用经验。冯总通过介绍遮阳工程实例，突出遮阳技术与建筑艺术一体化的重要性。

中国遮阳网：为何建筑遮阳技术与建筑艺术是紧密相关的？

冯　雅：建筑遮阳的历史是随着建筑历史的发展而发展的，无论是从我国传统民居建筑的发展历史，还是国外不同时期的建筑遮阳历史角度看，建筑工程中遮阳技术与艺术的结合是紧密相关的，尤其是今天世界范围内特别强调遮阳技术在节能减排中的作用，处理好建筑工程中遮阳技术与艺术的相关问题，将直接影响到建筑遮阳事业的发展。

在我国传统民居建筑遮阳技术中是非常重视技术与艺术结合的，例如我国传统的建筑歇山顶和悬山顶的檐口可以给东、西墙遮阳。歇山顶檐口遮阳属水平面遮阳、悬山顶檐口遮阳属倾斜面遮阳。利用屋檐给外墙遮阳、外墙自遮阳和外墙借它墙遮阳。其共同之处是充分利用建筑之间和建筑自身的构件来产生阴影，形成互遮阳和自遮阳，达到减少屋顶和墙面得热的目的。门廊与廊柱组成室内外的过渡空间也具有良好的遮阳效果，东西向外窗的遮阳结合建筑立面处理和窗过梁设置形成永久性遮阳板，美观耐久，并可兼起挡雨板作用；采用木百叶窗遮阳、遮雨、控光、透风，既能观察外界又能保证室内私密性。还有南方建筑的廊道、阳台和骑楼等建筑遮阳技术等都是我国传统民居建筑遮阳技术与艺术结合的典范（见图 2.7-1）。

图 2.7-1　我国传统建筑自遮阳

中国遮阳网：不同的遮阳技术该如何正确应用到建筑中才能与建筑实现一体化？

冯　雅：由于建筑的功能、形式是多样化的，遮阳技术在解决建筑遮阳问题的同时，也必须考虑建筑遮阳的技术措施与建筑的协调和适应性，公共建筑中如博览建筑、美术馆、图书馆、办公楼、学校建筑、大型机场航站楼、火车站、港口候车（船）大厅、商业建筑等遮阳应该考虑与建筑本身的使用功能、建筑室内环境和节能的要求，它与住宅建筑对遮阳的要求是不同的。

作为公共建筑遮阳应提倡采用外遮阳形式，如在大型机场航站楼、火车站、港口候车（船）大厅等交通建筑可采用挑出的屋顶进行遮阳和防雨。近年来公共建筑的中庭设计有越来越大的趋势，这是由于人们希望公共建筑更加通透明亮，建筑立面和空间更加美观，建筑形态更为丰富。中庭遮阳除了考虑中庭的室内建筑艺术效果外，还应考虑建筑的能耗和中庭的热环境，通常采用有利于节能的玻璃自遮阳（贴膜或镀膜）控制进入室内的辐射量外，还采用室内遮阳，如遮阳格栅、遮阳幕、遮光幔等，但这类遮阳对节能的作用不是很大，仅仅起到控制室内热环境和调节采光及增强室内艺术效果的作用。

在建筑外窗，幕墙中运用遮阳技术时，选择不同遮阳技术对外窗、幕墙的遮阳效果是不同的，通常有各种不同类型的水平或垂直面的外遮阳板、室内遮阳格栅、遮阳幕、遮光幔或采用玻璃自遮阳（贴膜或镀膜的吸热玻璃、热反射玻璃、低辐射玻璃）等技术，但必须根据建筑功能、建筑的要求来确定。在南方地区应该选择遮阳系数小的玻璃，而在北方对低辐射玻璃的选择就必须考虑冬季采暖时的得热和失热之间的比例问题。

目前住宅遮阳更关心的是外窗的遮阳效果、遮阳的经济成本。而高层或超高层建筑尤其注重建筑遮阳的安全性问题等。因此，在住宅中采用不同的遮阳技术应与建筑的通风、室内热环境的效果、采光、遮阳构造与施工、维护的复杂程度、建筑的立面造型、遮阳的安全性以及遮阳的经济性等统一考虑。根据建筑的功能、建筑的立面艺术效果来选择外遮阳或内遮阳形式，是采用固定遮阳还是活动遮阳，以及采用玻璃自遮阳（贴膜或镀膜）等手段。

中国遮阳网：中外建筑师如何看待遮阳技术与建筑艺术相结合？

冯　雅：建筑除了它的使用功能外还具有社会、历史、文化、艺术、科学技术等多重属性，因此，在应用遮阳技术的同时，也必须考虑建筑遮阳技术与建筑的社会、历史、文化、艺术的统一，特别要注重建筑遮阳应与建筑艺术融为一体。如何采用各种形式的技术与艺术的结合问题，是建筑师和从事遮阳技术的人员必须认真考虑的问题。

在现代建筑中，中外建筑师非常注重遮阳与建筑立面整体的效果，如印度建筑大师柯里亚设计的遮阳棚架（见图 2.7 - 2）；马来西亚杨经文博士设计的遮阳格片及沿高层建筑外表面设置不同凹入深度的过渡空间并在阴影区开窗；西藏自

图 2.7 - 2　印度人寿保险公司办公楼遮阳

然科学博物馆为了满足建筑所追求的整体效果，透明屋面与南向玻璃幕墙分别采用外层表皮遮阳设计，有效地控制高原夏季强烈的太阳辐射和室内大厅的热环境，同时在博物馆大厅形成曼荼罗和吉祥结光影，实现了建筑与气候的结合，也是遮阳艺术与技术的完美结合。

北美、欧洲新出现的智能控制遮阳幕、可调节的活动外遮阳板、遮阳格片、玻璃自遮阳（贴膜或镀膜）技术，处理好外窗或幕墙玻璃在阳光照射下所体现的不同色彩、建筑所体现的明暗程度以及遮阳节能效果等都是建筑遮阳技术与艺术所关心的问题，遵循技术与艺术的结合及节能的原则，把建筑设计与遮阳、良好的室内环境融为一体（见图2.7-3）。

图 2.7-3 英国文化委员会办公楼遮阳

中国遮阳网：目前我国既有建筑中遮阳技术与建筑一体化的现状是怎样的？有多少是遵循了技术与艺术结合及节能的原则？

冯　雅：目前我国既有建筑中遮阳技术与建筑一体化的问题还没有解决。由于既有建筑在过去的设计建造过程中对遮阳提高建筑室内环境和建筑节能的认识不足，以及经济条件所限制，很少考虑建筑遮阳问题。因此，在建筑设计和建造过程中较少遵循技术与艺术的结合及节能的原则。但近年建筑遮阳已经被人们所重视，自然遮阳技术与建筑一体化成为建筑工程中人们所关注的问题，尤其是在南方长江三角洲和珠江三角洲技术经济条件的地区，许多建筑已经大量采用遮阳设施，遵循技术与艺术的结合及节能的原则将会越来越受到关注。

中国遮阳网：您觉得今后若要真正实现遮阳技术与建筑一体化（技术与艺术相结合）还需要解决哪些问题？

冯　雅：今后要真正实现遮阳技术与建筑一体化（技术与艺术的结合）还需要解决的问题是：一是提高建筑师对建筑遮阳的认知度，理解遮阳技术在建筑中的作用，提高建筑师的综合素质；二是进一步提高建筑遮阳技术的水平，开发出技术先进、美观、安全、使用维护方便的遮阳产品。

（采访人：卫敏华）

2.8 世博的节能与遮阳

受访专家 李胡生

2009年11月的上海，为期184天的世博已经渐渐远离人们的视线，有一批人也开始慢慢卸下身上的重担，用一个智者的心态面对外界对于世博的褒贬，坦然而又从容地对世博经历的一切娓娓道来，他们认为世博这场技术、人文、设计的盛宴是对自身历史使命感的一种考验，也是祖国强大的又一佐证。李胡生教授，世博园区运营指挥中心指挥长、世博局技术办公室副主任，便是这样一位智者。记者有幸在世博园区内采访李胡生教授（以下简称李教授），从运营、节能、遮阳、人文四个方面畅谈在历史上画上浓墨重彩一笔的上海世博会。

中国遮阳网： 媒体都评价您为"世博的大脑"，这184天的工作里，您作为运营总监有什么感想？

李胡生： 我来世博工作只有一个想法：尽心尽力，不求任何回报，不求名不求利，不枉国家培养了我一场。在装修布展阶段，时间很紧，要保证正常开馆，那么谁对世博展馆安全负责？对于工程，千万不可以掉以轻心，不可以追求表面功夫，不然一运行，各方面的问题漏洞百出，就不仅仅是世博局的问题！在世博这样一个国际化的平台上，不可以用管理中国人的思维方式来解决问题。所以为了解决规范问题，我们制定了统一的模板，让执行层面的人照着这个模式做，不符合要求的就不签字，这里我的责任最大。

我最大的遗憾是：审核了那么多展馆的装修布展，却没有机会没有时间去亲眼看看这些设备，用艺术家的眼光合成的"声光电热"当然很绚丽，这个挺遗憾。

中国遮阳网： 从夏日高温炎热到秋季狂风暴雨，运营工作给您的最大挑战是什么？

李胡生： 首先是设备和设施。这个设备包括园内的设备和馆内的设备，设施也是这样，包括园区内的公共设施和馆内的设施。狂风暴雨等突然天气条件，一开始没有考虑周全，但是根据实际需要临时搭建的设施，如排队等候区的悬挂物，为了游客的舒适度而增加的设备，这些都必须保证它的正常运转。一些特种设备是安全上最大的隐患之一，好多设备都是为了世博独立设计的，比如瑞士的缆车，这个设备没有检验标准，也没有经过运营考验。这些设施设备运行了半年没有出现大的问题，确实是因为各方面都已经做到了最大程度的努力。

其次是人流安全。大暴雨天气下大客流的人员安全。外面的人想躲雨，看完展馆的人想出来，人流密集，就会有冲突。

这两个方面，设备和人流是我认为世博会面临的最大挑战，都是让人心提到了嗓子眼。

中国遮阳网： 世博会的节能体现在哪些方面？

李胡生： 世博会的节能体现在建筑的各个方面，在建筑节能的新技术上有：

外围护结构：比如有些馆运用了透明混凝土材料，国内没有哪个地方运用过，这个材料国外有地方试用过，它有两方面问题：透光和隔热。为了解决隔热问题，在透明混凝土后面附了一层热反射膜。因为减少了照明设施的使用，提高了舒适度，符合节能要求。

　　空　调：统一运用远大空调，新风机保持风的循环，空调系统效率比较高。

　　新能源：太阳能，应用面积较大；风能，应用范围小，只是示范作用。

　　门　窗：隔热性和密封性都很好，德国在这方面做得很不错。很多材料都是进口。

中国遮阳网：世博园区运行的 184 天中，有没有节能指标？

李胡生：低碳是有一个基本指标，但不对外公开。由上海环境科学研究院专门跟踪碳排放量，从世博会前到中到后期都有指标和跟踪计划，出了相应的报告。

中国遮阳网：世博场馆中运用了各种先进的建筑节能技术，您个人最欣赏哪种，为什么？

李胡生：在节能技术方面推荐日本馆。日本馆上部有两层膜，中间使用了光伏电池发电。同时还有地热系统，会呼吸的幕墙，用于保持地上和地下空气交流、循环。

　　当然目前光伏发电造价比较贵。有些技术不是不能实现，为什么说我们国家的科学技术从实验室走到市场有难度？我们在实验室里实现这个技术不难，一旦批量生产会有困难。在技术运用发展的过程中，工艺和材料是交织、灵动发展的，工艺问题解决了，就会带动材料的进步，材料的发展也会推动工艺的进步。

中国遮阳网：世博主题"城市让生活更美好"，园区也汇聚了全世界各国的先进节能技术，你觉得国内建筑节能技术与国外的差距在哪里？本次世博会在节能方面给你的最大启发是什么？

李胡生：此次世博会总体给我的印象是没有见到过去没有见过的东西，不同于以往的"新技术"概念倾向，现在都是应用技术，都在思考并尝试怎么通过可行的方式实现其应用价值，无论是节能也好，低碳也好，环保也好，倒是这次文化意味较为浓厚。

　　国内在这方面的技术都掌握了，差别在于技术成熟度和成本高低。

中国遮阳网：世博展馆中哪个馆的遮阳让你印象最深？为什么？

李胡生：表面上看起来，法国馆最好看，植被、镜面，像北京的四合院，但推广价值不高。要吃透一些东西的话，还是要看一轴四馆。世博中心顶面上用了太阳能，光伏及遮阳一体化的形式，立面采用了金属遮阳格栅和中空玻璃，遮阳系数在 0.2 左右，屋顶遮阳和中空玻璃的结合达到了这个数值。

中国遮阳网：就场馆建设而言，您觉得目前建筑设计中哪种建筑遮阳运用得最频繁？

李胡生：遮阳百叶和植物遮阳运用得比较多。世博园内的遮阳比较多地采用了植物遮阳，立体的、屋面的，法国馆、美国馆、加拿大馆都有植物遮阳，绿化问题解决了，自然舒适度问题解决了，节能问题也解决了。

中国遮阳网：分析一下世博遮阳中最具有推广价值和最有特色的遮阳设施运用的

展馆。

李胡生：丹麦馆在建筑上最有特点，围绕节能这个中心展开，没有增加任何建筑成本，展厅有一半在外，半开放，自然通风设计让展馆在40℃的高温下保持凉爽，建筑设计上最具有推广价值。

城市最佳实践区上海现代设计院设计的"沪上·生态家"，各种形式的遮阳运用都有，反映了建筑节能的先进理念和方向，但这种"大而全"的设计运用未必是好事，每个建筑有每个建筑的形态，适合这种未必适合另外一种，所以有一个实际的问题：成本影响，推广的。

中国遮阳网：您对本次世博会的文化因素十分重视，谈谈在这一点上海世博会给您的启发。

李胡生：上海世博会最大的特色是在于人文方面，在这方面是任何一次世博会都无法比拟的，反映在展馆建设和设计的细节上。比如以色列的阴阳合抱，还有一个展馆中两个人格斗，角力，扭转慢慢形成合力，建筑设计师在装修布展的过程中更注重对于文化的融合，人文的包容，强调相依相成的关系。

再比如日本馆，日本馆的一楼展示的是中日文化的演变历史，日本如何吸收大唐文化，如何发展成今日的日本。第二层介绍先进的技术发展和科研成果，日本比较关注老龄化社会问题。到了第三层，用一个映像的技术演示对未来的展望。

同时世博会这种展览形式我个人认为有待商榷，其实世博会是很多设计的浓缩，从人文理念到实用技术的运用，经过很多人很长时间的浓缩，我们参观慌慌张张地进去，声光的效果没有享受到，15分钟仓促出来，这个太可惜，最好是世博在进行，同时应用技术的推广和从事的意义也现场做展示。

采访的最后，李教授坦言闭幕那天，他感慨万千，忆及过往点滴险些落泪："外国人能做的，中国人真的也能做，体会很多，我们这么大的园区，时间那么久，没有出事，真的了不得。这一切让我感受到制度的优势，只有依靠政府强大的执行力才可以做得到。"

他们这一代人，用强大的使命感撑起了历史的天空，也给了后辈人更多的精神财富，让他们得以在传承中再铸辉煌。

（采访人：程小琼）

2.9　建筑单体的遮阳设计

受访专家　付祥钊

付祥钊教授为国家 985 平台研究中心主任，主要从事建筑节能、绿色建筑、建筑环境与设备工程的研究和教学工作。曾发表过《夏热冬冷地区窗墙比对建筑能耗的影响》、《夏热冬冷地区建筑节能技术》、《夏热冬冷地区零能建筑空调技术的基本原理》等论文，并先后主持过多个国家重点科技攻关项目，主编了重庆市居住建筑节能 65％标准。对于建筑单体的遮阳设计，付教授有着独到的见解，为我们分析了相应的问题。

中国遮阳网：您如何看待现有的建筑单体遮阳设计与应用情况？针对国内盲目模仿国外应用案例的现象，您会如何告诫？

付祥钊：总的来讲，现有的建筑单体遮阳设计水平进步不大，甚至不及传统建筑，尤其比不上传统的江南和岭南民居建筑。

当前，我们掌握的有关遮阳的理论与技术、材料与产品、设计方法与设计工具等等，都是历史上的建筑师们不可比拟的。最近这些年，我们完成的遮阳工程总量，早就超过了历史，但优秀的遮阳工程少见。由于工程任务多，时间紧迫，建筑师们在遮阳设计中下工夫不够，主要表现在：遮阳功能与建筑立面艺术结合，遮阳与通风采光的协调等方面，少有令人惊叹的创作。

提高外遮阳效果，不一定非要随时追踪太阳位置，几个关键位置的控制就可以取得良好的遮阳效果。但是，建筑师对太阳行程和与建筑立面的相对关系把握得不好，对日照图及这类分析软件的应用能力不强。无论是对遮阳的基础理论和基本方法的研究，还是在做实际工程设计时对遮阳的分析，业内的投入时间和精力都不够。这样，使得确定几个关键的遮阳位置，比采用成套太阳追踪技术难。

中国遮阳网：您认为现代建筑单体进行遮阳设计与应用时应注重哪些方面？

付祥钊：由于不同纬度的太阳行程不同，不同气候条件对遮阳的要求不同，而每栋建筑都有自身的特点，每栋建筑的遮阳设计都应量体裁衣，具有个性，不宜照搬。既不能将传统建筑的遮阳照搬现代建筑上，也不能把国外建筑遮阳搬到中国的建筑上。

现代建筑单体鹤立鸡群，周边开敞的情况不多。在大都市的中央商务区，建筑单体往往是处于密集的建筑群中。因此现代建筑单体遮阳设计，首先应分析建筑之间的阳光反射和相互遮挡作用，利用周边建筑的夏季遮阳作用，避免其对冬季阳光的遮挡。

当前，大多数城市的空气降尘量多，设置外遮阳是要充分重视防降尘污染和自净性能，要方便清洗。比如新加坡标志性建筑外壳上类似菠萝皮的外遮阳。它们不仅有效地遮挡了强烈的热带阳光，而且加强了建筑的个性或标志性，使其和北京的国家大剧院迥然不同。这一在遮阳、采光、外形及当地文化等方面的巧妙结合，人工清洗上是非常困难的。但是新加坡清洁的空气，不时的强降雨使它总是洁净如新。如果哪位建筑师要把这新加坡成功之作，照搬到北京的国家大剧院上，没有了新加坡的"天洗"，必然成为败作。

　　活动外遮阳效果优于固定外遮阳的关键，是可以根据遮阳或引入阳光的需要调节空间位置和角度。因此，不论是智能控制还是手动，都必须长期调节灵活，操作方便，可维护。在实际工程中，不少活动外遮阳丧失调节功能，遮阳效果还不及固定外遮阳。还应重视从长久使用考量外遮阳的安全问题。

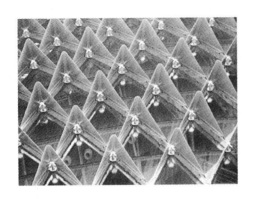

图 2.9－1

图 2.9－2

（采访人：卫敏华）

2.10 遮阳将由建筑走向空间

受访专家　孟庆林

孟庆林教授为华南理工大学建筑学院副院长、广东省建筑节能协会理事长。孟庆林教授长期从事热带、亚热带地区建筑节能、建筑热环境领域的教学和科研工作，特别对于空间遮阳有其独到的见解。他通过对华南理工大学人文馆屋顶空间遮阳设计等案例介绍，浅析了现阶段空间遮阳的发展状况及未来前景。

中国遮阳网：目前国内提的比较多的是外遮阳、内遮阳，对于空间遮阳，不少人都持有怀疑态度，您能对"空间遮阳"的概念或者定义给予相应解释吗？它的表现形式有哪些？

孟庆林：所谓空间遮阳是指处于室外活动场所，为建筑物或室外环境提供遮阳的构件，可分为构筑物遮阳体和绿化遮阳体两大类。其中，构筑物遮阳体是指可遮阳的人工构筑物及其所属部件，其表现形式如候车亭棚盖、廊道棚架、凉亭顶盖和户外遮阳篷等。绿化遮阳体则是指可遮阳的立体绿化部位，其表现形式有乔木的树冠、爬藤的棚架等。

中国遮阳网：空间遮阳兴起于什么时候？首先在我国哪些地区得以推广应用？

孟庆林：近年来，国内外对遮阳的研究有从建筑遮阳向场所遮阳并进一步向空间遮阳拓展的趋势。最初的遮阳研究主要集中在建筑透明部位，自从 20 世纪 80 年代在东南亚出现屋面遮阳节能设计方法以来，部分研究人员开始研究建筑非透明部位的遮阳效果，华南理工则根据广州地区太阳运行轨迹设计了华南理工大学人文馆的屋顶空间遮阳设计。随着湿热地区城市空间热环境研究的深入，设计师意识到场所遮阳是改善室外人员活动区域热环境的有效措施，并主动在室外环境中设计具有遮阳效果的构件，例如亭园、廊道、遮阳伞和遮阳篷等。目前，在我国南方湿热地区已出现了空间遮阳架构，例如用于广东会展中心（2004 年建成）东侧通道上的带状遮阳构件。

中国遮阳网：空间遮阳相对于外遮阳、内遮阳来说，在节能效果方面，它的优点有哪些？又存在哪些缺点呢？

孟庆林：空间遮阳不仅可以提供良好的室外热环境，同时对附近建筑形成一定的遮阳效果，发挥与建筑遮阳相同的节能作用。因此，场所遮阳和空间遮阳是遮阳研究的一个发展趋势，但是在这个方向上国内外缺少与之相关的理论研究。

中国遮阳网：您认为空间遮阳目前或最近阶段的发展前景大吗？您认为现阶段制约空间遮阳发展最大的因素是什么？

孟庆林：空间遮阳是改善室外空间热环境的有效措施，2007 年夏季广州室外热环境测试数据表明：无遮阳区域 WBGT 指标全部超过舒适域限值 27.2℃，并且有 11％的时间处于对人产生热危害的水平，而有遮阳区域的 WBGT 则有 5.6％处于舒适域，且没有超过安全域的小时数。可以看出，空间遮阳改善室外热环境效果显著，可以增加居民的室外活动时间，进而减少室内空调设备的开启时间，缓解"城市热岛"现象，实现节能，因此，空间遮阳具有改善热环境和节能的双重效果，其发展前景很大。

现阶段制约空间遮阳发展的最大因素是缺少空间遮阳的评价方法和体系，人们还普遍认为空间遮阳仅仅是美学上的需要，其实，空间遮阳除了具有美学效果外，还可以为人们提供安全、舒适的户外活动场所，人性化的行走通道等等。

中国遮阳网：从技术和设计理念方面讲，国内空间遮阳设计与国外空间遮阳设计之间存有什么差距？

孟庆林：国外的空间遮阳设计，除了具有建筑美学上的因素外，还采用了多种技术分析手段，使空间遮阳不仅仅是一个建筑符号，而是一个具有改善室外空间热环境、引导室外自然通风、提高人员户外热舒适度、降低建筑太阳辐射得热量的功能构件。而我国的空间遮阳设计大多从美学的角度出发，缺少国外常用的技术分析手段。

中国遮阳网：请您用一到两句话总结一下您对空间遮阳的发展寄语或者建议。

孟庆林：希望我国的设计师和工程师共同努力，推动空间遮阳在我国科学的发展。

（采访人：卫敏华）

2.11　遮阳应注重形式与效果评价

受访专家　任　俊

任俊教授级高工为深圳市建筑科学研究院有限公司总工程师、住房城乡建设部建筑节能专家委员会委员、亚热带建筑科学国家重点实验室学术委员会委员、中国建筑节能协会常务理事、中国城市科学研究会绿色建筑与节能专业委员会委员。曾任中国建筑业协会建筑节能分会遮阳专业委员副会长。2000 年起负责和参加了建筑节能有关的一系列科研课题。任教授通过相关遮阳技术应用及工程案例，解读不同的遮阳形式存在不同的遮阳效果。

中国遮阳网：建筑遮阳与其他隔热措施的区别是什么？包括哪些范围？

任　俊：建筑遮阳是建筑隔热的一种方式，主要通过遮挡的方式减少太阳辐射热通过窗户、屋面、墙体进入室内；而其他隔热措施仅指减少已到达围护结构外表面的辐射热向室内表面的传递。建筑遮阳范围包括外窗、屋面、外墙等围护结构，其中主要以外窗的遮阳为主。

中国遮阳网：建筑遮阳的运用已逐渐普及，形式较多，请您归纳下建筑遮阳的分类及其表现形式？

任　俊：建筑遮阳可以分为固定遮阳、活动遮阳、外遮阳、内遮阳、中间遮阳等。固定式遮阳也可称"形体遮阳"，是运用建筑形体的外挑与变异，利用建筑构件自身产生的阴影来形成建筑的"自遮阳"，进而达到减少围护结构受热的目的。固定式遮阳起到调节建筑外观形式的作用，其伸出的位置、角度、长度等通过计算优化，能自然地遮挡夏季最强烈的直射阳光，不仅形成了建筑的"自遮阳"，同时也创造了优美和与众不同的建筑形态。固定外遮阳表现形式可分为水平遮阳、垂直遮阳、挡板遮阳三种基本形式。实际中可以单独选用或者进行组合，常见的还有综合遮阳、固定百叶遮阳、花格遮阳等。

活动遮阳通常在建筑建成后由使用者安装，也有建筑建造时同步安装。活动遮阳可以根据使用者个人喜好及环境变化自由控制遮阳系统的工作状况，其表现形式有遮阳卷帘、活动百叶遮阳、遮阳篷、遮阳纱幕等。外遮阳是一种有效的遮阳措施，适用于各个朝向的窗户。例如外遮阳卷帘，当卷帘完全伸展的时候，能够遮挡住几乎所有的太阳辐射。此外还有外遮阳百叶帘、百叶护窗等形式。其中百叶帘可调节角度，在遮阳、采光、通风之间达到了平衡，因而在办公楼宇及民用住宅上得到了广泛应用。根据材料的不同，可分为铝百叶帘、木百叶帘和塑料百叶帘。

内遮阳的形式有百叶窗帘、垂直窗帘、卷帘等。主要根据户主的喜好来选择面料及颜色，很少顾及节能要求。窗户可选用不同遮阳系数的玻璃，利用窗户玻璃自身的遮阳性能，阻断部分阳光进入室内。遮阳性能好的玻璃常见的有吸热玻璃、热反射玻璃、低辐射玻璃。这几种玻璃的遮阳系数低，具有良好的遮阳效果。前两种玻璃对采光有不同程度的影响，而低辐射玻璃的透光性能良好。近年来出现的中置式遮阳产品，主要是在外窗的双层玻璃的中间装置可调节百叶，调节对太阳辐射的遮挡和进入室内的光线。

此外可以选择在建筑屋面加设固定式偏角百叶板、天篷帘等遮阳设施来阻挡太阳辐射。例如华南理工大学逸夫人文馆遮阳工程案例，就是典型的屋面遮阳示范工程，在人文馆顶楼天台加装了百叶天花遮阳。百叶天花的角度是针对广州的气候特点而设计的，冬天不会遮挡阳光，夏天又可以有效地挡住强烈的太阳辐射和强光。当建筑墙体需要加设遮阳设施时，则可采用遮阳百叶或绿化两种形式（见图2.11-1）。

图 2.11-1 华南理工大学逸夫人文馆

中国遮阳网：许多人对建筑遮阳方式的选用存在一些误区，从而直接影响了遮阳设施对建筑整体的节能效果，作为资深专家您认为分别存在哪些误区，又导致了哪些不良影响？

任　俊：我认为现存的误区主要有7个方面：

（1）只重视玻璃的选用，不重视建筑遮阳设施的选用；目前建筑节能设计标准均对建筑遮阳提出要求，但大多数人认为这是对玻璃提出的遮阳要求，而不认为可以采取多样的遮阳措施来达到节能标准的设计要求。

（2）对建筑构件遮阳不注重计算和方案优化；在设计上简单地采取水平或垂直遮阳方式，不考虑采用专业软件或请专业人员进行设计优化，以取得最佳的遮阳效果。

（3）不了解我国不同建筑气候区对玻璃遮阳系数的要求存在差异；南方遮阳要求玻璃有较低的遮阳系数以减少夏季进入室内的太阳辐射热，而北方希望冬季有更多的太阳辐射进入室内，减少对采暖供热的要求。低辐射玻璃具备较低辐射率，但有遮阳型、高透型两大系列，在使用上要根据使用地域和设计要求的不同而选用。

（4）对遮阳系数的理解失误；遮阳系数有两大类，一类为评价玻璃、窗及遮阳产品自身遮阳性能的遮阳系数，如玻璃遮阳系数、窗户遮阳系数、幕墙遮阳系数、遮阳设施遮阳系数，表述的是太阳辐射法向透射的遮阳能力；另一类为评价遮阳效果的遮阳系数，如窗口的建筑外遮阳系数、综合遮阳系数、平均综合遮阳系数等，评价的是考虑太阳实际运行规律的太阳辐射透过能力。分光光度计测试的为玻璃遮阳系数，而节能标准给出的设计要求为建筑外窗的综合遮阳系数,要对遮阳系数是否满足节能设计要求进行判定,需要提供建筑外遮阳装置形式,以便计算建筑外遮阳系数,还要知道建筑外窗形式,通过简易计算或程序计算得到外窗的遮阳系数,将建筑外遮阳系数乘以外窗的遮阳系数得到建筑外窗的综合遮阳系数才能依据设计要求进行判定。此外,各类遮阳系数,由于定义和使用场合的不同,也不能简单地认为是进入建筑内部的太阳辐射总透过比,如外窗的遮阳系数只是指太阳辐射垂直入射时的总透过比,而太阳运行照射到窗表面的太阳辐射入射角随时都在变化,实际进入室内的太阳辐射热总透射比例是大于这个值的。

(5) 内遮阳的效果评价:当采用内遮阳的时候,太阳辐射穿过玻璃,使内遮阳帘自身受热升温。这部分热量实际上已经进入室内,有很大一部分将通过对流和辐射的方式,加热室内空气。内遮阳对调节室内光线作用大,也可以减少对人体的直接辐射,但遮挡太阳辐射热的效果不明显。

(6) 对传热系数和遮阳系数的理解:传热系数主要考虑温差传热,遮阳系数主要考虑减少太阳辐射热的影响。在南方夏季室内外的温差较小,外窗传热系数对建筑节能的作用相对较小,而太阳辐射热是影响建筑节能的主要因素。因此在南方选用中空玻璃窗的主要目的是降低噪声,花大精力开发窗框断热桥的技术意义不大。

(7) 在做好建筑遮阳的同时,要充分考虑通风。利用玻璃进行遮阳必须关闭窗户时才有效果,会给房间的自然通风造成一定的影响,使滞留在室内的部分热量无法散发出去。而固定式及活动式外遮阳可以在打开窗户时仍有遮阳效果,因此要重视发展建筑外遮阳技术。

中国遮阳网:目前相关单位对遮阳形式与效果评价的重视度如何?

任　俊:我国传统的建筑形式,考虑了不同的地理气候特点,具有较好的遮阳效果,只是缺乏理论分析。20 世纪 50 年代以来,随着建筑进入不理性阶段,建筑遮阳几乎被遗弃。现阶段乘建筑节能的强劲东风,建筑遮阳得到较快的发展,但只是使用,对遮阳形式和遮阳效果的重视程度还不够。

中国遮阳网:有哪些计单位正在积极参与研究遮阳形式与效果评价课题?分别出了哪些成果?其中遇到过哪些棘手问题?

任　俊:近年来我国十分重视建筑遮阳标准的制定工作,已下达超过 30 余项相关标准的编制任务,已有《建筑门窗玻璃幕墙热工计算规程》JGJ/T 151 - 2009 等一批遮阳方面的行业标准已经颁布实施。

中国遮阳网:国外是如何研究遮阳形式与效果评价的?分别运用了哪些软件和设备?

任　俊:国外在进行建筑遮阳方面效果评价的软件很多,主要是能分析建筑日照的如 Ecotect,此外有进行传热分析的如 THERM,光学分析软件 OPTICS、窗户能耗计算软件 WINDOW 等。我国近年来也开发了一些进行遮阳分析计算的软件,如中国建筑科学研究院建筑工程软件所开发的建筑门窗、外遮阳节能设计分析 PKPM 建筑遮阳设计分析软件、飞时达软件公司的日照分析软件 FastSUN、清华大学建筑学院人居环境模拟实验室建筑日照分析软件 Sun Shine 等。

中国遮阳网： 您认为我国还需要花多少时间才能完善遮阳形式与效果评价相关数据？

任　俊： 这个问题很难回答，遮阳形式与效果评价是一个综合性的大课题，需要不断研究，不断推陈出新。既需要理论上的提升，也需要试验的分析结果。我们与发达国家先进水平还有较大差距，因此也需要开展国际合作。

（采访人：卫敏华）

2.12 建筑遮阳技术发展前景广阔

受访专家 王立雄

王立雄教授为天津市建筑物理环境与生态技术重点实验室主任、天津大学建筑学院党委副书记。王立雄主任长期在低能耗建筑、建筑光环境、城市照明等领域从事研究与设计工作，并对寒冷地区遮阳系统、建筑节能等方面颇有研究。王立雄主任通过目前遮阳行业发展中存在的问题来解析遮阳行业未来发展方向及新技术运用。

中国遮阳网：遮阳行业被称为是一个朝阳产业，您认为这两年遮阳行业的最大变化体现在哪些方面？

王立雄：建筑遮阳是提高建筑热工性能的重要手段，也是建筑节能技术的重点之一。但在以前相当长的一段时间内，建筑遮阳还处于探索的阶段，甚至遮阳都不能称之为一个行业。近两年来建筑遮阳行业总体来说比前些年有了长足的发展，整个行业也逐步成熟起来。

要说到最大变化，我认为主要体现在两个方面：首先是伴随着节能建筑的发展，遮阳技术和行业正进入一个如火如荼的快速发展时期。近年来，国家提出了建设资源节约型、环境友好型社会，而遮阳作为建筑节能的重要手段越来越受到社会各界重视，同时随着节能建筑、生态建筑、绿色建筑等建筑思潮广泛传播，都对遮阳的发展起到了促进作用。其次，遮阳已不再是仅仅局限于改善热工性能这个单一层面，它正逐步发展成为一门综合性的科学，例如：遮阳作为一种活跃的建筑语言越来越多地被建筑师所运用，通过对遮阳构件的设计使得整个建筑造型更加丰富，在改善建筑热环境舒适度的同时获得良好的建筑美学效果。

中国遮阳网：为了解决建筑玻璃幕墙遮阳隔热的问题，很多幕墙公司想采用改换Low-E玻璃的方式来达到规定的遮阳效果，但是结果并不理想。您认为今后幕墙与遮阳设施能够如何结合？

王立雄：Low-E玻璃的采光透过率在80%左右，可反射90%以上的远红外辐射，从综合性能来看，它是有很多优势的。但另一方面，它也存在如下问题：首先，性能好的Low-E玻璃价格还比较昂贵；其次，一般的Low-E玻璃虽在夏天能遮挡太阳辐射热，但是冬天也会把采暖需要的热能遮挡掉，达不到主动利用太阳热能的目的；第三，Low-E玻璃各方面的性能均会随着时间推移逐渐变差，而难以达到设计时预想的效果；最后，Low-E玻璃一般为中置遮阳，从遮阳效果看，内遮阳可阻挡40%～45%的热辐射，中置遮阳可阻挡65%～70%的热辐射，而外遮阳阻挡的热辐射可达到85%～90%，可见其遮阳效果不如外遮阳好。也正是因为这些原因，想要单纯依靠Low-E玻璃达到规定的遮阳效果，进而解决玻璃幕墙隔热问题效果不会太理想。

因此我认为要解决建筑玻璃幕墙的遮阳问题，应该使用综合方法，在幕墙设计中更多地考虑遮阳措施，尤其使用同建筑外立面美学效果相结合的外遮阳。另外，在可呼吸式幕墙中，采用中间遮阳设施，也会有较好的遮阳效果。再就是Low-E玻璃与内遮阳结合起来进行设计，争取取得好的遮阳效果。今后，玻璃幕墙与遮阳设施之间的结合会越来越紧密。

中国遮阳网：前些年，我国遮阳市场主要以内遮阳为多，自江苏省颁布新建住宅建筑强制采用外遮阳设施的条例之后，对全国住宅建筑外遮阳技术的发展起到了积极的推动作用，但高层住宅建筑安装外遮阳设施的安全性引起了业内人士的关注，因此中置遮阳有开始盛行的趋势，在您看来，遮阳产品会向什么方向发展？

王立雄：在我看来，遮阳设施与窗户一体化是建筑遮阳的发展趋势，遮阳设施与窗户一体化是将节能窗与外遮阳组合在一起的新结构，是运用空气间层保温原理和利用型材空腔断热结构的高效节能新技术。据测算，一体化卷帘式遮阳窗，夏天可降低空调制冷能耗58.43%；冬天可有效提高外窗保温性能23.44%，降低48.77%的建筑能耗。这种方式可以弥补传统明装式外遮阳存在的不足，在提高建筑节能效益的同时，还可以避免传统外挂式遮阳产品掉落的安全隐患，免除高楼室外清洁、维护的危险性，解决窗框导轨间漏水困扰，增加窗框结构强度，美化建筑外立面。但在目前外遮阳还是有一些中置遮阳所不具备的优势，要取得较好的遮阳效果单纯靠某一种遮阳方式是不行的，因此要说到遮阳产品的发展趋势，我认为还是综合化遮阳。

中国遮阳网：现代高层建筑及大面积玻璃幕墙的遮阳设施都需要依赖于自动调节设施，您认为从遮阳设计方面应该如何提高遮阳调节的自动化程度？

王立雄：将现代自动控制技术和电子信息技术与建筑遮阳设计相结合，在满足功能需要的同时，还可以营造良好的光影效果和气氛。目前主要是通过时间电机控制系统和气候电机控制系统来提高遮阳调节的自动化程度。前者储存了太阳运行规律信息，可以根据时间变化调整遮阳装置，还能利用阳光热量感应器（热量可调整）来进一步自动控制遮阳板的高度或角度；后者则是一个完整的气象站系统，装有阳光、风速、雨量、温度感应器，此控制器已经预先输入基本程序，包括光线强弱、风力、延长反应时间等数据，可以根据建筑物所在区域的具体气候状况进行相应调节控制。比如，法兰克福商业银行的遮阳百叶自动控制系统，德国国会大厦穹顶中可自动追踪太阳运动轨迹并做出相应运动的遮阳"扇"，都集中了自动控制术与工艺的精华（见图2.12-1，图2.12-2）。

图 2.12-1　德国国会大厦穹顶

图 2.12-2　德国国会大厦

中国遮阳网：人们越来越注重居住条件的舒适性，而遮阳设施在遮挡阳光的同时很好地营造了室内热舒适环境，请您谈一谈遮阳行业今后的发展趋势。

王立雄：建筑遮阳设计不应仅仅局限于建筑立面造型或者改善热工环境等某一方面，而要贯穿于建筑设计的整个过程，从建筑选址、布局到建筑立面设计，从环境植物配置到结构、暖通设计的配合，实现建筑遮阳设计全过程化。这不仅有助于改善室内热环境舒适度，而且能获得良好的建筑美学效果，丰富建筑师的造型手法。另一方面，遮阳行业发展的首要任务是制定遮阳行业的产品标准和技术规范，还要建造大批建筑遮阳工程，并加以推广。遮阳行业的发展任重而道远，因此，我们应该大胆探索，建立和健全各项管理制度，依靠政府和科研人员以及广大遮阳企业，上下一心，紧密配合，在社会各方的支持下，经过不断努力，遮阳行业一定能规范、有序、健康地发展。

中国遮阳网：国内遮阳企业不断引进国外先进技术，目前，我国公共建筑运用的遮阳技术哪些更应该加以推广？您认为哪种遮阳技术更加适合大面积玻璃幕墙使用？

王立雄：目前我国在遮阳方面所运用的技术主要有遮阳与建筑一体化、遮阳与太阳能板相结合、遮阳与建筑功能构件相结合、建筑遮阳设计智能化和建筑遮阳设计生态化等。我认为智能遮阳系统中的智能玻璃幕墙技术比较适合高层建筑及大面积幕墙使用。智能玻璃幕墙技术广义上包括玻璃幕墙、通风系统、空调系统、环境检测系统、楼宇自动控制系统。其技术核心是一种有别于传统幕墙的特殊幕墙，即热通道幕墙，或者说"呼吸式"幕墙。它的最大特点是由内外两层幕墙之间形成一个通风换气层，由于此换气层中空气的流通或循环的作用，使内层幕墙的温度接近室内温度，减小温差。因而相比传统的幕墙，其在采暖方面可节约能源 42%～52%，在制冷方面可节约能源 38%～60%。同时在空气间层中增加日光控制装置（如百叶、光反射板、热反射板等），还可以满足建筑自然通风和自然采光的要求。另外由于双层幕墙的使用，整个幕墙的隔声效果得到了很大的提高。

中国遮阳网：以聚酯纤维的织物作为遮阳面料曾风靡一时，但如今已不能满足现代建筑的更高的遮阳性能方面的要求，您认为随着遮阳技术的发展趋势会产生哪些方面的新型遮阳材料？请举例说明一下。

王立雄：随着科技进步尤其是材料科学的飞速发展，近年来出现了许多新型遮阳材料。比如 PVDF 膜材，它不会受紫外线的激化而产生组织结构的变化，日晒不会加速它"老化"，不会因工作环境温度的反复循环变化而形成组织结构的变化，工作环境容许的温度变化值在−40℃～70℃之间，能适应大多数室外环境。又比如蜂巢帘（见图2.12−3），又名风琴帘，其独特的设计使空气存储于中空层，令室内保持恒温，可节省空调电费。其防紫外线和隔热功能可有效保护家居用品，另外它外形美观，洗涤容易，使用起来比传统装置更加简单实用。还有就是使用太阳能光电和光热转换板作为遮阳材料是近年来研究的热点。它在起到遮阳作用的同时，又避免了遮阳构件自身可能存在的吸热导致升温和热传递问题，巧妙地将吸收的能量转换成对建筑有用的资源加以利用，既遮阳又产生新能源，一举两得（见图2.12−4，图2.12−5）。

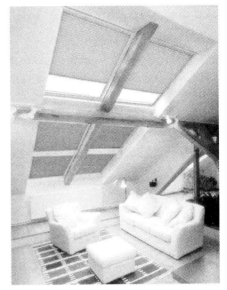

图2.12−3　蜂巢帘遮阳效果

中国遮阳网：您认为遮阳技术应怎样更好地与生态学、建筑技术科学的原理相结合，最大程度降低建筑能耗？

王立雄：建筑技术科学主要是研究如何通过建筑与规划措施来改善建筑物内外物理环境，合理解决建筑防晒、御潮、保温、节能等问题，创造健康舒适与可持续发展的人居环境。因此我认为研究建筑遮阳技术必须以建筑技术科学为基础，只有以科学理论为依据，才能切实达到最佳遮阳节能的效果。

图2.12−4　太阳能板遮阳

将生态技术引入建筑遮阳是现代遮阳研究的方向之一，其理念在于运用现代科技手段将建筑表皮与建筑竖直绿化或水平立体绿化直接挂钩，借助嵌入式的绿化设计解决遮阳问题，可以取得一举多得的效果。生态绿化遮阳强化了建筑外表面与周围空气和外界环境间的对流换热、内表面与室内空气和室内环境间的换热、玻璃和金属框格的传热、通过玻璃镀膜层减少的辐射换热等。以玻璃幕墙的绿化遮阳为例，实际测试数据说明，墙面设置了爬墙植物，夏季其外表面昼夜平均温度由35.1℃降到30.7℃，相差4.4℃；墙的内表面温度相应由30.0℃降到29.1℃，相差0.9℃。由于建筑附近的叶面蒸发作用而带来的降温效应，还会使墙面温度

图2.12−5　太阳能板遮阳

略低于气温（约1.6℃）。显然，绿化对墙体和室内温度的影响是极其重要的，也增添了建筑物的艺术美。

（采访人：卫敏华）

第 3 章
建筑遮阳技术研究

3.1　建筑外遮阳设施节能评价标准方法研究

刘　翼[1]　蒋　荃[2]

1. 中国建筑材料检验认证中心；2. 国家建材工业铝塑复合材料及遮阳产品质量监督检验测试中心

摘　要：建筑外遮阳设施在我国不同地区应用的节能效果如何评价是当前建筑师、制造商和消费者对外遮阳最为关注的问题，目前还缺乏一套统一、科学、操作性强的标准评价方法。本文分别对目前已发布的关于遮阳节能评价和测试方法的标准进行简要介绍，包括拟合计算、实验室标准人工光源试验以及户外实测，并指出了目前存在的问题。

关键词：外遮阳；遮阳系数；节能评价；标准化

　　建筑节能是我国可持续发展的必然要求，遮阳节能技术是建筑节能技术的重要组成部分，是中高纬度地区建筑节能的关键措施。根据欧洲中央组织 2005 年的《欧洲 25 国遮阳系统节能及二氧化碳排放研究报告》表明，在欧洲采用建筑遮阳的建筑，总体平均节约空调用能约 25%，节约采暖用能约 10%左右。我国地理位置与气候条件与欧洲迥异，即是在国内，不同气候区差别也较大。因此，外遮阳设施在我国不同地区应用的节能效果如何评价，成了建筑师、制造商和消费者最为关注的问题。但由于评价技术的研究基础不够，目前还缺乏一套统一、科学、操作性强的标准评价方法，致使目前已发布执行的建筑遮阳产品标准中，都未对产品的节能性能提出明确的要求。

　　本文分别对目前已发布的关于遮阳节能评价和测试方法的标准进行简要介绍，包括拟合计算、实验室标准人工光源试验以及户外实测，并指出了目前所存在的问题。

3.1.1　建筑外遮阳系数的计算方法

1. 固定遮阳构件

　　根据《建筑遮阳工程技术规程》JGJ 237-2011 的规定，固定遮阳构件的外遮阳系数宜按下式计算：

$$SD=ax^2+bx+1$$

$$x=\frac{A}{B}$$

式中　SD——外遮阳系数；

　　　　x——外遮阳特征值；$x>1$ 时，取 $x=1$；

　　A、B——外遮阳的构造定性尺寸，按表 3.1-1 确定；

　　　a、b——拟合系数，根据建筑类型所处气候区域分别按照《公共建筑节能设计标准》GB 50189、《严寒和寒冷地区居住建筑节能设计标准》JGJ 26、《夏热冬暖地区居住建筑节能设计标准》JGJ 75 和《夏热冬冷地区居住建筑节能设计标准》JGJ 134 选取计算。

外遮阳的构造定性尺寸 A、B 表 3.1－1

外遮阳基本类型	剖面图	示意图
水平式	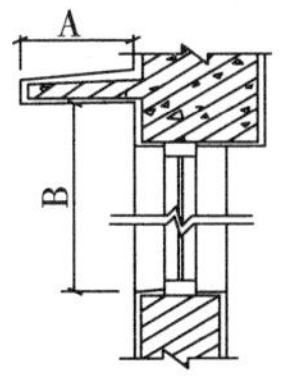	
垂直式	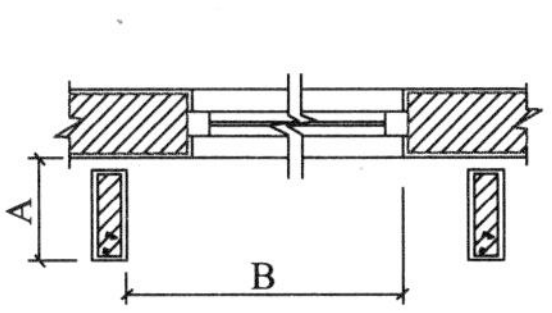	
挡板式	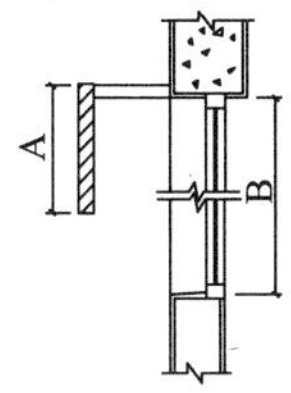	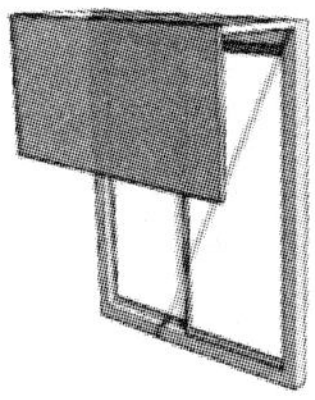
横百叶挡板式	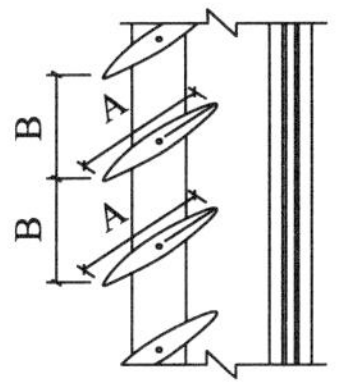	
竖百叶挡板式	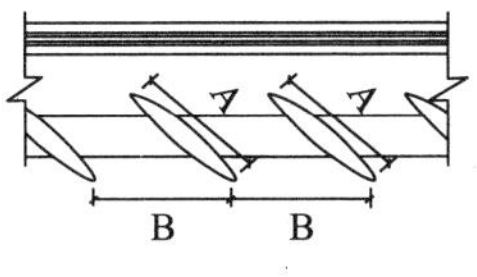	

　　组合式遮阳装置的外遮阳系数，应为各组成部分的外遮阳系数的乘积。当外遮阳的遮阳板采用有透光性能的材料制作时，外遮阳系数应按下式修正。

$$SD' = 1 - (1 - SD)(1 - \eta^*)$$

式中　SD'——采用可透光遮阳材料的外遮阳系数；

　　　　SD——采用不透光遮阳材料的外遮阳系数；

　　　　η^*——遮阳材料的透射比，按表 3.1－2 选取。

遮阳材料的透射比　　　　　　　　　　　　　表 3.1 - 2

遮阳用材料	规　格	η^*
织物面料	浅色	0.4
玻璃钢类板	浅色	0.43
玻璃、有机玻璃类板	深色：$0 < SC_g \leqslant 0.6$	0.6
	浅色：$0.6 < SC_g \leqslant 0.8$	0.8
金属穿孔板	开孔率：$0 < \phi \leqslant 0.2$	0.1
	开孔率：$0.2 < \phi \leqslant 0.4$	0.3
	开孔率：$0.4 < \phi \leqslant 0.6$	0.5
	开孔率：$0.6 < \phi \leqslant 0.8$	0.7
铝合金百叶板		0.2
木质百叶板		0.25
混凝土花格		0.5
木质花格		0.45

注：SC_g 是透过玻璃窗的太阳光透射比，与 3mm 平板玻璃的太阳透射比的比值。

2. 活动遮阳装置

活动外遮阳装置种类很多，计算方法也十分复杂。目前，活动外遮阳装置其与外窗（玻璃幕墙）组合的综合遮阳系数、传热系数仅可计算与外窗（玻璃幕墙）面平行，且与外窗（玻璃幕墙）面紧贴的帘式外遮阳、中间遮阳装置，计算按照《建筑门窗玻璃幕墙热工计算规程》JGJ/T 151 - 2008 的规定进行。

（1）遮阳百叶帘

遮阳百叶帘的计算方法和公式是转化的 ISO 15099 Thermal performance of windows, doors and shading devices-Detailed calculations。在计算时，将叶片假设为全部的非镜面反射，并忽略窗户边缘的作用。同时，将叶片视为无限重复，且忽略帘片的轻微挠曲影响。

计算的结果与叶片的光学性能、几何形状和位置等因素均有关系，所以计算平行叶片构成的百叶遮阳装置的光学性能时均应予以考虑。叶片的远红外反射率的透射特性对传热系数的精确计算有很大影响，所以应详细计算。

（2）遮阳帘与门窗或幕墙组合系统的计算

遮阳帘与门窗或幕墙组合系统的计算分为简化计算和详细计算，分别转化的是 EN 13363 - 1 和 EN 13363 - 2。计算这样帘一类的遮阳装置统一用太阳辐射透射比和反射比，以及可见光透射比和反射比表示，这些值都可以采用适当的方法在垂直入射辐射下计算或测定。详细计算遮阳装置十分繁琐，需通过建模对门窗幕墙与遮阳装置的相互光热作用进行计算。当遮阳是透空的装置时，比如百叶、挡板、窗帘等，还需考虑不同通风情况下通风空气间层的热传递的影响。

上述计算原理与公式均十分复杂，主要通过计算机软件进行，本文在此不再一一列出。

3.1.2　建筑外遮阳对热舒适的评价方法

《建筑遮阳热舒适、视觉舒适性能与分级》JG/T 277 - 2010 已发布执行，该标准转化的是 EN 14501 Blinds and shutters. Thermal and visual comfort. Performance characteristics and classification。

遮阳装置可调节太阳得热以控制室内温度，改善热舒适性。在该标准中，遮阳装置对热舒适的影响主要取决于下列参数：

——太阳得热控制：太阳能总透射比（g_{tot}）；

——二次得热：向室内侧的二次热传递系数（$q_{i,tot}$）；

——直射透射防护：直射-直射太阳光透射比（$\tau_{e,dir\text{-}dir}$），为了简化计算，采用法向-法向太阳光透射比（$\tau_{e,n\text{-}n}$）。

按遮阳装置对室内热舒适性的影响大小依次由小到大分为 1 级至 5 级，其分级见表 3.1-3。

表 3.1-3

对室内热舒适性的影响大小分级

分级	1	2	3	4	5
	影响很小	影响较小	影响中等	影响较大	影响很大
g_{tot}	$g_{tot}\geq0.50$	$0.35\leq g_{tot}<0.50$	$0.15\leq g_{tot}<0.35$	$0.10\leq g_{tot}<0.15$	$g_{tot}<0.10$
$q_{i,tot}$	$q_{i,tot}\geq0.30$	$0.20\leq q_{i,tot}<0.30$	$0.10\leq q_{i,tot}<0.20$	$0.03\leq q_{i,tot}<0.10$	$q_{i,tot}<0.03$
$\tau_{e,n\text{-}n}$	$\tau_{e,n\text{-}n}\geq0.20$	$0.15\leq\tau_{e,n\text{-}n}<0.20$	$0.10\leq\tau_{e,n\text{-}n}<0.15$	$0.05\leq\tau_{e,n\text{-}n}<0.10$	$\tau_{e,n\text{-}n}<0.05$
Fc	$Fc\geq0.50/g$	$0.35/g\leq Fc<0.50/g$	$0.15/g\leq Fc<0.35/g$	$0.10/g\leq Fc<0.15/g$	$Fc<0.10/g$

注：Fc 为遮阳系数。

该标准所规定的上述参数的计算需根据 EN 14500 Blinds and shutters-Thermal and visual comfort-Test and calculation methods 计算确定。该标准国内正在转化制订，名称为《建筑遮阳对室内环境热舒适与视觉舒适性能的影响及其检测方法》，该标准目前已进入送审阶段。

3.1.3 遮阳装置节能效果实验室测试方法

已有计算标准方法的情况下研究实验室测试标准方法主要是考虑到现有的计算比较成熟的主要是针对固定遮阳构件，不适用于林林总总的遮阳产品，且无法对同类型产品的节能效果横向进行比较。JGJ 151 虽然提出了计算方法，但是公式中的参数目前比较缺乏，对于新产品，这些参数没有。而参数的测量更加复杂，可供参考的测量标准和试验台更是非常少。更为关键的是，没有一个科学的试验室标准测试方法，无法考察对于通过数学建模计算出来的结果与实际情况的相符程度。因此，在国外都投入了大量人力物力开展了该方向的研究，比如加拿大国家太阳能实验室（NSTF）、美国劳伦斯-伯克利实验室、瑞士联邦材料实验室建筑物理实验室等。图 3.1-1～图 3.1-3 为上述三个遮阳试验台的照片。我国则是在国内外调研的基础上编制了《建筑遮阳产品隔

图 3.1-1 NSTF 门窗遮阳试验台

热性能试验方法》JG/T 281-2010。

图 3.1-2　劳伦斯-伯克利实验
室门窗遮阳试验台

图 3.1-3　瑞士联邦材料实验室
建筑物理实验室

1. 人工标准光源

《建筑遮阳产品隔热性能试验方法》JG/T 281-2010 中用遮阳产品的"隔热系数"来表征其隔热性能，即反映遮阳产品阻隔辐射得热和温差传热的能力，用遮阳产品和 3mm透明平板玻璃的综合遮阳系数表示。综合遮阳系数为在规定的测试工况下，测试的遮阳产品和 3mm 透明平板玻璃的组合得热量与基准得热量比值。

该标准采用长弧氙灯模拟太阳辐射，热室用于模拟室外环境，冷室用于模拟室内环境和计量。热室温度控制在（35±1）℃，热室内气流到达试件表面的平均风速应设定为 3.0±0.2m/s，以模拟自然对流。冷室采用保护热箱法，温度控制在（26±0.5）℃。试验装置示意见图 3.1-4。

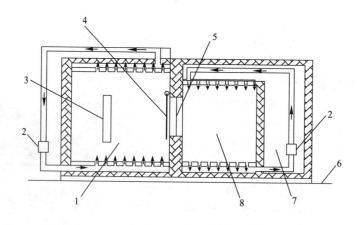

图 3.1-4　人工光源法试验装置示意图

1—热室；2—空气处理机组；3—光源；4—外遮阳试件；
5—3mm 标准透明平板玻璃；6—地面；7—防护室；8—冷室

2. 自然光源

为了测试遮阳产品在实际自然光下的节能效果，JG/T 281 还提出了自然光源试验方法。由于自然光源受地域、天气、空气质量等的影响较大，短时间内的试验结果复现性较差。但是，该方法适宜于进行整个空调期的连续测试，数据实时在线采集，最后通过计算机对整个空调期的试验数据进行综合处理和分析，得出的数据将最接近于实际工况，除了常规检测外，还可以用于检验数学建模计算方法的可靠性，具有重要的现实意义。同时，该设备还可以评价遮阳对冬季采暖能耗的影响。

试验装置主要由基准冷室、对比冷室、防护室和控温系统四部分组成，见图 3.1－5 所示。自然光源，无遮阳时垂直到达 3mm 标准透明平板玻璃的辐射照度不宜小于 400 W/m²。在整个实验期间，环境风速应小于 4m/s，室外温度不宜低于 8℃。

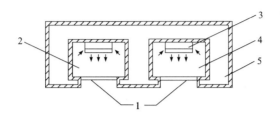

图 3.1－5 自然光源试验装置示意图
1—3mm 标准透明平板玻璃；2—对比冷室；
3—空气处理机组；4—基准冷室；5—防护室

3.1.4 结语

目前，我国对于遮阳装置节能评价的相关标准已基本出台，但也存在不少问题。其中最突出的问题是缺少试验台，难以对模拟计算结果的可靠性进行评估，也无法对同类型产品进行优劣的比较。因此，必须加快试验台的建设，包括实验室标准光源和自然光源，并通过实验积累数据，对现有的计算标准可靠性进行核查，并在产品标准修订时，将相应的要求写入标准。

3.2 遮阳装置的遮阳与采光特性计算分析

杨仕超　周　荃　江飞飞　余凯伦

广东省建筑科学研究院

摘　要：建筑遮阳装置种类多，形状各异，急需系统、科学的计算分析方法来量化不同遮阳装置的遮阳和室内采光效果。本文首先探讨要发扬并提出了基于建筑节能分析、空调负荷分析等不同目的时，遮阳装置的遮阳和采光效果的计算方法。针对这些计算方法提出了应用原则。然后，针对固定遮阳、百叶遮阳、遮阳帘等各种常见遮阳装置，进行了遮阳室内采光效果计算和分析。最后，结合计算结果，提出了各类遮阳装置在建筑上应用的适用原则。

关键词：遮阳装置；采光特性；计算分析

建筑遮阳虽然已经是绿色建筑中公认的节能措施，而且是低成本的被动技术，应该得到大量的应用。但是，对于遮阳装置的遮阳效果，目前还没有统一的评价方法。国际上，在 ISO 15099 标准中给出了平行于门窗且完全覆盖门窗的遮阳装置的光学、热工计算方法和计算公式，欧洲标准 EN 13363-1 给出了这类遮阳装置的简化计算公式，但对于不平行或不完全覆盖门窗的遮阳装置则无能为力。

我国的《夏热冬暖地区居住建筑节能设计标准》JGJ 75 和《公共建筑节能设计标准》GB 50189 中提出了遮阳装置遮阳系数的简化计算方法，该方法是基于有遮阳和无遮阳情况下能耗的对比拟合出的遮阳系数简化计算公式，给出的类型有限，且适用范围有限。

我国建设行业标准《建筑门窗玻璃幕墙热工计算规程》JGJ/T 151 则结合了 ISO 15099 和 EN13363，给出了平行于门窗且完全覆盖门窗的遮阳装置的光学、热工计算方法和计算公式，但同样也没有对不平行于或不完全覆盖门窗的遮阳装置的计算方法。

对于遮阳装置视觉舒适度的评估计算，DIN EN 14500：2008 给出了平行于门窗且完全覆盖门窗的遮阳装置的测试方法和计算公式，同样也没有对于不平行或不完全覆盖门窗的遮阳装置的计算方法。

建筑遮阳装置的种类非常之多，形状各异，各种遮阳装置的计算评估都很重要，而且方法是否合适对遮阳的设计有着直接的影响。既然如此，行业就应该解决这些问题，让遮阳装置有一整套完整、科学的计算分析方法。通过这些计算分析方法，建筑设计师们可以对各种遮阳装置有比较清晰的认识，便于在建筑设计中灵活应用。

3.2.1　遮阳装置遮阳和采光效果的计算方法

1. 遮阳系数的定义

遮阳装置的遮阳效果随着太阳位置和天气情况的变化而变化。一般而言，遮阳装置在每时每刻都有不同的遮阳系数。在某一时刻、某一太阳直射、散射分布下，"门窗的遮阳系数是门窗和遮阳装置组合体的太阳能总透射比与无遮阳装置的情况下该门窗的太阳能总透射比的比值"。这样，对于平行于门窗且完全覆盖门窗的遮阳装置的遮阳计算相对可以简化一些，而对于不平行于门窗或不完全覆盖门窗的遮阳装置的计算则异常复杂。

（1）用于建筑节能计算的遮阳系数

对于建筑节能而言，如果能够对每个时刻的太阳辐射进行详细的计算是再好不过的了，但计算机这样计算时，建筑师不能直观地得到遮阳装置的节能效果。所以，如果把遮阳装置放到某个简单的建筑物窗户上，进行全年的能耗计算，根据采暖能耗和空调能耗在有遮阳和没有遮阳前后的变化，就可以得到冬季和夏季两个等效遮阳系数。这个遮阳系数可以作为用于建筑节能计算的（等效）遮阳系数。

（2）用于空调负荷计算的遮阳系数

空调负荷的计算需要对每个时刻都进行计算，而且一般采用晴天作为典型天。用于空调负荷计算的遮阳系数应根据需要进行逐时的计算，得到每个时刻的遮阳系数。用于空调负荷计算的遮阳系数不是同一个数，有多少需要计算的时刻就有多少个遮阳系数。

（3）遮阳产品给定条件的遮阳系数

为了遮阳产品性能的相互对比，各个产品标准中往往规定一定的太阳方位角、高度角，以及太阳光的直射散射比例，从而得到一类产品的准确遮阳系数。这个系数针对给定的条件计算，得到相应条件下的遮阳系数，所以这个遮阳系数只能作为产品性能比较用，而一般不能直接用于实际工程计算。

2. 遮阳装置遮阳系数的计算

（1）用于空调负荷计算的遮阳系数计算

空调负荷计算一般取特殊的计算天（如7月22日）。由于要求进行一个完整天的逐时计算，所以要计算每一个时刻的遮阳系数。这一系数的计算要求计算每个时刻的太阳辐射照度（分为直射和散射两部分），同时需要给出太阳的高度角、方位角。这部分的计算不考虑不同天气条件的直射和散射关系，而只计算晴天的辐射照度。计算每个时刻的遮阳系数，均要考虑地面、周围建筑的影响。

遮阳构件、窗的太阳辐射照度计算分别计算，然后还要计及遮阳装置受阳光照射后表面发出的二次辐射对窗的辐射部分。

（2）用于建筑节能计算的遮阳系数计算

建筑节能计算的天气数据一般采用标准气象年。在一年的计算中，外窗及其遮阳要进行逐时的计算，遮阳的效果也就进行了逐时的计算。如果要知道遮阳装置的遮阳效果，必须同时还计算不采用遮阳设施时的建筑能耗，从两者之差计算得到遮阳系数，从制冷能耗中得到夏季遮阳系数，从采暖能耗中得到冬季遮阳系数。这种方法可以称为"能耗计算法"。《夏热冬暖地区居住建筑节能设计标准》JGJ 75 遮阳简化计算所采用的建筑模型见图3.2-1。

还有一种方法是进行太阳的入射辐射计算，计算全年窗户的太阳辐射照度的累计，把全年有遮阳装置和没有遮阳装置的太阳辐射照射总量进行对比，得到全年的遮阳系数。把一年中的春、秋两个过渡季节作为夏季和

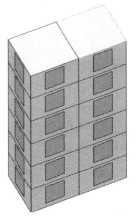

图3.2-1 "能耗计算法"采用的计算模型

冬季的分界，分别计算夏季和冬季的遮阳系数。这种方法可以称为"辐射累计法"（图 3.2-2）。

以上这两种方法得到的都是等效遮阳系数。两种方法计算的遮阳系数会略有不同，能耗计算法计算的遮阳系数与建筑的其他围护结构及空调系统有一定关系，而辐射累计法则仅与遮阳装置有关。

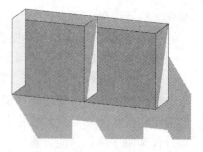

图 3.2-2　"辐射累计法"遮阳装置模型示意图

（3）与窗平行的遮阳装置遮阳系数的计算

这类遮阳装置包括织物帘和百叶帘等。对于织物帘，只要测量了透射比和反射比，既可计算其遮阳性能。但百叶帘却与百叶的角度和太阳入射角、太阳直射与散射的比例等均有关。

百叶透过率的计算可以采用二维模型，如图 3.2-3（来自 DIN EN 14500：2008）。

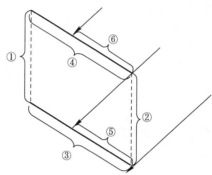

图 3.2-3　百叶透过率计算二维模型

直射阳光透射、反射的计算公式如下式：

$$\tau_{s,D} = \Phi_{51}\rho + \Phi_{61}\tau + \frac{(Z\Phi_{54}\rho' + \Phi_{63}\tau)(\Phi_{31}\rho + \Phi_{41}\tau) + (Z\Phi_{63}\tau + \Phi_{54}\rho)(\Phi_{41}\rho' + \Phi_{31}\tau)}{\Phi_{34}\rho \cdot (1 - ZZ')} \cdot Z$$

$$(3.2-1)$$

$$\rho_{s,D} = \Phi_{52}\rho + \Phi_{62}\tau + \frac{(Z\Phi_{54}\rho' + \Phi_{63}\tau)(\Phi_{32}\rho + \Phi_{42}\tau) + (Z\Phi_{63}\tau + \Phi_{54}\rho)(\Phi_{42}\rho' + \Phi_{32}\tau)}{\Phi_{34}\rho \cdot (1 - ZZ')} \cdot Z$$

$$Z = \frac{\Phi_{32}\rho}{1 - \Phi_{34}\tau}; \quad Z' = \frac{\Phi_{34}\rho'}{1 - \Phi_{34}\tau}$$

式中　Φ_{ij}——区域 $i \sim j$ 角系数，部分情况下的角系数见附录 C；

　　　　τ——材料太阳光透射比；

　　　　ρ、ρ'——材料前、后表面太阳光反射比；

$\tau_{s,D}$、$\rho_{s,D}$——遮阳卷帘直射太阳光的透射比、反射比。

直射阳光透射、反射的计算公式如下式：

$$\tau_{s,d} = \Phi_{21} + \frac{(\Phi_{23}\rho + \Phi_{24}\tau)(\Phi_{31} + Z'\Phi_{41}) + (\Phi_{24}\rho' + \Phi_{23}\tau)(\Phi_{41} + Z\Phi_{31})}{\Phi_{34}\rho \cdot (1 - ZZ')} \cdot Z \quad (3.2-2)$$

$$\rho_{s,d} = \frac{(\Phi_{23}\rho + \Phi_{24}\tau)(\Phi_{32} + Z'\Phi_{42}) + (\Phi_{24}\rho' + \Phi_{23}\tau)(\Phi_{42} + Z\Phi_{32})}{\Phi_{34}\rho \cdot (1 - ZZ')} \cdot Z$$

式中　$\tau_{s,d}$、$\rho_{s,d}$——遮阳卷帘散射太阳光的透射比、反射比。

得到了透射比和反射比后，遮阳系数可以按照 ISO15099 或我国国家标准《建筑门窗玻璃幕墙热工计算规程》JGJ/T 151 的计算方法计算其遮阳系数。

3. 遮阳装置室内采光效果的计算

对于尺寸较大且不与门窗平行或不完全覆盖门窗的遮阳装置，计算采光透射比意义不大，应直接计算建筑室内采光效果。而对于与门窗平行且完全覆盖门窗的遮阳装置，先计算透射比，再计算采光才是可行的，计算方法相对简单，且结果更加精确。

透射比、反射比的计算与遮阳系数的计算方法是一致的，只不过是光谱不同，加权计算不一样。

采光计算一般采用 CIE 全阴天模型，而不采用实际天气条件，实际天气条件模型主要用于光学效果的模拟计算。全阴天模型一般采用国际照明委员会（CIE）的全阴天模型，考虑的是最不利条件下的情况，所以计算不包括直射日光。计算室内采光时还要包括遮阳装置每个面的反光和室内墙面、顶棚、地面的反光。

3.2.2 遮阳装置遮阳和采光效果计算方法的应用原则

1. 遮阳系数计算方法的应用原则

遮阳装置的遮阳系数计算方法应根据满足相应的需要而选择。

在进行节能计算时，如果节能计算软件能够处理相应遮阳装置的遮阳计算，就没有必要单独计算遮阳系数。但如果要评价遮阳装置的遮阳效果时，就需要计算遮阳系数。这类遮阳装置的遮阳系数可以采用能耗计算法。

在进行空调负荷计算时，如果计算软件能够处理相应遮阳装置的遮阳计算，也就不用单独计算遮阳系数。

对于能耗计算软件、空调负荷计算软件不能处理计算的遮阳装置，必须进行单独的遮阳系数计算。

对于尺寸较大且不与门窗平行或不完全覆盖门窗的遮阳装置，可以采用辐射累计法直接计算遮阳装置的遮阳系数。而对于与门窗平行且完全覆盖门窗的遮阳装置，则先计算透射比，再计算遮阳系数，这样的计算方法简单，结果更加精确。

2. 采光计算方法的应用原则

遮阳装置的采光计算方法应根据相应的需要而进行选择。

在进行采光计算时，如果采光计算软件能够处理相应遮阳装置的计算，就没有必要单独计算可见光透射比，直接计算室内采光效果即可。

对于尺寸较大且不与门窗平行或不完全覆盖门窗的遮阳装置，应直接计算建筑室内采光效果，而不去计算遮阳装置的可见光透射比等综合参数。

而对于与门窗平行且完全覆盖门窗的遮阳装置，应先计算透射比、反射比等光学性能，再进行采光计算，这样可以使得计算过程相对简单，而且结果更加精确可靠。

3.2.3 外遮阳装置的遮阳和室内采光效果计算分析

1. 遮阳装置的遮阳效果计算分析

（1）固定外遮阳装置的遮阳效果

1）能耗计算法

能耗计算法计算用于建筑节能设计的外遮阳系数 SD，可以按拟合公式（3.2-3）和

（式3.2-4）进行。水平遮阳板和垂直遮阳板组合成的综合遮阳，其外遮阳系数值应取水平遮阳板和垂直遮阳板的外遮阳系数的乘积。

$$SD=ax^2+bx+1 \tag{3.2-3}$$

$$x=\frac{A}{B} \tag{3.2-4}$$

式中　　SD——外遮阳系数；

　　　　x——外遮阳特征值；$x>1$时，取 $x=1$；

　　a、b——拟合系数；

　　A、B——外遮阳的构造定性尺寸，按图3.2-4，图3.2-5确定。

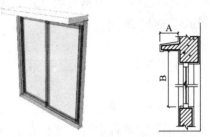

图3.2-4　水平式外遮阳的特征值

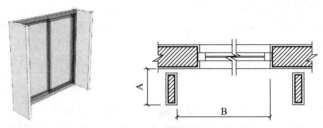

图3.2-5　垂直式外遮阳的特征值

上述经验公式中的拟合系数是利用建筑能耗模拟计算软件（如 DOE2 等），模拟相同建筑不同遮阳特征值时的建筑能耗，通过回归分析得到的经验数值。目前，国内各建筑气候区的建筑节能设计标准中均提供了用于本地区节能设计时计算各种遮阳装置遮阳系数计算的拟合系数。表3.2-1给出了夏热冬暖地区水平和垂直遮阳装置的拟合系数。

夏热冬暖地区外遮阳系数计算用拟合系数（一）　　　　　　　　表3.2-1

遮阳类型	拟合系数	南	西
水平式（图3.2-4）	a	0.35	0.20
	b	−0.65	−0.40
垂直式（图3.2-5）	a	0.40	0.30
	b	−0.75	−0.60

以广东省广州市的水平遮阳、垂直遮阳和综合遮阳三种典型外遮阳装置为例，当遮阳装置特征值为0.5时，得到其用于节能计算的遮阳系数如表3.2-2所示。

固定遮阳夏季遮阳系数能耗法计算结果 表3.2-2

遮阳类型	南	西
水平遮阳	0.76	0.85
垂直遮阳	0.72	0.78
综合遮阳	0.55	0.62

2）辐射累积法

辐射累积法是把全年有遮阳装置和没有遮阳装置的太阳辐射照度总量进行对比，得到全年的遮阳系数。

广东省建筑科学研究院基于上述原理开发了"建筑阳光大师"建筑光环境模拟分析软件，在软件中建立窗户和遮阳装置模型，输入城市地理位置，即可算出不同朝向遮阳装置的夏季和冬季遮阳系数。同样以遮阳装置特征值为0.5时上述三种固定遮阳为例，得到其用于节能计算的遮阳系数如表3.2-3所示：

固定遮阳夏季遮阳系数辐射累积法计算结果 表3.2-3

遮阳类型	南	西
水平遮阳	0.69	0.73
垂直遮阳	0.80	0.79
综合遮阳	0.47	0.53

（2）挡板外遮阳装置的遮阳效果

1）能耗计算法

挡板遮阳的遮阳系数计算拟合系数见表3.2-4。挡板遮阳的特征值A为挡板下悬垂直高度，B为窗高。

夏热冬暖地区外遮阳系数计算用拟合系数（二） 表3.2-4

外遮阳类型	系数	南	西
挡板式	a	0.35	0.16
	b	−1.01	−0.60

当遮阳装置特征值为0.5时，得到挡板遮阳用于节能计算的遮阳系数如表3.2-5所示：

挡板遮阳夏季遮阳系数能耗法计算结果 表3.2-5

遮阳类型	南	西
挡板遮阳	0.58	0.74

2）辐射累积法

在"建筑阳光大师"建筑光环境模拟分析软件中建立窗户和遮阳装置模型，输入城市地理位置，同样以遮阳装置特征值为0.5时上述挡板遮阳为例，得到其用于节能计算的遮阳系数如表 3.2-6 所示：

挡板遮阳夏季遮阳系数辐射累积法计算结果　　　　　表 3.2-6

遮阳类型	南	西
挡板遮阳	0.49	0.51

3）百叶遮阳装置的遮阳效果

百叶型遮阳装置一般属于平行于门窗的遮阳装置，而且一般也完全覆盖了门窗的透光部分。选择一款百叶，叶片宽度为 30mm，叶片间距为 25mm，叶片的反射系数为 0.5。首先计算其不同入射角和叶片开启角度的透射系数，见表 3.2-7。

百叶的透射反射系数　　　　　表 3.2-7

外遮阳类型	百叶角度	入射角	直射透射系数	散射透射系数	透射比
百叶帘	45	45	0.06	0.33	0.10
		30	0.05	0.33	0.09
	30	45	0.09	0.41	0.13
		30	0.07	0.41	0.12

当遮阳装置至于一个遮阳系数为 0.7 的窗前方、后方时，得到不同的遮阳系数如表 3.2-8 所示：

百叶遮阳装置的遮阳系数计算结果　　　　　表 3.2-8

外遮阳类型	百叶角度	入射角	透射比	位置	透射比
百叶帘	45	45	0.10	外侧	0.29
				内侧	0.66

由以上计算可见，百叶遮阳装置与百叶的调节角度和太阳的入射角度有关系，也与置于室内外的位置有关。百叶关闭越严密，透射比越小，置于室外的遮阳系数远小于置于室内时的遮阳系数。

4）织物帘遮阳装置的遮阳效果

织物帘式遮阳装置一般也属于平行于门窗的遮阳装置，而且完全覆盖了门窗的透光部分。选择一款织物帘，透射比为 0.3，前反射比为 0.4，后反射比为 0.4。计算得到其置于外侧时，遮阳系数为 0.46，置于内侧时遮阳系数为 0.68。

由计算结果可见，帘式遮阳装置主要与织物的透射比和反射比有关，透射比越小越好，反射比越大越好。置于室外时的遮阳系数远小于室内的遮阳系数。

2. 外遮阳装置的室内采光效果计算分析

基于辐射累计的计算原理，利用广东省建筑科学研究院"建筑阳光大师"建筑光环境模拟分析软件，建立房间、窗户和遮阳装置模型，可以分析遮阳装置对房间的室内采光效果的影响。

对安装三种固定外遮阳装置的房间室内自然采光效果，和无外遮阳装置相同房间的然室内采光效果是进行分析，结果如图 3.2-6 所示。可以看出固定遮阳装置中垂直遮阳影响最小，不超 10%，水平遮阳大约 25%，综合遮阳影响最大，约为 45%，但综合遮阳的遮阳系数在西向小于 0.55，在南向甚至小于 0.45。可见，固定遮阳有较好的遮阳效果，对采光的影响不是非常大。

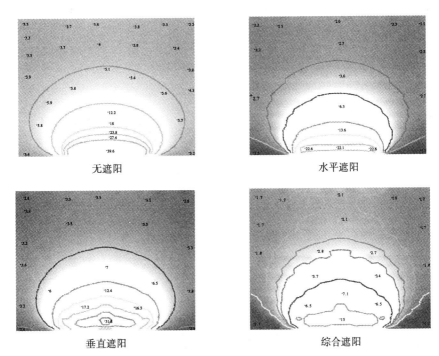

图 3.2-6 无遮阳时和三种固定遮阳装置室内自然采光效果

3.2.4 遮阳装置的应用分析

1. 固定遮阳装置

固定式遮阳构造简单，施工方便，对室内自然采光影响不太大，通过合理地设计可以达到较好的遮阳效果。

水平遮阳适用于太阳高度角较高的建筑的南立面。东西立面设置水平遮阳，需增大遮阳深度，影响建筑窗口的自然采光、自然通风和立面效果。

当太阳高度角较低，且与垂直遮阳成一定投射角度时，垂直遮阳的效果较为明显，因此垂直遮阳比较适用于建筑的东西立面和北立面。

垂直遮阳较适合与水平遮阳一起使用，构成综合遮阳，尤其适用建筑的南立面。但由于窗口周边设置遮阳构件较多，会在一定程度上影响外窗的自然通风效果。

2. 平行且覆盖窗口的遮阳装置

挡板和百叶遮阳装置平行于窗口，且一般为非透明材料，遮阳效果较好，但也因此遮挡了窗口的视线和采光。由于大多数窗户都把视线放在首位，故挡板和百叶遮阳装置的应用受到局限，一般用于炎热地区建筑的东西立面。

与固定式百叶相比，活动百叶可以在一定程度上缓和遮阳和采光、窗口视野的矛盾，但对于较为密集布置的百叶，即使将百叶调节成与窗口垂直的状态，也无法消除百叶对视野的阻碍和对采光的影响。活动百叶在满足遮阳要求的同时，应增大百叶板的宽度和百叶间距，从而减少百叶板的数量，尽量降低对室内采光和窗口视野的影响。百叶表面还可以设计成高反射率以增加室内深处的采光，从而调节采光效果。

可调节帘式遮阳完全覆盖窗口时，具有非常好的遮阳效果，收起时又完全不影响窗口的视野和自然采光，而且材质和造型种类繁多，构造简练，容易与建筑立面构成独特的立面效果，适合在炎热地区建筑的各个立面设置。

内遮阳也是一种选择。虽然内遮阳的遮阳系数较大，但对于大面积窗和玻璃幕墙而言，内遮阳可能是唯一的选择。

3.2.5　结论及建议

1. 建筑遮阳系数根据不同的使用目的应采用不同的计算方法进行计算。用于空调负荷时，应逐时计算遮阳装置的遮阳系数；用于建筑节能计算时，可按照"能耗计算法"或"辐射累计法"计算其置于不同朝向时冬季和夏季的遮阳系数。

2. 能耗计算法和辐射累计法计算外遮阳系数的原理不同，结果有一定差异。能耗计算法为拟合公式，应用有一定局限性。辐射累计法的结果只与遮阳装置的自身参数和环境气候条件有关，计算较为准确。

3. 固定遮阳装置应直接计算附加遮阳装置后的建筑室内采光效果，从而计算遮阳装置对采光的影响；与门窗平行且完全覆盖门窗的遮阳装置，应先计算透射比，再计算采光效果，计算方法相对简单。

4. 外遮阳装置的遮阳效果与窗口的视野和采光效果有一定矛盾，但可以控制。固定遮阳装置应按照太阳运行轨迹设计，最大限度遮挡夏季的太阳直射阳光，而对采光的影响不会太大，且可以避免窗口强光照射，在南方地区应该提倡适用。平行且覆盖窗口的挡板、百叶、遮阳帘等遮阳装置影响较大，应能够灵活调节为好，必要时应可以全部开启。

5. 玻璃的采光作用不容忽视，遮阳型玻璃的可见光透射比不能过分降低。当玻璃的遮阳系数不能满足要求时，可采取其他遮阳措施，不能过分依赖玻璃遮阳而降低采光要求。

6. 活动遮阳装置可以根据需要进行遮阳和采光，但外遮阳装置存在安全、耐久等问题。内遮阳装置目前政府还不承认其节能效果，大大影响了活动遮阳的工程应用，导致目前许多内遮阳装置仅作为内装饰。行业应对内遮阳进行研究，进行节能、采光分析，使其在绿色建筑中发挥应有的作用。

3.3 建筑遮阳系统计算与评价软件研究

杨华秋　马　扬
广东省建筑科学研究院

摘　要：遮阳系统可以减少进入室内的太阳辐射的热量，在夏热冬暖地区及夏热冬冷地区应用已十分广泛，我国遮阳产品也逐渐增多，遮阳行业正在高速发展。但目前，我国缺少有效评价遮阳技术与遮阳产品热工性能的手段和相关标准。本文意在介绍国内外遮阳系统热工计算相关理论，以及广东省建筑科学研究院在建筑遮阳系统计算与评价理论和软件开发的研究，探讨我国遮阳系统计算与评价的方法，以促进遮阳行业的发展。

关键词：建筑遮阳系统计算；建筑遮阳评价软件

夏热冬暖和夏热冬冷地区的夏季，通过窗户进入室内的太阳辐射热是影响室内热环境和空调能耗的主要因素，窗户的遮阳系数也就自然成了建筑设计和节能研究中不可或缺的参数，同时也是评价外窗热工性能的重要指标。

建筑遮阳技术是我国南方地区改善室内热环境、改善室内舒适性的重要措施，长期以来在传统建筑中应用。如岭南传统民居中屋顶遮阳、屋檐遮阳、门廊遮阳、门窗飘檐遮阳等技术，是长期以来南方地区人民为解决夏季炎热问题的宝贵技术和经验积累。

现代建筑遮阳在我国从 20 世纪 80 年代开始发展至今，仅 20 多年的时间，但已从户内到户外，从手动到电动，从简单装饰到建筑节能，特别是近年我国对建筑节能的重视和推广，使我国的建筑遮阳行业发生了巨大的变化。

目前遮阳行业逐步形成了以材料配件供应企业、产品加工制造企业和产品销售企业的一体化产业链，遮阳企业 2000 多家，遮阳行业进入快速发展期，且不少大型遮阳企业已掌握了许多先进的建筑遮阳生产和应用的技术，这对遮阳行业的壮大将起到关键作用。

我国建筑遮阳技术已广泛应用于新建建筑或建筑节能改造中，特别是较早实施建筑节能标准的北京、上海等城市，尤其是近年兴建的市政工程、大型标志性建筑有不少都采用了遮阳技术甚至是智能遮阳技术。夏热冬暖地区的广州、深圳等城市，由于遮阳技术对降低建筑能耗、改善室内的舒适性具有显著的影响，遮阳技术已成为最主要的建筑节能措施之一。夏热冬暖地区建筑也一直有采用建筑遮阳的传统，目前遮阳技术在夏热冬暖地区已广泛应用。

为加快遮阳技术在夏热冬暖地区的推广应用，广东省建筑科学研究院（以下简称广东省院）在修订《夏热冬暖地区居住建筑节能设计标准》JGJ 75‐2003（已发布征求意见稿）时，将遮阳措施作为标准的强制条文，要求外窗的外遮阳系数必须小于 0.9。新颁布实施的《夏热冬暖地区居住建筑节能设计标准》JGJ 134‐2010 中也规定太阳辐射比较强烈的东偏北 30°至东偏南 60°、西偏北 30°至西偏南 60°应采用有效的遮阳措施。

江苏省也较早意识到建筑外遮阳对建筑节能的重要作用，于 2008 年 11 月发布了《关于加强建筑节能门窗和外遮阳应用管理工作的通知》（苏建科 2008 ［269］号），要求从 2009 年 3 月 1 日起在江苏省新建居住建筑中强制性推广应用外遮阳，并颁布实施了《江苏省居住建筑热环境和节能设计标准》DGJ32/J71 - 2008，标准要求江苏省居住建筑宜安装活动建筑外遮阳设施，使江苏省的建筑遮阳行业这两年来得到了迅速的发展。为加快建筑遮阳的推广，住房和城乡建设部于 2010 年 7 月下达文件（建科综函【2010】98 号），要求开展建筑遮阳推广技术和科技示范工程申报，加大我国遮阳技术及遮阳产品的推广应用力度。

为规范和促进遮阳行业的发展，住房与城乡建设部于 2007 年下达了 13 项建筑产品编制计划，即《关于印发〈2007 年建设部归口工业产品行业标准制定、修订计划〉的通知》，这 13 项遮阳产品的标准包括了遮阳技术的工程技术标准、基础标准（包括抗风压试验方法、抗疲劳试验方法等）、产品标准（包括建筑遮阳软卷帘、天篷帘、曲臂遮阳篷等）三大方面。后又增加了《建筑遮阳热舒适、视觉舒适性能与分级》等 9 个性能检验方法标准，形成我国较为健全的遮阳技术标准体系。但目前的遮阳标准体系中更侧重遮阳产品标准和遮阳安全性能、固有性能检测方法或热工性能检测标准，对于遮阳产品的热工性能计算及评价标准较少涉及，特别是如何采用高效、快捷的方法模拟计算和评价遮阳产品的热工性能更是一个空白。

遮阳软件开发进度：

2009 年 3 月～2010 年 6 月，遮阳计算理论研究基本完成。2010 年 6 月～8 月，太阳辐射计算软件完成。2010 年 6 月～11 月，内置遮阳中空玻璃计算软件研发基本完成。2011 年 1 月～6 月，三维遮阳计算软件研发。2011 年 7 月～8 月，模拟计算结果与实验室测试对比，完成遮阳计算软件研发。

面对遮阳行业的迅速发展，遮阳产品热工性能的评价需要更好、更高效的评价手段和方法，而热工性能模拟计算则是最好的选择。因此如何有效通过模拟计算评价遮阳技术及遮阳产品的外遮阳系数等热工性能是目前遮阳行业急需解决的问题。

3.3.1　计算与评价基础与依据

目前，国内现行的建筑外窗及建筑节能设计中，只有《夏热冬暖地区居住建筑节能设计标准》JGJ 75 - 2003、《夏热冬冷地区居住建筑节能设计标准》JGJ 134 - 2010 和《公共建筑节能设计标准》GB 50189 - 2005 中提出了建筑外遮阳系数的简化计算方法，但只能针对简单的固定外遮阳及百叶外遮阳，不适合复杂的建筑遮阳系统，也不能用于评价遮阳产品的热工性能。

《建筑遮阳产品隔热性能试验方法》JG/T 281 - 2010、《建筑遮阳产品遮光性能试验方法》JG/T 280 - 2010 和《建筑遮阳热舒适、视觉舒适性能与分级》JG/T 277 - 2010 等遮阳产品的检测标准，主要提供了检测的方法评价遮阳产品的热工性能，且无法对建筑中常用的建筑构件的遮阳性能进行评价，存在一定的缺陷。

《建筑门窗玻璃幕墙热工计算规程》JGJ/T 151 - 2008 给出了遮阳百叶与遮阳卷帘的详细计算方法，其计算理论的核心是将百叶遮阳系统看成是一层特殊的玻璃，它对太阳辐射有吸收、反射和透射的特性。这一类遮阳系统的特点是平行于玻璃面，与玻璃有紧密的热光接触，对于复杂的遮阳系统仍无法进行计算。

笔者认为，计算与评价遮阳产品时需进行以下方面的遮阳计算：1. 任意时刻下遮阳产品的遮阳系数；2. 全年的综合遮阳系数。

1. 玻璃遮阳系数计算理论

《建筑门窗玻璃幕墙热工计算规程》JGJ/T 151－2008 已给出单层玻璃及多层玻璃的遮阳系数计算理论及相关公式，广东省院在进行遮阳系统的计算与评价软件中玻璃遮阳系数的计算依据该标准进行研发。

《建筑门窗玻璃幕墙热工计算规程》中提出玻璃产品的遮阳系数定义为：太阳光的总透射比与标准 3mm 玻璃的太阳光总透射比（0.87）的比值。

单片玻璃的太阳光总透射比 g 由式（3.3－1）计算：

$$g = \tau_s + \frac{a_s \cdot h_{in}}{h_{in} + h_{out}} \qquad (3.3-1)$$

单片玻璃的遮阳系数 SC_{cg} 由式（3.3－2）计算：

$$SC_{cg} = \frac{g}{0.87} \qquad (3.3-2)$$

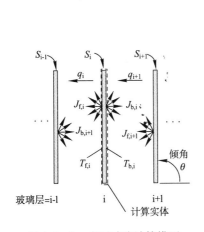

图 3.3－1　多层玻璃计算模型

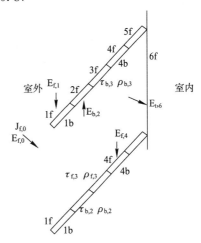

图 3.3－2　模型中分割示意图

多层玻璃系统的计算远复杂于单层玻璃的遮阳系数计算，需详细计算各层玻璃的太阳光直接透射及向室内的二次传热计算。多层玻璃系统的太阳光总透射比按式（3.3－3）计算。多层玻璃计算模型见图 3.3－1。

$$g = \tau_s + \sum_{i=1}^{n} q_{in,i} \qquad (3.3-3)$$

各层玻璃向室内的二次传热应按按式（3.3－4）计算：

$$q_{in,i} = \frac{A_{S,i} \cdot R_{out,i}}{R_t} \qquad (3.3-4)$$

2. 内置中空百叶遮阳计算理论

《建筑门窗玻璃幕墙热工计算规程》对于遮阳百叶光学性能计算采用以下模型和假设：

（1）板条为漫反射表面，并可忽略窗户边缘的作用；

（2）模型考虑两个邻近的板条，每条可划分为 5 个相等部分；

（3）可忽略板条长度方向的轻微挠曲。

模型中分割示意图见图 3.3-2。

对确定后的模型应按下列公式进行计算。对于每层 f，i 和 b，i，i 由 0 到 n（这里 n=6），对每一光谱间隔：

$$\lambda_j\ (\lambda \rightarrow \lambda + \Delta\lambda)$$

$$E_{f,i} = \sum_k \{(\rho_{f,k} + \tau_{b,k})E_{f,k}F_{f,k \rightarrow f,j} + (\rho_{b,k} + \tau_{f,k})E_{b,k}F_{b,k \rightarrow f,i}\} \qquad (3.3-5)$$

$$E_{b,i} = \sum_k \{(\rho_{b,k} + \tau_{f,k})E_{b,k}F_{b,k \rightarrow b,i} + (\rho_{f,k} + \tau_{b,k})E_{f,k}F_{f,k \rightarrow b,i}\} \qquad (3.3-6)$$

$$E_{f,0} = J_0(\lambda_j) \qquad (3.3-7)$$

$$E_{b,n} = J_n(\lambda_j) = 0 \qquad (3.3-8)$$

式中　$F_{p \rightarrow q}$——由表面 p 到表面 q 的角系数；

　　　$E_{f,0}$——入射到遮阳百叶的光辐射；

　　　$E_{b,0}$——从遮阳百叶反射出来的光辐射；

　　　$E_{f,i}$——百叶板第 i 段上表面接收到的光辐射；

　　　$E_{b,i}$——百叶板第 i 段下表面接收到的光辐射；

　　　$E_{f,6}$——通过遮阳百叶的太阳辐射；

　　$\rho_{f,i}$、$\rho_{b,j}$——百叶板第 i 段上、下表面的反射率，与百叶板材料特性有关；

　　$\tau_{f,i}$、$\tau_{b,i}$——百叶板第 i 段上、下表面的透过率，与百叶板材料特性有关；

　　　J_0——外部环境来的光辐射；

　　　J_n——室内环境来的反射。

3.3.2　遮阳系统计算与评价

长期以来，广东省院一直进行门窗幕墙、遮阳的热工性能研究，并编制了国家行业标准《建筑门窗玻璃幕墙热工计算规程》JGJ/T 151-2008，并承担了建设部《建筑遮阳热工性能计算及评价理论研究》科研课题。通过长期对门窗幕墙及遮阳系统热工性能分析研究，目前广东省院已取得了阶段性能成果，研发了"建筑门窗幕墙热工性能模拟计算软件"可进行玻璃光学热工性能计算、框节点二维有限元分析计算、门窗幕墙热工性能分析计算，成为国内第一款满足《建筑门窗玻璃幕墙热工计算规程》JGJ/T 151-2008 要求的软件及建设部门窗节能性标识模拟计算指定的软件。

广东省院通过对国内主要城市太阳辐射的数据整理分析及相关的太阳辐射计算理论研究，完成了我国主要城市太阳轨迹图、太阳辐射、太阳辐射总量等基础的计算，并研发了相关的计算软件。内置遮阳中空玻璃产品是国内先进的遮阳技术之一，也是今后门窗发展的方向，广东省院通过对内置遮阳产品的研究完成内置遮阳中空玻璃系统热工性能计算。

1. 太阳辐射相关计算

太阳辐射对遮阳系统计算有重要的影响，目前广东省院已完成太阳辐射计算方面的研究及软件开发并实现了对我国主要城市的太阳辐射数据分析和计算，可计算太阳轨迹图、太阳辐射及朝向太阳辐射总量的计算。图 3.3-3～图 3.3-5 分别为太阳轨迹图计算、太阳辐射总量计算和太阳辐射计算示意图。

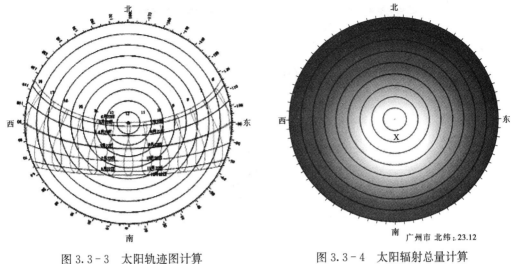

图 3.3-3 太阳轨迹图计算　　　　　　图 3.3-4 太阳辐射总量计算

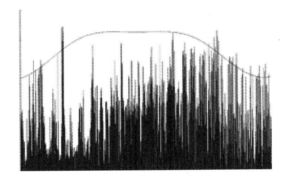

图 3.3-5 太阳辐射计算

2. 玻璃遮阳系数计算

玻璃系统光学热工性能计算是实现门窗幕墙遮阳性能计算、内置百叶中空玻璃遮阳计算及遮阳措施与门窗幕墙结合计算的关键。目前广东省院已完成玻璃系统设计计算软件的研发，可进行玻璃系统传热系数、遮阳系数、可见透射比、太阳能总透射比、玻璃颜色计算等功能。

玻璃光学热工计算软件也是中国玻璃数据库推广应用平台，收录中国玻璃数据库，实现中国玻璃数据库在线自动更新。目前玻璃光学热工计算软件已广泛应用于我国玻璃、企业、玻璃产品研发、玻璃检测机构，具有如下功能和特点：

（1）支持中国玻璃数据库和国际玻璃数据库的管理软件。

（2）国内首款可精确计算玻璃系统光学热工性能的软件。

（3）计算夹胶玻璃，包括中间膜类型的夹胶玻璃。

（4）玻璃颜色计算。

（5）内置中空百叶系统光学热工性能计算。

（6）中国玻璃数据库自动更新。

玻璃系统计算见图 3.3-6，表 3.3-1 为常用玻璃系统计算结果。

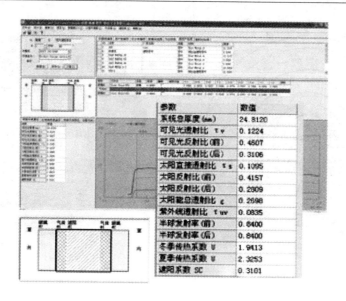

图 3.3-6 中空百叶遮阳系统光学热工性能计算

常用玻璃系统计算结果 表 3.3-1

	GLAZING design V1.2			
	U	SC	Tv	g
CLEAR_6.PPG+12AIR+CLEAR_6.PPG	2.6188	0.8097	0.7912	0.7039
S100CL_6.PPG+12AIR+CLEAR_6.PPG	1.75	0.6184	0.7271	0.538
VE52M.VIR+12AIR+CLEAR_6.PPG	1.6508	0.3406	0.4505	0.2963
IMF541_6.INT+12ARGON+CLEAR_6.PPG	1.5446	0.2711	0.2411	0.13
EE156_6.CIG+9AIR+CLEAR_6.PPG	1.8414	0.4058	0.3531	0.0354
CMFTE2_6.AFG+9（10%AIR+90%ARGON）+CLEAR_6.PPG	1.8109	0.722	0.6281	0.1994
C445.AFG+9（10%AIR+90%ARGON）+CLEAR_6.PPG	1.4299	0.2494	0.217	0.056

3. 内置遮阳中空玻璃系统计算

我国于 2009 年 6 月发布了《内置遮阳中空玻璃制品》JG/T 255-2009 产品标准，内置遮阳中空内置遮玻璃因其良好的遮阳性能、采光性能及遮阳的可调性，实现了中空玻璃保温和百叶窗帘遮阳性能结合，非常适宜在夏热冬暖地区、夏热冬冷地区应用，是我国节能型外窗发展的方向之一。

阳中空玻璃制品主要包括中空百叶遮阳和中空卷帘遮阳两种类型。内置遮阳中空玻璃光学热工的计算涉及光学计算、太阳辐射、百叶计算等，是一个非常复杂的系统计算。结合相关科研课题研究，目前广东省院已基本完成内置遮阳中空玻璃的计算理论及软件开发正进行后期的调试（见图 3.3-6）。

4. 其他遮阳产品遮阳系数计算

遮阳技术及遮阳产品中还包建筑构件遮阳、固定式遮阳、其他活动式遮阳等多种类型，由于准确计算这些遮阳系统的遮阳性能，需建立三维的计算模型进行太阳辐射、红外长波辐射等多个方面的数值模拟计算，目前我们正在进行这一方面的研发，预计 2011 年 6 月会完成所有的研发工作（见图 3.3-7）。

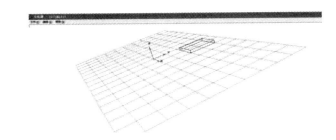

图 3.3 - 7 遮阳产品三维建维计算

3.3.3 总结

目前我国和遮阳行业正在快速发展，特别是近年来政府对建筑节能的重视，遮阳行业进行了跨越式的发展，是时候规范遮阳工程进行遮阳计算了。

广东省建筑科学研究院多年来进行建筑热工研究，主编了大量标准，利用多年的科研成果，开发的《建筑遮阳系统计算与评价软件》将具备三维建模的功能，可模拟计算全年任一时刻固定遮阳、活动遮阳、内置遮阳或内遮阳的遮阳性能，全年综合遮阳性能，将为遮阳产品研发、建筑设计师等提供一个高效、准确、快捷的遮阳性能模拟计算及评价软件。

参考文献

[1] 公共建筑节能设计标准．GB50189 - 2005.

[2] 夏热冬冷地区居住建筑节能设计标准．JGJ 134 - 2010.

[3] 夏热冬暖地区居住建筑节能设计标准（附条条文说明）．JGJ 75 - 2003.

[4] 建筑部工程质量安全监督与行业发展司主编．全国民用建筑工程设计技术措施节能专篇-建筑［M］. 北京：中国计划出版社，2007.45 - 47.

[5] 段恺，齐新琦，赵文海，丁楠．建筑遮阳标准体系在建筑节能中的作用［J］．绿色建筑．2010（1）：27 - 28.

[6] 张磊，孟庆林，胡文斌．百叶外遮阳太阳散射辐射计算模型［J］．热带建筑．2005，3（3）：26 - 28.

[7] 张磊．建筑外遮阳系数的确定方法［D］．广州：华南理工大学，2004.

[8] 田智华．建筑遮阳性能的实验检测技术研究［D］．重庆：重庆大学，2005.

3.4 遮阳系数的原理及其测试分析

任 俊[1] 王 鹏[2]

1 深圳市建筑科学研究院有限公司；2 广州市建筑科学研究院有限公司

摘 要： 本文介绍了 7 种遮阳系数的定义与计算方法，以及单片玻璃遮阳系数、遮阳装置综合遮阳系数、窗口建筑构件遮阳系数的测试方法，分析了遮阳系数的用途，指出目前在采用遮阳系数方面存在的问题。

关键词： 遮阳系数；原理；测试

在我国南方地区的夏季，通过窗户的太阳辐射得热是影响室内热环境和空调能耗的主要因素。而在北方地区冬季寒冷时节，减少对太阳辐射的遮挡，让更多的太阳辐射热通过窗户进入室内，是提高室内热舒适、减少供暖能耗的主要措施。因此，窗户的遮阳系数成为建筑设计和节能研究中不可缺少的参数，同时也是评价窗户热工性能的重要指标。

建筑遮阳有多种形式，建筑外遮阳包括建筑构件遮阳、绿化遮阳、窗遮阳等；建筑内遮阳包括各种窗帘，如百叶帘、席帘、布帘等；此外还有玻璃自身的遮阳（Low-E 玻璃、镀膜玻璃等）。建筑遮阳还可以根据遮阳板形式进行分类：水平遮阳、竖直遮阳、综合式遮阳、挡板式遮阳。选择何种形式的遮阳需根据地区气候特点、太阳高度角、纬度、遮阳日期、遮阳时间及朝向不同来综合考虑。

3.4.1 遮阳系数的定义

遮阳系数是判断窗户（包括窗玻璃、遮阳装置）遮阳效果的一个参数，由于遮阳系统本身非常复杂，并且遮阳系数是随着太阳位置的改变而改变的，没有一个固定值，因此所谓与节能有关的遮阳系数是一个等效值。运用于建筑节能计算的遮阳系数主要包括窗玻璃的遮阳系数、窗本身（包括框材、玻璃）的遮阳系数及外窗综合遮阳系数等。

1. 玻璃遮阳系数 S_e（遮蔽系数）

窗玻璃的遮阳系数是表征窗玻璃在无其他遮阳措施影响情况下对太阳辐射透射得热的减弱程度。依据《建筑玻璃可见光透射比、太阳光直接透射比、太阳能总透射、紫外线透射比及有关窗玻璃参数的测定》[1] GBT 2680 - 94，遮阳系数定义为：在法向入射条件下，通过透光系统的太阳能总透射比与相同条件下相同面积的标准玻璃（3mm 厚透明玻璃）的太阳能总透射比的比值。

各种窗玻璃构件对太阳辐射热的遮阳系数用下式计算：

$$S_e = \frac{g}{\tau_s} \tag{3.4-1}$$

式中 g 为试样的太阳能总透射比（%）；τ_s 为 3mm 厚普通透明平板玻璃的太阳能总透射比，取 88.9%[2]。

通过窗户进入室内的热量可以分为两部分：一部分是由室内外温差造成的温差传热，另外一部分是由太阳辐射造成的热量传递。太阳辐射得热量又可分为两部分：一部分太阳辐射直接透过玻璃进入室内全部成为房间得热量，另外一部分被玻璃吸收后通过辐射和对流传入室内。

太阳能总透射比为通过玻璃进入室内的太阳辐射得热量与投射到玻璃上的太阳辐射量的比值，用下式计算：

$$g = \tau + q_i \tag{3.4-2}$$

式中：τ 为试样的太阳能直接透射比%；q_i 为试样向室内侧的二次热传递系数（%）。

由于太阳辐射得热量与阳光入射角有关，因此，对于不同入射角，遮阳系数并不相同。为了便于比较，取法向入射条件下通过透光系统的太阳能总透射比进行计算，因此对指定的玻璃，遮阳系数为定值。

2. 窗户遮阳系数 S_c

定义：在给定条件下，太阳辐射透过外窗所形成的室内得热量与相同条件下相同面积的标准窗玻璃（3mm 厚透明玻璃）所形成的太阳辐射得热量之比。

普通窗本身的遮阳系数可近似地取窗玻璃的遮阳系数乘以窗玻璃面积除以整窗面积。

整樘窗的太阳能总透射比计算公式：

$$g_t = \frac{\sum g_g A_g + \sum g_f A_f}{A_t} \tag{3.4-3}$$

式中：g_t 为整樘窗的太阳能总透射比；g_g 为窗玻璃（或其他镶嵌板）区域太阳能总透射比；A_g 为窗玻璃（或其他镶嵌板）面积（m²）；g_f 为窗框太阳能总透射比；A_f 为窗框面积（m²）；A_t 为窗面积（m²）。

《建筑门窗玻璃热工计算规程》[3] JGJ/T 151—2008 规定标准的 3mm 厚透明玻璃的太阳能总透射比为 0.87。

整樘窗的遮阳系数应按下式计算：

$$SC = \frac{g_t}{0.87} \tag{3.4-4}$$

3. 幕墙遮阳系数 S_{CW}

单幅幕墙的太阳光总透射比 g_W 应按下式计算：

$$g_{CW} = \frac{\sum g_g A_g + \sum g_p A_p + \sum g_f A_f}{A} \tag{3.4-5}$$

式中：g_p 为非透明面板的太阳能总透射比，A_p 为非透明面板的面积（m²）；A 为幕墙的面积（m²）。

单幅幕墙的遮阳系数 S_c 应按下式计算：

$$SC_W = \frac{g_W}{0.87} \tag{3.4-6}$$

4. 窗口的建筑构件遮阳系数 S_d

建筑外遮阳系数是考虑固定外遮阳设施对进入室内太阳辐射得热影响的平均折减系数，与当地地理位置、窗的方位等因素有关[4]。定义为：有建筑外遮阳时到达窗口外表面接受到的太阳辐射照度与在相同条件下没有建筑外遮阳时到达窗口外表面的太阳辐射照度的比值。

建筑构件遮阳系数计算需要先求出遮阳板外挑系数。对水平遮阳，遮阳板外挑系数是指玻璃窗面到遮阳板顶端的垂直距离与遮阳板顶端到窗口下端的垂直距离之比；对垂直遮阳，遮阳板外挑系数是指玻璃窗面到遮阳板顶端的垂直距离与两端遮阳板垂直距离之比，见图 3.4-1，图中 OPF 为水平遮阳尺寸比，SPF 为垂直遮阳尺寸比。

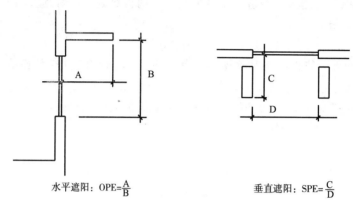

$$水平遮阳：OPE=\frac{A}{B} \qquad\qquad 垂直遮阳：SPE=\frac{C}{D}$$

图 3.4-1　遮阳板外挑系数示意图

对各种遮阳板外挑系数的计算数据进行回归分析可以得出：采用二元线性回归方程，相关系数都较高（$R^2 > 0.988$）。

对水平遮阳

$$S_{dh}=a\times OPF^2+b\times OPF+1 \tag{3.4-7}$$

对垂直遮阳

$$S_{dv}=a\times SPF^2+b\times SPF+1 \tag{3.4-8}$$

式（3.4-7），（3.4-8）中：a，b，c，d 为回归系数。

因此，外遮阳系数的研究关键是得到回归方程的系数。

《公共建筑节能设计标准》GB50189—2005[5] 中的附录 A 给出了建筑外遮阳系数的计算方法。

5. 外窗的综合遮阳系数 S_W

外窗的综合遮阳系数是考虑窗本身和窗口的建筑外遮阳装置综合遮阳效果的一个系数，其值为窗户的遮阳系数 S_c 与窗口的建筑外遮阳系数 S_d 的乘积。

$$S_W=S_c\times S_d \tag{3.4-9}$$

6. 平均综合遮阳系数 $\overline{S}_W$

建筑某个朝向外窗的平均综合遮阳系数为该朝向各个外窗的综合遮阳系数按各自窗面积的加权平均值，即

$$\overline{S}_W=\frac{\sum\limits_i A_i\cdot S_{W,i}}{\sum\limits_i A_i} \tag{3.4-10}$$

式中：A_i 为第 i 个窗的面积；$S_{W,i}$ 为第 i 个窗的综合遮阳系数。

7. 遮阳产品综合遮阳系数

《建筑遮阳产品隔热性能试验方法》JGJ/T 281—2010[6] 提出遮阳产品综合遮阳系数 S_{csg}，定义为在规定的测试工况下，测试的遮阳产品和 3mm 厚透明平板玻璃的组合得热

量与基准得热量的比值，用以反映遮阳产品阻隔辐射得热和温差传热的能力。

此外，EN：14501：2005 Blinds and shutters-thermal and visual comfort – performance characteristics and classification[8] 给出遮阳装置影响室内热环境有 3 个参数，包括太阳能总透射比、遮阳引起的向室内二次热传递系数、直射太阳辐射透过比等。

3.4.2 测试计算方法

1. 单片玻璃遮阳系数分光光度计测试法

在以上 7 种类型的遮阳系数中，玻璃遮阳系数是基本参数，试验采用分光光度计法，波长范围包括：紫外区 280～380nm，可见光区 380～780nm，太阳光区 350～1800nm，远红外区 4.5～25μm。测定光谱反射比时，配有镜面反射装置。照明和探测的几何条件：光谱透射比和反射比测定中，照明光束的光轴与试样表面法线的夹角不超过 10°，照明光束中任一光线与光轴的夹角不超过 5°。

单片玻璃的太阳光直接透射比 τ_S 应按下式计算：

$$\tau_S = \frac{\int_{300}^{2500} \tau(\lambda)S(\lambda)d\lambda}{\int_{300}^{2500} S(\lambda)d\lambda} \approx \frac{\sum_{\lambda=300}^{2500} \tau(\lambda)S(\lambda)\Delta\lambda}{\sum_{\lambda=300}^{2500} S(\lambda)\Delta\lambda} \qquad (3.4-11)$$

式中：$\tau(\lambda)$ 为玻璃透射比的光谱；λ 为波长；$S(\lambda)$ 为标准太阳光谱。

单片玻璃的太阳光直接反射比 ρ_S 应按下式计算：

$$\rho_S = \frac{\int_{300}^{2500} \rho(\lambda)S(\lambda)d\lambda}{\int_{300}^{2500} S(\lambda)d\lambda} \approx \frac{\sum_{\lambda=300}^{2500} \rho(\lambda)S(\lambda)\Delta\lambda}{\sum_{\lambda=300}^{2500} S(\lambda)\Delta\lambda} \qquad (3.4-12)$$

式中：$\rho(\lambda)$ 为玻璃反射比的光谱。

单片玻璃的太阳能总透射比 g 按下式计算：

$$g = \tau_S + \frac{\alpha_s \cdot h_{in}}{h_{in} + h_{out}} \qquad (3.4-13)$$

式中：α_s 为单片玻璃的太阳光直接吸收比，$\alpha_s = 1 - \tau_s - \rho_s$；$h_{in}$ 为玻璃室内表面传热系数，W/（m²·K）；h_{out} 为玻璃室外表面传热系数，W/（m²·K）。

单片玻璃的遮阳系数 S_e 按下式计算：

$$S_e = \frac{g}{0.87} \qquad (3.4-14)$$

2. 遮阳产品综合遮阳系数人工光源测试方法

《建筑遮阳产品隔热性能试验方法》JGJ/T 281—2010[7]，提出采用人工光源试验方法测试遮阳产品综合遮阳系数。试验装置主要由冷室、热室、防护室、光源和控温系统五部分组成，如图 3.4-2 所示。

冷室空气温度设定为（26±0.5）℃，安装 3mm 厚透明玻璃，热室空气温度设定为（35.0±1.0）℃。光源采用长弧氙灯（无遮阳时到达热室侧 3mm 厚标准透明平板玻璃表面的辐射照度不低于 800W/m²），放置于热室内，开启光源，测试冷室、热室与防护室内的环境参数，计算基准得热量。然后安装遮阳试件，再测冷室、热室与防护室内环境参数，

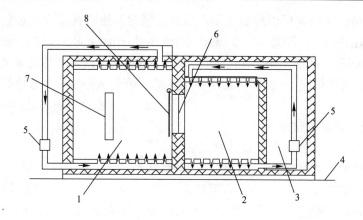

图 3.4 - 2　人工光源法试验装置示意图

1—热室；2—冷室；3—防护室；4—地面；5—空气处理机组；
6—3mm 厚标准透明平板玻璃；7—光源；8—外遮阳试件

计算组合得热量。

遮阳产品在测试工况下的综合遮阳系数按下式计算：

$$S_{SG} = \frac{CEG}{BEG} \tag{3.4 - 15}$$

其中

$$BEG = \frac{q_1}{F} \tag{3.4 - 16}$$

$$CEG = \frac{q_2}{F} \tag{3.4 - 17}$$

式 (3.4 - 16)，(3.4 - 17) 中：q_1 为单位时间进入无遮阳产品的测试冷室的净热量（W）；F 为窗洞面积（m²）；q_2 为单位时间进入有遮阳产品的测试冷室的净热量（W）。

遮阳产品的隔热性能还可以采用自然光源方法测试。

3. 建筑综合遮阳系数测试系统

测试系统如图 3.4 - 3 所示。由于采用计算机控制技术，整个检测过程全部自动进行，由环境温度传感器（含防辐射装置）测量室外空气温度和恒温计量箱内环境温度，太阳辐射传感器测量天空总辐射及窗系统接收到的总垂直太阳辐射照度。采用自动跟踪直接辐射传感器测量玻璃对入设角为 0° 的太阳直接辐射的透过比和吸收比。温度传感器测量计量箱内表面及窗玻璃的温度，热流传感器测量计量箱内外表

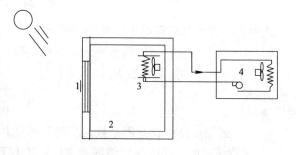

图 3.4 - 3　遮阳系数测试系统示意图

1—窗户；2—试验箱；3—风机盘管；4—制冷机组

面及窗玻璃的热流量，风速风向传感器测量室外环境的风速风向，电量传感器测量恒温计量箱内控温系统的用电量，由遮阳系数测试系统主机对各路传感器信号进行采集、计算、存储、显示。

100

3.4.3 分析与应用

1. 各种遮阳系数的使用与比较

通过以上分析可以看到,遮阳系数有两大类:一类为评价玻璃、窗及遮阳装置自身遮阳性能的遮阳系数,其太阳辐射均为法向透过;另一类为评价遮阳效果的遮阳系数,如外遮阳系数等,其太阳辐射透过考虑的是太阳实际运行规律。各种遮阳系数的使用与比较见表 3.4-1。

各种遮阳系数的使用与比较　　　　　　　　　　表 3.4-1

	作　用	来　源	相关因素及用途
玻璃遮阳系数	反映玻璃遮阳性能	实测	玻璃
窗户遮阳系数	反映窗户遮阳性能	计算或实测	玻璃+非透明部分
幕墙遮阳系数	反映幕墙遮阳性能	计算	玻璃+非透明部分
窗口的建筑外遮	反映窗口固定遮阳	计算	窗口遮阳形式、地区、朝向
阳系数	设施遮阳性能		
外窗的综合遮阳系数	反映窗口与窗户的综合遮阳性能	计算	用于设计控制
平均综合遮阳系数	反映建筑物各朝向及整体的遮阳性能	计算	用于设计控制
遮阳产品综合遮阳系数	反映遮阳产品遮阳性能	计算或实测	对遮阳装置的遮阳性能进行评价

2. 3mm 厚普通透明平板玻璃的太阳能总透射比取值

在计算遮阳系数时,《建筑门窗玻璃热工计算规程》JGJ/T 151—2008 规定标准的 3mm 厚透明玻璃的太阳能总透射比为 0.87,与《建筑玻璃可见光透射比、太阳光直接透射比、太阳能总透射比、紫外线透射比及有关窗玻璃参数的测定》GB/T 2680-94 中有关遮蔽系数的规定"3mm 透明玻璃的太阳能总透射比为 0.889"有所不同。JGJ/T 151—2008 选用 0.87 主要是为了与国际标准接轨,使得我国的玻璃遮阳系数与国际上惯用的遮阳系数一致,不至于在工程中引起混淆。按照标准使用优先原则,目前 3mm 厚透明玻璃的太阳能总透射比应采用 JGJ/T 151—2008 标准规定的 0.87。

3. 对分光光度计检测仪器波长范围的要求

对于不能测定远红外数据的建筑玻璃可见光透射比测试系统,在测定半球辐射率时笼统地采用 0.83 或 GB/T 2680-94 中给出的几个理论值,而目前常用的 Low-E 玻璃,半球辐射率一般为 0.05～0.25,在 GB/T 2680-94 中无法找到对应的理论值。对于玻璃吸收太阳辐射升温向室内的传热必须用远红外光谱仪测试的光谱曲线才能得到准确的计算结果,所以用不具备测定远红外数据的分光光度计测试玻璃遮阳系数是不符合标准要求的。

4. 遮阳系数节能评价问题

工程中一般提供的为玻璃遮阳系数检测报告,而节能标准给出的设计要求为建筑外窗的综合遮阳系数。如前文所述,要对遮阳系数进行是否满足节能设计要求判定,需要知道建筑外窗形式,通过简易计算或程序计算得到外窗的遮阳系数,还要提供建筑外遮阳装置形式，以便计算建筑外遮阳系数，将建筑外遮阳系数乘以外窗的遮阳系数才能得到建筑外窗的综合遮阳系数，才能对设计是否符合节能要求进行判定。

5. SHGC 值与 S_c 值之间的关系

国际上普遍使用太阳辐射得热因子 SHGC 评价玻璃遮阳性能，SHGC 为太阳辐射直接透射及吸收后传向室内的辐射得热与表面接收到的太阳辐射热之比，与我国的太阳能总透射比意义相同。

我国目前还习惯使用遮阳系数 S_c。在太阳辐射垂直入射条件下，遮阳系数 S_c 为 SHGC 与 3mm 厚普通玻璃的 SHGC 之比。

6. 实测遮阳系数的边界条件

《建筑门窗玻璃幕墙热工计算规程》JGJ 151—2008 规定遮阳系数的计算应采用夏季标准计算条件：室内空气温度 25℃，室外空气温度 30℃，太阳辐射照度 500W/m²。与 ISO 15099 Windows and doors-thermal transmission properties-detailed calculations 的规定相同。

《建筑遮阳产品隔热性能试验方法》JGJ/T 281—2010 采用人工光源试验方法测试遮阳装置综合遮阳系数的规定测试工况见本文 3.4-2 中第二部分。

美国 NFRC 标准体系的边界条件：室内空气温度 24℃，室外空气温度 32℃，太阳辐射照度 783W/m²。

3.4.4　结语

遮阳系数是衡量窗、幕墙等构件太阳辐射得热的主要参数，在建筑节能中发挥着重要作用，但在使用中存在概念不清、标准不衔接等问题，需要不断地澄清和加深理解，并对存在的问题开展进一步的研究。

参考文献

[1] 建筑玻璃可见光透射比，太阳光直接透射比，太阳能总透射比，紫外线透射比外线透射比及有关窗户玻璃参数的测定 . GB/T 2680 - 94.
[2] 建筑玻璃可见光透射比、太阳光直射透射比、太阳能总透射比、紫外线透射比及有关玻璃系数的测定 . GB/T 2680 - 94.
[3] 建筑门窗玻璃热工计算规程 . JGJ/T 151—2008.
[4] 任俊，刘加平 . 建筑能耗计算中外遮阳系数的研究 [J] . 新型建筑材料 . 2005（4）：27 - 29.
[5] 公共建筑节能设计标准 . GB 50189—2005.
[6] 夏热冬暖地区居住建筑节能设计标准 . JGJ 75—2003.
[7] 建筑遮阳产品隔热性能试验方法 . JGJ/T 281—2010.
[8] 建筑遮阳产品隔热性能试验方法 . JGJ/T 281—2010.

3.5 遮阳系数与遮蔽系数的区别

林华山　蓝江华
广西建筑科学研究设计院

摘　要：在日常检测过程中，由于委托人或设计人员不清楚遮蔽系数和遮阳系数之间的区别，往往容易出现因标准依据不同导致的检测差异。本文对这两个概念进行了分析，找出两者之间的区别，为相关检测人员在检测时所选取的标准和检测方法给予参考。

关键词：遮阳系数和遮蔽系数；检测

　　遮阳系数和遮蔽系数是玻璃遮挡或抵御太阳光能的能力，是建筑节能设计标准中一项重要的指标，遮阳系数和遮蔽系数越小阻挡阳光热量向室内辐射的性能越好。在《夏热冬暖地区居住建筑节能设计标准》中明确指出玻璃遮蔽系数是行业专有术语，与通常说的玻璃遮阳系数含义相同。但在检测行业遮阳系数和遮蔽系数却有两个检测标准，在我国《建筑玻璃可见光透射比、太阳光直接透射比、太阳能总透射比、紫外线透射比及有关窗玻璃参数的测定》GB/T2680-94 中称为遮蔽系数，缩写为 Se，是指太阳能总透射比与 3mm 厚的普通透明平板玻璃的太阳能总透射比的比值。在《建筑门窗玻璃幕墙热工计算规程》JGJ/T151-2008 中称为遮阳系数，是指在给定条件下，玻璃、门窗或玻璃幕墙的太阳光总透射比，与相同条件下相同面积的标准玻璃（3mm 厚透明玻璃）的太阳光总透射比的比值，缩写为 Sc。

　　遮阳系数和遮蔽系数不但包括太阳光穿透玻璃进入室内，还包括玻璃二次热传递的能量。例如有一块玻璃的太阳光直接透射比为 50%，而太阳光总透射比为 70%，那么多出来的 20% 就是玻璃吸收后的二次辐射。在我国 GB/T2680-94 中规定 3mm 厚的普通透明平板玻璃的太阳能总透射比为 0.889，而在 JGJ/T151-2008 和国际上取值为0.87。

　　在《建筑节能工程施工质量验收规范》GB 50411 规定需要对玻璃遮阳系数进行进场复检，并采用现场见证取样，但 GB 50411 也没有明确要求要用哪本标准进行检测。在日常检测过程中由于客户或设计人员不清楚两者之间的关系，这就出现了因为标准依据不同导致的检测差异。虽然玻璃遮阳系数含义相同但并没有统一，在两本标准都使用的情况下我们应该用哪本标准应严谨对待。

3.5.1 遮阳系数与遮蔽系数的定义

1. 遮阳系数

单片玻璃的太阳能直接透射比 τ_s（光谱范围 $300\sim2500nm$）按下式计算：

$$\tau_s = \frac{\int_{300}^{2500}\tau(\lambda)S(\lambda)d\lambda}{\int_{300}^{2500}S(\lambda)d\lambda} \approx \frac{\sum_{\lambda=300}^{2500}\tau(\lambda)S(\lambda)\Delta\lambda}{\sum_{\lambda=300}^{2500}S(\lambda)\Delta\lambda} \qquad (3.5-1)$$

式中 $\tau(\lambda)$——玻璃透射比的光谱；

$S(\lambda)$——标准太阳光谱。

（1）单片玻璃的太阳能直接反射比 ρ_s（光谱范围 300～2500nm）按下式计算：

$$\rho_s = \frac{\int_{300}^{2500} \rho(\lambda)S(\lambda)d\lambda}{\int_{300}^{2500} S(\lambda)d\lambda} \approx \frac{\sum\limits_{\lambda=300}^{2500} \rho(\lambda)S(\lambda)\Delta\lambda}{\sum\limits_{\lambda=300}^{2500} S(\lambda)\Delta\lambda} \tag{3.5-2}$$

式中 $\rho(\lambda)$——玻璃反射比的光谱。

（2）单片玻璃的太阳能总透射比，按照下式计算：

$$g = \tau_s + \frac{A_s \cdot h_{in}}{h_{in} + h_{out}} \tag{3.5-3}$$

式中 h_{in}——玻璃室内表面换热系数 $[W/(m^2 \cdot k)]$；

h_{out}——玻璃室外表面换热系数 $[W/(m^2 \cdot k)]$；

A_s——单片玻璃的太阳辐射吸收系数。

单片玻璃的太阳辐射吸收系数 A_s 应按下式计算：

$$A_s = 1 - \tau_s - \rho_s \tag{3.5-4}$$

式中 τ_s——单片玻璃的太阳能直接透射比；

ρ_s——单片玻璃的太阳能直接反射比。

（3）单片玻璃的遮阳系数 SC_{cg} 应按下式计算：

$$SC_{cg} = \frac{g}{0.87} \tag{3.5-5}$$

2. 遮蔽系数的定义

单片玻璃的太阳能直接透射比 τ_e（光谱范围 350～1800nm）按下式计算：

$$\tau_e = \frac{\sum\limits_{300}^{1800} S_\lambda \tau(\lambda)\Delta\lambda}{\sum\limits_{\lambda=350}^{1800} S_\lambda \Delta\lambda} \tag{3.5-6}$$

式中 $\tau(\lambda)$——玻璃透射比的光谱；

S_λ——标准太阳光谱。

（1）单片玻璃的太阳能直接反射比 ρ_e（光谱范围 350～1800nm）按下式计算：

$$\rho_e = \frac{\sum\limits_{350}^{1800} S_\lambda \rho(\lambda)\Delta\lambda}{\sum\limits_{350}^{1800} S_\lambda \Delta\lambda} \tag{3.5-7}$$

式中 $\rho(\lambda)$——玻璃反射比的光谱。

（2）单片玻璃的太阳能总透射比，按照下式计算：

$$g = \tau_e + q_i \tag{3.5-8}$$

式中 g——试样的太阳能总透射比（%）；

τ_e——试样的太阳能直接透射比（%）；

q_i——试样向室内侧的二次热传递系数（%）。

(3) 单片玻璃的遮蔽系数 S_e 应按下式计算：

$$S_e = \frac{g}{0.889} \tag{3.5-9}$$

3.5.2 遮阳系数与遮蔽系数的区别

在《建筑玻璃可见光透射比、太阳光直接透射比、太阳能总透射比、紫外线透射比及有关窗玻璃参数的测定》GB/T 2680-94 标准中需要测量的光谱范围是从 350~1800nm，而《建筑门窗玻璃幕墙热工计算规程》JGJ/T 151-2008 和国际上采用的是 300~2500nm，后者使用的光谱范围是公认的太阳标准范围。造成此差别的原因是早期国内的分光光度计覆盖波长范围窄，而使用这两种波长范围计算出的遮阳和遮蔽系数会有轻微的差异。

作为基准使用的 3mm 透明玻璃太阳能总透射比在 GB/T 2680-94 取值为 0.889，而 JGJ/T 151-2008 和国际上一般采用 0.87。这意味着同样一块玻璃按照 GB/T 2680-94 得出的数据会和 JGJ/T 151-2008 不一样，例如一块太阳能总透射比为 0.82 的玻璃，按 GB/T 2680-94 标准计算遮阳系数为 0.94，按 JGJ/T 151-2008 标准计算为 0.92。因此在检测遮阳和遮蔽系数数据时，要清楚采用的是哪一个标准。

GB/T 2680 中使用的表述词语是"遮蔽系数"，缩写为 S_e，而 JGJ/T 151-2008 使用的表述词语是遮阳系数，缩写为 S_c。二者在实际使用时简单看作是相同的，现在人们更习惯使用遮阳系数一词。

3.5.3 结论

如果检测的是"遮蔽系数"时，应使用标准《建筑玻璃可见光透射比、太阳光直接透射比、太阳能总透射比、紫外线透射比及有关窗玻璃参数的测定》GB/T 2680，且 3mm 厚的普通透明平板玻璃的太阳能总透射比为 0.889 和 350~1800nm 光谱范围得出的数值；如果检测的是"遮阳系数"时，使用《建筑门窗玻璃幕墙热工计算规程》JGJ/T 151-2008 中的标准 3mm 厚的普通透明平板玻璃的太阳能总透射比应取 0.87 和 300~2500nm 光谱范围得出的数值。

3.6 关于玻璃遮阳系数检测标准的若干问题研究

马 扬 杨仕超

广东省建筑科学研究院

摘 要：门窗幕墙作为围护结构节能的薄弱环节，其热工性能已经成为建筑节能设计、工程验收的重要指标之一。目前国家标准《建筑节能工程施工质量验收规范》GB 50411-2007 也把玻璃的遮阳系数作为门窗、幕墙节能工程验收的指标之一。但是对于玻璃产品设计、工程验收，目前存在依据标准不一致及在工程中玻璃产品进场复验时该如何取样等问题，目前的相关标准中都没有明确，为节能工程验收带来了很多隐患。本文旨在提出这些问题，指出玻璃遮阳系数检测方法标准及工程检测中存在的困难，其中着重分析中外玻璃热工计算标准体系的差异，为我国玻璃遮阳系数检测标准的修订提供参考。

关键词：遮阳系数检测；标准太阳光谱；玻璃样品

3.6.1 我国的相关标准

目前，建筑节能已经成为全世界的共识，建筑门窗、幕墙作为围护结构节能的薄弱环节，成为建筑中最受关注的重点。《公共建筑节能设计标准》GB 50189-2005、《建筑节能施工质量验收规范》等相关建筑节能设计、工程验收标准先后颁布实施，对门窗、幕墙的节能设计、工程验收都提出了明确要求。特别是《建筑节能施工质量验收规范》GB 50411-2007（以下简称"GB 50411"）于 2008 年实施之后，各地建筑工程均开始了节能验收工作，其中就对玻璃的遮阳系数提出了进场复验的要求。但是在近 3 年的节能验收工作中，我们逐渐发现玻璃遮阳系数检测存在以下的问题：

1. 多年以来，我国的工程界一直在采用国外的标准体系与相关计算软件，在 GB 50411 对玻璃遮阳系数提出进场复验要求之后，相关单位多数采用国标《建筑玻璃可见光透射比、太阳光直接透射比、太阳能总透射比、紫外线反射比及有关窗玻璃参数的测定》GB 2680-94（以下简称"GB 2680"）作为测试标准进行玻璃的遮阳系数测试，但是此标准中并未给出中空玻璃遮阳系数的详细计算方法。也有依据行业标准《建筑玻璃应用技术规程》JGJ 113-2003（以下简称"JGJ 113"）进行计算，更有依据国外标准的情况，这就出现了由于标准依据不同导致的检测差异，给节能验收工作带来了困难。

2. 按照 GB 2680，采用分光光度计进行玻璃系数检测时，对玻璃样品尺寸有限制要求，多数仪器均要求在 100mm×100mm 以内。GB 50411 规定需要对玻璃遮阳系数进行进场复验，并采用现场见证取样。目前工程使用的均为钢化玻璃，无法切割为仪器可使用的样品尺寸，工程检测只能使用玻璃生产商另外制作的样品，也就是无法真正实现工程现场见证取样送检，所以目前的玻璃遮阳系数检测标准并不完全能适应工程验收需要。

3.6.2 我国门窗幕墙热工计算标准体系

国外的幕墙、门窗热工计算标准体系早已在 20 世纪 80 年代就已经建立，玻璃热工测试、计算在欧盟、美国、日本等早已广泛开展。目前国外主要有两个标准体系：ISO

（EN）标准体系以及美国 NFRC 标准体系。

我国在研究、总结欧美国家相关技术标准的基础之上，结合我国的工程标准，编制了国内首本门窗幕墙热工性能计算标准——《建筑门窗玻璃幕墙热工计算规程》JGJ/T 151-2008，并于 2009 年 5 月 1 日起实施。JGJ/T 151 对以下内容都给出了相应的计算方法：

1. 玻璃光学热工性能计算；

2. 框传热计算（线传热系数法）；

3. 门窗幕墙热工性能计算；

4. 结露性能评价、计算；

5. 遮阳系统计算；

6. 通风空气间层传热计算；

7. 计算边界条件。

该标准颁布实施之前，国内与玻璃光学、热工相关的标准有 GB 2680、JGJ 113 等，这些标准均没有完整、系统的玻璃热工计算方法，这些标准均不能解决中空玻璃空气间层的传热计算，不能满足目前的玻璃节能设计、测试的要求。

3.6.3 国内外玻璃热工性能计算标准体系对比

我国 JGJ/T 151 和美国 NFRC 标准体系在编制的过程中都参考和引用了 ISO（EN）的计算方法，但由于各国工程实际情况等方面的不同，在计算边界条件、玻璃光学热工计算方面仍存在不少的差异。

1. 计算边界条件

计算边界条件主要取决于各地的气候与气象参数，是玻璃热工计算的基础，对玻璃热工性能计算结果有巨大的影响，即使是同一款玻璃产品，使用不同的计算边界条件，都会计算得到不同的热工性能参数，对于不同气候区的建筑的作用也是完全不同，甚至相反的。

计算边界条件包括两类：标准计算边界条件、工程实际计算边界条件。设计或评价玻璃定型产品的热工性能时，应采用标准计算条件；在进行实际工程设计时，应根据相应的建筑设计或节能设计标准来确定工程实际计算边界条件。

所以确定标准的计算边界条件是玻璃产品热工性能设计的前提，各标准体系的标准计算边界条件存在着较大的差别。

研究发现：

（1）我国基本采用 ISO 标准体系，定义的边界条件与 ISO 标准基本一致，主要是冬、夏季室内温度、夏季室外温度、室内对流换热系数、太阳辐射照度全部一样，但美国 NFRC 体系存在差异，特别是室内对流换热系数采用美国 ASHRAE 的相关规定。

（2）三个标准体系规定的室内空气温度差别不大，这主要是因为建筑室内的设计温度一般比较接近。

（3）JGJ/T 151 的室外对流换热系数与 ISO 标准差别较大，一方面是由于我国所处气候区域与欧洲有差别，另一方面也是考虑为了与我国其他建筑工程标准，特别是《民用建筑热工设计规范》、《建筑门窗保温性能检测与分级标准》等相关标准相互协调，以符合我国的工程实际情况。

2. 玻璃光学热工计算

玻璃是门窗、幕墙最重要的组成部分，也是门窗、幕墙热工性能优劣的关键。ISO（EN）、NFRC 标准体系中计算玻璃光学热工性能的标准分别为 ISO 10599、ISO 9050、NFRC 300，其中 ISO 9050 是玻璃光学性能的计算标准。美国的 NFRC 300 与我国 JGJ/T 151 中的玻璃光学热工计算方法都是以这两个 ISO 标准为基础建立起来的。

ISO（EN）、NFRC、JGJ/T 151 计算玻璃光学热工性能所采用的计算方法基本相同，均是采用积分和迭代的方法求解，但所引用的标准太阳光谱有较大的差别。ISO 9050 和 JGJ/T 151 采用 ISO 9845－1 的 Table 1 中第 5 列标准太阳光谱数据（直射＋散射），美国 NFRC 300 采用 ISO 9845－1 的 Table 1 中第 2 列标准太阳光谱数据（直射）。由于 ISO 9050 和 JGJ/T 151 采用标准太阳光谱数据包括直射和散射部分，各波段的平均分光照度值均比只有直射部分的第 2 列标准光谱大，见图 3.6－1。这两列标准之间的差异主要是由于天空散射部分造成的，见图 3.6－2。

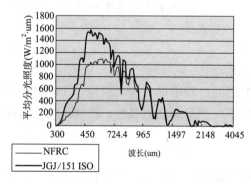

图 3.6－1　标准太阳光谱对比　　　　图 3.6－2　天空散射光谱分布

由于自然界的天空必然同时是存在着直射和散射两部分太阳辐射，同时考虑这两部分对玻璃的影响是合理的。

由于 ISO（EN）、JGJ/T 151 与 NFRC 光学性能时引用不同的标准光谱数据，在计算玻璃光学热工性能时会造成较大的差异。作者分别采用广东省建筑科学研究院依据 JGJ/T 151 开发的粤建科 MQMC 软件和依据美国 NFRC 标准开发的 LBNL 软件计算玻璃光学热工性能，进行对比，结果如表 3.6－1 所示。

玻璃系统光学热工性能参数计算结果对比　　　　　　　　表 3.6－1

玻璃产品名称	标准类别	传热系数 [W/（m²·K）]	遮阳系数 Sc	可见光透射比 Tv	Sc 值差异
FVRE1－54＋ 9Air＋Cleaer＿6	NFRC	1.797	0.386	0.474	5.62%
	JGJ/T 151	1.797	0.409	0.481	
C245＋9 Air＋ Cleaer＿6	NFRC	1.922	0.275	0.362	12.97%
	JGJ/T 151	1.926	0.316	0.357	
EBS5＋9 Air＋ Cleaer＿6	NFRC	1.857	0.302	0.389	6.21%
	JGJ/T 151	1.853	0.322	0.394	

通过表中数据对比，不难发现：标准太阳光谱数据的不同对遮阳系数影响很大，尤其是 Low-E 玻璃，差异在 5%～13%。

3.6.4 玻璃样品尺寸

GB 2680、JGJ/T 151 中对于玻璃遮阳系数的测试与计算，都是在采用分光光度计及红外光谱仪之类的仪器按照一定波段间隔，测试出波长在 300～2500nm 之间的玻璃透射比、两面的反射比的光谱数据之后，再进行相关计算得到遮阳系数。那么在采用分光光度计进行玻璃系数检测时，对玻璃样品尺寸有限制要求，多数仪器均要求在 100mm×100mm 以内。图 3.6-3 和图 3.6-4 是外片镀膜玻璃透射比曲线，及外片镀膜玻璃反射比曲线（玻璃面）。

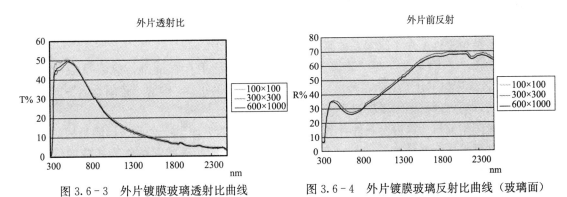

图 3.6-3 外片镀膜玻璃透射比曲线　　　　图 3.6-4 外片镀膜玻璃反射比曲线（玻璃面）

3.6.5 结论

综合以上研究与分析，作者提出以下结论：

1. 由于我国的门窗幕墙热工计算标准 JGJ/T 151 颁布实施时间较短，存在遮阳系数测试依据标准使用混乱的情况。我国的 JGJ/T 151 基本采用了 ISO（EN）标准体系，规定了我国评价定型产品时的统一边界条件，与国外两个标准体系有一定差别，但与我国其他工程技术标准相协调，更符合我国实际情况。

2. 只依据 GB2680、JGJ 113 等标准，无法准确测试、计算出玻璃的遮阳系数，不能满足工程需要，且与玻璃产品设计、计算方法标准不一致，如应用于工程验收，必将导致设计与验收不一致，不能满足产品进场复验的要求。JGJ 151 中的玻璃遮阳系数测试、计算方法已经被 GB 50411 引用，作为工程验收的标准依据。

3. ISO（EN）、JGJ/T 151 和 NFRC 标准体系计算玻璃光学热工性能时计算方法基本相同，但在引用标准太阳光谱时有较大的差别。ISO（EN）、JGJ/T 151 合理的引用了 ISO 9845-1 Table 1 第 5 列标准光谱数据（直射＋散射），NFRC 300 却引用了第 2 列标准光谱数据（直射），对玻璃的遮阳系数影响很大，尤其是 Low-E 玻璃。目前不少玻璃企业、检测机构还没有认识到这个问题，仍采用国外的技术标准和计算软件，存在着玻璃产品设计与工程验收标准不一致而导致工程项目无法通过验收的隐患，这个问题应引起国内玻璃企业、检测机构的高度重视。

4. JGJ 151 具有玻璃光学热工完善的计算方法，并且与此标准配套的粤建科 MQMC

软件也已经推出，可以满足我国玻璃光学热工测试、计算的实际需要，我们应该在产品设计、热工测试工作中严格执行我国的行业标准《建筑门窗玻璃幕墙热工性能计算规程》（JGJ/T 151 - 2008）。

5. 在工程检测中，目前大多数测试仪器对玻璃样品尺寸的限制，只能另外制作测试样品，很难保证与工程现场产品的一致性，导致了无法真正做到工程现场抽样，这是目前困扰节能工程验收最大的问题之一。目前已有比较可行的实验台改造方法，可基本满足大尺寸玻璃光学测试需求，但是同时带来了急需解决的问题：（1）大尺寸玻璃光学测试方法目前没有相应的方法标准；（2）因为工程实际使用的玻璃镀膜存在不均匀性，光学测试区域的选择对测试结果有较大影响，如何选择测试点也是很重要的问题之一；（3）此方法对于工程验收来说，操作性强，但是也会与玻璃标准样品测试之间存在一定的误差，如何评价此误差。所以，若想将此测试方法真正应用于工程验收，还需要做进一步的研究，形成方法标准。

除以上结论之外，关于遮阳系数测试，作者还提出以下问题：

（1）关于"遮阳系数"与"遮蔽系数"两个术语使用存在混乱，遮蔽系数来源于GB2680，且计算与 JGJ 151 存在差异，建议应统一使用 JGJ 151 中的"遮阳系数"的术语与计算方法，更好地与国际接轨。

（2）遮阳系数与计算边界条件有密切关系，但是目前玻璃生产企业、检测机构对于工程设计也都是采用标准计算条件，而不是使用工程所在地的气象参数作为相应的计算条件，这也是我们今后检测工作中需要加强关注的问题，也是需要节能工程验收规范中需要进一步明确的问题。

（3）玻璃遮阳系数测试中样品如何制备、样品数量如何确定，也是目前所有测试标准中没有明确的问题。

参考文献

[1] 建筑门窗玻璃幕墙热工计算规程 . JGJ/T 151 - 2008.

[2] Thermal performance of windows，doors and shading devices—Detailed calculations. ISO 15099 - 2003.

[3] Glass in building - Determination of light transmittance，solar direct transmittance，total solar energy transmittance，ultraviolet transmittance and related glazing factors. ISO 9050 - 2003.

[4] Solar energy—Reference Solan spectral irradiance at the ground at different receiving conditions. ISO 9845 - 1：1992.

[5] Procedure for Determining Fenestration Product Solar Heat Gain Coefficient and Visible Transmittance at Normal Incidence. NFRC 200：2004.

[6] Test Method for Determining the Solar Optical Properties of Glazing Materials and Systems. NFRC 300：2004.

[7] 建筑玻璃可见光透射比、太阳光直接透射比、太阳能总透射比、紫外线反射比及有关窗玻璃参数的测定 . GB 2680 - 94.

[8] 建筑玻璃应用技术规程 . JGJ 113 - 2003.

3.7 居住建筑活动外遮阳设施抗风性能浅析

刘翼 蒋荃

中国建筑材料检验认证中心，国家建材工业铝塑复合材料及遮阳产品质量监督检验测试中心

摘 要： 随着居住建筑活动外遮阳设施的推广，抗风性能凸显出其使用安全的关键。本文结合相关标准规范，从风荷载计算、产品抗风等级选取以及抗风性能检测等方面，对居住建筑活动外遮阳设施的抗风性能进行了介绍，并指出应参考欧盟 CE 认证对外遮阳产品抗风等级的强制性认证制度。

关键词： 外遮阳；抗风性能；检测 CE 认证

外遮阳设施是最有效的建筑被动节能措施之一，可以大幅降低建筑物夏季制冷能耗，某些形式的活动外遮阳产品（如硬卷帘）还能降低冬季采暖能耗。因此，欧盟 80% 以上的建筑都安设了外遮阳设施。随着国家社会对建筑节能的日益重视，国内也开始加大了建筑外遮阳的推广力度。比如，江苏省建设厅 2008 发了 269 号文《关于加强建筑节能门窗和外遮阳应用管理工作的通知》，把建筑外遮阳实施工作的情况列入专项检查的内容之一。此外，北京、广东等地也在加快建筑节能设计地方标准的修订，全面推广建筑外遮阳。

由于公共建筑大多造型独特，广泛采用幕墙装饰，遮阳形式也各异，所以目前外遮阳的主要推广方向是居住建筑的窗洞口遮阳，且优先选用活动外遮阳。根据建筑层高和外立面风格，常用的活动外遮阳形式有百叶帘、硬卷帘、曲臂遮阳篷等，而抗风问题是涉及使用安全的关键。目前，国内相继发布的遮阳标准里均对抗风性能进行了规定，本文结合相关标准，对其进行综合性阐述。

3.7.1 产品抗风性能等级的选取

1. 活动外遮阳产品适用建筑高度

不同的活动外遮阳产品适用于不同的建筑高度，居住建筑常用遮阳形式的适用层高具体见表 3.7-1。一般来说，应根据表 3.7-1 并结合建筑物具体情况选择活动外遮阳形式。

居住建筑常见活动外遮阳设施适用层高   表 3.7-1

外遮阳分类			适用层高			
			低层	多层	中高层	高层
遮阳帘	百叶帘	轨道导向	▲	▲	▲	△
		钢索导向	▲	▲	△	×
	硬卷帘		▲	▲	▲	△
	软卷帘（轨道导向）		▲	△	×	×
曲臂遮阳篷	平推式		▲	△		
	斜伸式		▲	△		
	摆转式		▲	△	×	×
内置遮阳中空玻璃制品			▲	▲	▲	▲

注：1. ▲表示"宜"，△表示"可"，×表示"不宜"。
   2. 当遮阳产品配有"风速感应-自动收回"系统时，使用层高不受本表限制。

2. 风荷载标准值的确定

选定外遮阳形式以后，应根据建筑物具体情况，确定风荷载标准值。通常建筑物底层安装活动外遮阳时可不必进行抗风性能核验。

（1）建筑主体围护结构风荷载标准值

遮阳装置安装部位的建筑主体围护结构风荷载标准值（kN/m²），根据建筑物位置、体型、高度等，按《建筑结构荷载规范》GB 50009 - 2001[1]执行。计算公式如下：

$$W_k = \beta_{gz}\mu_{s1}\mu_z W_0 \tag{3.7-1}$$

式中　W_k——风荷载标准值（kN/m²）；

　　　　β_{gz}——高度 z 处的阵风系数；

　　　　μ_{s1}——局部风压体型系数；

　　　　μ_z——风压高度变化系数；

　　　　W_0——基本风压（kN/m²）。

（2）垂直于遮阳装置的风荷载标准值

根据《建筑遮阳工程技术规范》JGJ 237 - 2011[2]的规定，垂直于遮阳装置的风荷载标准值垂直于遮阳装置的风荷载标准值应按下式计算：

$$W_{ks} = \beta_1\beta_2\beta_3\beta_4 W_k \tag{3.7-2}$$

式中　W_{ks}——风荷载标准值（kN/m²）；

　　　　W_k——遮阳装置安装部位的建筑主体围护结构风荷载标准值（kN/m²），根据建筑物位置、体型、高度等，按《建筑结构荷载规范》GB 50009 执行；有风感应的遮阳装置，可根据感应控制范围，确定风荷载；

　　　　β_1——重现期修正系数，取 0.7；当遮阳装置设计寿命与主体围护结构一致时，取 1.0；

　　　　β_2——偶遇及重要性修正系数，取 0.8；当遮阳装置凸出于主体建筑时，取 1.0；

　　　　β_3——遮阳装置兜风系数：柔软织物类取 1.4，卷帘类取 1.0，百叶类取 0.4，单根构件取 0.8；

　　　　β_4——遮阳装置行为失误概率修正系数：固定外遮阳取 1.0，活动外遮阳取 0.6。

修正系数 β_1 是考虑遮阳系数的设计寿命与主体结构不一致而对荷载进行的折减。与主体结构不同的是，遮阳装置通常只有当主体建筑遮风效果偶然缺失（如居住建筑外窗未关又正好出现大风）时才出现风压，故受风概率降低，且受风破坏后果的严重程度较主体结果要低得多，故以 β_2 修正。兜风系数 β_3 考虑遮阳装置在风中的形态引起风压的变化。主体建筑遮风效果偶然缺失的失误概率由修正系数 β_4 表达。

建筑遮阳装置风荷载修正系数按表 3.7 - 2 取值：

遮阳装置风荷载修正系数　　　　　　　　　　　　　表 3.7 - 2

种类		β_1	β_2	β_3	β_4
外遮阳百叶帘		0.7	0.8	0.4	0.6
遮阳硬卷帘		0.7	0.8	1.0	0.6
外遮阳软卷帘		0.7	0.8	1.4	0.6
曲臂遮阳篷		0.7	1.0	1.4	0.6
后置式遮阳板（翼）	设计寿命15年	0.7	0.8	1.0	1.0
	与建筑主体同寿命	1.0	1.0	1.0	1.0

单项验算遮阳装置的抗风性能时，风荷载的荷载分项系数取 1.2～1.4。

（3）风感应装置

除了按照上述方法计算遮阳装置的风荷载取值外，根据使用经验，当装有风感应的遮阳装置，根据感应控制范围，如控制 6 级风时遮阳装置收起，风荷载标准值即可按 6 级风时的风压取用。

（4）不同遮阳产品抗风等级的确定

确定垂直于遮阳装置的风荷载标准值并乘上荷载分项系数后，对照不同遮阳产品抗风性能等级的额定测试压力，选取相应抗风等级的产品，选取过程采取就高原则。居住建筑常用活动外遮阳产品的抗风性能分级见表 3.7-3[3~6]。

居住建筑常用活动外遮阳产品抗风性能分级　　单位：N/m²　　表 3.7-3

遮阳产品	执行标准（额定测试压力，P）						执行标准
	1	2	3	4	5	6	
百叶帘	50	70	100	170	270	400	JG/T 251-2009
硬卷帘	50	100	200	400	800	1500	JG/T 274-2009
软卷帘	40	70	110	—	—	—	JG/T 254-2009
曲臂遮阳篷	40	70	110	—	—	—	JG/T 253-2009
内置遮阳中空玻璃制品	按照建筑外窗抗风要求执行						JG/T 255-2009

注：曲臂遮阳篷、软卷帘安全测试压力应为 1.2P，百叶帘、硬卷帘安全测试压力应为 1.5P。

3.7.2　活动外遮阳产品抗风性能测试方法

活动外遮阳产品抗风性能的测试方法按照《建筑外遮阳产品抗风性能测试方法》[7] JG/T 239-2009，表 3.7-4～表 3.7-7 分别就百叶帘、硬卷帘、软卷帘、平推式曲臂遮阳篷的抗风性能结合产品标准和测试方法标准进行了归纳。

百叶帘抗风性能要求与测试步骤　　表 3.7-4

试验步骤		试验内容		结果要求	
荷载计算	额定荷载	$F_N=\beta \times P \times L \times H$　$\beta=0.2$			
	安全荷载	$F_S=1.5 \times F_N$			
测试	性能测试	施加额定荷载 F_N 以及反向的额定荷载 F_N，然后释放荷载。测量图中 1，2，3 点的残余变形的 d1，d2，d3。		残余变形	操作性能
				$d_{max}\leqslant 5‰L$	—
	安全测试	施加安全荷载 F_S 以及反向的安全荷载 F_S		不从导轨中脱出	

113

硬卷帘抗风性能要求与测试步骤　　　　　　　　　　　表 3.7 - 5

试验步骤		试验内容	结果要求	
荷载计算	额定荷载	$F_N = \beta \times P \times L \times H \quad \beta = 1$	结果要求	
	安全荷载	$F_S = 1.5 \times F_N$		
测试	性能测试	施加额定荷载 F_N 以及反向的额定荷载 F_N，然后释放荷载。	残余变形	操作性能
			帘体、导轨无明显变形	手动产品操作力维持在相应等级的限值内
	安全测试	施加安全荷载 F_S 以及反向的安全荷载 F_S	无任何破损，不从导轨脱出，锁紧装置无松动现象	

软卷帘抗风性能要求与测试步骤　　　　　　　　　　　表 3.7 - 6

试验步骤		试验内容	结果要求	
荷载计算	额定荷载	$F_N = \beta \times P \times L \times H \quad \beta = 1$	结果要求	
	安全荷载	$F_S = 1.2 \times F_N$		
测试	性能测试	1　利用试验钢管将卷帘固定在距离下端 $H/3$ 长度处，试验钢管两端各施加荷载 $F_N/2$，方向水平垂直向外。	残余变形	操作性能
		2　移走试验钢管，将卷帘从底部提升至 $H/3$ 长度，交替地固定一端，释放另一端。	帘布、导轨无明显变形	手动产品操作力维持在相应等级的限值内
	安全测试	施加安全荷载 F_S	帘布无撕裂，帘体不从导轨脱出	

平推式曲臂遮阳篷抗风性能要求与测试步骤 表 3.7－7

试验步骤		试验内容		结果要求	
荷载计算	额定荷载	$F_N=\beta\times P\times L\times H \quad \beta=0.5$			
	安全荷载	$F_S=1.2\times F_N$			
测试	性能测试	水平位置安装（安装角度偏差±5%） 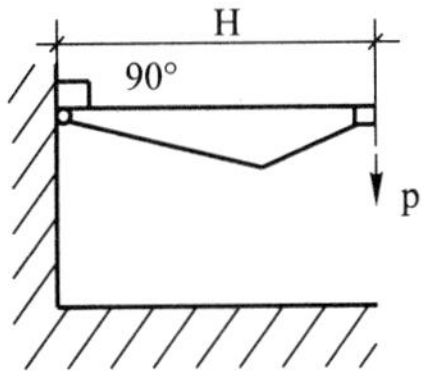		残余变形	操作性能
		1			
		2	将遮阳篷伸展到 $H/2$ 处，在每个悬臂端上施加荷载 $F_N/4$，然后释放荷载。 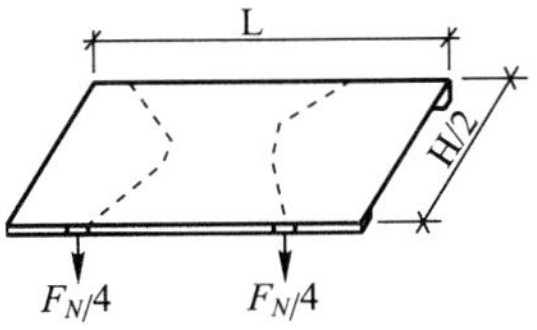 		
		3	将遮阳篷完全展开到 H 处。以此时每个悬臂端的位置作为测量的参考初始位置。 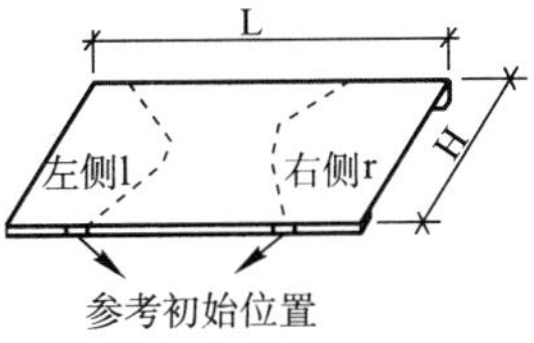 	$\Delta l\leqslant10\%$ $\Delta r\leqslant10\%$ $\Delta\leqslant1\%$	手动产品操作力维持在相应等级的限值内
		4	如图所示，施加额定荷载 F_N（$2\times F_N/4+4\times F_N/8$），然后释放荷载。测量每个悬臂端的残余变形 $\delta_{l1}{}^a$、$\delta_{r1}{}^b$ 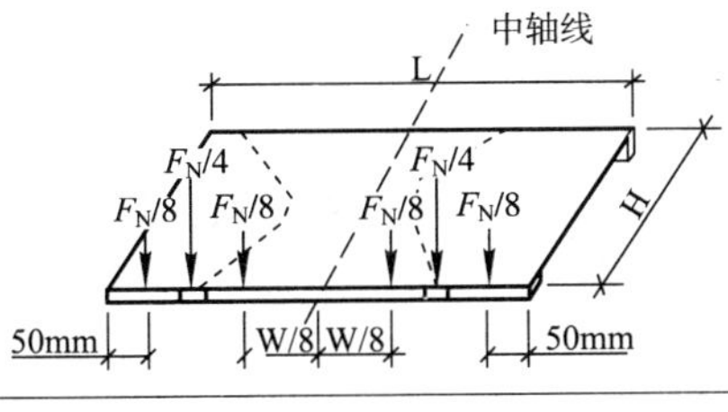 		
		5	如图所示在每个悬臂端上施加反向的额定荷载 $F_N/2$，然后释放荷载。测量每个悬臂端的残余变形 δ_{l2}、δ_{r2} 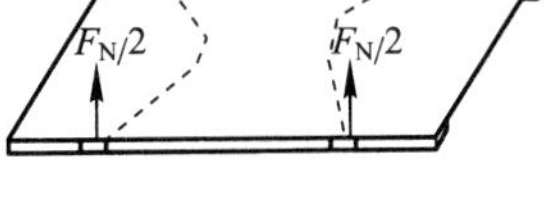 		

续表

试验步骤		试验内容	结果要求
荷载计算	额定荷载	$F_N = \beta \times P \times L \times H \quad \beta = 0.5$	
	安全荷载	$F_S = 1.2 \times F_N$	
测试	安全测试	在每个悬臂端上施加安全荷载 $F_S/2$，然后释放荷载。 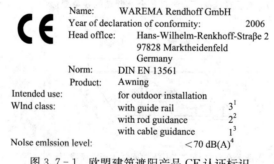	无损坏和功能障碍

注 1. δ_l 为左侧悬臂端在垂直方向上的残余变形，取绝对值。单位为毫米（mm），允许误差为 ± 5mm。

2. δ_r 为右侧悬臂端在垂直方向上的残余变形，取绝对值。单位为毫米（mm），允许误差为 ± 5mm。

3. Δl 为左侧残余变形率，$\Delta l = \dfrac{\delta_l}{H} \times 100\%$。

4. Δr 为右侧残余变形率，$\Delta r = \dfrac{\delta_r}{H} \times 100\%$。

5. Δ 为垂直残余变形率，$\Delta = \dfrac{|\delta_l - \delta_r|}{L} \times 100\%$。

3.7.3 活动外遮阳产品抗风性能认证技术[8]

欧盟普遍将涉及公共安全、健康、环保、节能等 6 个方面的建筑产品列入 CE 强制性的产品认证目录，对其进行约束管理。自 2006 年 4 月 1 日，欧盟对所有的建筑外在欧洲，自 2006 年 4 月 1 日，欧盟对所有的建筑外遮阳产品实施 CE 强制性认证，要求进行抗风压测试，并要求生产厂家提供产品的抗风压等级。欧盟对建筑遮阳产品进行 CE 认证的标识见图 3.7-1。

$$\text{C}\epsilon$$

Name:	WAREMA Rendhoff GmbH
Year of declaration of conformity:	2006
Head offlce:	Hans-Wilhelm-Renkhoff-Straße 2
	97828 Marktheidenfeld
	Germany
Norm:	DIN EN 13561
Product:	Awning
Intended use:	for outdoor installation
Wlnd class:	with guide rail 3^1
	with rod guidance 2^2
	with cable guidance 1^3
Nolse emlssion level:	< 70 dB(A)^4

图 3.7-1 欧盟建筑遮阳产品 CE 认证标识

目前在国内还没有对建筑外遮阳产品提出强制性认证的要求，中国建筑材料检验认证中心（CTC）已经开展了建筑遮阳产品质量、节能等自愿性认证。外遮阳产品在使用过程中受到风荷载、雪荷载、积水荷载及自然老化等诸多因素影响，尤其是抗风性能涉及使用安全。因此，研究 CE 的认证技术，在我国开展外遮阳产品抗风性能强制性认证是一个必然的发展方向。

3.7.4 结语

风荷载是常用外遮阳装置最常见的荷载形式，外遮阳的抗风性能也是工程界最为关心的问题。随着遮阳一系列工程、产品和方法标准的发布和实施，结合《建筑结构荷载规范》GB 50009 已成熟的风压计算理论，已经初步形成了对建筑外遮阳抗风性能产品选型和检测方法。下一步需要加强标准宣贯工作，加大标准执行力度，同时开展外遮阳产品的抗风性能强制性认证技术研究工作。

参考文献

[1] 建筑结构荷载规范 . GB 50009－2001.
[2] 建筑遮阳工程技术规范 . JGJ 237－2011.
[3] 建筑用遮阳金属百叶帘 . JG/T 251－2009.
[4] 建筑用曲臂遮阳篷 . JG/T 253－2009.
[5] 建筑用遮阳软卷帘 . JG/T 254－2009.
[6] 建筑遮阳通用要求 . JG/T 274－2010.
[7] 建筑外遮阳产品抗风性能测试方法 . JG/T 239－2009.
[8] 刘翼，蒋荃 . 我国建筑外遮阳发展现状及其标准化进展 [J] . 门窗 2010（49）.

3.8 建筑外遮阳百叶的应用对建筑表面风压的影响

李峥嵘 汤 民
同济大学

摘 要：本文通过在实验室建立建筑模型，设置外遮阳百叶，对采用外遮阳百叶的建筑进行建筑物表面风压的模拟试验和计算分析，取得了气流组织，风速分布和风压分布等方面的可靠数据资料，为建筑外遮阳百叶的设计和使用提供了参考依据。

关键词：建筑外遮阳百叶；建筑表面风压测算；风速分布；风压分布

3.8.1 外遮阳百叶建筑模型

为了讨论外遮阳百叶对建筑周围风环境的影响，首先确定百叶外遮阳设施的各项参数和建筑尺寸。

1. 百叶外遮阳参数

以常见的百叶类型为讨论对象，即水平外遮阳百叶，如图 3.8-3 所示。并根据其尺寸确定本节采用的外遮阳百叶模型的具体参数，如表 3.8-1 所示，百叶布置如图 3.8-1 和图 3.8-2 所示。

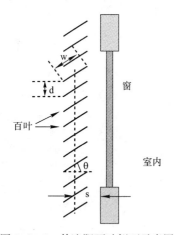

图 3.8-1 外遮阳百叶侧面示意图

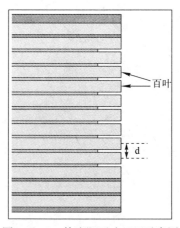

图 3.8-2 外遮阳百叶正面示意图

百叶外遮阳参数 表 3.8-1

参数	百叶倾角 θ（单位：°）	百叶间距 d（单位：m）	百叶宽度 w（单位：m）	百叶宽度 l（单位：m）	百叶中心轴离墙距 s（单位：m）
尺寸	30	0.4	0.4	12	0.7

2. 建筑模型尺寸

本文采用的建筑模型为普通办公建筑，坐北朝南，共三层，每层并排布置三间办公室，建筑长（L）×宽（W）×高（H）为 8m×12m×9m，房间为简单南北布置，每个房间长×宽×高为 8m×4m×3m。且每个房间的南向和北向各设一个窗户，窗的尺寸大小宽×

高为 3m×2m，窗台高 0.5m，位置居中，窗墙面积比为 0.5。

考虑到一层人员进出大楼设置大门和实际遮阳效果等原因，采用的模型仅二层和三层的南向墙面设置百叶外遮阳。建筑长（L）×宽（W）×高（H）的坐标轴分别为 X 轴、Y 轴和 Z 轴，具体如图 3.8-3 所示。

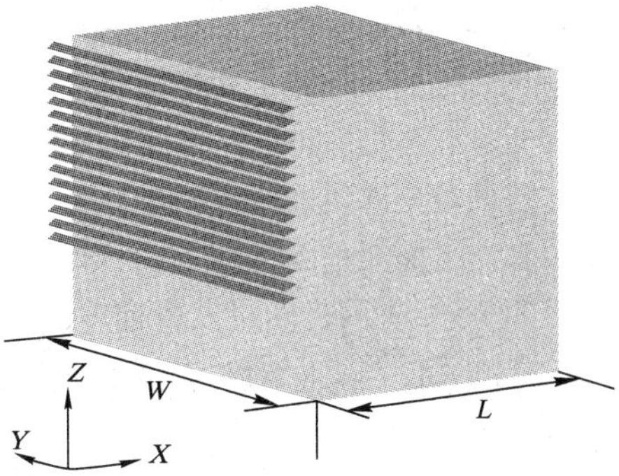

图 3.8-3　建筑模型图

3.8.2　建筑模拟外场的确定

建筑物周围的风场很复杂，相邻建筑物及建筑自身构造对风场的影响不容忽视。为此，建筑物外场绕流的计算区域应足够大，避免各个出流面边界条件的处理影响到建筑周围实际流场的分布，同时保证来流面的流场不受建筑的影响，使得气流充分发展。

同时为了节省计算时间，需要适当控制计算区域。因此恰当地选择计算区域可以真实地预测建筑周围的流场特性，并降低模拟成本。本文以 ASHRAE Handbook Fundamentals（SI）2005 中迎风面的风压分布作为标准，确定最佳的建筑模拟外场。在这里，来流风与建筑迎风面垂直。

3.8.3　风压系数

在对建筑风环境的研究中，风压系数是一个很关键的评价指标。风压系数 C_p 亦称空气动力系数 K，即某一点上风的静压与来流动压之比，可以是正压（C_p 为正值），也可以是负压（C_p 为负值），C_p 的绝对值在 0～1 之间。它与建筑形状、风向及周围建筑的影响有关，在较复杂情况下，需要通过风洞实验来确定不同位置的值。一般情况下，在正方形或矩形建筑物的迎风面 C_p 在 0.5～0.9 范围内变化；背风面 Cp 在 −0.3～−0.6 范围内变化；在平行风向的侧面或与风向稍有角度的侧面 C_p 为 −0.1～−0.9；倾角在 30°以下的屋面前缘 C_p 约为 −0.8～−1.0，其余部分 C_p 约为 −0.2～−0.8；大倾角的屋面迎风侧的 C_p 为 0.2～0.3，背风侧 C_p 为 −0.5～−0.7。

当来流风速不变时，建筑物围护结构外表面上的风压系数 C_p 越大，则驱动自然通风的风压 ΔP 就越大，即风压系数大的建筑，自然通风的潜力就大，更有利于自然通风。

3.8.4　模拟计算结果分析

1. 计算条件

（1）来流风速边界

由于风速在近地层随高度有较大的变化，此时来流风速应根据平均风速梯度来确定，其中以指数函数最为常见。其计算式为：

$$v = v_0 \left(\frac{H}{H_0} \right)^a \tag{3.8-1}$$

式中　v_0，H_0——参考高度处的风速和对应高度，一般指气象资料给出的风速值和气象台的测量高度（常取 10m）；

    v、H——任一点的平均风速和对应高度；

        a——地面粗糙系数，其值为：近海小岛、沙漠 $a=0.12$；乡村、田野、城郊 $a=0.16$；中小城市 $a=0.22$；大城市中心 $a=0.30$。

    根据对上海风速资料的分析，4月平均风速为 3.42m/s。且本文的研究对象处于大城市中心，地面粗糙系数取 $a=0.30$。由（3.8-1）式计算可知，3.42m/s 的风速梯度分布如图 3.8-4 所示。确定风速梯度后，根据风速分布值对入口边界进行梯度处理。

    来流风速与高度的对应值如表 3.8-2 所示。

来流风速与高度的对应值   表 3.8-2

高度（m）	0.0	1.0	2.0	3.0	4.0	6.0	8.0	12.0	20.0	36.0
风速（m/s）	0.0	1.17	2.11	2.38	2.60	2.93	3.20	3.61	4.21	5.02

    （2）压力出流边界

    模型出流边界流动细节不清楚，但是压力已知，所以建筑风环境模拟是压力边界条件的典型应用之一。按照压力边界条件的定义，计算域上空面、侧面和出流面设为压力边界条件。

    2. 气流组织和风速分布情况

    在有无外遮阳百叶两种情况下，这里对建筑周围风环境的气流和风速分布情况进行比较。建筑模型如图 3.8-3 所示，迎风面各取值点（图 3.8-4）的位置如图 3.8-5 所示。

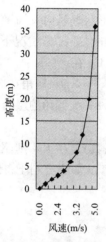

图 3.8-4 来流风速梯度变化

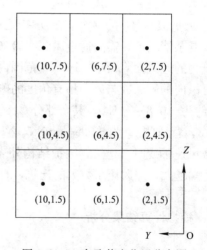

图 3.8-5 各取值点位置分布图

    （1）无外遮阳百叶情况

    建筑在无外遮阳百叶情况下周围的气流分布情况如图 3.8-6 和图 3.8-7 所示。当来流受到建筑物的阻挡时，出现左右分流现象，因此建筑迎风面越靠近中间部分，风速越小。建筑两侧出现角流，风速变大。背风面由于建筑的阻挡作用，出现回流涡旋。

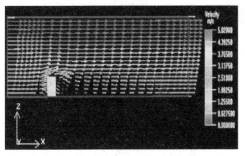
图3.8-6 Y＝6m处的风速分布情况

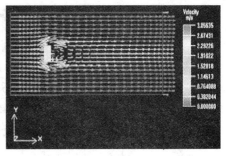
图3.8-7 Z＝4.5m处的分速分布情况

取距离建筑迎风面前面一定距离的点的风速进行分析，如距离迎风面1.2m即$X＝-1.2m$处，当来流风与迎风面垂直时，发现来流风在建筑左右两侧分离且均匀对称。迎风面中间的风速明显小于两侧的风速，同时风速随着建筑高度Z的增加而增加，迎风面的底部出现涡流区。

（2）有百叶外遮阳情况

建筑在有外遮阳百叶情况下周围的气流分布情况如图3.8-8和图3.8-9所示。对于有百叶外遮阳的建筑，可以从建筑周围的风场分布情况发现它对来流风速的阻挡作用基本上和无百叶的建筑一致。

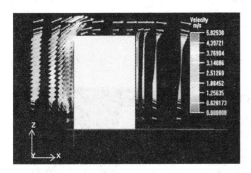
图3.8-8 Y＝6m处的风速分布情况

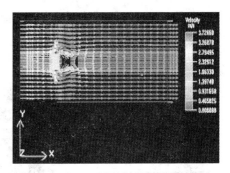
图3.8-9 Z＝4.5m处的风速分布情况

由于风速分流左右对称，这里对$Y＝2m$和$Y＝6m$处的风速进行考虑。取距离建筑迎风面0.4m和0.3m处的风速分布情况进行分析，随着建筑高度的增加，无百叶建筑在这两处的风速略有增加。$Y＝2m$处的风速大于$Y＝6m$处风速，显然是气流左右分流的原因。

有外遮阳百叶时，$Y＝2m$处的风速明显大于中间$Y＝6m$处的风速，百叶使得气流大量从两边扩散，中间处于左右分流的分隔线。且$Y＝2m$处的风速在建筑高度从1.5m到4.5m变化时，有明显减小，说明二层和三层百叶的设置使得一层无百叶处的风速变化幅度大于二层、三层。$Y＝6m$处的风速随着建筑高度的增加变化不明显，仅略有增加，说明中间的房间在各个楼层的风速都比较稳定，变化不大。

有外遮阳百叶建筑周围的风速明显大于无外遮阳百叶建筑周围的风速。这是由于气流经百叶的导向作用，形成流动的一致性，有规律的加剧向上运动或者向两边扩散。

3. 压力分布情况

（1）无外遮阳百叶情况

建筑在无外遮阳百叶情况下周围的压强分布如图3.8-10和图3.8-11所示。

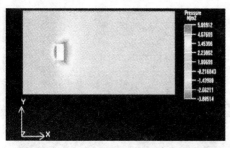
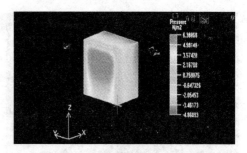

图 3.8-10　Z=4.5m 处的压强分布情况　　　　图 3.8-11　建筑表面压强分布情况

从各个高度的剖面及各点的静压分布情况可以看出，建筑迎风面是正压，且正压最大值出现在迎风面中心偏上的位置，背风面是负压。这个结论和 ASHRAE Handbook Fundamentals（SI）2005 中的风压分布情况相同。迎风面静压分布左右对称，中间的静压值大于两侧的静压值。背风面静压出现负值，亦左右对称。迎风面和背风面的压差随着建筑高度的增加而增加，表示楼层越高，通风能力越强。

（2）有外遮阳百叶情况

建筑在有外遮阳百叶情况下周围的压强分布如图 3.8-12 和图 3.8-13 所示。当存在百叶时，如图 3.8-14 所示，迎风面处的静压分布出现明显变化，二楼和三楼的迎风面静压变大，且分布比较均匀。而一楼的迎风面静压变小，明显小于二楼和三楼的静压值。最大负压出现在靠近迎风面的侧面上，主要是由于从迎风面两侧出来的风速增大，在边角处形成强烈的角流，因此出现涡旋负压区。

下面对建筑迎风面和背风面各点处的压差 ΔP 进行分析，如图 3.8-14 所示。

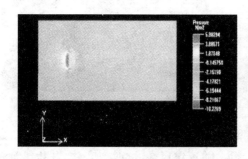
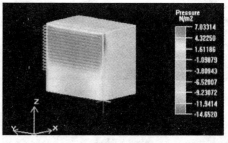

图 3.8-12　Z=4.5m 处的压强分布情况　　　　图 3.8-13　建筑表面压强分布情况

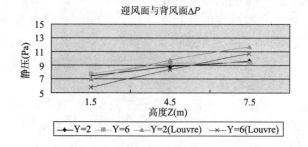

图 3.8-14　有外遮阳百叶情况下压差分布图

从以上几个风压分布图表可以得到如下结论：

1）当风垂直吹向建筑迎风面时，迎风面承受正压，而背风面和建筑屋面及两侧基本呈现负压。

2）迎风面的静压在高度上分布不均匀，在中间偏上的地方压力最大，中间偏下的地方压力较小，最小的风压出现在中间偏下的左右两侧。

3）建筑背风面为负压，且分布较为均匀，但建筑屋面及两侧的风压分布极不均匀，主要原因是墙体拐角处，风速变化大，且出现涡流脱落，引起较大的压降。

4）由迎风面和背风面的压差分布图 3.8－14 可以发现，当存在百叶外遮阳时，迎风面和背风面的压差随着建筑高度的增加而增大，且变化速度明显大于无外遮阳百叶的情况。有外遮阳百叶时，一楼的压差小于无外遮阳百叶的情况，而三楼的压差大于无外遮阳百叶的情况，说明外遮阳百叶的使用，会减弱一楼的通风能力，而增强三楼的通风能力。

3.8.5　结论

通过对建筑外场模型的分析和优化，确定合理外场模型尺寸，并就模型建筑在有无外遮阳百叶的情况下进行风环境模拟，得到如下结论：

1. 来流风受到建筑的阻挡后绕流建筑而行，建筑迎风面两侧风速大于中间风速，上部风速大于下部风速。

2. 百叶外遮阳的使用，将大大增加建筑迎风面附近的空气流动，如在离迎风面 0.4m 即 $X=-0.4$m，$Y=2$m，$Z=7.5$m 处的风速，风速将由 0.41m/s 增加到 1.31m/s。

3. 外遮阳百叶的使用，将使迎风面静压分布趋于均匀。

4. 迎风面出现正压，背风面、侧面和建筑顶面出现负压，且外遮阳百叶的使用增大了这些负压值。

5. 迎风面和背风面的压差随着建筑高度的增加而增加，且外遮阳百叶的使用使这个压差在 7.5m 高度处增加，1.5m 高度处减小，4.5m 高度处变化不大。

3.9 建筑外遮阳产品耐久性及其评价技术综述

刘翼 蒋荃

中国建筑材料检验认证中心，国家建材工业铝塑复合材料及遮阳产品质量监督检验测试中心

摘 要：随着居住建筑外遮阳的推广，外遮阳产品的耐久性问题日益凸显。本文结合相关标准规范，从金属、织物等不同材料和产品操作系统方面等方面，对外遮阳产品的耐久性能进及其检测方法行了综述，并指出了目前标准对外遮阳产品耐久性的规定存在的问题。

关键词：外遮阳；老化；机械耐久性

近年来，随着我国社会经济的发展和国民生活水平的提高，建筑物夏季制冷能耗呈直线上升的态势，城市空调用电已经占了夏季峰值用电量的一半。外遮阳设施是最有效的建筑被动节能措施之一，可以大幅降低建筑物夏季制冷能耗。随着国家社会对建筑节能的日益重视，国内也开始加大了建筑外遮阳的推广力度。而在实际推广应用中，外遮阳产品的耐久性问题日益凸显。

外遮阳产品在自然环境中使用，在环境与介质的作用下材料会发生腐蚀或老化现象，造成产品的耐久性降低。腐蚀与老化是一个漫长过程，往往不受到重视。腐蚀与老化会导致外观的改变，影响其装饰性能；会导致材料本身力学性能或连接处强度的降低，影响其使用性能，甚至产生安全隐患。同时，反复的操作和腐蚀老化的同时作用还将导致活动外遮阳产品机械耐久性的下降。

目前，国内相继发布的遮阳标准里均对遮阳产品的耐久性（包括材料的耐久性和机械耐久性）进行了规定，本文结合相关标准，对其进行综合性阐述。

3.9.1 材料的耐久性

1. 金属材料

外遮阳产品所使用金属材料主要为铝合金和钢。比如遮阳板、百叶帘的叶片、硬卷帘的帘片等主要采用铝合金，而导轨、导索、帘片盒、罩壳及其他五金件等铝合金和钢均有使用。对于金属材料来讲，其耐久性主要体现在其表面涂层的腐蚀老化性能以及金属本身的锈蚀，常用的实验室试验方法有湿热老化、盐雾老化、人工候加速老化（氙弧灯）等。

（1）湿热试验

湿热试验是将涂有漆膜的样板或实物置于湿热试验箱中，定时观察起泡、腐蚀及附着力下降等变化。在湿热试验中，对渗透压而言，蒸馏水的活度高，涂层是半透膜，蒸馏水渗入漆膜的能力比较强。水分透入漆膜，在两层漆膜之间会降低层间附着力，在漆膜内会引起漆膜膨胀而产生内应力，透入漆膜与金属之间会降低附着力，最后导致漆膜起泡。起泡后金属与漆膜脱离而开始腐蚀。因为有许多涂了漆的物体是处在潮湿闷热的环境中，涂膜易破坏，因此耐湿热性是一项很重要的指标。试验设备为设备符合试验条件的调温调湿箱（图 3.9-1）。

试验结束后按 GB/T 1740-2007 的规定进行耐湿热试验。按 GB/T 1766-2008 的评

级方法进行评级。评级时应分别评定试样生锈、起泡、变色、开裂或其他破坏现象，并按表 3.9-1 评定综合破坏等级。

湿热破坏等级评定　　　　　　　　表 3.9-1

等级	破坏现象			
	生锈	起泡	变色	开裂
1	0（S0）	0（S0）	很轻微	0（S0）
2	1（S1）	1（S1）、1（S2）	轻微	1（S1）
3	1（S2）	3（S1）、2（S2）、1（S3）	明显	1（S2）
4	2（S2）、1（S3）	4（S1）、3（S2）、2（S3）、1（S4）	严重	2（S2）
5	3（S2）、2（S3） 1（S4）、1（S5）	5（S1）、4（S2） 3（S3）、2（S4）、1（S5）	完全	3（S3）

注：漆膜有数种破坏现象，评定等级时应按破坏最严重的一项评定。

（2）盐雾试验

大气中的盐雾是由于海水浪花和海浪冲击海岸时形成的微小水滴经气流输送过程所形成。一般在沿海或近海地区的大气中都充满着盐雾。由于盐雾中的氯化物，如氯化钠、氯化镁等具有在很低相对湿度下吸潮的性能和氯离子具有很强的腐蚀性，因此盐雾对于在沿海或近海地区的金属材料及其保护层具有强烈的腐蚀作用。

盐雾性试验有中性盐雾试验（NSS）、乙酸盐雾试验（AASS）和铜加速乙酸盐雾试验（CASS）等［GB/T 10125-1997《人造气氛腐蚀试验　盐雾试验》］。外遮阳产品主要采用中性盐雾试验。中性盐雾试验法是 1939 年开发的，在试验中，盐溶液呈中性，其 pH 值在 6.5～7.2 范围中。试验设备为盐雾试验箱（图 3.9-2），包括盐雾箱、喷雾装置、喷雾收集装置、试件架等部件。

图 3.9-1　恒温恒湿试验机

图 3.9-2　盐雾腐蚀试验机

实验结束后取出试样，为减少腐蚀产物的脱落，试样在清洗前放在室内自然干燥 0.5～1h，然后用温度不高于 40℃ 的清洁流动水轻轻清洗以除去试样表面残留的盐雾溶液，再立即用吹风机吹干。中性盐雾按 GB/T 1740 - 2007 的评级方法进行评级（见表 3.9-2），以试件中性能最差者作为试验结果。

中性盐雾试验破坏程度评级方法　　　　　　　　　　　表 3.9 - 2

等级	破坏程度
一级	轻微变色 漆膜无起泡、生锈和脱落等现象
二级	明显变色 漆膜表面起微泡面积小于 50%；局部小泡面积在 4% 以下；中泡面积在 1% 以下 锈点直径在 0.5mm 以下 漆膜无脱落
三级	严重变色 漆膜表面起微泡面积超过 50%；局部小泡面积在 5% 以上；中泡面积出现大泡 锈点面积在 2% 以上 漆膜出现脱落现象

注：1. 起泡面积计算：使用百分格板，其中 1% 的面积只要有泡，则算为 1% 的面积，依此类推。
　　2. 起泡等级如下：微泡——肉眼仅可看见者；
　　　　　　　　　　　　小泡——肉眼明显可见，直径小于 0.5mm；
　　　　　　　　　　　　中泡——直径 0.6mm~1mm；
　　　　　　　　　　　　大泡——直径 1.1mm 以上。
　　3. 板的四周边缘（包括封边在内）及孔周围 5mm 不考核，对外来因素引起的破坏现象不作计算。
　　4. 漆膜破坏现象凡符合上表规定等级中的任何一条，即属该等级。

（3）人工气候加速老化试验（氙弧灯）

人工气候加速老化试验用灯包括氙弧灯、紫外荧光灯和碳弧灯等。由于氙灯的光谱与太阳光谱最为相似，与实际情况更接近，故目前使用最为广泛。外遮阳产品用金属材料的人工气候加速老化试验也采用氙灯。

氙灯是一种精确的气体放电灯，它使用石英球罩密封和过滤技术，可以精确调节其光谱能量分布，可以模拟各种条件下的自然光，从大气层外的太阳光到透过玻璃窗的日光等。图 3.9-3 为氙灯与自然光光谱图比较。

从图 3.9-3 中可以看出，氙灯光的光谱图与自然光的光谱图在紫外线和可见光部分很相似，因此氙灯可以很好地模拟自然光。另外，通过使用不同的氙灯内外过滤管的组合，可以模拟不同条件下的太阳光，如户内、户外等。目前使用氙灯进行人工气候加速老化试验已成为一种首选的、通用的光老化试验方法。为了模拟直接的自然暴露，适用于人工气候老化的辐射光源必须采用滤光罩过滤，以便提供与地球上的日光相似的光谱能量分布，见表 3.9-3。

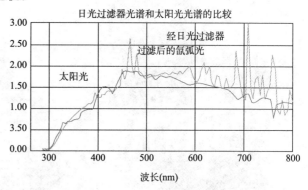

图 3.9 - 3　氙灯光光谱图与自然光光谱图比较

人工气候老化的相对光谱辐照度 表 3.9－3

波长 λ（nm）	相对光谱辐照度（%）
290＜λ≤800	100
λ≤290 290＜λ≤320 320＜λ≤360 360＜λ≤400	0 0.6±0.2 4.2±0.5 6.2±1.0

注：按此方法操作的氙灯光源发出少量低于 290nm 的辐射会发生降解反应，在某些情况下，在户外暴露时并不会发生。

人工加速老化实验设备由氙灯、喷淋系统、各类传感器和控制元件构成（图 3.9－4）。试验结束后测量试件相同位置相同方向涂层老化前后的色差、失光等级以及其他老化性能。色差和失光等级以全部试件试验值的算术平均值作为试验结果，其他老化性能以全部试件中的最差者为试验结果。

图 3.9－4 人工加速老化
试验设备

（4）外遮阳产品标准对金属材料耐久性的要求

《建筑用遮阳金属百叶帘》JG/T 251－2009、《建筑遮阳通用要求》JG/T 274－2010 等标准对外遮阳产品所用金属材料的耐久性均提出了要求。具体见表 3.9－4。

外遮阳产品用金属材料耐久性要求 表 3.9－4

试件	执行标准	试验类别		要求
铝合金叶片	《建筑用遮阳金属百叶帘》JG/T 251－2009	耐盐雾性，1500h		不次于 1 级
		耐湿热性，1500h		不次于 1 级
		耐人工候加速老化性，1000h	色差	$\Delta E \leq 3.0$NBS
			光泽保持率	≥70%
			粉化	不次于 0 级
			其他老化性能	不次于 0 级
铝型材	《建筑遮阳通用要求》JG/T 274－2010	符合 GB 5237.4 或 GB 5237.5 的要求		
钢材		耐盐雾性，240h		不次于 1 级

此外，在编的《建筑用铝合金遮阳板》、《建筑用遮阳硬卷帘》等也将对金属材料的耐久性提出明确的要求。

2. 纺织面料

户外用的遮阳篷、天篷帘、软卷帘等大量使用纺织面料，以"阳光面料"为主。所谓"阳光面料"，简而言之就是用来遮挡阳光和日照的面料，具有较强的阻挡强光和紫外线的能力，耐久性相对优异。其材质多为聚酯、玻纤等，处理工艺主要分为 PVC 包覆和浸渍两类。在国内基本采用聚酯＋PVC 包覆，而在国外，更多采用玻纤＋PVC 浸渍。外遮阳产品用面料的耐久性主要通过耐人造光色牢度和耐气候色牢度两个指标来体现。色牢度（Color fastness）又称染色牢度、染色坚牢度，是指纺织品的颜色对在加工和使用过程中各种作用的抵抗力。

（1）耐人造光色牢度

遮阳面料的耐人造光色牢度按照《纺织品 色牢度试验 耐人造光色牢度：氙弧》GB/T 8427 进行，由于氙灯与日光光谱最为接近，故又称为日晒色牢度。其原理是纺织品试样与一组蓝色羊毛标准一起在人造光源下按规定条件曝晒，然后将试样与蓝色羊毛标准进行变色对比，评定色牢度。光源为氙灯，相关色温为 5500～6500K。通用的曝晒条件为内外红外滤光玻璃和一个窗玻璃外罩，滤光系统的透射率在 380～750nm 之间至少为 90%，而在 310～320nm 之间降为 0。试验结束后，在试样的曝晒和未曝晒部分间的色差达到灰色样卡 3 级的基础上，作出耐光色牢度级数的最后评定。

（2）耐气候色牢度

遮阳面料的耐人造光色牢度按照《纺织品 色牢度试验 耐气候色牢度：氙弧》GB/T 8430 进行。相对于日晒色牢度，耐气候色牢度增加了喷淋系统，通过喷雾与干燥的循环试验，与实际使用环境更为相似。

（3）外遮阳产品标准中纺织材料耐久性的要求

对于纺织材料耐久性的要求，遮阳篷、软卷帘、天篷帘以及通用要求标准基本一致，要求日晒色牢度和耐气候色牢度最次不得低于 4 级，具体见表 3.9-5。

日晒色牢度、耐气候等级及效果 表 3.9-5

等　级	4～5级	6级	7级	8级
效　果	弱	中	好	极好

3.9.2　活动外遮阳产品的机械耐久性

机械耐久性是指活动外遮阳产品在多次伸展和收回、开启和关闭作用下，不发生损坏（如：裂缝、面板或面料破损、局部屈服、连接失效等）和功能障碍（如：操作功能障碍、五金件松动等）的能力。根据遮阳产品的操作方式，通过试验设备模拟遮阳产品的正常操作，对其进行一定次数的反复操作试验，比较试验前后试样的性能，从而判断其机械耐久性是否符合要求。机械耐久性试验按照《建筑遮阳产品机械耐久性能试验方法》JG/T 241-2009 进行，具体分为手动产品和电动产品。试验设备应能模拟转动、拉动、电控等操作方式，使遮阳产品伸展和收回、开启和关闭，并实现自动控制。该设备应具有满足试验要求的刚度和使用寿命、自动记录试样的反复操作次数以及在发生设备故障、断电等意外时保留反复操作次数记录的功能。

1. 手动产品机械耐久性试验

手动遮阳产品的操作方式主要分为转动和拉动。

（1）转动

通过转动遮阳产品的如下部件，实现其伸展和收回、开启和关闭。

——曲柄齿轮：通过转动曲柄的手柄控制遮阳产品的运行；

——绞盘：通过转动绞盘的手柄，带动绳、带或链控制遮阳产品的运行；

——杆：专指内遮阳产品手动控制装置，通过转动杆控制遮阳叶片或板的开启和关闭。

（2）拉动

通过拉动遮阳产品的如下部件，实现其伸展和收回、开启和关闭。

——非环形绳或带：通过拉动绳或带控制遮阳产品的运行（有无卷盘均可）；

——环形绳、链或拉珠：通过拉动环形绳、链或拉珠控制遮阳产品的运行；

——杆：通过拉动杆控制遮阳产品的运行；

——窗框：通过拉动窗框控制遮阳产品的平开或推拉。

试验时主要通过设备机械模拟上述动作进行反复操作，曲柄齿轮、绞盘的试验应符合图 3.9-5 的要求，卷盘试验应符合图 3.9-6 的要求。

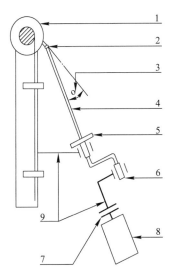

图 3.9-5　曲柄齿轮试验原理
1—齿轮；2—连接件；3—齿轮输出轴和曲柄轴的夹角；4—曲柄；5—砝码；6—曲柄手柄；7—扭矩限制器；8—电动装置；9—适配器

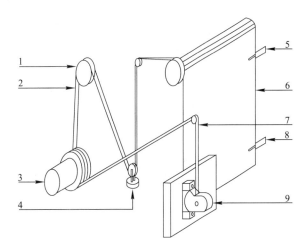

图 3.9-6　卷盘试验原理
1—引导带；2—传动带；3—电动装置；4—砝码；5—上限位器；6—遮阳产品；7—传动带；8—下限位器；9—卷盘

2. 电动产品机械耐久性试验

通过试验设备模拟触发电控遮阳产品的电动开关，控制产品电机操作。两次触发操作之间的时间间隔应符合产品说明中电机过热保护的时间间隔要求。

3. 要求与评级

外遮阳产品的机械耐久性评级按照表 3.9-6 的规定进行，机械耐久性试验后的性能要求应符合表 3.9-7。

外遮阳产品的机械耐久性能等级　　单位：循环次数　　表 3.9-6

操作类型	1 级	2 级	3 级
伸展和收回	3000	7000	10000
开启和关闭	6000	14000	20000

注：耐久性 2 级相当于每天两个循环，使用 10 年。

外遮阳产品的机械耐久性能要求 表 3.9－7

产品类别	要求		
手动产品	产品无损坏和功能性障碍		
	操作力数值应该维持在试验前初始操作力的等级范围内		
电动产品	速度的变化率 $U \leqslant 20\%$		
	极限位置的允许偏差	管状电机	1 级 ±15°；2 级 ±5°
		方形电机	1 级 ±10°；2 级 ±3°
	机械制动性能应符合 JG/T 276－2010 的要求		
	注油部件不应有渗、漏现象；产品应无破损		

3.9.3　存在的问题

1. 导索、导轨等钢制材料对外遮阳产品的抗风性能、安全性能起到关键作用，目前 240h 的盐雾试验太短，而我国环境相对较为恶劣，应该提出比欧标更高的要求；

2. 遮阳面料用于外遮阳产品将承受风荷载和积水、积雪荷载等，目前耐久性只规定了色牢度，没有对其老化后力学性能的衰减做出规定，存在安全隐患；

3. 金属类外遮阳产品设计寿命较长，铝合金遮阳板甚至设计为与建筑同寿命，其在服役过程中会受到自然环境的各种老化和机械老化等共同作用，对这类产品定型时宜通过典型地区自然暴晒等环境适应性试验考察其综合耐久性能。

3.10 既有建筑绿色改造中自然采光优化应用模拟分析

张源 吴志敏

江苏省建筑科学研究院有限公司，江苏省建筑节能技术中心

摘 要： 外遮阳百叶帘以其显著的节能效果被越来越多地应用于新建建筑和既有建筑的节能改造中。本文结合对江苏省建筑科学研究院办公楼的绿色改造，利用 Ecotect 和 Radiance 模拟软件，采用分项法，以采光系数、采光照度以及窗口亮度值作为评价指标，对铝合金外遮阳百叶帘的遮阳效果进行了分析和评价，得到结论：1. 采用遮阳帘后，窗口处的采光照度下降明显，室内采光系数和采光照度分布较为均匀，自然光线分布合理；2. 采用遮阳帘后，窗口处的最高亮度值降低了 1500Nit 左右，避免了射入室内的直射光线，大大减少眩光的产生，优化了室内光环境。

关键词： 采光模拟；Ecotect 和 Radiance 软件；遮阳；节能改造；光环境

光是人类生存不可缺少的要素。适当将日光引进室内是保证工作效率、使人身心舒适的重要条件[1]。然而，光线太强或太弱都会对人产生不良影响，降低工作效率。光线太强，会产生眩光。光线太弱，会造成阅读和辨认困难。

我国的建筑节能工作起步较晚，而且既有建筑众多，大量既有建筑具有能耗大、节能潜力大等特点。因此，对既有建筑进行节能改造是当前我国建筑节能工作的重点之一。于2009 年 12 月 1 日正式实施的《江苏省建筑节能管理办法》要求，应优先采用门窗改造、遮阳、改善通风等低成本改造措施对现有的不节能建筑进行改造。可见，对既有建筑进行采光设计、改造，适当增加遮阳措施是必要的。

遮阳技术的应用是当今实现建筑绿色化和建筑节能的重要措施之一，它能够有效减少进入室内的太阳辐射，降低空调负荷，减少光污染，避免产生眩光，改善采光均匀度[2]。

Ecotect 是一个用于分析建筑采光、日照的多功能分析软件，比较适合于前期方案的分析[3]。美国伯克利实验室开发的 Radiance 软件，是国际上公认的能够准确模拟自然采光的软件之一[4]，它作为自然采光方面的分析工具被广泛地应用[5,6]。

本文结合对江苏省建筑科学研究院办公楼的绿色改造，利用 Ecotect 和 Radiance 模拟软件，以室内采光系数、采光照度以及窗口亮度值作为评价指标，对由江苏康斯维信建筑节能技术有限公司设计、生产的"风和丽"铝合金外遮阳百叶帘的遮阳效果进行了分析和评价。

3.10.1 遮阳措施的选择

建筑遮阳主要分为三类：外遮阳、本位遮阳和内遮阳[7]。

外遮阳有水平遮阳板、垂直遮阳板、综合遮阳板、挡板式遮阳、水平百叶以及垂直百叶遮阳等。对于南向日晒时间较长，太阳辐射角度较高，水平遮阳采用得较多；垂直遮阳板适合于阻挡角度较低的侧向太阳辐射，一般应用在北向、西北和东北方向；综合遮阳板是垂直遮阳板和水平遮阳板的综合体，兼具了两者的优点，可应用于东南和西南方向，但

是设计上会阻碍视线；挡板式遮阳能有效遮挡各种角度的阳光辐射，遮阳效果好，造价便宜，但会影响视野；水平百叶是水平遮阳板的演化，其调节灵活，可以根据上、中、下不同的部位调节百叶片的角度，取得室内环境最佳的目的；垂直遮阳百叶在扩大视野的同时，可以在太阳辐射角度较低时打开，反射太阳辐射，应用较为灵活，以东西向较多。

本位遮阳是在窗的自身上采取措施，以达到遮阳或者保温的目的。本位遮阳的窗户玻璃主要分为吸热玻璃、热反射玻璃、Low-E 低辐射玻璃等。本位遮阳的造价相对较高，可以在比较富裕的地区住宅建设中采用。

内遮阳为在窗户的室内侧设置遮阳帘等措施。其优点是可调节性和装饰性强，增加私密性；缺点是不能阻止太阳辐射进入室内，不适用于夏热冬冷地区。

综合比较多种遮阳方式的优缺点，并结合本项目的实际情况，选择铝合金外遮阳百叶帘作为本项目的建筑遮阳措施。

3.10.2　物理模型

1. 建筑概况

建筑位于南京市北京西路，东西向 72.4m，南北向 12.6m，南向临街，建于 1976 年，主要用于研究院科研人员办公、科研。建筑共 6 层，建筑面积 5400m²，框架结构。图 3.10 - 1，图 3.10 - 2 分别是该楼节能改造前后的外观，图 3.10 - 3 是建筑南向外窗安装外遮阳百叶帘的照片，图 3.10 - 4 是建筑平面示意图。

图 3.10 - 1　办公楼改造前外观

图 3.10 - 2　办公楼改造后外观

图 3.10 - 3　外遮阳百叶帘

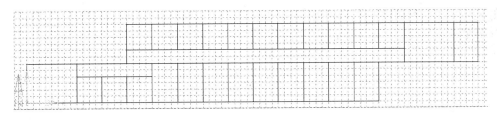

图 3.10-4 办公楼平面示意图

2. 工程概况

在夏热冬冷地区安装活动外遮阳系统是有效的建筑节能措施。夏季通过窗户进入室内的太阳辐射热构成了空调的主要负荷，设置外遮阳（尤其是活动外遮阳）是减少太阳辐射热进入室内、实现节能的有效手段。合理设置活动外遮阳系统能遮挡和反射70%～85%的太阳辐射热进入室内，大大降低空调负荷，降低能耗。在冬季白天可收起外遮阳，让阳光与热辐射透过窗户进入室内，减少室内的采暖负荷以及保证采光质量。

铝百叶活动外遮阳系统的百叶帘采用高等级铝合金帘片，帘片外涂层采用珐琅烤漆，具有高耐久性，能长期抵抗室外恶劣气候影响，外形美观，遮阳系数可达 0.2 以下，节能效果非常明显。系统安装在玻璃窗外侧，通过电动、手动装置或风、光、雨、温传感器控制铝合金叶片的升降、翻转，实现对太阳辐射热和入射光线的自由调节和控制，使室内光线均匀。外遮阳系统在工厂制作好后，运至现场直接安装，采用流水施工，不影响建筑的正常使用。

根据规划和业主的要求，该建筑将继续使用 20～30 年。建筑南向窗户面积较大，窗墙比为 0.47；东向无外窗，西向窗很少；北向窗墙比为 0.18。根据工程实际情况和计算结果，决定在南向采用铝百叶活动外遮阳系统。该科研楼活动外遮阳面积约 510m²。

3.10.3 模拟分析

1. 分析原理、方法和指标

Ecotect 软件中的采光计算采用的是 CIE（国际照明委员会）全阴天模型，即最不利条件下的情况。以采光系数为核心分析指标，采用分项法对采光系数进行计算。分项法假设到达房间内任一点上的自然光包含三个独立的组成部分：天空组分（SC）、外部反射光组分（ERC）、反射光组分（IRC），室内的采光系数是以上三个部分的总和[3,8]。通过采光系数和室外设计天空照度，可以由此计算出工作面照度。

在 Ecotect 中建立建筑平面模型，选择南京的气候环境。根据相关规范的要求[9]，本文以离地面 0.75m 水平面作为评价的工作面，以采光系数和室内照度作为主要评价指标。为了分析外遮阳百叶帘的使用效果，本文将对同一建筑模型，不同的遮阳状态进行模拟分析；建筑的遮阳状态分别为：无遮阳、有遮阳（叶片角度 0°）、有遮阳（叶片角度 30°）、有遮阳（叶片角度 45°）。

2. 模拟计算和分析

（1）采光系数计算和分析

根据《建筑采光设计标准》GB/T 50033—2001，侧面采光的普通办公室采光系数最低值为 2%。南京地区属于 IV 类光气候区，相对应的光气候系数 K 值取 1.10，所在地区的采光系数标准值应乘以光气候系数 K。因此，办公区域的最低采光系数应为 2.2%。

　　考虑到建筑各层平面结构基本一致，对建筑某层的四种不同遮阳状态进行了模拟分析，四种遮阳状态的室内采光系数分布如图 3.10-5～图 3.10-8 所示。

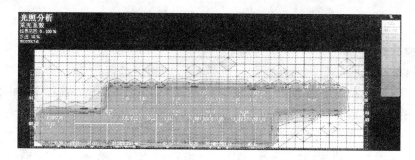

图 3.10-5　无遮阳时室内采光系数

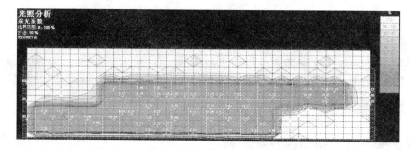

图 3.10-6　叶片角度 0°时室内采光系数

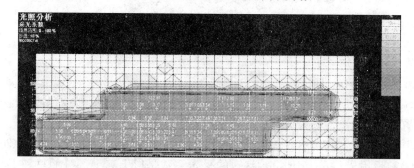

图 3.10-7　叶片角度 30°时室内采光系数

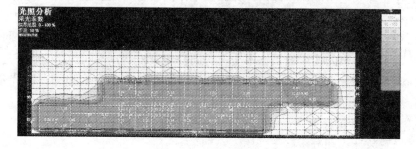

图 3.10-8　叶片角度 45°时室内采光系数

从模拟结果可以观察和分析得到以下几点：

1）无论是否有遮阳措施，南向办公室内采光系数值均能够满足标准的要求；

2）运用遮阳帘后，南向窗口附近采光系数变化梯度明显变大，这说明遮阳帘可以起到明显的遮阳效果；

3）无遮阳时，室内采光系数最大值可以达到16.4%；采用遮阳帘后，室内大部分区域的采光系数降到5.0%～9.0%之间；采用遮阳时，叶片角度为30°时室内采光系数最低，叶片角度为0°时室内采光系数最高；相比而言，遮阳帘叶片角度的变化对室内采光系数的影响较小；

4）在工作面的高度，从窗口位置沿房间进深方向，采光系数呈现"低→高→低"的分布规律；这是因为窗口位于墙面上端1.5m高度位置，而工作面位于地面以上0.75m处，所以距南向外墙较近位置的工作面的采光受到窗口以下的南墙遮挡，造成了这些地方的采光系数偏低；

5）受朝向的限制，北向房间的采光系数普遍较低，有少数部位的采光系数低于2.2%；

6）建筑东北角的部分房间内的采光系数较其他房间明显变大，这是由于这些房间的南、北面外墙上均有窗口，南、北向的自然光相互补充，使得室内具有较高的采光系数；

7）中间走道内的采光系数非常低，局部区域接近于零；而根据规范的要求，走道、楼梯间的采光系数应达到0.5%以上；因此，走道内需要借助人工照明提供足够的照度。

（2）采光照度计算和分析

对无遮阳和有遮阳（叶片角度为30°）时的室内采光照度进行了计算，并将结果图的建筑东部截取下来，以便分析，如图3.10-9，图3.10-10所示。这是全年中9点至17点中85%时间能达到的照度分布状况。可以看到，室内照度的相对分布关系和采光系数基本一致。可以总结出以下几点：

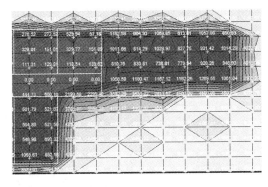 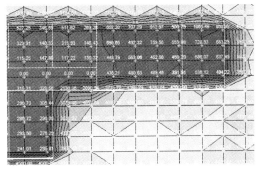

图3.10-9　无遮阳时建筑东部室内　　　　图3.10-10　叶片角度30°时建筑东部
采光照度（lux）　　　　　　　　　　室内采光照度（lux）

1）两图左下角的南向房间的窗口附近，无遮阳时的采光照度达到了1500lux左右，而房间内部的采光照度仅为500lux左右，照度相差甚远，易产生眩光，影响正常工作；采用遮阳帘后，室内的照度分布较为均匀，处在300lux左右，自然光线分布合理；根据《建筑照明设计标准》（GB 50034-2004），普通办公室0.75m水平面照度值应达到300lux，也就是说，在一天中照度较强的时间段，自然采光的照度值已经可以满足办公室人员的工作需要；

2）从两图左上角的北向房间可以看到，由于朝向的问题，北向房间只有距窗口较近的部位的采光照度在标准值附近，离窗口较远部位的照度不能满足要求，需要借助人工照明补充；

3）两图右上部的房间，由于南北均有开窗，无遮阳时室内照度普遍达到 800～900lux，南向窗口附近的照度更是达到 2000lux 左右，这不仅仅会产生眩光，在夏季会给人灼热的感觉，光环境很差；采取遮阳帘后，窗口附近的照度下降明显，室内平均照度也下降明显，且分布更加均匀；

4）若办公室通向走道的门窗关闭，走道内的照度就会由于缺少光源而接近于零，因此走道内需要借助人工照明提供足够的照度。

（3）radiance 亮度分析

选取任一南向房间，在软件模型里设置相机，视线由室内朝向室外，运用 radiance 软件对夏至日中午 12 时的无遮阳和有遮阳（叶片角度为 30°）南向窗口的亮度进行了计算分析。分析结果如图 3.10-11～图 3.10-16 所示。

图 3.10-11～图 3.10-13 是某一南向房间无遮阳时南向窗口的亮度图像。可以看到，窗口处光线非常强烈，还有部分直射光线射入室内，亮度值最高达到 5000Nit 以上，非常耀眼，极易产生眩光。

图 3.10-14～图 3.10-16 是遮阳（叶片角度 30°）房间南向窗口的亮度图像。窗口处的光线柔和了许多，相比于无遮阳窗口，最高亮度值降低了 1500Nit 左右，而且避免了射入室内的直射光线，大大减少眩光的产生，优化了室内光环境。

图 3.10-11　无遮阳房间南向窗口亮度图像

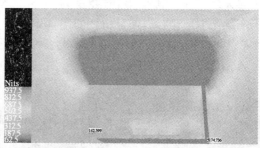

图 3.10-12　数字化伪彩色处理

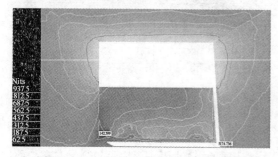

图 3.10-13　数字化伪彩色处理等高线图

图 3.10-14　遮阳（叶片角度 30°）
房间南向窗口亮度图像

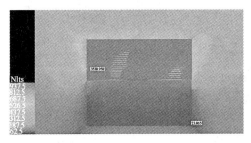

图 3.10-15 数字化伪彩色处理

图 3.10-16 数字化伪彩色处理等高线图

3.10.4 结论

本文利用 Ecotect 和 Radiance 模拟软件，以室内采光系数、采光照度以及窗口亮度值作为评价指标，对外遮阳百叶帘的遮阳效果进行了分析和评价，得到如下主要结论：

1. 运用遮阳帘后，南向窗口附近采光系数、照度和亮度变化明显，遮阳帘的遮阳效果明显。

2. 相对于是否采用遮阳帘，遮阳帘叶片角度的变化对室内采光系数的影响较小。

3. 无遮阳时，南向房间窗口处与房间内部的采光照度相差甚远，易产生眩光，影响正常工作；采用遮阳帘后，窗口处的采光照度下降明显，室内照度分布较为均匀，自然光线分布合理。

4. 采用遮阳帘后，窗口处的最高亮度值降低了 1500Nit 左右，避免了射入室内的直射光线，大大减少眩光的产生，优化了室内光环境。

参考文献

[1] 尤伟，吴蔚. 浅探运用 Radiance 模拟自然采光 [N]. 照明工程学报，2008，19 (1)：25-32.

[2] 张新生. 铝合金百叶帘与建筑外遮阳 [J]. 江苏建筑，2008，5：19-21.

[3] 云鹏. Ecotect 建筑环境设计教程 [M]. 北京：中国建筑工业出版社，2007.

[4] S. Ubbelohde, C. Humann. Comparative evaluation of four daylighting software programs [J]. 1998 ACEE Summer Study on Energy Efficiency in Buildings, Proceedings, 1998.

[5] Reinhart C., Fitz A.. Find from a survey on the current use of daylight simulations in building design [J]. Energy and Buildings, 2006, 38 (7)：824-843.

[6] Greg Ward Larson, Rob Shakespeare. Rendering with radiance [M]. USA：Morgan Kaufmann Publishers, 1998.

[7] 杨伟华，曹毅然，李德荣. 建筑遮阳的测试与研究 [J]. 住宅科技.2009，7：7-9.

[8] 李芳，葛曹燕，杨建荣. 既有建筑天然采光模拟分析与初步应用 [J]. 住宅科技.2008，5：46-49.

[9] 建筑照明设计标准. GB50034-2004.

3.11 建筑遮阳硬卷帘产品特点与工程应用

岳 鹏

上海市建筑科学研究院（集团）有限公司

摘　要： 作为低能耗、高舒适度住宅的配套产品，建筑遮阳硬卷帘近年来不断引起国内业界的关注。本文结合行业标准《建筑遮阳硬卷帘》JG 对建筑遮阳硬卷帘的发展、分类及特点，施工安装及工程验收要点以及典型工程案例进行阐述。

关键词： 建筑遮阳；硬卷帘；产品应用

3.11.1　建筑遮阳硬卷帘的发展

建筑遮阳硬卷帘发源于欧洲，距今已有 150 多年的历史，它由木制的百叶窗演变而来，虽然走过了木材、塑料、钢铁、中空铝合金直到现今流行的双层铝合金夹聚氨酯发泡填料的不同时期，但是它时时结合着当时的科技，体现着对人类居住空间的呵护。在欧洲的很多城市，外遮阳硬卷帘已成为欧洲人的建筑设计中不可缺少的一部分。它不仅具有有效隔热节能，还具有保护住户的私密性和安全性等积极作用，所以在欧洲应用相当普及。

相对而言，我国的建筑遮阳行业发展较慢，建筑遮阳硬卷帘的发展从 20 世纪 90 年代开始到今天，国际上主要的卷窗系统厂家都已在中国设立了办事处，如德国爱屋 Allux、旭格 Schuco、法国缔纷特诺发 Tryba、比利时欧家 Buildingplastics 等。同时国内也逐渐发展起不少生产硬卷帘的企业，大多数企业分布在大连、广州、江苏的无锡、常州、南京等地区。

3.11.2　建筑遮阳硬卷帘产品分类及特点

1. 建筑遮阳硬卷帘产品分类

（1）建筑遮阳硬卷帘以操作方式来分类，可分为手动式和电动式。手动式又分为皮带驱动式和曲柄驱动式，如图 3.11-1～图 3.11-3 所示。

（2）建筑遮阳卷帘根据帘片宽度进行分类，一般有 37mm、39mm、42mm、45mm、55mm、77mm，按帘片用途区分则有有孔洞、无孔洞、通风型以及透光型，见图3.11-4。

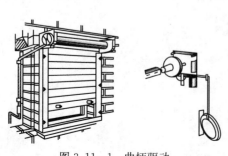

图 3.11-1　曲柄驱动

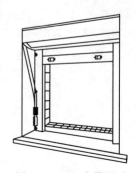

图 3.11-2　皮带驱动

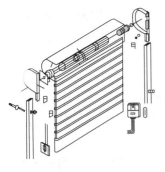

图 3.11-3 电动式

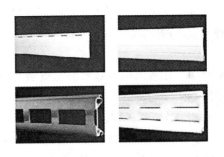

图 3.11-4 常见的外遮阳卷帘用帘片

2. 建筑遮阳硬卷帘产品特点与传统窗饰及其他类别的遮阳产品相比较，建筑遮阳硬卷帘具有建筑遮阳保温效果明显、增加私密性等特点，具体如下：

(1) 遮阳保温效果好，冬季和夏季可以大大降低用于制热、制冷的能耗；

(2) 隔音性能优良，利用完全闭合、安装于玻璃窗外部的卷帘窗可以大大提高隔音效果；

(3) 在遮挡阳光，阻隔热量的同时，透过帘片上的小孔，可以调节室内的采光量；

(4) 具有一定的安全性能，帘片的铝合金材质以及性能良好的锁扣装置，可以抵御来自于外界的撞击，在别墅住宅中，用户往往会因为卷帘的安全性能良好而选择大量安装。

当然，除了以上优点，建筑遮阳硬卷帘产品也有一些缺点，主要体现在透光性不佳、视觉效果单一等等，具体如下：

1) 在夏热冬冷地区的冬季，为了达到保温效果等，会将帘片全部放下，如此一来，就会影响到室内的采光。考虑这方面因素，许多厂家也设计出了针对采光需求的帘片，针对不同的需要，可以选择有无孔洞的型材。

2) 目前国内市场上的卷帘以白色为主，颜色选择比较单一。而且对于硬卷帘产品主要应用于室外遮阳，其使用年限也相对较长，白色的帘片容易积灰，使用时间一久就会造成一定程度的视觉影响。

3) 作为外遮阳产品，硬卷帘的顶盒安装于室外。如此一来，在高层建筑中，无论顶盒采用何种安装方式（暗装、嵌装、明装），都将对产品的维修保养造成一定困难。

3.11.3 建筑遮阳硬卷帘设计要求

对于新建建筑墙体厚度适中来说，外遮阳硬卷帘的安装宜采用暗装结构形式。进行建筑结构安装节点设计时，暗装形式时要留够足够的安装空间，同时预留卷帘驱动用穿墙管道，并注意与土建工程的配合，还要预留卷帘检修口。

不宜采用暗装的新建建筑可选用卷帘中装的安装方式。若外开玻璃窗应保证安装卷帘后不影响玻璃窗的开启。

当采用电动方式遮阳产品时，应在卷帘盒安装位置的墙面附近预留电动机电源接线盒。选用电动产品还应考虑帘片运行平稳顺畅，启闭过程中能在任何位置停止。启闭至上下限时，能自动停止。当温升超过电器原件的规定温度时，热保护器能自动切断电源；当温升下降到允许值时，电机可重新启动，另外在北方地区还应考虑防冻问题。

最后在设计中，还应注意洞口宽度和产品类型匹配的问题。手动式卷帘适用于洞口宽度 600～2100mm，高度 600～2100mm。电动型卷帘适用于洞口宽度 600～3600mm，高度

600～3000mm，而帘片嵌入导轨中的深度也有一定的设计要求，当窗洞口内宽≤1800mm时，每端嵌入深度≥20mm；当 1800mm＜窗洞口内宽≤3000mm，每端嵌入深度≥30mm。

3.11.4　建筑遮阳硬卷帘施工安装要求

建筑遮阳硬卷帘的安装方式有明装、嵌装、暗装三种。明装指卷帘外挂顶盒安装在墙体外，见图 3.11-5。暗装指卷帘内置于窗框顶部墙体的预置洞槽内（大多由绝缘材料构成），见图 3.11-6。嵌装指卷帘内置于墙体窗洞顶部，见图 3.11-7。

明装、嵌装适用于新建筑或既有建筑上。暗装一般适用于新建建筑。当采用嵌装、暗装时应考虑卷帘盒对窗洞口高度的影响、墙体节能的影响以及与窗户或窗洞口的装配连接。

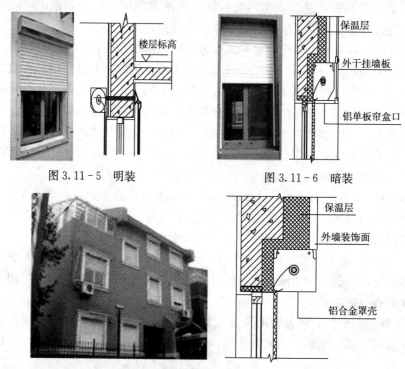

图 3.11-5　明装　　　　　　图 3.11-6　暗装

图 3.11-7　嵌装

加强型导轨一般用于风压较大的地方、卷帘面积较大的系统。一般先将导轨与建筑主体固定，然后将卷帘盒插接固定在导轨上。

遮阳系统的固定方式一般分为两种：一是导轨固定于窗口两端外墙内侧壁或外墙正面，卷帘盒插接固定在导轨上；另外一种是导轨、卷帘盒（卷帘盒两端的端座）分别固定在建筑受力部位。固定点的间距及其数量根据卷帘的大小确定，导轨预埋件间距≤600mm。螺栓通常采用 4×40 的自攻钉与 10×40 塑料膨胀套管连接固定，或由具体工程确定。

3.11.5　典型工程案例

1．三湘海尚花园

（1）工程概况

三湘海尚花园位于深圳市南山区东滨路，建筑面积 20 万 m²（外遮阳卷帘窗面积

3200m²），建筑类型为高层和联排沿海别墅。工程完工于 2009 年 11 月。

（2）遮阳产品类型

全部采用外遮阳卷帘窗，见图 3.11-8。

图 3.11-8 三湘海尚花园外景图

2. 天水滨江花园西区

（1）工程概况

南京天水滨江花园西区，外遮阳卷帘窗面积 3000m²，建筑类型最高 18 层，由中国上海建筑设计研究院设计。工程完工于 2009 年 12 月。

（2）外遮阳产品类型

采用曲柄摇杆驱动，中装，SX42 型材，为双层铝合金片内填不含碳氢氟化物的硬质聚氨酯辊轧型材；铝合金罩盒尺寸不大于 180×180，不带保温材料，罩盒迎风面厚度不小于 1.5mm，见图 3.11-9。

图 3.11-9 天水滨江花园西区

3.12 纤维织物材料的遮阳性能实验研究

李 岳[1] 孟庆林[1] 张 磊[1] 田智华[2]

1. 华南理工大学亚热带建筑科学国家重点实验室；2. 深圳市建筑科学研究院

摘 要： 本文在调研的基础上，选取了4种具有代表性的纤维织物遮阳材料，采用深圳市建筑科学研究院研制的建筑遮阳性能检测实验台进行了实测。测试按遮阳材料分为4组进行，分别对同种材料设置在窗口内和窗口外二种情况进行测试，再根据测试数据计算处理，分别得到了各种材料的内、外遮阳系数以及透过带遮阳的窗系统进入箱体内的太阳辐射热。根据以上二项指标和箱体内空气温度的变化情况，综合研究了同种材料内、外遮阳的性能差异。

关键词： 纤维织物遮阳材料；外遮阳；内遮阳；遮阳性能

建筑遮阳技术是最有效的建筑防热技术之一，科学合理地运用遮阳技术对于南方炎热地区民用建筑防止过热，降低空调能耗有着重要的作用。通过建筑外窗引起的建筑能耗损失在总建筑能耗中占有较大的比例，但目前建筑师喜欢采用大面积玻璃作为立面设计元素，造成建筑开窗面积越来越大；同时建筑设计时很少采用遮阳性能优异的外遮阳设计，大部分建筑在建成后安装遮阳帘幕，采用遮阳性能次之的内遮阳来进行遮阳隔热。造成这种现象是有多方面原因的：1. 一般的外遮阳构件难以满足建筑美学，会破坏立面的整洁效果；2. 外遮阳装置，特别是在高层建筑中，会增加施工成本，清扫维护困难；3. 建筑专业相关人员对建筑遮阳节能的认识不足，重视不够；4. 建筑遮阳的相关理论与实验研究较少，没有比较成熟的研究成果和结论；5. 内遮阳主要材质为纤维织物，此种织物经济易行，调节灵活，安装维修方便，因而更易推广。

在欧美，玻璃纤维织物遮阳布应用于室外已经非常流行，相关研究成果较多。德国、比利时、法国和美国的研究报告显示，玻璃纤维遮阳织物应用于室外时，遮阳织物将太阳辐射热在接触到玻璃前就阻挡在室外，可以阻隔88%的太阳辐射（应用在室内时此数值可达64%），使用室外遮阳帘可以降低室内温度达5～15℃。在此种情况下，如使用空调则能大大减少空调的电费开支，空调用电量的降低可超过60%[1]。

在我国，玻璃纤维织物遮阳布基本应用于室内。理论上认为，玻璃纤维的外遮阳性能优于内遮阳，而在我国夏热冬暖地区，内外遮阳性能差异的研究还是空白。因此，本文针对内外遮阳的性能差异性，在本热工区域进行实验测试，为纤维织物类遮阳材料的外遮阳应用的推广奠定一定的理论基础。

3.12.1 实验研究方法

为了研究窗口外遮阳与内遮阳性能的差异，笔者选取了4种纤维织物类产品，采用深圳市建筑科学研究院自主研发的遮阳性能测试实验台，进行了窗口内置与外置的对比测试，分析其能耗与温度的逐时变化曲线，并根据热平衡法与遮阳系数的定义，分别计算得出了遮阳材料设置在窗口内、外的遮阳系数，在此基础上综合研究了窗口内外遮阳性能的差异性。

3.12.2　实验台介绍

实验台位于深圳市建科大楼旁边院内的一栋单层建筑屋顶上，建筑高度约为 3m。实验台的测试环境良好，周边空旷无遮挡，如图 3.12-1 所示。实验台由 1 个防护热箱与上下 2 个测试箱体构成，采用保温隔热效果较好的夹心聚苯板材料制作而成。实验台剖面与测点布置如图 3.12-2 所示。实验台的具体构件介绍如下。

图 3.12-1　遮阳性能测试实验台

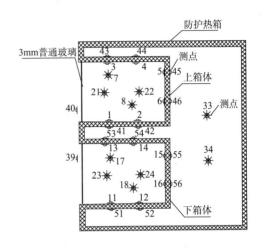

图 3.12-2　实验台剖面与测点布置

1. 2 个尺寸完全相同的建筑外窗保温测试箱体及其防护箱体

两个保温测试箱体及其防护箱体采用高性能的 50mm 厚夹心聚苯板制作，保温测试箱体尺寸为 1300mm×900mm×1100mm（长×宽×高），防护箱体的外形尺寸为 2050mm×1900mm×2750mm（长×宽×高）。保温测试箱体并列竖直放置而不采用水平放置，是因为考虑到水平放置时外遮阳装置可能会对无遮阳装置的外窗有遮挡影响。

2. 旋转调节装置

为了满足研究不同朝向及不同太阳入射角等情况的需求，在测试实验台底部设置了旋转调节装置，使本实验台在水平方向可以任意角度旋转，在竖直方向可以在 0°~30°之内调节，以满足各种测试情况的需求。

3. 风机盘管自动控制系统

测试箱体和防护箱体均采用风机盘管制冷，通过控制三通电动阀来调节风机盘管的供水流量，同时控制风机盘管电机的转速，使得测试箱体和防护箱体内的温度可以维持在设定值。风机盘管温控器安装在防护箱内，通过回风温度传感器（Pt100）将信号输入温度控制器，从而可以方便地对测试箱内的温度进行调控。

4. 太阳辐射测试系统

建筑遮阳性能的实验测试与室外太阳辐射强度有直接的关系。本实验台的室外太阳辐射测试系统可以逐时采集和存储室外水平面的太阳总辐射、测试箱体垂直壁面上的太阳总辐射和水平面的太阳散射辐射等参数。

5. 温度热流数据采集系统

笔者利用昆仑通态的 MCGS 工控组态软件开发了本实验的温度热流数据采集软件。温度热流数据采集系统可以逐时采集和存储 40 路温度数据和 20 路热流数据。实验测量参数及测试仪器汇总见表 3.12-1。

实验测量参数及测试仪器　　　　　　　　　　表 3.12-1

测试设备	测试参数
热量表/Pt500	供、回水温度（$t_供$、$t_回$）
涡轮流量计	水流量（$Q_水$）
热电偶	壁面内外温差（$t_外$、$t_内$）
铂电阻 Pt100	计量箱体内温度（$t_箱$），环境温度（$t_环境$）
太阳总辐射表	水平太阳总辐射量
太阳总辐射表	壁面太阳辐射量
散射辐射表	水平散射辐射量

3.12.3　实验测试原理

动态热箱法测试遮阳性能主要是根据箱体内的热平衡原理进行（如图 3.12-3 所示）。在热计量箱体中，产生的热量主要有以下几部分[2]：透过窗户进入箱体的太阳辐射得热 Q；由窗户通过导热和对流方式进入箱体内的得热量 Q_1；由箱体壁面通过导热和对流方式进入箱体内的得热量 Q_2；箱体内换热设备使用时产生的热量 Q_3。

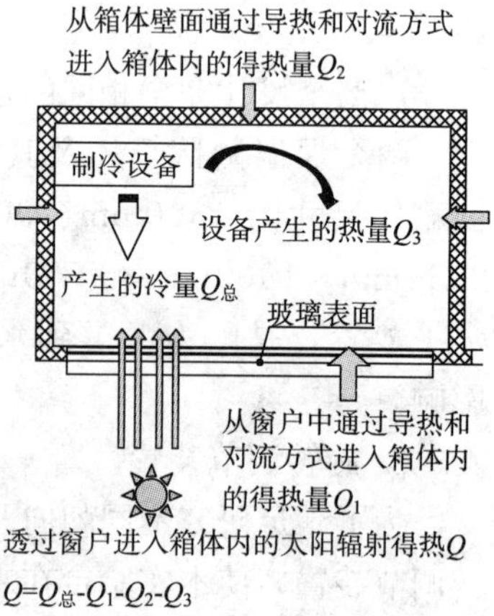

设由换热设备带走的总热量为 $Q_总$，则由太阳辐射所产生的太阳辐射得热可由下式计算得到：

$$Q = Q_总 - Q_1 - Q_2 - Q_3 \qquad (3.12-1)$$

遮阳系数的计算为：

$$S_C = Q_Y / Q_w \qquad (3.12-2)$$

式中，Q_Y 为有遮阳时透入箱体的太阳辐射得热（kWh）；Q_w 为无遮阳时透入箱体的太阳辐射得热（kWh）。

从箱体壁面通过导热和对流方式进入箱体内的得热量 Q_2

制冷设备

设备产生的热量 Q_3

产生的冷量 $Q_总$

玻璃表面

从窗户中通过导热和对流方式进入箱体内的得热量 Q_1

透过窗户进入箱体内的太阳辐射得热 Q
$Q = Q_总 - Q_1 - Q_2 - Q_3$

图 3.12-3　测试箱体传热原理示意图

3.12.4　测试材料

笔者在实验测试前对深圳市区的遮阳现状进行了调研，根据调研工作获取的信息，在研究材料内外遮阳性能差异时，有针对性地选取了实际工程中应用最广、而在学术领域缺乏理论研究的遮阳材料进行测试。研究成果不仅可以为内外遮阳性能差异提供一手的实验测试数据，为理论研究打下基础，而且能够对实际工程的遮阳设计提供指导，使设计者或使用者能够选取适宜的遮阳形式和遮阳材料，达到美观、舒适、节能的综合效果。本实验测试选取了实际应用最多、且自身既可作为外遮阳又可作为内遮阳的两类纤维织物材料，一类是玻璃纤维织物，一类是聚酯纤维织物，具体材料信息见表3.12-2。

窗口内、外遮阳实验待测试材料信息汇总表　　　　　　　　　　表3.12-2

行业统称	技术命名	颜色	实验命名	材料成分	面料厚度/mm	孔隙率/%	反射率/%	物理特性	使用场所
阳光面料	Sheet weave 4100	白色	白色粗纹	25%玻璃纤维＋75%PVC涂层	0.88	10	73.74	抗拉抗撕、耐久、不褪色	主要用于办公建筑、商场及其他大型公建等
		米灰交织	白灰粗纹				52.02		
	Sheet weave 2100	白色	白色细纹	37%玻璃纤维＋63%PVC涂层	0.50	8%	77.4		
天棚帘	FERRARI	银灰	银灰色天棚帘	聚酯纤PVC涂层	0.45	8%	47.18	高强抗拉抗撕、耐久、不褪色	大面积透光玻璃屋顶的商场、会所及其他大型公共场所大厅等

3.12.5　测试流程

每种材料测试3天，每3天作为1个测试组：第1天，将遮阳产品置于上箱体窗户内，下箱体不设置遮阳，测试材料放置在窗口内［如图3.12-4中（a）所示］，测试材料的窗口内遮阳系数；第2天，在下箱体窗口外增设遮阳材料，测试材料的内外遮阳性能差异［如图3.12-4中（b）所示］，材料的遮阳性能差异由内、外遮阳引起的上、下箱体内空调冷负荷的变化情况进行综合评价；第3天，将上箱体内遮阳材料取出，上箱体不设遮阳，下箱体窗口外设置的遮阳材料保留，以测试材料的外遮阳系数［如图3.12-4中（c）所示］。其他3种遮阳产品如同此方式重复测试。

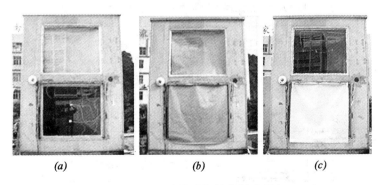

（a）　　　　　　　　　　（b）　　　　　　　　　　（c）

图3.12-4　内外遮阳性能测试示意
（a）内遮阳；（b）内、外遮阳对比；（c）外遮阳

3.12.6　测试结果

箱体内测点记录了测试期内2个测试箱体内各壁面温度、窗玻璃内外温度、室外平均

温度和箱体内平均温度，再根据3节中的实验原理可计算得出遮阳系数或透过窗系统进入测试箱体内的太阳辐射热。如图3.12-4所示，实验台有2个测试箱体，当上箱体设置内遮阳，下箱体无遮阳时，由测试数据可分别计算出内遮阳时箱体的太阳辐射得热和无遮阳时透入箱体的太阳辐射热，二者相比可得到内遮阳系数；当上箱体无遮阳，下箱体设置外遮阳时，外遮阳计算同前；在上、下箱体同时设置遮阳的情况下，仅可计算得到透入箱体内的太阳辐射热。所有实验测试结果汇总见表3.12-3。

遮阳性能实验测试汇总表　　　　　　　　　　　　表3.12-3

组别	遮阳材料	遮阳系数			同一天透过窗进入箱体的平均太阳辐射热对比（W/h）		
		窗口内	窗口外	内外比	窗口内	窗口外	内外比
第1组	白色粗纹	0.325	0.232	1.40	88.4	62.5	1.41
第2组	白色细纹	0.338	0.216	1.56	84.1	61.6	1.37
第3组	灰白粗纹	0.391	0.274	1.43	155.3	121.4	1.28
第4组	银灰色天棚帘	0.356	0.223	1.60	217.1	129.5	1.68

　　由表3.12-3的数据可以绘制出遮阳系数的测试结果图示（见图3.12-5）和同一天透过窗进入箱体的平均太阳辐射热对比（见图3.12-6），由图表可知，同一种遮阳材料，其遮阳性能放置在窗口外要比放置在窗口内更加优异。其窗口外遮阳的遮阳系数比窗口内遮阳的要小。纤维织物遮阳材料在国内很少有外遮阳的工程案例，而在欧美地区的应用则非常广泛。随着外遮阳固定件、滑轨等五金件的发展，纤维织物外遮阳将来可以在国内进行大规模推广。

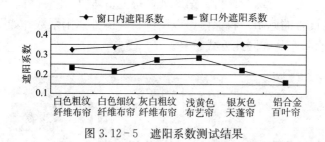

图3.12-5　遮阳系数测试结果

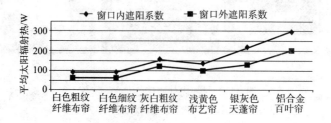

图3.12-6　同一天透过窗进入箱体的平均太阳辐射热对比

被测纤维织物遮阳材料的内遮阳系数是外遮阳系数的 1.4～1.6 倍，具体视材料的材质、反射率、吸收率和孔隙率而定。在窗口设遮阳，不论设置在窗口内还是窗口外，对削减太阳辐射热的作用非常明显，一般而言，窗口内遮阳可以削减 60％以上的太阳辐射，窗口外遮阳可以削减 75％左右的太阳辐射热（见表 3.12 - 4）。

| | | | | 表 3.12 - 4 |
各种材料窗口内、外遮阳后阻挡的太阳辐射热比例%				
	白色粗纹	白色细纹	灰白粗纹	银灰色天棚帘
窗口外遮阳	76.8	78.4	72.6	77.7
窗口内遮阳	67.5	66.3	60.9	64.4

遮阳材料的遮阳性能受自身太阳光直接反射率的影响较大。图 3.12 - 7 给出了遮阳材料的太阳光直接反射率，图 3.12 - 8 给出了遮阳材料的窗口内、外遮阳系数，分析可知对于孔隙率相近的纤维织物材料而言，反射率高的窗口内、外遮阳系数都相对较小，且内、外遮阳系数随反射率的增大而增加，基本呈正比变化规律。

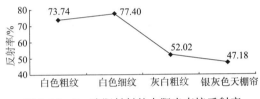

图 3.12 - 7　遮阳材料的太阳光直接反射率

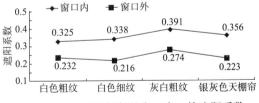

图 3.12 - 8　遮阳材料的窗口内、外遮阳系数

3.12.7　总结

由本文的测试结果可知，在窗口设置遮阳，不论设置在窗口内还是窗口外，对削减太阳辐射热的作用非常明显。纤维织物遮阳材料设置在窗口内可以削减 60％以上的太阳辐射，设置在窗口外可以削减 75％左右的太阳辐射热。同一种遮阳材料，放置在窗口外，要比放置在窗口内的遮阳性能优异。

根据测试结果，纤维织物遮阳材料的内遮阳系数是外遮阳系数的 1.4～1.6 倍。各种遮阳材料的遮阳系数会随材料的材质、反射率、吸收率和孔隙率的不同而有所变化，通过实验测试总结得出的相关结论如下：

1. 同种材料放置在窗口外时，由于材料自身吸热，加热了附近空气，致使由玻璃进入箱体的空气温差传热量增加；材料吸收率大的此种现象更加明显。

2. 孔隙率大的材料遮阳性能稍差，透入的太阳辐射相对较多。但是，孔隙率大亦可增加材料两侧的空气流通，带走材料自身吸收的热量，减少向窗玻璃的二次传热，而且孔隙率大可增加透光透景性，使用更舒适。

3. 纤维织布材料的遮阳系数受反射率的影响较大，基本呈正比变化规律，特别是其内遮阳性能。因此，如果设置内遮阳，应选择反射率大于 0.7 的遮阳材料，以使遮阳材料可以发挥更好的遮阳性能，降低空调能耗。

参考文献

[1] 陆颖. 室外透景遮阳织物：室外遮阳的最佳选择 [J]. 建筑创作. 2006，3：155.

[2] 田智华. 建筑遮阳性能的检测技术研究 [D]. 重庆：重庆大学，2005.

3.13 建筑内遮阳产品的技术要求解析

岳 鹏

上海市建筑科学研究院（集团）有限公司

摘 要：已经于 2011 年 1 月 1 日颁布实施的《建筑遮阳通用要求》JG/T 274，由中国建筑业协会建筑节能分会、上海市建筑科学研究院（集团）有限公司联合主编完成。本标准对建筑遮阳产品做出了具体规定，但没有具体区分内遮阳产品或是外遮阳产品的技术要求，为了帮助读者和技术人员更好的理解标准，本文将结合该标准对建筑内遮阳产品具体要求和指标进行解释和说明。

关键词：建筑内遮阳产品；遮阳产品技术要求

3.13.1 内遮阳产品种类形式与特点

按遮阳设施与建筑的位置关系分可分为外遮阳、中间遮阳和内遮阳。目前我国多数建筑主要采用内遮阳产品，内遮阳安设在建筑窗口或开口内侧，安设和使用均很简单，装饰功能和效果明显。一般认为内遮阳用于冬季保温效果良好，但对于夏季隔热，内遮阳虽然对太阳辐射热量有一定的反射作用，但仍然有大量太阳辐射的热量传进建筑内，增加了室内热负荷，所以夏季遮阳效果比外遮阳效果差。但由于传统观念、操作和维护方便性及生活中的私密性要求等原因，内遮阳产品还是目前普遍采用的遮阳措施，此时，正确选择内遮阳的色彩、材料和形式，以尽可能地将太阳光反射出室外，降低室内热负荷。常见的各类室内窗帘见图 3.13-1～图 3.13-5 所示。

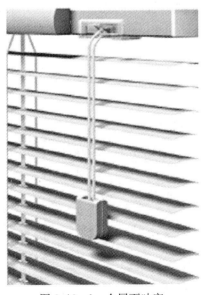

图 3.13-1 金属百叶帘

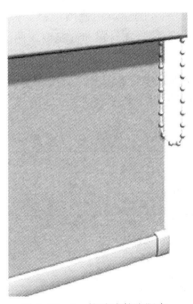

图 3.13-2 拉珠式软遮阳帘

图 3.13-3　折叠式软遮阳帘

图 3.13-4　室内遮光帘

3.13.2　标准中内遮阳产品技术要求

《建筑遮阳通用要求》JG/T 274（以下简称《标准》），参考借鉴了 EN 13561：2004 External blinds—Performance requirements including safety（户外遮阳产品-包括安全在内的性能要求）、EN 13120：2004 Internal blinds—Performance requirements including safety（户内遮阳产品-包括安全在内的性能要求）、EN 13659：2004 Shutters—Performance requirements including safety（百叶帘-包括安全在内的性能要求）三部欧洲遮阳技术标准中的主要技术要求，并结合我国产品的实际情况编制了该标准，本标准适用于除内置遮阳中空玻璃制品外的建筑用遮阳产品。标准中对内遮阳产品的技术要求主要体现在材料和性能要求两部分。

图 3.13-5　天窗内遮阳帘

1. 材料要求

《标准》中将遮阳产品所用材料分为金属、织物、木材、玻璃和塑料等五种，对每种不同材料提出了要求，见表 3.13-1。

遮阳产品所用材料的一般要求　　　　　　　　　　　　　表 3.13-1

材料	颜色	外观	断裂伸长率/撕破性能	气候耐久性	耐腐蚀性	尺寸稳定性
金属	○	●	●	○	●	—
织物	●	●	●	●	○	●
木材	○	●	—	○	—	○
玻璃	○	○	—	—	—	—
塑料	○	●	○	○	—	—

注：●为必选项目，○为可选项目。

除了以上一般要求，关于遮阳产品材料的具体要求可参见《建筑遮阳通用技术要求》标准，这里不再赘述。内外遮阳产品没有区分，只是对户外遮阳篷用织物的撕破强力应达到经向≥20N，纬向≥20N 这个特殊要求。

此外需要指出的是遮阳产品材料的性能要求中，与欧洲标准比较还增加了织物和塑料材料阻燃性能的要求。即遮阳用织物材料的阻燃性能应符合 GB 20286－2006 中阻燃 1 级（织物）的要求，遮阳用塑料材料的阻燃性能应符合 GB 20286－2006 中阻燃 1 级（塑料）的要求。在实际检测工作中，有不少遮阳产品的织物和塑料不能达到 GB 20286－2006 中阻燃 1 级（织物）的要求，希望引起厂家注意，《标准》出台后应注意产品的选材应用。

2. 性能要求

《标准》中针对遮阳产品的性能要求一共有 9 项，其中涉及内遮阳产品有 5 项。分别是操作力性能、误操作、机械耐久性能、热舒适性和视觉舒适性以及电气安全。

（1）操作力性能

操作力性能应按照《建筑遮阳产品操作力试验方法》JG/T 242 标准规定试验方法测试，操作力的最大值（Fc）等级要求见表 3.12－2。

操作力的最大值 Fc　　　　　　　　　　　　　　表 3.13－2

操作方式		Fc（N）	
		1 级	2 级
曲柄、绞盘		30	15
拉绳（链或带）		90	50
棒	垂直面	90	50
玻璃	水平或斜面	50	30

注：对于带弹簧负载的遮阳产品，在完全伸展或收回被锁住的状态时允许用 1.5 倍 Fc 的力。

（2）误操作

误操作的操作力为操作力最大值的 1.5 倍时，产品应不致损坏。同时误操作试验后遮阳产品还应符合以下规定：

1）面料及接缝应无破损、接缝无撕裂，产品外观和导轨无永久性损伤；

2）操作装置应无功能性障碍或损坏；

3）手动遮阳产品的操作力数值应维持在试验前初始操作力的等级范围内。

（3）机械耐久性能

机械耐久性能应按照《建筑遮阳产品机械耐久性能试验方法》JG/T 241 标准规定试验方法测试，在对内遮阳产品根据不同等级进行反复操作试验达到规定次数后（见表 3.13-3），应符合以下规定：

内遮阳产品的机械耐久性能等级　　　单位：循环次数　　　　表 3.13－3

操作类型	1 级	2 级
伸展和收回	2000	5000
开启和关闭	4000	10000

1）手动操作的内遮阳产品

①面料及接缝应无破损、接缝无撕裂，产品外观和导轨无永久性损伤；

②百叶板、片不致因磨损导致穿孔；

③操作装置应无功能性障碍或损坏；

④操作力数值应该维持在试验前初始操作力的等级范围内。

2）电动操作的内遮阳产品

①电动操作遮阳产品速度的变化率 U 应小于等于 20%；

②极限位置的偏差，即电机转动两圈后停止，测量完全伸展、收回极限位置与初始值的允许偏差，应符合表 3.13-4 的要求；

③机械制动性能，即机械制动性能应符合《建筑遮阳制品电力驱动装置技术要求》JG/T 276 的规定。施加遮阳产品 1.5 倍的负荷并维持 12h 后，其遮阳帘中线位置所处的位移不应大于 5mm；

④注油部件不应有渗、漏现象；

⑤面料及接缝处应无破损。

电动操作产品停止于极限位置的允许偏差要求　　　　表 3.13-4

电机类型	停止于极限位置的允许偏差	
	1 级	2 级
管状电机管状驱动装置	±15°	±5°
方形电机驱动装置	±10°	±3°

（4）热舒适性和视觉舒适性

建筑内遮阳产品的热舒适性能和视觉舒适的具体性能及其分级由《建筑遮阳热舒适、视觉舒适性能分级标准》JG/T 277 确定，其检测方法《建筑遮阳热舒适、视觉舒适性能检测方法》（JG/T 356）也颁布实施。

（5）电气安全

建筑内遮阳产品电力驱动应符合《机械电气安全标准》GB 5226 和《小功率电动机安全要求》GB 12350 以及《建筑遮阳热舒适性和视觉舒适性能分级标准》JG/T 277 标准的规定。

3.13.3　结语

行业标准《建筑用遮阳天篷帘》JG/T 252、《建筑用遮阳金属百叶帘》JG/T 251、《建筑用遮阳软卷帘》JG/T 254 等标准对建筑内遮阳产品的所用材料和性能有过提及，特别是《建筑遮阳通用要求》JG/T 274 的出台，对遮阳产品材料和性能提出系统技术要求和规范，对促进我国遮阳技术发展、规范我国建筑遮阳的市场，特别提高内遮阳产品的质量起到积极作用。

3.14 夏热冬暖地区建筑内置活动百叶中空玻璃的热工适应性研究

胡达明

福建省建筑科学研究院

摘 要：本文针对夏热冬暖地区建筑内置活动百叶中空玻璃的热工适应性进行研究，通过热工性能计算，分析百叶状态，百叶颜色及间层填空气体对热工性能的影响，研究其在夏热冬暖地区的适应性。并给出了对不同中空玻璃选择的参考。

关键词：夏热冬暖地区；可调百叶中空玻璃；热工适应性

为了促进夏热冬暖地区建筑节能工作，建设部先后在 2003 年和 2005 年颁布并实施了《夏热冬暖地区居住建筑节能设计标准》GJG75 - 2003 及《公共建筑节能设计标准》GB 50189 - 2005，各省市也相继出台了一系列实施细则等相关标准，在这些标准中，都对建筑外窗的保温隔热性能提出了节能要求[1,2]，而玻璃是决定外窗性能的重要因素，所以也是夏热冬暖地区建筑节能设计的关键指标之一。本文对内置可调百叶中空玻璃的热工性能进行了计算后，分析了百叶状态、百叶颜色及间层填充气体对其热工性能的影响，并进一步研究了其在夏热冬暖地区的适应性。

内置可调百叶中空玻璃是将百叶安装在中空玻璃内，通过磁力控制闭合装置和升降装置来完成中空玻璃内的百叶升降、翻叶等功能[3]。普通中空玻璃封闭空气间层虽然热阻较大，但通常采取窗口遮阳板、加设窗帘、百叶或采用各种热反射玻璃等遮阳措施，而使用百叶或窗帘遮阳需经常维护和清洗，比较麻烦。内置可调百叶中空玻璃不仅可以解决以上问题，而且通过调节百叶状态便可达到阻隔太阳辐射入室内和调整室内采光度的双重目的，可以在不同的季节达到动态双向节能的效果，其综合节能性能将会优于很多现有的其他节能方[4]。

3.14.1 内置可调百叶中空玻璃的热工性能分析

由于内置可调百叶中空玻璃内部的百叶等部件需能够灵活运转，而且考虑到玻璃在窗框型材槽口上的安装尺寸等因素，一般玻璃总厚度在 25～35mm，且中空玻璃间层的厚度为 20mm 左右为宜。选用一款（3+20+3）mm 的中空玻璃作为研究对象，其中玻璃均为普通透明玻璃，铝合金百叶间距为 11mm，百叶宽度为 15mm（见图 3.14 - 1）。对于选定的玻璃模型，按照标准的计算边界条件[5]，采用 Window6 计算其在采用不同颜色百叶、不同填充气体以及不同的开启角度条件下的热工性能，并在此基础上进行热工性能影响因素分析和适应性研究（见图 3.14 - 2）。

1. 百叶开启角度对热工性能的影响

内置可调百叶中空玻璃的工作状态一般有两种，即百叶

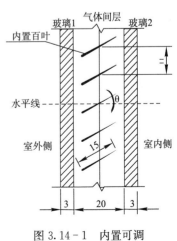

图 3.14 - 1 内置可调
百叶中空玻璃图

收拢状态和百叶放下状态，而百叶放下时又分为全开（$\theta=0°$）、半开（$0°<\theta<90°$）及关闭（$\theta=90°$）。图 3.14-1 表示了白色遮阳百叶（以下简称 A 百叶）状态与遮阳系数 Se、可见光透射比 τV 以及传热系数 K 的关系。

由图 3.14-1 可以看出，玻璃的遮阳系数、可见光透射比（对应图 3.14-1 左轴）均随着 A 百叶的关闭而减小，其中遮阳系数变化范围从 0.88～0.16，基本上涵盖了普通透明玻璃、吸热玻璃、热反射镀膜玻璃及

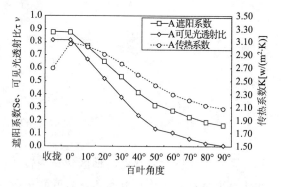

图 3.14-2　玻璃热工性能与百叶状态的关系

Low-E 镀膜玻璃的遮阳系数的取值范围，完全能够满足夏热冬暖地区隔热的需要，并且能够随着隔热需要进行调整，灵活方便；可见光透射比变化范围从 0.81～0.003，可以从普通透明玻璃的透光效果变到基本不透光，这就完全能够同时满足了人体对自然光的健康需求及私密性要求。

同时，玻璃的传热系数（对应图 3.14-1 右轴）在收拢状态下为 2.68 W/（m^2·K）。当百叶下垂，在全开（$\theta=0°$）时候为 3.07 W/（m^2·K），相当于（6+12+6）mm 普通透明中空玻璃的水平，这个状态传热系数会比前一状态有所增大，这主要是由于百叶的材料为铝合金，在空气间层内部加上百叶之后，相当于在空气间层架起了"热桥"，热量会从热侧沿着百叶直接到达冷侧。随着百叶的旋转，百叶的"热桥"作用慢慢削弱，直到关闭（$\theta=90°$）状态，将间层分割成两个空腔，使得传热的作用减到最小，传热系数变成最小，为 2.08 W/（m^2·K），接近了（6Low-E+12+6）mm 玻璃的水平，能够满足现阶段夏热冬暖地区的就能要求。

在夏热冬暖地区，结合大多数人的生活习惯，不论是公共建筑还是居住建筑，在夏天需要隔热，百叶通常是开启一定的角度，遮阳系数和可见光透射比均可根据需要进行控制调整；在冬季需要保温，百叶在白天可以收拢，不但可以获得良好的采光，还可以降低传热系数，夜晚可以完全关闭百叶，不但可以避免室外的光污染，还可以使得传热系数降到最低，具有很好的适用性。所以，综合考虑内置可调百叶中空玻璃的这些特点，在建筑节能设计时，宜采用遮阳系数及传热系数变化范围中的最小值作为其热工性能参数值。

2. 间层气体对热工性能的影响

对 A 百叶构成的内置可调百叶中空玻璃，在采用氩气（Ar）和空气作为间隔层气体的条件下，其遮阳系数、可见光透射比以及传热系数的比较见图 3.14-3，图 3.14-4。

从图 3.14-3 可以看出，在 A 百叶玻璃中，采用空气和氩气作为填充气体后，其遮阳系数曲线基本重合，主要是由于采用惰性气体后，玻璃的二次传热会收到细微影响，但其对遮阳系数产生的影响可以忽略不计；两种填充气体对可见光透射比曲线的影响也很小，两条

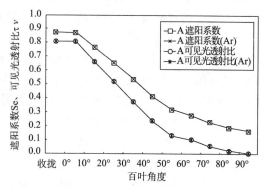

图 3.14-3　Se 和 τV 与间层气体种类的关系图

曲线几乎完全重合。这就说明不同的填充气体对遮阳系数、可见光透射比没有影响。

图 3.14 - 4 中 A 百叶玻璃采用惰性气体后，传热系数有明显改善。从传热系数曲线来分析，填充氩气后，传热系数会降低 9% 左右，能够进一步提高了其节能效果。

3. 百叶颜色对热工性能的影响

除了以上的 A 百叶外，再选取 2 种不同颜色的百叶进行计算分析。几种百叶的参数如表 3.14-1，分别对其在不同百叶开启状态下进

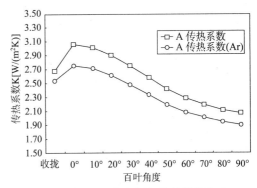

图 3.14 - 4　K 与间层气体种类的关系

行计算，得出遮阳系数 Se 与百叶颜色的关系（见图 3.14 - 5）和传热系数 K 与百叶颜色的关系（见图 3.14 - 6）。

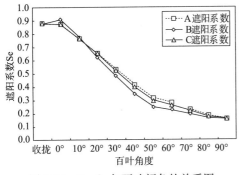

图 3.14 - 5　Se 与百叶颜色的关系图

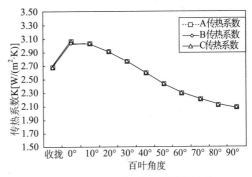

图 3.14 - 6　K 与百叶颜色的关系

在图 3.14 - 3 中，由于 C 百叶颜色介于 A 百叶、B 百叶之间，所以其曲线也在中间位置；在收拢状态时，A、B、C 百叶玻璃实际上都是普通透明中空玻璃，其遮阳系数相等；当百叶垂下后全开（θ＝0°）时，A 百叶玻璃遮阳系数要优于 B 百叶玻璃，百叶旋转大约在 θ>12° 以后，B 百叶玻璃遮阳系数要优于 A 百叶玻璃，最后在关闭（θ＝90°）状态时遮阳系数数值相等。这主要是因为百叶在 θ<12° 时，A 百叶为白色，吸收的太阳辐射能量较少，其温度会低于 B 百叶，通过"热桥"作用传入室内的热量少一些，所以遮阳系数比 B 百叶低；百叶在 θ>12° 时，太阳光线会经过百叶多次相互间的反射传到室内，由于 B 百反射比较低，所以经反射到达室内的热量就少，同时由于"热桥"作用的削弱，使得遮阳系数比 A 百叶低。

虽然不同颜色百叶的遮阳系数在某些开启角度时会有所区别，但其差异并不明显，且由于其遮阳系数的可调范围是一样的，所以在使用内置可调百叶中空玻璃时，可以按照个人的喜好选择颜色不同的产品，其遮阳性能基本没有影响。

图 3.14 - 6 中 A、B、C 百叶玻璃的三条传热系数曲线仅在全开（θ＝0°）状态时有细微差异，其余状态的传热系数基本相同，这说明百叶的颜色对内置可调百叶中空玻璃的传热系数没有显著影响。

3.14.2　结论

1. 在夏热冬暖地区，内置可调百叶中空玻璃性能优越，热工性能调节范围大，完全能够满足现阶段节能要求和自然采光的需要，在建筑节能设计时，宜采用遮阳系数及传热系数变化范围中的最小值做为其热工性能参数值。

2. 内置可调百叶中空玻璃中选用不同的填充气体，会影响传热系数，不影响遮阳系数及可见光透射比。

3. 在内置可调百叶中空玻璃中，对于同一材质的百叶，采用不同的颜色对其热工性能影响不大，节能效果无明显差异。

几种不同颜色的百叶参数，可见表 3.14-1。

几种百叶的参数 表 3.14-1

编号	颜色		前反射	后反射
	前面	后面		
A	白色	白色	0.70	0.70
B	浅色	浅色	0.55	0.55
B	浅色	浅色	0.70	0.40

参考文献

[1] 夏热冬暖地区居住建筑节能设计标准. JGJ75-2003.

[2] 公共建筑节能设计标准. GB 50189-2005.

[3] 金承哲，金仁哲. 百叶中空玻璃的遮阳优越性能 [J]. 建设科技. 2006, (19): 45.

[4] 李露，王仲明. 内置可调窗帘中空玻璃 [J]. 广西城镇建设. 2003, (10): 36～38.

[5] 建筑门窗玻璃幕墙热工计算规程. JGJ/T 151-2008.

3.15 夏热冬暖地区与夏热冬冷地区建筑外窗遮阳节能差异性分析

赵士怀　王云新

福建省建筑科学研究院

摘　要：本文对我国夏热冬暖和夏热冬冷地区建筑外窗遮阳节能差异进行了分析，指出了两个不同气候区的建筑能耗特点、外窗节能差异性及建筑节能设计标准中对外窗遮阳性能的不同要求，供建筑设计人员参考。

关键词：夏热冬暖地区；建筑外窗；遮阳节能差异

我国 2001 年颁布的《夏热冬冷地区居住建筑节能设计标准》JGJ134 经过修编，新标准 JGJ134 - 2010 已于 2010 年 8 月发布；2003 年颁布的《夏热冬暖地区居住建筑节能设计标准》JGJ75，目前正在修编中。作者结合自身的工作经验和通过软件的模拟计算，对两个气候区建筑外窗热工性能与节能关系作了较为深入的思考与分析，现谈一些看法和体会。

3.15.1 夏热冬暖地区和夏热冬冷地区气候与建筑能耗的特点

按现行《民用建筑热工设计规范》GB50176 规定，夏热冬冷地区范围大致为龙海线以南、南岭以北，四川盆地以东，涉及 16 个省、市、自治区，典型的代表性城市有上海、武汉、重庆等；夏热冬暖地区范围包括海南、广东大部分、广西大部分、福建南部、云南小部分以及香港、澳门与台湾，典型的代表性城市有福州（夏热冬暖地区北区）和广州（夏热冬暖地区南区），详见图 3.15 - 1 和见图 3.15 - 2。两个地区气候参数和居住建筑能耗分析数据见表 3.15 - 1。气候参数和居住建筑能耗分析数据见表 3.15 - 1。

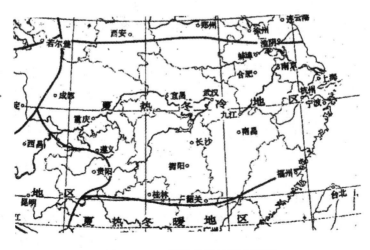

图 3.15 - 1　夏热冬冷地区分区图

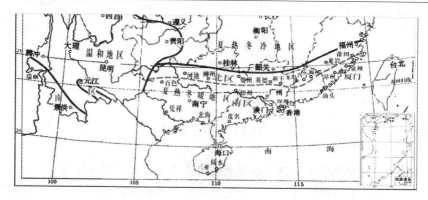

图 3.15 - 2　夏热冬暖地区分区图

夏热冬暖和夏热冬冷地区代表性城市气候参数和建筑能耗分析表　　表 3.15 - 1

城市	广州	福州	上海	武汉	重庆
全国平均气温（℃）	21.8	19.6	15.7	16.3	18.2
最冷平均气温（℃）	13.3	10.4	3.5	3	7.5
最热平均气温（℃）	28.4	28.8	27.8	28.7	28.5
建筑空调能耗占全年采暖空调总能耗比例（%）	82.5	56.5	20.2	25.4	32
建筑采暖能耗占全年采暖空调总能耗比例（%）	17.5	43.5	79.8	74.6	68
所属气候区	夏热冬暖地区南区	夏热冬暖地区北区	夏热冬冷地区		

从表 3.15 - 1 可看出，夏热冬暖地区南区的广州市最热月平均气温 28.4℃，最冷月平均气温 13.3℃，高于 10℃，具有明显的夏季炎热、冬季暖和的气候特征，夏季需要空调，冬季无需采暖。夏热冬冷地区的上海、武汉、重庆 3 个城市，最热月平均气温 27.8～28.7℃，最冷月平均气温 3.0～7.5℃，低于 10℃，具有明显的夏季炎热，冬季寒冷的气候特征，夏季需要空调，冬季需要采暖。福州位于夏热冬暖地区边缘，与夏热冬冷地区接壤，气候特点介于夏热冬冷地区与夏热冬暖地区南区之间，夏季需空调，冬季兼顾采暖。

夏热冬暖地区和夏热冬冷地区居住建筑节能途径之一，是提高建筑外围护结构保温隔热性能。建筑外围护结构主要包括外墙、外窗和屋顶，它们的热工性能，尤其外墙和外窗性能对节能影响显著，因此建筑节能标准对围护结构的性能参数提出了严格的要求。由于夏热冬暖地区和夏热冬冷地区气候特点的不同，节能标准对外墙和外窗性能的要求也不同。

3.15.2　夏热冬暖地区和夏热冬冷地区建筑外窗节能差异性

由于气候的不同，建筑外窗热工性能对夏热冬暖地区和夏热冬冷地区建筑能耗和节能的影响是不同的。表 3.15 - 2 和表 3.15 - 3 分别计算分析了外窗传热系数（K）和遮阳系数（Sc）变化对居住建筑能耗和节能影响的情况。

外窗传热系数（K）变化对建筑能耗和节能率影响　　表 3.15-2

城市	外墙 K 值	外窗 $K=6.0→2.0$ 时建筑能耗变化（%）	外窗 $K=6.0→2.0$ 时建筑节能率变化（%）
广州	外墙 $k=1.5$	↓9.3	↑4.6
	外墙 $k=1.0$	↓9.9	↑4.5
福州	外墙 $k=1.5$	↓15.5	↑8.8
	外墙 $k=1.0$	↓17.3	↑8.8
上海	外墙 $k=1.5$	↓19.1	↑10.8
	外墙 $k=1.0$	↓21.3	↑10.9
武汉	外墙 $k=1.5$	↓17.3	↑9.9
	外墙 $k=1.0$	↓19.2	↑10.0
重庆	外墙 $k=1.5$	↓15.7	↑8.4
	外墙 $k=1.0$	↓17.5	↑8.4

外窗遮阳系数（Sc）变化对建筑能耗节能率影响　　表 3.15-3

城市	外墙 K 值	外窗 $SC=0.9→0.3$ 时建筑能耗变化（%）	外窗 $SC=0.9→0.3$ 时建筑节能率变化（%）
广州	外墙 $k=1.5$	↓28.6	↑16.6
	外墙 $k=1.0$	↓31.9	↑17.2
福州	外墙 $k=1.5$	↓8.6	↑4.8
	外墙 $k=1.0$	↓10.4	↑5.3
上海	外墙 $k=1.5$	↓3.8	↑2.1
	外墙 $k=1.0$	↓4.4	↑2.1
武汉	外墙 $k=1.5$	↓8.0	↑4.5
	外墙 $k=1.0$	↓8.3	↑4.2
重庆	外墙 $k=1.5$	↓12.6	↑6.9
	外墙 $k=1.0$	↓14.1	↑7.0

从表 3.15-2 和表 3.15-3 可看出：

1. 外窗保温性能（K）对夏热冬冷地区和夏热冬暖北区建筑能耗与节能的影响要大于夏热冬暖地区南区。

2. 外窗遮阳性能（Sc）对夏热冬暖地区南区建筑能耗与节能的影响要远大于夏热冬冷地区和夏热采暖地区北区。

3. 夏热冬暖地区南区建筑节能的主要影响因素是外窗的遮阳隔热性能，外窗保温性能对节能影响不大，与遮阳性能相比可以忽略。

4. 夏热冬冷地区和夏热冬暖北区建筑节能对外窗保温性能和遮阳隔热性能均应要求，但夏热冬冷地区对外窗保温性能的要求更高一些。

3.15.3　夏热冬暖地区和夏热冬冷地区建筑节能标准对外窗遮阳性能的不同要求

《夏热冬冷地区居住建筑节能设计标准》JGJ 134－2010 新标准和《夏热冬暖地区居住建筑节能设计标准》JGJ 75（修编征求意见稿）对外窗性能作了不同的规定，详见表 3.15－4 和表 3.15－5。表 3.15－4 和表 3.15－5 显著的不同在于：夏热冬冷地区对外窗的传热系数和遮阳系数均作了规定，而夏热冬暖地区南区只对外窗的遮阳系数作了规定，充分体现南方地区建筑节能以遮阳为主的特点。居住建筑节能设计标准对夏热冬暖地区北区的外窗保温性能（K）和隔热性能（Sc）均有要求，同夏热冬冷地区相比，对遮阳隔热性能要求高一些，而对保温性能要求低一些，具体规定不详细列出。

夏热冬冷地区居住建筑外窗传热系数和综合遮阳系数限值　　　　　表 3.15－4

建筑	窗墙面积比	传热系数 kW/（m²·K）	外窗综合遮阳系数 SCw（东、西向/南向）
体形系数 ≤0.40	窗墙面积比≤0.20	≤4.7	—/—
	0.20＜窗墙面积比≤0.30	≤4.0	—/—
	0.30＜窗墙面积比≤0.40	≤3.2	夏季≤0.40/夏季≤0.45
	0.40＜窗墙面积比≤0.45	≤2.8	夏季≤0.35/夏季≤0.40
	0.45＜窗墙面积比≤0.60	≤2.5	东、西、南向设置外遮阳 夏季≤0.25　冬季≥0.60
体形系数 ≤0.40	窗墙面积比≤0.20	≤4.0	—/—
	0.20＜窗墙面积比≤0.30	≤3.2	—/—
	0.30＜窗墙面积比≤0.40	≤2.8	夏季≤0.40/夏季≤0.45
	0.40＜窗墙面积比≤0.45	≤2.5	夏季≤0.35/夏季≤0.40
	0.45＜窗墙面积比≤0.60	≤2.3	东、西、南向设置外遮阳 夏季≤0.25　冬季≥0.60

夏热冬暖地区南区居住建筑建筑物外窗平均综合遮阳系数限值　　　　　表 3.15－5

外墙 (ρ≤0.8)	外窗的加权平均综合遮阳系数 Sc			
	平均窗墙面积比% Cd≤25	平均窗墙面积比% 25＜Cd≤30	平均窗墙面积比% 30＜Cd≤35	平均窗墙面积比% 35＜Cd≤40
K≤2.0，D≥2.8	≤0.6	≤0.5	≤0.4	≤0.3
K≤1.5，D≥2.5	≤0.9	≤0.7	≤0.6	≤0.5
K≤1.0，D≥2.5 或 K≤0.7	≤0.8	≤0.8	≤0.7	≤0.6

参考文献

[1] 夏热冬冷地区居住建筑节能设计标准. JGJ174－2010.

3.16 "夏氏遮阳"的技术分析

赵立华[1] 齐百慧[2] 申杰[1]

1. 华南理工大学建筑学院、亚热带建筑科学国家重点实验室；2. 广州市东意建筑设计咨询有限公司

摘　要：本文通过对"夏氏遮阳"的技术分析，结合"夏氏遮阳"的模式，又采用 Ecotect 软件对中山医学院生理生化楼的南向遮阳进行模拟分析，从建筑技术的角度定量评价其热工性能。经过对该建筑外遮阳系数的计算、窗口太阳辐射、室内自然采光分析及风环境分析，得出结论，为岭南现代建筑遮阳提供指导和参考。

关键词：夏氏遮阳；Ecotect 软件；太阳辐射；自然采光

3.16.1　关于"夏氏遮阳"

夏昌世先生致力于研究岭南新建筑防热的各种问题，并将窗口遮阳的研究成果付诸实践，建造了许多使人耳目一新的"夏氏遮阳"[1]。岭南建筑学者对"夏氏遮阳"有高度评价，但多集中在定性的评价，缺乏定量的技术分析和评价[2,3]。本文采用 Ecotect 软件对中山医学院生理生化楼（图 3.16－1）的南向遮阳进行模拟分析，从建筑技术角度定量评价其热工性能。通过分析得知："夏氏遮阳"虽然对采光及通风造成了一定的影响，但是在遮挡太阳热辐射方面是非常优异的，并且在各方面都能满足使用要求。研究夏昌世的作品对我们探索具有岭南本土特色的现代建筑道路具有一定的现实和指导意义。

中山医学院生理生化楼是一种比较有代表性的"夏氏遮阳"形式，综合使用了水平和垂直遮阳板，并将遮阳板局部与建筑脱开，留下了一定距离的槽位，模拟模型见图 3.16－2。

图 3.16－1　中山医学院生理生化楼

图 3.16－2　模拟模型示意

3.16.2　外遮阳系数的计算方法及验证

《公共建筑节能设计标准》GB 50185－2005（以下简称《公建标准》）中给出了较为简

化的外遮阳系数计算方法，无法计算"夏氏遮阳"这样的复杂遮阳形式，本文采用 Ecotect 进行外遮阳系数的计算。首先采用《公建标准》中的模型，对 Ecotect 计算结果进行准确性验证。验证方法是：根据计算的太阳辐射数据，计算某朝向透过有遮阳外窗的全年太阳辐射得热量与透过无遮阳该窗的全年太阳辐射得热量，近似认为两者的比值是外遮阳系数。

通过验证得知，Ecotect 对垂直遮阳板的模拟误差较小，当 PF 小于 0.4 时，误差在 0.1 内；对水平遮阳板模拟误差稍大，相对误差大概在 20% 左右，绝对误差在 0.1 左右，误差的大小也是随着 PF 值的增大而增加。Ecotect 的模拟结果尽管存在一定的误差，但误差在可接收的范围内，并且结果的变化趋势是一致的[4]。而且利用 Ecotect 软件的模拟结果，不仅可得到《标准》给出的冬季、夏季的遮阳系数，还可以得到全年各月，甚至逐时的遮阳定量分析结果，以判断遮阳对季节的适应性。还可以给出遮阳板对直射辐射、散射辐射的遮挡效果。对全面定量分析遮阳，Ecotect 是一个很好的工具。

3.16.3　窗口太阳辐射情况分析

1. 南向窗口太阳辐射情况分析

南向窗口使用"夏氏遮阳"的外遮阳系数计算结果详见图 3.16-3。外遮阳系数最小可达 0.183，特别是在夏季温度较高、辐射较强的 8 至 11 月，遮挡效果更明显，平均能遮挡 80% 的辐射，而在温度较低、辐射较少的 1 至 4 月，外遮阳系数比夏季略高，大概有 0.26 在温度较低的冬季，该遮阳可以允许较多的阳光进入室内。

2. 东向窗口太阳辐射情况分析

东向窗口每月接收的太阳辐射能及遮阳系数见图 3.16-4。全年都可以阻挡 70% 左右的太阳辐射进入室内，全年的外遮阳系数都比较小，但遮阳效果冬季遮阳强于夏季。说明该遮阳也比较适用于东向，但对季节的适应性存在不足。

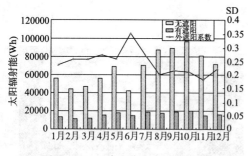

图 3.16-3　南向窗口每月接收的总太阳辐射能比较图

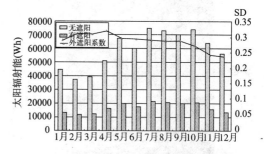

图 3.16-4　东向窗口每月接收的总太阳辐射能比较图

3. 西向窗口太阳辐射情况分析

西向窗口每月接收的太阳辐射能及遮阳系数见图 3.16-5。可见，遮阳用在西向窗口时，与用于东向窗口时一样，全年的外遮阳系数比较小，在 0.3 左右。但同样无法满足夏季和冬季对遮阳系数的不同要求。同东向窗口一样，根据太阳"视行"规律，4 至 9 月份，垂直窗口方向照射的直射阳光增多，因此外遮阳系数较大；其他月份时太阳方位角较大，垂直遮阳板可起到遮挡的作用，外遮阳系数就会较小。

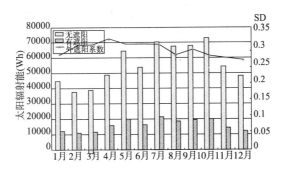

图 3.16-5　西向窗口每月接收的总太阳辐射能比较图

3.16.4　室内自然采光情况分析

建筑遮阳在遮挡太阳辐射的同时，也会对室内采光造成一定的影响，为综合评价"夏氏遮阳"，对室内的采光情况也进行了 Ecotect 模拟分析，如图 3.16-6。

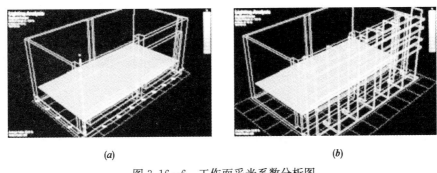

(a)　　　　　　　　　　　　　　(b)

图 3.16-6　工作面采光系数分析图

(a) 无遮阳；(b) 有遮阳

由图 3.16-7 可知，由于开窗面较大，室内主要工作面的采光情况均良好，即使有遮阳时，最小照度值都可达 608lx，远大于实验室标准照度 100lx。通过无遮阳和有遮阳的照度比较，发现在有遮阳的情况下，室内各处的照度仅比无遮阳时略小一点。较大的照度差值都出现在靠近窗口的位置，无遮阳时照度值在 1000lx 左右，加上遮阳后，照度降低了 300lx 以上，说明在照度过大的位置通过该遮阳可以适当减少照度值，防止眩光的出现。而随着距窗距离的增大，遮阳对照度的影响逐渐减少，减少的照度值为100lx 左右。

3.16.5　室内风环境分析

由于遮阳设施会改变室内的风场和温度场，而室内温度除了与辐射热有关外，与通风也密切相关，本文对进口风速为 0.5m/s 的情况进行了模拟，分析了 1.5m 高度水平面以及房间纵向的速度场分布情况。

163

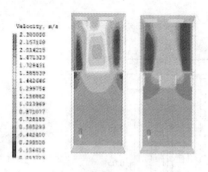

图 3.16 - 7　水平面距室内地面
1.5m 高度风场标量图
左图：无遮阳　右图：有遮阳

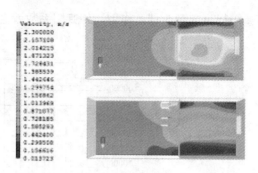

图 3.16 - 8　房间纵向中心位置
风速剖面标量图
上图：无遮阳　下图：有遮阳

从图 3.16 - 7～图 3.16 - 9 可以看出："夏氏遮阳"对正常的通风对流有阻碍作用，会改变自然通风的流向，并且遮阳板吸热后会朝室内辐射热，因此它对室内温度场的分布会造成一定不利的影响。有遮阳的室内风速明显低于无遮阳时，室内平均风速减小了 46.9%，在室内的纵向中心处的流场聚集不明显。由于遮阳板间的风速减弱，就导致了自上而下的风速小于自下而上的风速，因此室内的风场呈现出明显的向上飘动的

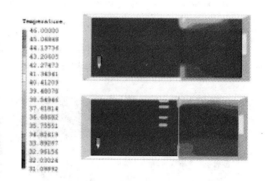

图 3.16 - 9　房间纵向中心位置温度剖面标量图
上图：无遮阳　下图：有遮阳

现象，并在 1m 以下区域形成了回风漩涡。虽然"夏氏遮阳"减弱了室内风速，但由于通风槽的存在，也使得在最上层水平遮阳板处产生了较大的向上的风速，缝隙间的通风会带走大部分的热量，这就有利于遮阳板自身的散热，减少了遮阳板的热量对室内的影响。

3.16.6　结论

通对生理生化楼的"夏氏遮阳"的定量分析，综合考虑了遮阳构件对建筑的影响，结论如下：

在太阳辐射方面，南向使用"夏氏遮阳"的遮阳效果较好，平均可以遮挡高达 80% 的太阳辐射，并且满足了夏季和冬季对太阳辐射量的不同要求；由于遮阳构件较多，覆盖了整个南立面，因此对室内的采光情况有一定的影响，使工作面上的平均照度降低了 21.6%，但总的采光照度满足规范的要求，而且相应的照度均匀度有所提高，降低了最大照度可以有效防止眩光；室内风环境方面，通风槽对遮阳板自身散热有一定帮助，但相应的也会降低室内的风速。综合以上分析，"夏氏遮阳"对采光及通风造成了一定的影响，但在防止太阳辐射方面是非常优异的，在各方面都能满足使用需求。

参考文献

[1] 汤国华."夏氏遮阳"与岭南建筑防热 [J].新建筑.2005 年，06：(17-20).

[2] 林其标.亚热带建筑，气候·环境·建筑 [M].广东科技出版社，1997

[3] 陆元鼎.岭南人文·性格健筑 [M].北京：中国建筑工业出版社，2005.

[4] 齐百惠，肖毅强，赵立华，申杰.夏昌世作品的遮阳技术分析 [J].南方建筑.2010 年，02：(64-66).

3.17 夏热冬冷地区外窗遮阳对室温的影响

窦 枚

重庆大学建筑城规学院

摘 要：本文通过采用建筑能耗分析软件 DOE－2 建立简化模型，经过逐时计算全年能耗来研究遮阳系数对建筑能耗的影响，并对夏热冬冷地区某住宅建筑物进行了室内热环境分析、室外气温频率与外窗遮阳降温的能力、遮阳系数对室内温度的影响、不同月份外窗遮阳的降温效果等方面的分析研究，得出重庆，上海，武汉这三个夏热冬冷地区代表性城市的气候条件与中间楼层房间的室内温度比较，得出了设置建筑外遮阳对室内热舒适度的影响结果。

关键词：夏热冬冷地区；外窗遮阳；室温影响

目前针对外窗遮阳的研究大多集中在两个方面：其一为通过实验测试的方法研究遮阳的实际效果[1]，这种方法研究的结果可靠，基本符合实际情况，但只能反映典型气象日或代表性时间的情况，不能反映整个夏季的情况。其二为采用建筑能耗分析软件建立模型，通过逐时计算全年能耗来研究遮阳系数对建筑能耗的影响[2~7]，或通过建筑能耗的降低情况来寻求最佳遮阳系数。这类研究关注的是遮阳系数与建筑能耗的关系。实际上外窗遮阳的作用还在于降低室内温度、改善室内热环境。调查表明，在夏热冬冷地区居民对室内热环境的可接受范围大于理论上的舒适范围，因此通过遮阳措施改善室内热环境具有实际意义。

3.17.1 研究方法

采用建筑能耗分析软件 DOE-2 建立简化模型，该建筑共四层，层高为 2.8m，每层 8 个房间，每间房间平面尺寸 4.2m×3.6m。外窗高 2m、宽 2m，窗墙面积比为 0.34，传热系数为 3.2W/（m² · K），外墙总热阻为 0.88（m² · K）/W，屋面总热阻 1.20（m² · K）/W。此外，房间换气、照明和人员散热等设置符合夏热冬冷地区居住建筑节能设计标准的规定。

为了研究外窗遮阳对室内温度的影响，设定房间状态为非空调房间，改变窗户遮阳系数，计算房间自然室温。以位于中间楼层中间位置的房间为代表性房间研究 6~9 月室内温度分布情况。由于目前城市居住建筑以高层居多，中间楼层的房间占绝大多数，外窗的影响成为主要问题，因此对中间房间的研究能代表目前大多数建筑外窗遮阳的效果。按照夏热冬冷地区居民的实际感受，将夏季室内温度划分为四段：≤26℃、26~28℃、28~30℃、>30℃，研究遮阳系数对各段温度频率的影响。

以重庆、武汉、上海作为夏热冬冷地区西部、中部、东部的代表性城市。为防止"西晒"及在冬季将太阳辐射热引进室内，当前对遮阳朝向的考虑主要集中在西向、南向和东向，因此本文重点研究这些城市南向和西向遮阳效果的差别和特点。

3.17.2 结果分析

1. 室外气温频率与外窗遮阳降温的能力

外窗遮阳对室内温度的作用是减少窗户太阳辐射得热而引起的室内温度升高，因此外窗遮阳对室内降温所能达到的程度是以气温为基础的。比较未遮阳房间温度与气温的差别可以估计外窗遮阳的降温能力。

以重庆为例，图 3.17-1 为南向外窗未遮阳房间 6～9 月温度分布与气温的比较，可以看出：室外气温在≤26℃和 26～28℃这两个温度区间内的时数所占百分比均大于未遮阳室温，而当温度区间位于 28～30℃及＞30℃时，情况正好与前者相反。这表明通过遮阳可以增加室温小于 28℃的时数、减少室温大于 28℃的时数，尤其是显著提高室温≤26℃的舒适时数，降低 30℃以上的高温频率。遮阳降低室内中高温部分比例的作用能使这段时间开启空调的房间能耗降低。

对武汉和上海两个城市来说，气温与未遮阳房间温度比较的情况与重庆类似。不同的是，武汉的气温与未遮阳室温相差更显著，则采用遮阳效果的潜力也更大；而上海在 26～28℃时，气温与未遮阳室温所占比例基本相等。以温度≤26℃（舒适范围）、≤28℃（比较舒适范围）以及≤30℃（可忍受范围）划分出三种可接受的热环境等级，对每一等级温度范围计算出气温频率与未遮阳房间温度频率，两者之差代表外窗遮阳对房间的降温能力。表 3.17-1 为重庆、武汉、上海地区南向和西向外窗遮阳的降温能力。

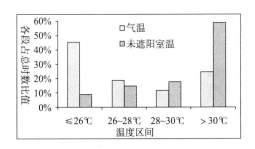

图 3.17-1 未遮阳房间温度分布与气温比较

典型城市外窗遮阳降温能力（%）　　　　　　　表 3.17-1

城市名称	≤26℃		≤28℃		≤30℃	
	南向	西向	南向	西向	南向	西向
重庆	36%	39%	40%	45%	34%	46%
武汉	49%	51%	60%	68%	54%	67%
上海	45%	48%	45%	59%	36%	54%

从三个城市比较来看，武汉外窗遮阳的降温能力最大，上海其次，重庆最小。从朝向比较来看，西向外窗遮阳的降温能力大于南向，这是由于夏季西向太阳辐射强于南向。从三种热环境等级的降温能力比较来看，外窗遮阳对比较舒适（温度≤28℃）这一等级的贡献最大。因此，如果以温度≤28℃为夏热冬冷地区宜居住宅的室内热环境舒适标准，那么对多层和高层节能住宅的大部分楼层房间来说，采用外窗遮阳可使室内舒适时数增加

40%～68%，可以大量减少开启空调的时间，降低能耗。

2. 遮阳系数对室内温度的影响

外窗遮阳效果一般采用遮阳系数来表征，遮阳系数越小表明透过遮阳措施投射到室内的太阳辐射热越少，其对室内的降温效果越显著。图 3.17-2 为重庆南向房间的室内温度在遮阳系数变化时各温度区间所占比值的情况。可以看出，随着遮阳系数的变化，各温度区间所占总时数的比值基本呈现线性变化的关系。

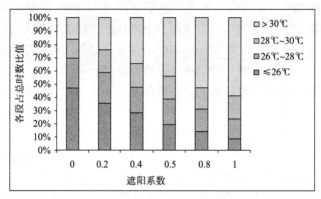

图 3.17-2 外窗遮阳系数与房间温度的关系

通过上面的分析可知，28℃是遮阳效果最明显的温度分界点，因此下面将温度≤28℃作为舒适温度的范围，计算出室内舒适温度的时数占总时数的比值随遮阳系数的变化情况，如图 3.17-3 中 a 和图 3.17-3 中 b 所示。随着遮阳系数的减小，三个城市的舒适时数呈增加趋势，其中重庆的舒适时数增加量小于武汉和上海，而武汉和上海在不同的朝向又有所差别。在南向房间，当遮阳系数小于 0.4 时，武汉的舒适时数高于上海；当遮阳系数大于 0.4 时，上海的舒适时数略高于武汉。在西向房间，上海的舒适时数总是高于武汉，说明上海西向外窗遮阳的效果最好。此外还可以看出，三个城市在遮阳系数较小时，西向遮阳效果普遍好于南向，其中上海西向遮阳的舒适时数可比南向高近 13%，而重庆西向与南向遮阳的效果很接近，说明上海的西向与南向的太阳辐射强度差别大、重庆的朝向差别小。当遮阳系数为 0 时，外窗遮阳的效果达到最大，其值与表 3.17-1 所示的外窗遮阳降温能力基本相同。

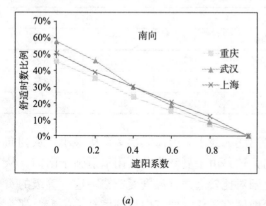

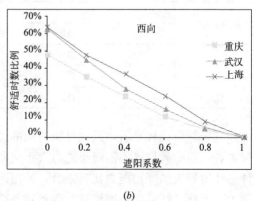

(a)   (b)

图 3.17-3 外窗遮阳系数对舒适时数的影响

3. 不同月份外窗遮阳的降温效果

由于夏季各月份的太阳辐射、气温等气候条件各不相同，因此有必要分析外窗遮阳对各月份室内舒适时数的影响。以重庆南向外窗遮阳为例，6～9月室内舒适温度（≤28℃）的时数占各月份总时数的比率随遮阳系数变化的情况见图3.17－4所示。可以看出，在6月和9月期间，由于气温不是很高，采用外窗遮阳措施可使室内舒适温度时数比率最高达到90%以上，其中外窗遮阳的贡献占了一半左右。在7月和8月期间，由于室外气温高，外窗未遮阳时房间的舒适时数几乎为0，随着遮阳系数的减小，室内舒适时数呈现出先慢后快的增加趋势，尤其是7月份，外窗遮阳可使室内舒适温度时数比率最高达到60%，即使在最热的8月份也能达到30%以上，其他城市的情况也类似。图3.17－5为三个典型城市西向和南向外窗遮阳在各月份的最大效果。总的来说，夏热冬冷地区外窗采用遮阳措施的效果在6月和9月期间基本上都能使室内舒适温度时数达到100%；在7月份的效果，重庆和上海为60%以上，武汉为45%以上；在8月份的效果，重庆和武汉为30%以上，上海为45%以上。可见外窗遮阳能将室内大量的高温时间转化为人们可接受的舒适时间，由此缩短空调的使用时间，可带来显著的节能效果。

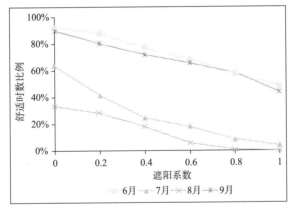

图3.17－4 不同月份外窗遮阳对室内舒适时数的影响

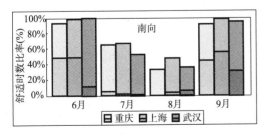
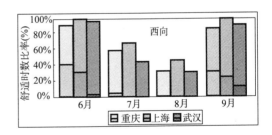

图3.17－5 典型城市外窗遮阳对各月室内舒适时数的影响
（柱形的下部为未遮阳、上部为全遮阳）

3.17.3 结论

1. 通过夏热冬冷地区三个代表性城市——重庆，上海，武汉的气候条件与中间楼层房间的室内温度比较，得到外窗遮阳对室内28℃以下的舒适温度时数增加最大，三个城市在采用外窗遮阳措施后室内舒适时数能提高40%～68%。

2. 6~9 月期间室内舒适温度时数随遮阳系数的降低基本上呈线性增加的趋势,其中重庆的室内舒适时数增加较低,并且朝向的差别较小;上海西向的室内舒适时数增加最大,并且朝向差别也最大。

3. 三个城市在 6、9 两月采用外窗遮阳后室内舒适时数可接近 100%,而在 7、8 两月室内舒适时数可提高 30%~60%。

参考文献

[1] 曹毅然,张小松,金星,邱童,李德荣. 透过遮阳系统的室内太阳辐射得热量试验研究 [N]. 东南大学学报,2009 (6): 1169-1173.

[2] 阳江英,杨丽莉,吕忠,莫天柱,冷艳峰. 重庆地区外窗遮阳能效模拟分析 [J]. 建筑节能. 2008 (9): 66-69.

[3] 解勇,刘月莉. 居住建筑使用遮阳卷帘夏季节能效果分析 [J]. 建设科学. 2006 (1): 76-77.

[4] 刘旭良,于秉坤. 浅议成都地区外窗遮阳系数对建筑能耗的影响 [J]. 建筑节能. 2010 (3): 74-76.

[5] 蔡龙俊,吴楠. 上海地区住宅外窗遮阳系数对空调全年能耗的影响 [J]. 中国住宅设施. 2010: 44-48.

[6] 姚健,闫成文,叶晶晶,周燕. 外窗遮阳系数对建筑能耗的影响 [J]. 建筑节能. 2008 (2): 65-67.

[7] 胡海峰,张汉阳. 外窗综合遮阳系数对居住建筑能耗的影响 [J]. 门窗. 2008 (1): 40-42.

3.18 夏热冬冷地区某建筑遮阳设施节能效果分析

王宇剞

同济大学

摘　要：建筑遮阳设施带来的节能效果一般除受到遮阳系统本身影响外，还受到建筑条件、气候条件、使用条件等因素影响，不能一概而论。本文以一座既有建筑为研究对象，对长江流域建筑遮阳设施进行节能效果分析，旨在提供一些参考。

关键词：夏热冬冷地区；建筑遮阳；节能效果分析

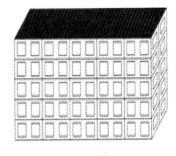

图 3.18-1　典型多层住宅模型

3.18.1　建筑模型

本文中采用的居住建筑位于南京，属当地典型的多层建筑。该建筑共 5 层，模型如右图 3.18-1。

该建筑的围护结构参数如表 3.18-1，相关计算条件设置见表 3.18-2。

多层住宅的围护结构基本组成　　　　表 3.18-1

围护结构	基本组成	备注
外墙	水泥砂浆 20mm 膨胀聚苯板 20mm 水泥砂浆 20mm 混凝土多孔砖 190mm	八孔砖＋膨胀聚苯板
内墙	钢筋混凝土 120mm 膨胀聚苯板 7mm	参考建筑标准分户墙
屋顶	钢筋混凝土 200mm 膨胀聚苯板 28mm	参考建筑保温屋顶
楼地	40mm 混凝土楼地 水泥砂浆 20mm 碎石或卵石 40mm	
楼板	水泥砂浆 25mm 钢筋混凝土 80mm 水泥砂浆 20mm	钢筋混凝土楼板
门	单层实体木制外门	钢筋混凝土楼板
窗	传热系数 4.7W/（m² · K） 遮阳系数 0.83 太阳能得热系数 0.722	钢筋混凝土楼板

计算地点及相关参数设置	表 3.18-2

	参数设置
人员热扰模式	周一至周五　1：00～8：00　100%　9：00～14：00　0%　15：00～18：00　30%　19：00～20：00　70%　21：00～24：00　100% 周六和周日　1：00～8：00　100%　9：00～18：00　50%　19：00～20：00　70%　21：00～24：00　100%
计算地点	南京
模拟方式	模拟计算采用的计算条件基本按照《夏热冬冷地区住宅建筑节能设计标准》JGJ 134-2001 的规定进行选取： (1) 室内计算温度，冬季全日为18℃；夏季全日26℃。 (2) 室外气象计算参数采用典型气象年。 (3) 采暖和空调时，换气次数为1.0次/h。 (4) 采暖、空调设备为家用气源热泵空调器，空调额定能耗比取2.3，采暖额定能耗比取1.9。 (5) 室内照明得热为0.014kWh/m²，室内其他得热平均强度为4.3W/m²。

3.18.2　无遮阳时建筑能耗模拟分析

本部分分析了17种情景模式，每一种情境下规定了不同朝向上的窗墙比，利用 DeST 软件模拟，容易得到该建筑的冬夏负荷，见表3.18-3。

无遮阳情况（窗的遮阳0.83）窗墙比与负荷的关系					表 3.18-3
序号	东	南	西	北	夏季总冷负荷（kWh）	冬季总热负荷（kWh）
1	0.15	0.4	0.15	0.4	96838	35242
2	0.1	0.4	0.15	0.4	94414	34634
3	0.125	0.4	0.15	0.4	95629	34938
4	0.175	0.4	0.15	0.4	97983	35535
5	0.2	0.4	0.15	0.4	99132	35843
6	0.15	0.3	0.15	0.4	89379	37631
7	0.15	0.35	0.15	0.4	93103	36395
8	0.15	0.45	0.15	0.4	100523	34178
9	0.15	0.5	0.15	0.4	104217	33279
10	0.15	0.4	0.1	0.4	92949	35100
11	0.15	0.4	0.125	0.4	94964	35176
12	0.15	0.4	0.175	0.4	98759	35329
13	0.15	0.4	0.2	0.4	100593	35412
14	0.15	0.4	0.15	0.3	90928	32737
15	0.15	0.4	0.15	0.35	93882	33970
16	0.15	0.4	0.15	0.45	99743	36490
17	0.15	0.4	0.15	0.5	102615	37778

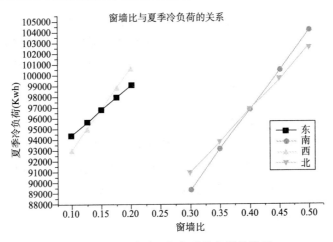

图 3.18-2 窗墙比与冬季热负荷的关系

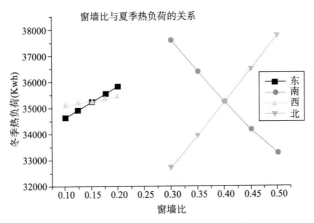

图 3.18-3 窗墙比与冬季热负荷的关系

由以上图表可以得出表 3.18-4:

各向窗墙比变化率对冷负荷的影响

表 3.18-4

朝向	窗墙比变化率	冷负荷增量	增量占比
东 1%	1%	47.2kWh	约 0.05%
北 1%	1%	175.3kWh	约 0.18%
南 1%	1%	222.6kWh	约 0.23%
西 1%	1%	76.4kWh	约 0.08%

由于南北向墙面积大，所以其窗墙比的变化对负荷的影响更为明显。见表 3.18-4。

将相同面积的南向和北向、东向和西向的冷负荷增量分别比对得出：

当窗墙比变化 1% 时，夏季平均冷负荷增量南向增长速率是北向的 1.27 倍，西向增长速率是东向的 1.62 倍。即南向的窗墙比对负荷的影响大于北向，西向大于东向。

173

可见，随着窗墙比的不断增大，总采暖负荷和空调负荷均增大，采暖负荷增量较小；空调负荷则迅速增加，空调年耗电量显著增大。原因一是由于透过窗的太阳辐射量增大，二是窗的传热系数较墙体而言更高。因此，夏热冬冷地区建筑的窗墙比应保持在适当范围，否则不利于建筑节能。

3.18.3　有遮阳时建筑能耗模拟分析

当建筑采用遮阳设施时，假设窗墙比固定为：东西向 0.2、南北向 0.5，以遮阳系数在不同朝向均为 0.2 为基础，然后改变某一个朝向的遮阳系数，根据 DeST 可以得到不同遮阳系数时夏季和冬季空调的节电量，如表 3.18-5 所示。

窗墙比固定为东西 0.2 南北 0.5 时，遮阳系数与负荷的关系　　表 3.18-5

	东	南	西	北	夏季总冷负荷（kWh）	冬季总热负荷（kWh）
无遮阳	0.83	0.83	0.83	0.83	115859	36503
独东	0.2	0.83	0.83	0.83	108177	38818
独南	0.83	0.2	0.83	0.83	87022	62210
独西	0.83	0.83	0.2	0.83	103893	39978
独北	0.83	0.83	0.83	0.2	90658	43070
东西南北	0.2	0.2	0.2	0.2	48167	78617
东西南	0.2	0.2	0.2	0.83	68881	69305

注：计算日期为夏 5.1—9.1，冬 11.15—2.15。

从表 3.18-5 可以得到以下结论：

1. 采用活动遮阳时，冷负荷及热负荷的变化比率见表 3.18-6：

采用活动遮阳时，冷热负荷的变化比率　　表 3.18-6

有遮阳朝向	冷负荷占原负荷比率	热负荷占原负荷比率
独东	93.37%	由于是活动遮阳，可以不考虑冬季热负荷增加量，即认为冬季热负荷不变。
独西	89.67%	
独南	75.11%	
独北	78.25%	
东西南北	41.57%	
东西南	59.45%	

根据《江苏省居住建筑热环境和节能设计标准》，夏季能效比采用 2.3，冬季能效比采用 1.9，采用活动遮阳的节能率分析见表 3.18-7：

<table>

| 采用活动遮阳的节能率分析 | | 表 3.18-7 |
</table>

有无遮阳	总能耗	节能率
无	50373（夏）+19212（冬）=69585kWh	0%
独东	47033（夏）+19212（冬）=66245kWh	4.80%
独西	45171（夏）+19212（冬）=64383kWh	7.48%
独南	37836（夏）+19212（冬）=57048kWh	18.02%
独北	39417（夏）+19212（冬）=58629kWh	15.74%
东西南北	20942（夏）+19212（冬）=40154kWh	42.30%
东西南	29948（夏）+19212（冬）=49160kWh	29.35%

由上表的节能率我们可以看出：采用活动遮阳时空调能耗显著下降，节能效果明显；如若建筑的各个朝向均采用遮阳设施，则节能率可达到40%以上；北向虽然无阳光直射，但夏季的散射辐射依然较强，北向的遮阳设施对建筑能耗的降低也有显著效果。

2. 采用固定遮阳时，冷负荷及热负荷的变化比率见表3.18-8：

采用固定遮阳时，冷热负荷的变化比率		表 3.18-8
有遮阳朝向	冷负荷占原负荷比率	热负荷占原负荷比率
无	93.37%	106.34%
独东	89.67%	109.52%
独西	75.11%	170.42%
独南	78.25%	117.99%
独北	41.57%	215.37%
东西南北	59.45%	189.86%

根据《江苏省居住建筑热环境和节能设计标准》，夏季能效比采用2.3，冬季能效比采用1.9，采用固定遮阳的节能率分析见表3.18-9：

采用固定遮阳的节能率分析		表 3.18-9
有无遮阳	总能耗	节能率
无	50373（夏）+19212（冬）=69585kWh	0%
独东	47033（夏）+20431（冬）=67464kWh	3.05%
独西	45171（夏）+21041（冬）=66212kWh	4.85%
独南	37836（夏）+32742（冬）=70578kWh	-1.43%
独北	39417（夏）+22668（冬）=62085kWh	10.78%
东西南北	20942（夏）+41377（冬）=62319kWh	10.44%
东西南	29948（夏）+36476（冬）=66424kWh	4.54%

由上表的节能率我们可以看出：采用固定遮阳时空调能耗有所下降，但在冬季时对建筑采暖的不利影响也较大；南向固定遮阳如若不合理设置，则会对建筑节能产生

负面影响；北向的遮阳设施在夏季能抵消部分进入室内的散射辐射，而对冬季的阳光直射辐射没有影响，因此，当北向窗面积较大时，安装遮阳设施能起到很好的节能效果。

3.18.4 向最佳遮阳系数分析

由于南向遮阳在冬季增加的能耗与在夏季节约的能耗相比同样不可忽视，现针对南向遮阳的不同遮阳系数进行全年能耗模拟，期望找出南向遮阳的最佳遮阳系数。表 3.18-10 为在东西北向无遮阳时，南向遮阳系数与负荷的关系。

					在东西北向无遮阳时，南向遮阳系数与负荷的关系	表 3.18-10
	东	南	西	北	夏季总冷负荷（kWh）	冬季总热负荷（kWh）
无遮阳	0.83	0.83	0.83	0.83	115859	36503
1	0.83	0.1	0.83	0.83	80876	68499
2	0.83	0.2	0.83	0.83	87022	62210
3	0.83	0.3	0.83	0.83	92914	56496
4	0.83	0.4	0.83	0.83	98030	51360
5	0.83	0.5	0.83	0.83	102945	46762
6	0.83	0.6	0.83	0.83	107834	42397
7	0.83	0.7	0.83	0.83	112720	38633

全年节电量由夏季节电量减去冬季额外耗电量而得出的，其具体计算如下：
其中，

$$夏季节电量 = \frac{X_0 - X_i}{2.3} \qquad (3.18-1)$$

$$冬季额外耗电量 = \frac{Y_0 - Y_i}{1.9}$$

式中　X_0——无遮阳时夏季总冷负荷；

　　　X_i——有遮阳时夏季总冷负荷，下标 i 为遮阳系数；

　　　Y_0——无遮阳时冬季总热负荷；

　　　Y_i——有遮阳时冬季总热负荷，下标 i 为遮阳系数。

根据计算公式 3.18-1 及表 3.18-10 可得出只有南向采用遮阳时不同遮阳系数的全年节电量，见表 3.18-11。

							南向不同遮阳系数的节电量	表 3.18-11
遮阳系数	0.1	0.2	0.3	0.4	0.5	0.6	0.7	
节电量（kWh）	−1630	−992	−546	−67	214	386	244	

由表 3.18-10 可以看出，当东西北向未采用遮阳时，南向遮阳的遮阳系数最佳值为 0.6。

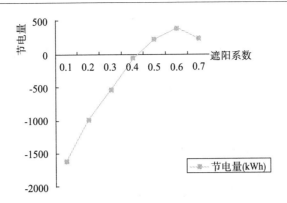

图 3.18-4   南向不同遮阳系数的节电量

3.18.5   总结

通过采用模拟能耗分析软件，本文得出如下有益结论：

1. 尽量采用活动遮阳方式；

2. 由于夏热冬冷地区气候的特殊性，当采用固定遮阳时，对于不同居住建筑而言，其各朝向遮阳系数的选取（尤其是南向）应通过合理计算来确定，以达到最佳的节能效果；

3. 建筑遮阳设施要充分考虑以下两方面情况：

1）北向的窗面积在建筑总窗面积中比重很大；

2）窗和墙的热工性能较差，北向的遮阳也应予以重视。

参考文献

[1] 班广生. 建筑节能窗的功能化发展趋势［J］. 新型建筑材料. 2004，(5)：57-61.

[2] 张磊，孟庆林，张百庆. 窗总热阻和遮阳系数的动态测试［J］. 能源工程. 2003，(6)：57-60.

[3] 李峥嵘，夏麟. 基于能耗控制的建筑外百叶遮阳优化研究［J］. 暖通空调. 2007，37 (11)：11-13 (5).

[4] 赵书杰. 夏热冬冷地区建筑遮阳技术应用的探讨［J］. 建筑科学. 2006，22 (6A)：73-7.

3.19 重庆建筑外遮阳效果案例分析

肖益民　居发礼

重庆大学

摘　要： 由于我国目前对于建筑外遮阳效果还没有统一的评价方法，本文作者在建立建筑模型的条件下，对建筑外遮阳效果进行了研究和探讨，对建筑南向、北向、东向和西向窗户加设不同方式的外遮阳设施后的作用效果进行模拟分析，相关分析结论可供建筑师参考。

关键词： 建筑外遮阳；外遮阳效果；模拟分析

3.19.1　日轨图

日轨图很像一张天空的照片，只不过其使用的不是普通相机，而是用一个朝向天顶方向的 180°鱼眼睛相机。由于太阳行程在一年之中是不断变化的，所以需要把一年之中所有的照片都重叠在一张纸上，这样就可以得到太阳的全年运行轨迹投影图，即日轨图。

在日轨图中，精确标记太阳位置需要两个数据：方位角和高度角。方位角表示太阳的方位，标记在日轨图外侧，正北方向为 0°，方向为顺时针。高度角以同心圆表示太阳的高度，最外侧同心圆为 0°，圆心位置为 90°。为了定位日期时间，日轨图中还绘制有日期线和时间线，日期线是横向的弧线，记录了太阳在一天中的运行轨迹。时间线以"8"字形曲线表示，它记录了全年等时太阳运行轨迹。日轨图的右上角有一个标尺，颜色的深浅表示遮挡的强弱，纯白色表示遮挡，纯黑色表示无遮挡，一年中的某一时刻都对应有一个点和一种颜色，对照标可以得出该时刻的遮挡情况。

3.19.2　分析模型的建立

利用模拟软件依据建筑图纸建立模型，层高及窗户的设置情况如表 3.19-1，软件建立的建筑模型如图 3.19-1 所示。调整不同的外遮阳挡板的尺寸进行模拟分析。

建筑层高及窗户的设置情况　　　　　　　　　　　　　　　表 3.19-1

层数	层高（m）	窗台高（mm）	窗高（mm）
1~2 层	3.9	900	2300
3~5 层	3.3	900	1700

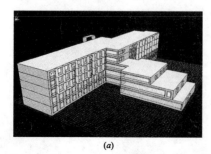
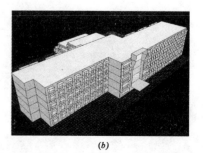

(a)　　　　　　　　　　　　　　　*(b)*

图 3.19-1　软件建立的建筑模型

（a）北向；（b）南向

3.19.3 南向窗户遮阳效果模拟分析

1. 1～4 层窗户

该建筑 1～4 层各房间开窗情况类似，设计外遮阳形式相同，通过模拟知道各楼层间的差异很小，因此选取南向第三层的代表窗户进行分析。

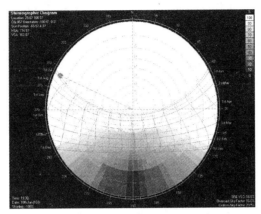

图 3.19-2 南向 1～4 层窗设置水平＋垂直挡板遮阳
（水平 700mm，垂直 900mm）

（1）水平＋垂直挡板遮阳（水平 700mm，垂直 900mm）

设置水平和垂直遮阳后的日轨图显示，4～9 月此朝向外窗的遮挡率很高，几乎没有的太阳直射，遮阳效果很好；而 1～3 月和 10～12 月，平均在上午九点至下午五点见均有太阳照射，既保证了冬季的太阳直射得热，又保证了良好采光的要求。

（2）水平＋垂直挡板遮阳（水平 500mm，垂直 700mm）

由日轨图可以看出，遮阳尺寸改为水平 500mm，垂直 700mm 后，夏季遮阳效果依然很好，此面窗在 5，6，7，8，9 月份基本上都能够完全被遮挡。同时，冬季的日照进入窗户的情况略好于水平 700mm，垂直 900mm 的情况。

（3）水平＋垂直挡板遮阳（水平 400mm，垂直 500mm）

水平 400mm，垂直 500mm，此种尺寸下南向 1～4 层窗在 5～7 月以及 8 月的大部分时间的遮挡率仍较高，与尺寸为水平 700mm、垂直 900mm 以及水平 500mm、垂直 700mm 时的情况相当；主要的区别在 4 月和 8 月下旬～9 月，尺寸减小后 10 点至 15 点这段时间内的遮挡率小于水平 700mm、垂直 900mm 的情况。

（4）只设水平遮阳（700mm）

只设置水平遮阳板，4～9 月此朝向外窗在 10 点至 16 点之间的遮挡率明显低于设水平＋垂直挡板的情况，遮阳效果明显不如设水平＋垂直遮阳挡板。

（5）小结论

由上面的分析可以得出：南向窗户设置水平＋垂直遮阳形式比只设水平遮阳的夏季遮阳效果好，而对冬季日照影响的差异较小。因此建议：在南向窗宜设置水平＋垂直挡板遮阳方式。

考虑到 4 月重庆已经转暖，而 8 月下旬至 9 月属于初秋，重庆天气尚热，因此水平

400mm＋垂直 500mm 的尺寸的遮阳效果在此段时间略显不足。

水平 700mm＋垂直 900mm 和水平 500mm＋垂直 700mm 均有较为理想的夏季遮阳效果和冬季日照，南向 1～4 层窗户的外遮阳挡板尺寸可根据建筑造型要求在这个尺寸范围内选择。

2. 5 层窗户

（1）设水平＋垂直挡板遮阳（水平 1200mm，垂直 900 变化至 1200mm）

4～10 月此面窗的太阳直射几乎全部被遮挡，1～2 月和 11～12 月有少量日光可直射进入窗户。

（2）设水平＋垂直挡板遮阳（水平 900mm，垂直 700 变化至 900mm）

水平 900mm＋垂直 700～900mm 的夏季遮阳效果好，与水平 1200mm＋垂直 900～1200mm 时的效果相当。

（3）设水平＋垂直挡板遮阳（水平 800mm，垂直 500 变化至 800mm）

此面窗在挡板尺寸为水平 800mm＋垂直 500mm～800mm 时的夏季遮阳效果仍很好，与前两种情况相当；3、4、10、11 月的遮挡率较水平 1200mm＋垂直 900～1200mm 有所减少，有利于此季节的日照和采光。

（4）只设水平遮阳（1200mm）

即使挡板尺寸为 1200mm，在夏季时候很大部分时间内的遮挡效果明显不如有水平＋垂直遮阳形式。

（5）小结

由上面的分析可以得出：南向 5 层窗户设置水平＋垂直遮阳形式比只设水平遮阳的夏季遮阳效果更好；遮阳尺寸可根据建筑造型及其他要求在水平 800mm＋垂直 500mm 到水平 900mm＋垂直 700mm 范围。

3. 南向窗户综合分析

综合上述关于南向 1～4 层和 5 层的遮阳情况分析，1～4 层采用水平 500＋垂直 700mm、5 层采用水平 900＋垂直 700 变化至 900mm 的遮阳挡板尺寸，可与目前的建筑外观设计保持一致，夏季遮阳效果和冬季日照均较为理想。

3.19.4　北向窗户

1. 不设外遮阳挡板

北向窗不设外遮阳挡板，主要在夏季 4～9 月的早上 9 点以前有较强的太阳直射，下午 17 点以后有部分日光射入窗内。

北向 5 层窗在未设置遮阳时的情况与 1～4 层近似。在 4～9 月大约从太阳升起到 8～9 点这段时间有较强的太阳直射，5～8 月 16 点至 18 点之间有部分太阳直射，16 点到 17 点的平均遮挡率大约为 45％左右，17 点到 18 点的平均遮挡率大约为 80％左右。

2. 只设水平挡板

北向窗 1～4 层只设水平挡板遮阳（300mm），和不设遮阳板相比几乎没有变化。

北向 5 层窗只设水平遮阳挡板（1200mm）只能将下午 17 点以后的日光直射挡住，不能解决早晨的遮阳问题。

3. 设水平＋垂直遮阳

北向 1～4 层窗设水平＋垂直挡板遮阳（水平 300mm，垂直 400mm），全年太阳直射均完全被遮挡。

与不设或只设水平挡板相比，增加垂直遮阳 400mm 可完全遮挡夏季太阳直射进入窗户。

4. 小结

由上述分析可得出如下结论。

（1）北向窗户不设外遮阳时，只在夏季 9 点以前和 17 点以后有日照直射进入窗内，且主要集中在 9 点以前。

（2）对于北向窗户，设置水平外遮阳几乎不能起到遮挡的效果。

（3）如需要，在北向设垂直 400mm 的外遮阳板即可起到较好的遮挡效果。

（4）鉴于北向的日光直射不强烈，兼顾采光的需求，北向可不设外遮阳板。

3.19.5　东向外窗

1. 东向外窗设水平＋垂直挡板遮阳（水平 700mm，垂直 900mm）的遮挡情况。可以看出，此面窗在夏季的 5～9 月份上午均有较强的太阳直射进入窗内，遮阳效果不理想。

2. 结论

对于东向窗户，为达到比较理想的遮阳效果，并兼顾采光，宜加设活动外遮阳部件，根据室外日光强度进行实时调节。

3.19.6　西向外窗

1. 西向外窗设水平＋垂直挡板遮阳（水平 700mm，垂直 900mm）的遮挡情况。可以看出，此面窗在夏季的 5～9 月份下午（15 点至太阳落山）均有较强的太阳直射进入窗内，遮阳效果不理想。

2. 结论

对于西向窗户，为达到比较理想的遮阳效果，并兼顾采光，宜加设活动外遮阳部件，根据室外日光强度进行实时调节。

3.20 北京地区窗墙比和遮阳对住宅建筑能耗的影响

董海广 许淑惠
北京建筑工程学院

摘 要： 本文以北京地区实际住宅建筑为研究对象，研究窗墙比和遮阳对住宅建筑能耗的影响。通过建筑能耗模拟软件 DeST-h 对住宅能耗的模拟，得到了各朝向房间的建筑负荷指标随窗墙比的变化规律，用多项式拟合得到建筑总能耗与窗墙比的回归方程，分析了适当采用遮阳对降低住宅能耗的作用。由结果分析出南向无遮阳时最合适的窗墙比为 0.4，有遮阳时最合适的窗墙比为 0.55；东、西、北方向采用较小的窗墙比有利于建筑节能。
关键词： 能耗；DeST-h；太阳辐射；窗墙比

现代人越来越多地倾向于喜好具有宽大落地窗的住宅，不仅在外观上气派，还有很好的通风和采光效果。但是，这样的设计对建筑节能却不一定有利，因为外窗在围护结构的能耗比例中占有较大的比重[1]。窗墙比是指窗户洞口面积与房间立面单元面积（即建筑物高与开间定位线围成的面积）的比值。通常窗户的传热系数大于墙体的传热系数，增大窗户的面积会增加房间与外界的传热量，同时增加室内的太阳辐射得热量，对于建筑的冷负荷来说两者均为不利因素，但对建筑的热负荷来说为双重因素[2]，且建筑各朝向的太阳辐射量也不相同，所以有必要研究建筑各朝向窗墙比对建筑负荷的影响。

3.20.1 研究方法

1. 基准住宅建筑

（1）建筑模型

本文研究中的基准建筑模型为 1 栋独立的 7 层传统建筑，层高 2.9m，3 室 1 厅 1 厨 2 卫，每户面积大约为 110m²，总建筑面积 2869.23m²。基准住宅平面图见图 3.20-1。

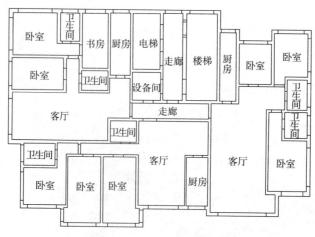

图 3.20-1 基准住宅平面图

（2）建筑物输入条件

外墙结构为 200mm 混凝土 + 60mm 聚苯板保温 + 18mm 纯石膏板，传热系数 0.622W/（m² · K），屋面选用加气混凝土保温屋面，传热系数 0.812W/（m² · K），楼板结构为 25mm 水泥砂浆 + 80mm 钢筋混凝土 + 20mm 水泥砂浆，传热系数 3.055W/（m² · K），外窗选用普通中空玻璃（中空 12mm），传热系数 2.9W/（m² · K），遮阳系数 SC 值为 0.83，太阳能得热系数 SHGC 为 0.722，遮阳时采用浅色窗帘内遮阳，窗帘的短波反射率为 0.2。有外窗房间采用逐时通风，白天换气次数 0.5 次/h，晚上换气次数 2 次/h。房间热扰根据功能区分，采用 DeST-h 默认值，空调设备选用房间独立空调器。

2. 计算方法

本文采用模拟软件 DeST-h 对北京地区的某一住宅建筑进行了逐时模拟计算。通过改变某一方向的窗墙比，同时保持基准住宅其余设定不变，模拟得到建筑的冷、热负荷随各个方向窗墙比的变化特性。为了研究住宅中住户采用室内窗帘遮阳的效果，本文对研究对象的模拟以有遮阳和无遮阳两种情况分别计算。考虑到现代新建住宅建筑的南向窗墙比越来越大，并为了便于分析计算结果，本文基准建筑的南向窗墙比为 0.8，东、西、北向窗墙比为 0.5，各方向的窗墙比变化范围为 0.2～0.8[3,4]。

3.20.2 计算结果及分析

1. 计算结果

本文所选建筑为一实际住宅，为了研究东西方向的窗户特性对住宅负荷的影响，在建筑物 4 个角上的房间各自多加开了东向或西向的窗户，这样就会使每层这 4 个位置的房间的负荷增加很多，但不会影响对计算结果相对大小和变化趋势的分析。

为更明显看出各房间的窗墙比变化对建筑负荷的影响，同时为避免因各朝向房间面积不一使其对建筑总负荷大小不同的影响，本文对模拟结果进行统计处理，分别由各朝向房间的累计负荷指标，采用面积加权平均值的办法，计算窗墙比不同时各朝向房间的累计负荷指标的平均值。

由于东、南、西、北各方向的建筑布局不具有对称性，且窗墙比也不一样，这就造成各朝向房间的累计负荷指标的大小有较大差别，且与建筑整体累计负荷指标也不相同，但这并不影响按各个朝向分别研究窗墙比和有无遮阳对各个朝向房间建筑负荷的影响，不同朝向房间的建筑负荷指标大小无可比性。本文中所研究建筑在不同窗墙比及有无遮阳条件下各朝向房间的全年累计总负荷指标、全年累计热冷负荷指标在表 3.20-1～表 3.20-3 中列出。

全年累计总负荷指标 表 3.20-1

全年累计总负荷指标									有遮阳/无遮阳平均值
窗墙比			0.2	0.3	0.4	0.5	0.6	0.7	0.8	
方向	统计项目	单位	模拟值							
东	有遮阳	KW · h/m²	75.0	81.9	88.6	95.4	102.0	108.7	115.2	0.96
	无遮阳		76.7	84.6	92.1	99.9	107.5	114.7	121.9	
南	有遮阳	KW · h/m²	40.2	39.0	38.3	38.1	38.0	38.6	39.8	1.02
	无遮阳		40.8	36.8	36.2	36.4	37.5	39.1	40.8	
西	有遮阳	KW · h/m²	49.0	52.6	56.6	60.9	64.7	68.8	73.0	0.97
	无遮阳		49.0	53.7	58.2	62.9	67.8	72.3	77.0	
北	有遮阳	KW · h/m²	81.4	88.5	94.4	100.6	106.5	112.4	118.2	0.98
	无遮阳		82.6	89.5	95.9	103.0	109.1	115.2	121.6	

全年累计热负荷指标　　　　　表 3.20 - 2

全年累计热负荷指标									有遮阳/无遮阳平均值
窗墙比			0.2	0.3	0.4	0.5	0.6	0.7	0.8	
方向	统计项目	单位	模拟值							
东	有遮阳	KW·h/m²	38.7	39.7	40.9	42.2	43.4	44.8	46.2	1.09
	无遮阳		37.1	37.5	38.0	38.5	39.2	39.9	40.8	
南	有遮阳	KW·h/m²	23.8	20.7	17.9	15.6	13.1	11.9	11.2	1.36
	无遮阳		23.3	16.7	13.4	11.0	9.0	7.9	7.1	
西	有遮阳	KW·h/m²	31.8	32.2	32.7	33.1	33.7	34.3	34.9	1.08
	无遮阳		31.8	30.5	30.4	30.5	30.4	30.6	30.8	
北	有遮阳	KW·h/m²	56.1	59.5	62.7	65.6	69.1	72.2	75.3	1.04
	无遮阳		56.3	57.9	60.6	62.4	65.7	68.7	71.7	

全年累计冷负荷指标　　　　　表 3.20 - 3

全年累计冷负荷指标									有遮阳/无遮阳平均值
窗墙比			0.2	0.3	0.4	0.5	0.6	0.7	0.8	
方向	统计项目	单位	模拟值							
东	有遮阳	KW·h/m²	36.2	42.1	47.7	53.2	58.7	63.9	69.1	0.87
	无遮阳		39.6	47.0	54.2	61.4	68.3	74.7	81.2	
南	有遮阳	KW·h/m²	16.4	18.3	20.4	22.5	24.9	26.7	28.6	0.89
	无遮阳		17.5	20.1	22.8	25.5	28.5	31.1	33.7	
西	有遮阳	KW·h/m²	17.2	20.4	23.9	27.3	31.0	34.6	38.1	0.87
	无遮阳		17.2	23.2	27.8	32.4	37.4	41.6	46.3	
北	有遮阳	KW·h/m²	25.3	29.0	31.8	34.9	37.4	40.2	42.8	0.89
	无遮阳		26.3	31.6	35.3	40.6	43.4	46.5	49.9	

　　无遮阳时东、南、西、北向房间的建筑能耗负荷指标的平均值随窗墙比的变化分别如图 3.20 - 2 所示。

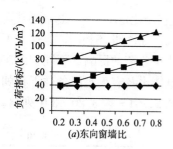

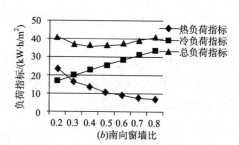

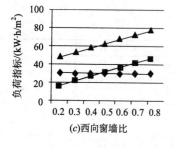

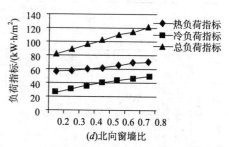

图 3.20 - 2　无遮阳时建筑各种能耗负荷指标随窗墙比的变化

有遮阳时东、南、西、北向房间的建筑能耗负荷指标的平均值随窗墙比的变化分别如图 3.20-3 所示。

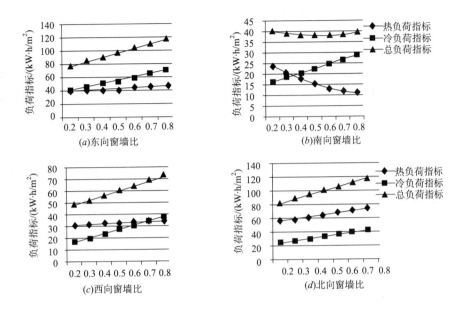

图 3.20-3 有遮阳时建筑各种能耗负荷指标随窗墙比的变化

根据模拟结果采用多项式拟合得到在本文设定参数下住宅建筑的累计总负荷指标与窗墙比的回归方程，如表 3.20-4 所示。

建筑全年累计总负荷指标（y）与窗墙比（x）的拟合公式　　　　表 3.20-4

无遮阳			有遮阳		
方向	拟合公式	最大误差	方向	拟合公式	最大误差
东	$y=6.43x^2+81.86x+60.56$	0.81	东	$y=67x+61.76$	0.16
南	$y=100x^3+199.2x^2-115.1x+56.5$	0.41	南	$y=8.33x^3+9.76x^2-17.42x+43.19$	0.13
西	$y=46.71x+39.63$	0.14	西	$y=2.98x^2+37.20x+41.34$	0.22
北	$y=7.143x^2+72x+68.49$	0.30	北	$y=22.22x^2-41.79x^2+84.38x+66.10$	0.25

2. 结果分析

（1）遮阳对建筑负荷的影响

综合各朝向房间的负荷来看，采用遮阳后，冬季热负荷均变小，夏季冷负荷均变大，总负荷基本无变化。遮阳使南向房间的冬季热负荷增大得最多，东、西向房间相当，北向最小；遮阳对各朝向房间的夏季冷负荷的影响大小相当，南向和北向稍大，可见由于北京地区夏季太阳高度角高，太阳总辐射量在各朝向垂直面上的分布大体相当。

（2）窗墙比对建筑负荷的影响

无遮阳时，东、西向房间的热负荷随窗墙比的变化不大，冷负荷和总负荷随窗墙比的增加有显著的增加；有遮阳时，东、西向房间的热负荷随窗墙比的增加稍有增加，冷负荷和总负荷随窗墙比的增加有明显的增加，但增速小于无遮阳时的情况；可见东、西向房间分别受东晒和西晒的影响，在有窗帘时增大窗户面积，同时增大房间的热损失和冷损失以及太阳辐射得热量。冬季时增大的热损失和太阳辐射得热量相当，故窗墙比大小对热负荷的影响很小，夏季时增大窗户面积带来冷损失和太阳辐射得热量同时增加的双重负面效应，故引起冷负荷的显著增加，综合全年的总负荷来看，东、西向的窗墙比越小越有利于建筑节能[2,4]。

对于南向房间，随着窗墙比的增大，热负荷显著减小，冷负荷显著增大，总负荷呈现先减小后增大的趋势。无遮阳时最合适的窗墙比为 0.4，有遮阳时最合适的窗墙比为 0.55。冬季窗户面积增加后带来的太阳辐射得热量的增加比热损失的增加多，进而使热负荷减小；夏季窗户面积增加使冷损失和太阳辐射得热量同时增加，均为不利因素，进而使冷负荷显著增加；总负荷呈现热负荷和冷负荷的叠加作用[4]。有遮阳时各种负荷随窗墙比的变化比无遮阳时平缓，可见遮阳可以减弱辐射传热对建筑负荷的影响。

北向房间由于无法得到太阳直射辐射，增加窗户面积使其得到的太阳散射辐射量的增加有限，增大窗墙比使热负荷和冷负荷及总负荷均明显增大，可见北向房间应尽量减小窗墙比。

3.20.3 结论

1. 从建筑节能的角度考虑，南向房间存在一个最合适的窗墙比，在本文中的建筑设计参数条件下，无遮阳时最合适的窗墙比为 0.4，有遮阳时最合适的窗墙比为 0.55，如采用保温性能更好的玻璃窗可采用更大的窗墙比。

2. 东西向和北向房间的窗墙比对热负荷无太大影响，但窗墙比增大会显著增加冷负荷，应尽量采用较小的窗墙比才能有利于建筑节能。

3. 建筑采用遮阳可以降低冷负荷但增大了热负荷，对总负荷影响不大；如果在使用中人为根据昼夜变化和室外的气候条件灵活调整遮阳窗帘的开启，夏季白天使用窗帘降低太阳辐射，晚上不使用窗帘，增加室内对外界的辐射散热；冬季则采用相反的措施，必然可以同时降低建筑的冷负荷和热负荷。

4. 本文所得结论为在本文中的建筑设计参数条件下所得，在其他设计参数下，如不同的外窗和外墙的传热性能，结果会稍有不同，希望本文结论可以为同类建筑的设计提供一些参考。

参考文献
[1] 闫成文，姚健，林云．夏热冬冷地区基础住宅围护结构能耗比例研究 [J]．建筑技术．2006，37 (10)：773-774.
[2] 常静，李永安．居住建筑窗墙面积比对供暖能耗的影响 [J]．暖通空调．2008，38 (5)：109-113.
[3] 姚健，闫成文，等．外遮阳系数对建筑能耗的影响 [J]．建筑节能．2007 (11)：34-36.
[4] 江德明．窗墙比对居住建筑能耗的影响 [J]．建筑技术．2009，40 (12)：1099-1102.

3.21 天津地区居住建筑窗体遮阳现状调研及功能需求分析

刘 刚 马 剑 张明宇 姚 鑫

天津大学建筑学院，天津市建筑物理环境与生态技术重点实验室

摘 要： 天津虽属北方寒冷地区，但随着气候变化，酷夏寒冬的问题越来越突出。对于建筑，尤其是窗口区域既需冬季保温，还需夏季防热。正是这种双重使用要求使得可调百叶外遮阳需求逐年提升。本文以通过对北方寒冷地区典型城市天津的气候、建筑布局及体型、窗体遮阳系统现状以及居民对室内物理环境满意度调研，分析总结出天津地区遮阳设施的现状和需求特点，结合室内光环境、声环境的综合要求提出天津地区遮阳的功能需求分析，为北方寒冷地区遮阳的进一步深化研究提供了基础数据和研究方向。

关键词： 窗体遮阳系统；室内物理环境；居住建筑；寒冷地区

我国寒冷地区的气候条件对建筑节能很不利，与世界同纬度地区的平均气温相比，一月份华北地区偏低 10～14℃，7月份各地平均温度偏高 1.3～2.5℃。天津夏季炎热程度甚至可能超过纬度较低的华南地区。随着气候的变化，寒冷地区不但要在冬季保温，而且也要考虑夏季防热。窗体遮阳系统的性能对建筑节能关系重大。

3.21.1 天津气候特点分析

天津是寒冷地区典型城市（北纬 39°06′，东经 117°10′），属暖温带半湿润大陆季风型气候。同欧洲大陆的月平均气温相比，欧洲大陆的夏季凉爽，空调负荷较小，其建筑节能重点主要在冬季。但天津夏季气温比欧洲大陆平均气温高出 5℃以上，最高的 7、8 月份，甚至高出 10℃左右。而冬季天津月平均气温比欧洲大陆气温低 5～10℃（图 3.21-1）。所以天津冬夏两季的节能压力都较大。

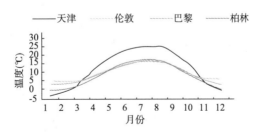

图 3.21-1 天津地区与欧洲大陆的月平均气温比较

同时，天津与国内其他地区相比，节能压力也相对较大。以滨海新区为例，利用塘沽站 1951-2000 年的气象观测资料进行分析，结果表明天津滨海新区年平均气温总体趋势呈明显上升趋势，用线性拟合近 50 年来滨海新区年平均气温增长率为每 10 年 0.29℃，这个增长速度远高于我国的平均气温增长率每 10 年 0.04℃，说明天津地区近些年夏季气温平均水平有较大提升。表 3.21-1 为年极端气温和年代极端气温。

年极端气温和年代极端气温

表 3.21－1

年代	TM	Tmax	TMd	Tm	Tmin	Tmd
50 年代	39.9	36.3	27	−16.2	−14.7	137
60 年代	38.7	35.8	21	−17.1	−13.6	130
70 年代	36.5	35.0	9	−14.3	−12.3	77
80 年代	38.5	36.3	17	−14.3	−13.1	74
90 年代	40.9	37.0	50	−14.0	−11.4	38
合计			124			456

注：Tmax—年极端最高气温；Tmin—年极端最低气温；TM—年代极端最高气温；Tm—年代极端最低气温；TMd—极端最高气温 Tmax≥35℃的日数；Tmd—极端最低气温 Tmin≤−10℃的日数

所以，以上所有数据表明天津地区既需要冬季保暖节能，同时还要夏季防热节能的双重需求。这也为天津地区的遮阳设施提出了更高的要求。

3.21.2　天津建筑窗口遮阳处理方式现状调研

1. 遮阳的种类及遮阳效果

窗体性能提升，遮阳设施必不可少。但各种遮阳的性能却千差万别。天津地区究竟如何，我们对此进行了调研，调研发现天津目前遮阳主要有如下几种形式：

（1）简易遮阳篷：这是天津居住建筑普遍采用的外遮阳方式，既应用在南向窗也应用在西向窗，且西向居多。但由于西晒时太阳高度角较小，此遮阳篷并不能起到较好的遮阳作用。如图 3.21－2 中 B 所示，该照片拍摄于 2007 年 7 月 22 日 16：00。图 3.21－2 显示的是其西立面。从图中阴影可以看出，遮阳篷阴影区仅覆盖了窗户的上 1/3 部分，为了达到满窗遮阳，用户又增设了铝箔反光板。即在天津地区夏季，建筑西向遮阳篷在下午并不能对太阳进行有效遮挡。图 3.21－2 中 E 中所示的用户为了遮阳还在阳台上挂置布帘代替遮阳篷。总体来说，这种简易遮阳篷形式相对较统一，对南向遮阳尚可，但是对西向遮阳效果不好，而且容易损坏如图 3.21－2 中 G 所示。图 3.21－3 为夏季东西向开窗居室热舒适度统计图。

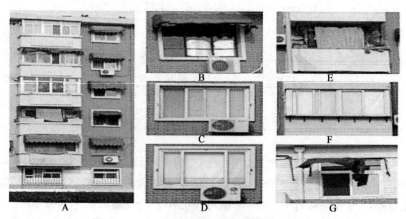

图 3.21－2　天津居民建筑常见遮阳措施

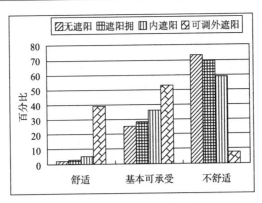

图 3.21-3 夏季东西向开窗居室热舒适度统计图

(2) 内遮阳：内遮阳使用也较为普遍。一类是用户自家安装的窗帘。另一类是专用成品内遮阳。如图 3.21-2 所示，图 3.21-2 中 B 是可以活动的铝箔反光板，图 3.21-2 中 C 采用的是竹帘，图 3.21-2 中 D 是专用成品内遮阳，图 3.21-2 中 F 是普通白色窗帘。这几类内遮阳形式各异，极大地影响了建筑外立面美观性，而且遮阳效果也并不理想。

(3) 绿化遮阳：主要存在于一些建造时间较早的多层住宅中，该种遮阳适用于多层建筑或者高层建筑的下部。高层建筑上部风荷载大，仅靠攀爬植物根系附着力不能满足强度安全要求，易坠落。

(4) 可调百叶外遮阳。目前天津安装可调百叶外遮阳的居民建筑极少，但防热效果突出。

据调研发现，目前天津的遮阳设施多采用遮阳篷和内遮阳，但这种遮阳的性能有待提高，目前尚不能满足冬夏两季节能的双重要求。

2. 调研问卷

为了进一步了解住区居民对现有室内光、热等物理环境的主观感受，本文对天津居住区进行了调研问卷，调研居住区涉及卫津南路居住区、天津大学新园村、公安部天津消防研究所、天津大学学生宿舍等居住建筑。在调研过程中共收集调研问卷 200 份，合格问卷 160 份。结果如下（图 3.21-4，图 3.21-5）：

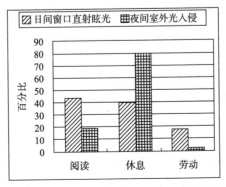

图 3.21-4 窗口入射光干扰室内行为统计图

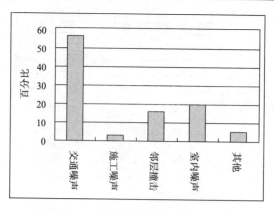

图 3.21-5 室内常见噪声干扰度统计图

从统计结果看到，窗体系统面临问题：

（1）天津目前大量使用的简易遮阳篷和内遮阳对改善东西向房间热环境能力较差（图 3.21-3），可调百叶外遮阳能营造较好的室内热环境，但目前尚未推广使用；

（2）简易遮阳篷和内遮阳对改善室内光环境能力也较差（图 3.21-4）。缺乏对日间太阳直射眩光再分配能力和夜间照明光污染的遮挡能力。从而使人们日间阅读、劳动，夜间休息等主体生活行为受到影响。

（3）简易遮阳篷和内遮阳对消减临街建筑交通噪声污染的作用较低（图 3.21-5）。

3.21.3 需求分析

所以，根据对天津市的气候、建筑布局及体型、窗体遮阳现状以及居民满意度的综合调查分析，特对天津地区窗体遮阳系统提出如下功能要求：

1. 需要有冬季保暖，夏季防热的双重功效；既可以在冬季提升窗体系统的保温性能，又可以在夏季遮挡太阳通过窗口对室内的热辐射。

2. 可以适应多层和高层的不同安装要求；满足承受不同楼层风荷载的安全使用要求。

3. 可以适用于不同建筑朝向的需求；满足南向和东西向遮阳的不同要求。

4. 可以改善日间室内光环境，有效的对窗口太阳直射眩光进行室内再分配，从而充分利用太阳光。同时可以有效遮挡夜间室外人工照明产生的光入侵。

5. 可以提升窗体系统的隔声效果，有效的消减交通噪声对室内的影响，从而从整体上改善室内物理环境品质。

目前可调节百叶外遮阳在上述方面有较大优势，但由于造价和部分技术方面问题，推广起来尚有困难，但这无疑将为我们提供了一个发展方向。

参考文献

[1] 杨斌. 天津地区住宅建筑南向墙遮阳板构型设计及节能潜力分析 [D]. 天津：天津大学，2003.

[2] 李峥嵘，夏麟. 基于能耗控制的建筑外百叶遮阳优化研究 [J]. 暖通空调. 2007，37（11）：11～13.

[3] 简毅文，王苏颖，江亿. 水平和垂直遮阳方式对北京地区西窗和南窗遮阳效果的分析 [N]. 西安建筑科技大学学报，2001，33（3）：212－217.

［4］周海燕．外遮阳百叶在天津地区应用的理论分析与模型实验研究［D］．天津：天津大学，2007.

［5］徐悦．寒冷地区可调节式外遮阳与建筑的一体化设计［D］．天津：天津大学，2007.

［6］赵玉洁，宋国辉，徐明娥，刘建军．天津滨海区 50 年局地气候变化特征［J］．气象科技．2004，32（2）：86－89.

3.22 基于有限元分析与实验的窗口热环境品质综合提升研究

刘 刚 马 剑 张海滨 罗丽娟

天津大学，天津市建筑物理环境与生态技术重点实验室

摘 要：我国寒冷地区近几年夏季气温愈来愈高，却极少应用外遮阳设施和隔热玻璃对室内热环境进行改善，这对于建筑节能非常不利。遮阳设施和特殊玻璃的设计和选取具有很强的区域适应性，气候和地理位置的依赖性，不能完全照搬。在北方寒冷地区既要考虑夏季遮阳，又要考虑冬季获得太阳辐射。因此本文基于天津地区所在的寒冷地区的气候特点，以可调节百叶外遮阳技术为主要技术方案，对不同朝向建筑在当地气候条件下，采用有限元分析的方法，进行热环境数值分析和实验对比，得出一些规律性结论，并根据结果提出一些优化措施和建议。

关键词：窗口；热环境；有限元分析

3.22.1 概述

窗体系统是建筑与外界联系的主要通道之一，它具备采光、通风、观景等功能。但同时窗体系统也是建筑抵抗外界不良干扰因素影响最薄弱的环节。从现今建筑的发展趋势可以看出，窗的节能改造还进展较缓，窗体系统构造的单一落后，对建筑节能的实现无疑增设了一道屏障。既浪费了大量能源，也造成恶劣的室内物理环境。所以，对建筑窗体系统进行全面研究，以便于建筑师在设计中采取正确的措施，意义重大。

3.22.2 研究背景

本文的研究是针对寒冷地区典型城市——天津的窗体系统展开的，所以天津的现状资料是研究的基础。天津市位于华北地区中部，北纬 $39°06'$，东经 $117°10'$。气候属暖温带半湿润大陆季风型气候，气候分区上属于寒冷地区。天津市目前的建筑主要呈现以"L"形和"回"字形，这样就致使建筑的东西立面上出现了大面积开窗，进而造成了大量房间的东晒和西晒，严重危害了室内的热舒适度。

天津地区主要采用的遮阳方式有构造遮阳、简易遮阳篷、内遮阳、绿化遮阳、可调百叶外遮阳等，采用活动百叶外遮阳方式的相对来说比较稀少。以目前天津地区所采用的构造遮阳、各种内遮阳和简易遮阳篷对冬季保暖效果不明显，仅能对夏季遮阳起到一定作用。

3.22.3 研究方法的确定

本文主要采用的研究方法有两种：实验方法和数值模拟分析方法。

建筑窗体系统传热是复杂的非稳态和非线性过程，窗体的非稳态导热理论分析就是要求分解窗体系统本身的温度场和热流量场随时间的变化规律和由于窗体系统的热变化而导致室内热场变化的规律。与传统单一均质墙体有所不同，窗体系统传热计算较为复杂。采用有限元分析方法对窗体系统进行研究，首先将热问题转换为变分问题，将所分析的区域

离散化，求出构造单元内的温度差值函数，然后根据变分计算式导出单元变分计算的代数方程组，进行总体合成，最后求解代数方程组，得出所需数据。

在建筑热环境物理模型模拟方面，现在国内外常用的较为成熟的能耗软件有DOE-Ⅱ、Energyplus、DEROB、DeST、EHL等。本研究中模型直接在Ansys中建立，省去了CAD和Ansys之间的转换。模型与软件之间兼容性更好。而且，模型可以根据热场的实际分布进行网格划分，这样就提高了计算准确性。和其他软件相比，本模型对建筑物具体的物理参数要求较少。因此可以在较少建筑物物理参数的基础上，较准确地计算出建筑物的逐时热场分布。

3.22.4 试验与模拟分析

由调研可知，目前天津地区建筑采用活动百叶外遮阳的方式为最佳的选择，故本研究采用活动式百叶遮阳为物理模型，以使建筑遮阳达到最理想的效果，保证室内热舒适度达到最佳。在此基础上，针对天津的气候条件，对铝合金外百叶遮阳和氧化铝外遮阳百叶两种常见材质遮阳在不同风速条件下的遮阳效果进行数值模拟分析。此外，对铝合金遮阳百叶、内遮阳以及无遮阳条件下的夏季室内热环境进行数据采集分析。

1. 有限元分析

本研究对两种材料的遮阳百叶进行分析对比，一种是铝合金百叶，另外一种是氧化铝百叶。首先分析单层玻璃窗的室内温度场，然后分析安装两种遮阳后的室内温度场。在窗户朝向的选择上，由于南向窗接受太阳辐照时间长，而且南向窗大部分辐照时间均是人们日常工作的时间段，需要较高照度，所以本次数值分析选择南向窗作为数值模拟分析朝向（图3.22-1）。

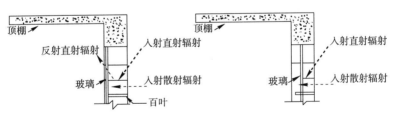

图3.22-1 有无百叶情况下辐射荷载分析图

（1）模拟分析外部环境条件

本次分析采用 Ansys CFX 和 Ansys ICEM 联合分析。具体分析信息如下：

模型边界：分析模型的尺寸、材质和边界条件同光环境和声环境分析模型。

单元划分：网格划分采用了四面体和六面体两种单元形式划分（图3.22-2）。

荷载说明：荷载采用了自行记录的天津太阳辐射强度和室外温度进行加载。

本课题采用PC—2B太阳辐射观测系统进行天津地区的太阳辐照强度实地测试。室外温度采用温度自测仪在室外选择三个测点测试，测点位置选择在南向窗外侧1米范围内的环境温度，测试频率为20min/次。测试后

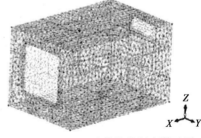

图3.22-2 热环境数值分析有限元网格划分

取三个测点的平均值作为室外温度。测试结果如图 3.22-3 所示。观测设施位于天津大学科学楼屋顶。

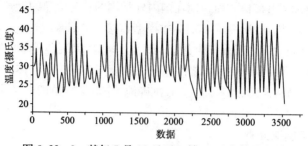

图 3.22-3　某年 7 月 12 日至 9 月 12 日室外温度图

太阳的高度角和方位角时刻变化，为了便于计算，本次分析将太阳运行轨迹矢量化（图 3.22-4），假设太阳到建筑南立面连线的方向矢量为 {L}，且。令 {L}＝{xcomp，ycomp，zcomp}。其中，xcomp，ycomp，zcomp 分别为单位向量 {L} 在 x，y，z 坐标轴上的投影分向量。

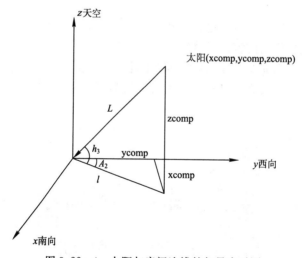

图 3.22-4　太阳与房间连线的矢量表示图

（2）单层玻璃窗隔热效果有限元数值分析

在无风无遮阳工况下，对只安装单层玻璃窗的建筑室内温度场分布进行模拟分析（图 3.22-5）。

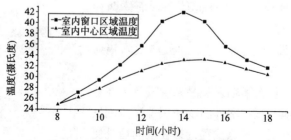

图 3.22-5　无风无遮阳工况下室内温度曲线

室内温度从早上8：00开始急速上升，在下午14点至15点之间达到最高。室内中心温度最高值达到33℃，而室内窗口区域温度高达37.5℃，比室内中心温度高4.5℃。

（3）铝合金百叶以及氧化铝百叶遮阳隔热效果有限元数值分析

计算模型采用铝合金材质的百叶，百叶表面分别采用铝合金表面以及氧化铝表面，对二者进行模拟分析（图3.22-6）。模拟工况采用不同风

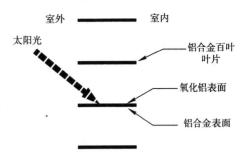

图3.22-6　百叶表面材质示意图

速情况，在0m/s、2m/s、4m/s三种风速条件下分别进行模拟计算，得到以下曲线（图3.22-7（a）和图3.22-7（b）为两种不同材质百叶窗在风速为2m/s时数值模拟）。

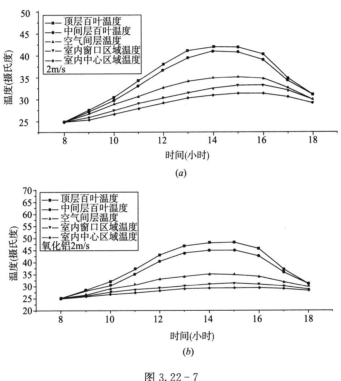

图3.22-7

（a）风速2m/s时铝合金百叶工况下数值模拟结果；

（b）风速2m/s时氧化铝百叶工况下数值模拟结果

（4）各种工况对比

1）室内窗台温度变化

夏季，室内窗口区域是太阳直射区域，也是室内温度最高、热舒适度最差的区域。无遮阳时该区域温度可达到40多度，加上百叶外遮阳后，该区域温度改善速度最快，改善幅度最大。同时，在对百叶表面材质优化后，该区域的温度可进一步下降［图3.22-8（a）］。

2）室内中心温度比较

室内中心温度代表了室内温度的平均水平，安装铝合金百叶遮阳前后，室内温度日最大值变化了 2℃。而安装了氧化铝百叶遮阳前后，温度最大改变了 4℃。这对于夏季防热和降低热负荷有极其大的意义［图 3.22-8 (b)］。

3）百叶温度比较

铝合金百叶和氧化铝百叶由于其材质不同，所以对可见光和红外线的反射吸收性能均有较大差别，铝合金几乎将所有红外线反射掉，而氧化铝几乎将所有红外线吸收掉，这就造成了其本身温度的差别［图 3.22-8 (c)］。

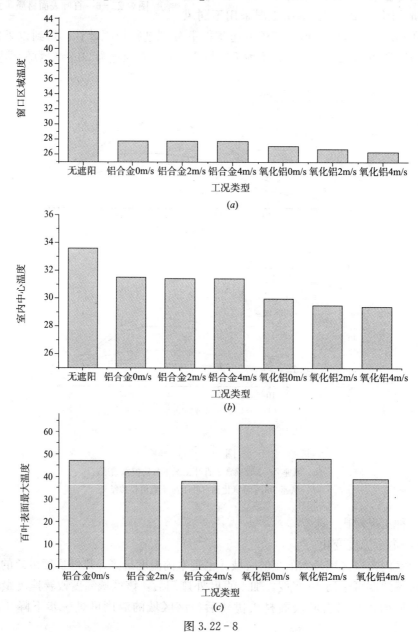

图 3.22-8

(a) 室内窗口区域温度日最大值比较；(b) 室内中心温度日最大值比较；(c) 百叶表面温度日最大值比较

2. 现场试验、数据采集

为了进一步验证铝合金外遮阳百叶夏季遮阳效果，本研究又选择 3 个带有西向窗的房间，进行了室内热环境的实测。房间 1 安装了空调和内遮阳，房间 2 无空调无遮阳，房间 3 无空调有外遮阳（图 3.22-9）。

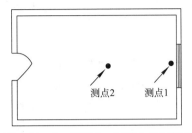

图 3.22-9　房间 2、3 测试点分布图

在测试过程中，因为窗口区域是热量交换的密集区，所以窗口区域的温度是本文关注的重点。本次测试在三个房间窗口区域分别放置了一块温度自测表。为了分析三个房间的整体热环境，还在房间中心放置了一块温度自测表。（图 3.22-10 为有遮阳屋与无遮阳屋室内中心温度比较）（图 3.22-11 为有遮阳室内窗口温度同室外窗口温度对比）

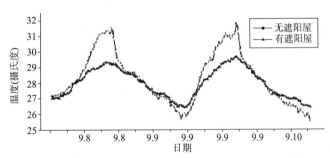

图 3.22-10　有遮阳屋与无遮阳屋室内中心温度比较

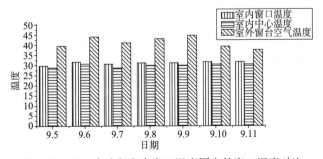

图 3.22-11　有遮阳室内窗口温度同室外窗口温度对比

通过数据分析，窗口区域空气温度变化远远大于室外环境温度变化，西向房间有无外遮阳室内温度差异明显，尤其是窗口区域温度。另外实验结果同数值分析结果同实验室缩尺模型的趋势完全相同，不同的是具体的数值绝对值，这和边界条件以及模型尺寸，荷载大小有关。

3. 房间舒适度调查

为了进一步了解人的主观感受，本次实验还挑选了 16 名住在西向房间的学生对该西向房间进行了主观问卷调查。问卷时，测试时间在 9 月 6 日 17 点至 18 点期间。首先请这 16 名学生在两个房间分别停留 10 分钟，不开风扇，门窗闭合，不允许开灯。结果显示西向房间夏季的热舒适性比较差，安装遮阳后，室内舒适度有较大提高。

3.22.5 优化建议

1. 在太阳光反射面最好采用红外吸收材料，而且是红外低反射率的材料。这样百叶就可以将可见光反射至室内，而将红外线吸收至本身，而通过室外空气对流带走热量。

2. 在太阳光反射背面，应当采用红外反射率高的材料。在冬季，百叶闭合可以起到保温作用，所以太阳光反射背面（即面向室内的一面）采用红外反射率高的材料（如铝箔）可以将室内热量反射回去，有利于室内保温。

3. 百叶与百叶搭接处应采用热阻大的软质材料连接，一方面可以加大百叶间的密闭性。一方面可以防止搭接区产生"冷桥"或"热桥"（图 3.22 - 12，图 3.22 - 13）。

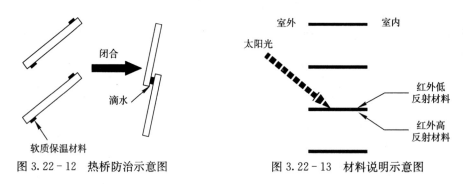

图 3.22 - 12 热桥防治示意图   图 3.22 - 13 材料说明示意图

3.22.6 结论

本文以天津这样的寒冷地区城市为例，对气候及建筑特点进行了调研分析，采用新的分析理念、新的分析手段、新的遮阳材料，综合的研究了可调百叶外遮阳对天津居住建筑室内热环境的影响作用，并将影响作用量化。具体来说，在热环境改善方面，三种材质百叶可以将太阳直射辐射阻挡在室外，达到降低室温和热负荷的作用。冬季，百叶闭合情况下，可以将原有单层玻璃的热阻提高 10～15 倍。

本研究是在理想构造措施下，即构造能够保证连接气密性和移动便捷性，实验和数值分析时均是以闭窗情况下进行，下一步研究需要具体落实具体构造措施，使施工可用，同时具备合理的性价比，同时需要考虑有开窗通风情况下的多种组合效果。

3.23 体育场馆透明围护结构遮阳性能实测分析

刘 刚[1] 郭永聪[1] 马晓雯[1] 马丽娜[2] 冼 宁[2]

1. 深圳市建筑科学研究院有限公司，深圳 518049；2. 深圳市建筑工务署，深圳 518031

摘 要： 深圳世界大学生运动会主体育馆是世界大学生运动会的主赛场，由于采用全透明的外围护结构以营造"钻石"形状新颖美观的外观效果，期透明外壳遮阳性能的优劣将决定主体育馆的节能性能。本文通过对深圳市世界大学生运动会主体育馆按 1：10 等比缩小建立实验模型，针对 1：10 整体模型透明整体屋顶进行了涵盖完整空调季为期 8 个月的实测，以现场实测数据确定了主体育馆透明围护结构的遮阳性能，并与节能设计要求做比对，同时，给出了后期运行的一些建议。

关键词： 深圳地区；体育馆；透明围护结构；遮阳性能

2011 年 8 月 12 日深圳大运会即第 26 届世界大学生夏季运动会正式开幕，并于 8 月 23 日圆满落幕。作为第 26 届世界大学生夏季运动会主要赛事的举办地深圳市大运中心，是由一组代表世界先进水平，面向新世纪国际体育场赛事的体育设施组成，主要包括"一场两馆"，即主体育场，主体育馆与游泳馆。然而，大运中心场馆采用全透明的围护结构以营造"钻石"形状新颖美观的外观效果，也给建筑节能带来了一定的挑战。

深圳市地处夏热冬暖地区南区，遮阳是适宜该地区气候特点的重要节能措施之一，特别是针对全透明围护结构，遮阳的作用就更为重要。本文以大运中心主体育馆的遮阳设计为例，通过对主体育馆搭建 1：10 整体模型进行实验，以实测数据分析主体育馆的遮阳性能。

3.23.1 建筑概况

深圳世界大学生运动会主体育馆是世界大学生运动会的主赛场，是深圳市最高标准的体育设施之一。主体育馆位于龙岗区奥体新城核心地段，总建筑面积 73385m²，看台最多可容纳观众 18000 人。

主体育馆外立面为玻璃幕墙和聚碳酸酯板，外形设计为晶莹剔透的钻石造型。主体育馆是集体操、足球、篮球、排球及室内短道速度滑冰比赛、文化和休闲活动于一体的多功能体育场馆。可满足各类国际综合赛事和专项锦标赛的功能要求，也可满足大型演出、集会和小型展览等要求。

大运会主体育馆主轮廓为圆形，由 16 个"钻石"单元组成（如图 3.23 - 1）。为达到体育馆特殊的使用功能要求以及晶莹剔透的外观效果，其围护结构由三层组成。如图 3.23 - 2 所示，最外层为透明板材即 PC 板，中间层为玻璃纤维张拉膜，里层也即体育馆的绝大部分使用区域的实际周界主要为不透明材料。简单地说，主体育馆是在由不透明围护结构构成主要空间的基础上，在其外罩上一个透明外壳。根据建筑能耗模拟分析结果，所采用的 PC 板的遮阳系数应不大于 0.5。

图 3.23-1　大运中心主体育馆外观实景图

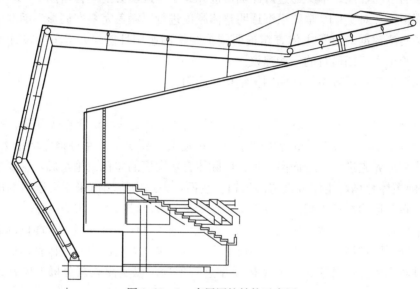

图 3.23-2　多层围护结构示意图

3.23.2　实验原理及方案

1. 实验原理概述

遮阳系数是评价遮阳性能的关键参数，是指在给定条件下，玻璃、门窗、玻璃幕墙或 PC 板的太阳光总透射比与相同条件下相同面积的标准窗玻璃（3mm 厚透明玻璃）的太阳光总透射比的比值。太阳总透射得热包括两部分：其一是太阳辐射直接透射形成的得热量；其二是太阳辐射被构件吸收再传入室内的得热量。

由于需在主体育馆建成以前完成本次实验，以期为主体育馆的建立和后期运行提供科学数据支撑。因此，对主体育馆按 1∶10 进行等比例放缩搭建整体模型，模型所有用材与主体育馆一致。1∶10 整体模型实景图及采用的 PC 板实验室检测性能参数如图 3.23-3 和表 3.23-1 所示。

PC 板实验室检测数据　　　　　　　　　　　　　　　　表 3.23-1

编号	材料型号	太阳光直接透射比	太阳光直接吸收比	遮阳系数
1	10mmmPC 板	0.1993	0.7386	0.4444
2	10mmmPC 板	0.2090	0.7284	0.4523

图 3.23-3 主体育馆 1∶10 整体模型实景图

由上表可知，所采用的两种 PC 板太阳光直接透射比远小于太阳光直接吸收比。考虑到对太阳光的吸收将导致 PC 板自身温度升高，会通过辐射和对流的方式向屋顶空腔进行二次传热，因此不能忽略整体屋顶向空腔内的二次传热作用。因此遮阳系数由两部分组成，一是太阳辐射直接透射部分，二是太阳光导致的二次传热部分。

遮阳系数 S_C 可按计算式（3.23-1）计算：

$$S_C = \frac{g_t}{0.87} \qquad (3.23-1)$$

式中 g_t——太阳辐射总透射比。

太阳总透射比 g_t 可按计算式（3.23-2）计算：

$$g_t = g + q_i \qquad (3.23-2)$$

式中 g——太阳辐射直接透射比；

q_i——二次传热引起的太阳辐射比。

2. 实验方案

针对 1∶10 整体模型的遮阳性能进行涵盖一个空调季的实测，具体测试时间为 2009 年 4 月 15 日至 2009 年 12 月 1 日。

（1）测试参数

本实验所需测量的参数如下：

1）室外水平面太阳辐照度及辐照量；2）透过 PC 板的水平面太阳辐照度及辐照量；3）PC 板内、外表面温度；4）（非透明构件外表面）胶条表面温度；5）（非透明构件内表面）钢梁表面温度。

（2）测点布置

如图 3.23-4 为辐射表安装和热电偶布置情况。屋顶中央 PC 板上表面布置一块太阳总辐射表，用于采集室外水平面太阳辐照度及辐照量。屋顶中央区域 PC 板下面布置另一块太阳总辐射表，用于采集透过 PC 板的水平面太阳辐照度及辐照量。PC 板内、外表面布置各布置 4 个热电偶，分别位于东、南、西、北四个方位，用于对 PC 板内外表面温度的监测。吊顶铁皮、钢梁以及钢梁上面的密封胶条南、北方位各布置一个热电偶，用于对铁皮、钢梁以及钢梁上密封胶条表面温度进行采集。整个屋顶构件共布置 14 个热电偶，与太阳总辐射表一起，连接到附近室内数据采集仪。

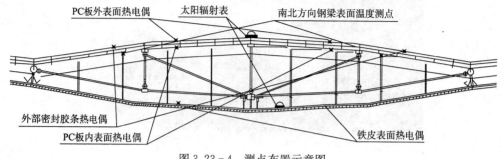

图 3.23 - 4　测点布置示意图

（3）测试仪器

测试需要的仪器如表 3.23 - 2 所示。所有仪器在测试前均按照标准要求进行调试和校正，仪器的操作严格按照操作规程进行。

遮阳性能测试仪器

表 3.23 - 2

编号	测试仪器	测试参数	数量	备注
1	热电偶	各个构件表面温度	14 个	铜-铜镍热电偶，已校准
2	太阳总辐射表	PC 板内外太阳辐射	2 个	屋顶总辐射表灵敏度系数：$9.968\mu V \cdot m^2/W$； 室内总辐射表灵敏度系数：$10.029\mu V \cdot m^2/W$。
3	数据采集仪	各参数的数据采集	1 台	

（4）测试过程

构件温度与太阳辐射数据采集工作由专人负责，数据记录时间间隔设置为 5 秒钟至 5 分钟，每 5 天将数据采集仪收集的数据导出，查看各参数的数据采集情况，以便及时发现数据采集中出现的问题，如测点松动和仪器故障。同时，清空数据采集仪中数据，以便进行下一阶段的数据采集工作。

3.23.3　数据处理与分析

1. 整体屋顶太阳直接透射比计算

由于水平面太阳辐照度的不同，屋顶太阳直接透射比不同。因此，先将全年太阳逐时太阳辐照度分为如下几类：

（1）水平面太阳辐照度小于 $200W/m^2$；

（2）水平面太阳辐照度大于等于 $200W/m^2$ 小于 $400W/m^2$；

（3）水平面太阳辐照度大于等于 $400W/m^2$ 小于 $600W/m^2$；

（4）水平面太阳辐照度大于等于 $600W/m^2$ 小于 $800W/m^2$；

（5）水平面太阳辐照度大于等于 $800W/m^2$。

根据监测数据，计算白天总辐射表无遮挡时 PC 板的太阳光直接透射比，并以每类水平面太阳辐照度下 PC 板的太阳光直接透射比的平均值，作为该类水平面太阳辐照度下 PC

板的太阳辐射直接透射比。

同时，根据深圳市典型气象年太阳辐射的分布特点，对全年水平面太阳辐照度出现的小时数进行分类。根据分类情况，采用加权平均的方法，计算在深圳典型气象年条件下，PC 板的太阳光直接透射比 g，计算公式（3.23-3）如下：

$$g = \frac{x_1 g_1 + x_2 g_2 + x_3 g_3 + x_4 g_4 + x_5 g_5 + \cdots + x_n g_n}{x_1 + x_2 + x_3 + x_4 + x_5 + \cdots + x_n} \tag{3.23-3}$$

式中　g_n——第 n 类太阳辐照度下 PC 板太阳光直接透射比；

　　　x_n——全年出现第 n 类太阳辐照度小时数。

在深圳典型气象年条件下，整体屋顶太阳光直接透射比则等于 PC 板太阳光直接透射比与 PC 板所占屋顶面积比的乘积。

PC 板太阳直接透射比　　　　　　　　　　　　　　　表 3.23-3

水平太阳辐照量（W/m²）	典型气象年（深圳）中所占小时数	所占比例	不同太阳辐射下 PC 板太阳光直接透射比	PC 板全年太阳光直接透射比	整体屋顶太阳光直接透射比
0~200	2646	55.81%	0.09		
200~400	906	19.11%	0.14		
400~600	408	8.61%	0.15	0.12	0.11
600~800	379	7.99%	0.17		
≥800	402	8.48%	0.16		

通过对 1:10 整体模型进行现场尺寸检测，得到屋顶 PC 板面积为 197.9m²，占屋顶面积 93%，屋顶非透明构件面积 13.6m²，占屋顶面积 7%。因此，整体屋顶的全年太阳光直接透射比为 0.11。表 3.23-3 为 PC 板在不同水平面太阳辐照强度下的太阳直接透射比大小，以及全年 PC 板的太阳直接透射比，可以看出随着太阳辐照度的增加，PC 板太阳直接透射比呈逐渐增大的趋势。

2. 整体屋顶二次传热换热系数计算

整体屋顶二次传热的换热系数计算式（3.23-4）如下：

$$q_i = \alpha_e \frac{h_i}{h_i + h_{c,out}} \tag{3.23-4}$$

式中　α_e——整体屋顶太阳辐射吸收系数，PC 板取 0.734（实验室测量值），非透明构件（外表面为黑色胶皮）取 0.90，整体屋顶为二者按面积比的加权平均值，即 0.746；

　　　h_i——整体屋顶内表面综合换热系数；

　　　$h_{c,out}$——整体屋顶外表面综合换热系数。

整体屋顶内、外表面综合换热系数分别为屋顶内、外表面的对流换热系数与辐射换热系数之和，其中屋顶外表面对流换热系数可按工程经验系数取 23W/（m²·K），屋顶内表面对流换热计算式（3.23-5）如下：

$$h_i' = 3.6 + \frac{4.4\varepsilon_i}{0.837} \tag{3.23-5}$$

式中　ε_i——屋顶材料半球发射率，实验室检测 PC 板为 0.886，现场检测钢梁为 0.655。

根据式 3.23-5，分别计算得出 PC 板内表面与钢梁对流换热系数，再依据 PC 板与钢梁面积比，采用加权平均方法得出屋顶内表面对流换热系数，结果如下表 3.23-4：

屋顶内表面对流换热系数　　　　　　　　　　　表 3.23-4

PC 板内表面对流换热系数	钢梁对流换热系数 W/ (m²·K)	PC 板占屋顶面积的百分比（%）	钢梁占屋顶面积的百分比（%）	屋顶内表面对流换热系数 W/ (m²·K)
8.25	7.04	93	7	8.17

由于 1:10 整体模型屋顶辐射换热系数受太阳辐射影响很大，针对这种情况，根据典型气象年日太阳能总辐射量大小，将全年分为如下几类：

(1) 日太阳能总辐射量小于 3MJ/m²；

(2) 日太阳能总辐射量大于等于 3MJ/m² 小于 6MJ/m²；

(3) 日太阳能总辐射量大于等于 6MJ/m² 小于 8MJ/m²；

(4) 日太阳能总辐射量大于等于 8MJ/m² 小于 10MJ/m²；

(5) 日太阳能总辐射量大于等于 10MJ/m² 小于 12MJ/m²；

(6) 日太阳能总辐射量大于等于 12MJ/m² 小于 14MJ/m²；

(7) 日太阳能总辐射量大于等于 14MJ/m² 小于 16MJ/m²；

(8) 日太阳能总辐射量大于等于 16MJ/m² 小于 18MJ/m²；

(9) 日太阳能总辐射量大于等于 18MJ/m² 小于 20MJ/m²；

(10) 日太阳能总辐射量大于等于 20MJ/m²。

通过对日太阳能总辐射量分类，根据监测数据，计算屋顶内、外表面辐射换热系数，内表面辐射换热计算式（3.23-6）如下：

$$h_{r,in} = \frac{\varepsilon_b \sigma (T_b^4 - T_{m,in}^4)}{T_b - T_{m,in}} \qquad (3.23-6)$$

式中　ε_b——屋顶内表面半球发射率，实验室检测 PC 板值为 0.886，现杨检测钢梁值为 0.655；

　　　σ——波尔兹曼常数，取 5.67×10^{-8}；

　　　T_b——屋顶内表面构件平均热力学温度，K；

　　　$T_{m,in}$——吊顶铁皮平均热力学温度，K。

PC 板外表面辐射换热系数 $h_{r,out}$ 计算式（3.23-7）如下：

$$h_{r,out} = \frac{\varepsilon_b \sigma (T_{b,out}^4 - T_{m,out}^4)}{T_{b,out} - T_{m,out}} \qquad (3.23-7)$$

式中　$T_{b,out}$——屋顶外表面平均热力学温度，K；

　　　$T_{m,out}$——吊顶铁皮平均热力学温度，K。

根据式（3.23-6）、（3.23-7）得出不同日太阳能总辐射量下 PC 板内、外表面和非透明构件内、外表面辐射换热系数，再根据 PC 板与非透明构件面积比（PC 板与非透明构件的面积比，93:7），采用加权平均方法得到整体屋顶内、外表面辐射换热系数，其值分别为 6.65 和 0.56。

3. 整体屋顶遮阳系数计算

由屋顶内、外表面对流换热系数与辐射换热系数，根据屋顶二次传热的换热系数计算式（3.23-4）、太阳总透射比计算式（3.23-1）及遮阳系数计算式（3.23-2），计算结果如表 3.23-5 所示。

屋顶二次换热系数与遮阳系数

表 3.23-5

位置	屋顶对流换热系数 W/（m²·K）	屋顶辐射换热系数 W/（m²·K）	屋顶二次换热系数 W/（m²·K）	屋顶太阳直接透射比	屋顶遮阳系数 Sc
内表面	8.17	6.65	0.29	0.11	0.46
外表面	23	0.56			

3.23.4 结论

通过主体育馆 1:10 整体模型透明围护结构屋顶（包括 PC 板和非透明构件）遮阳性能检测，得出以下结论：

1. 整体屋顶（包括 PC 板和非透明构件）现场实测遮阳系数为 0.46，与实验室检测的 PC 板遮阳系数值接近，二者相差在 4% 以内。实验结果表明，整体屋顶的遮阳性能优于 $Sc \leq 0.50$ 的设计要求。

2. 由于采用了透明造型，且透明 PC 板太阳光直接吸收比远大于太阳光直接透射比。因此，实验结果表明整体屋顶二次传热对遮阳的影响显著，在实际运行中，宜通过加强透明屋顶的通风带走余热，降低透明屋顶的内表面温度和空腔温度，从而减少对内层空间的传热，起到节能运行的目的。

参考文献

[1] 蔡凡. 深圳市世界大学生运动会主体育馆围护结构节能设计 [J]. 建筑科学. 2010，(2).
[2] 建筑门窗玻璃幕墙热工计算规程. JGJ/T151—2008.

3.24 外遮阳作用下的会展中心热环境测试

吕智艳[1,2]　刘妍华[1]　孟庆林[1]　赵立华[1]　倪 阳[3]

1. 华南理工大学建筑节能研究中心；2. 广东建筑艺术设计院有限公司；
3. 华南理工大学建筑设计研究院

摘 要：本文以广州国际会展中心为例，浅析外遮阳作用下的热环境测试结果。广州国际会展中心主体建筑除本身的屋面出挑遮阳之外，还设置了富于变化的曲线钢结构遮阳构件，形成了丰富的空间。通过对其室外温度和舒适度进行的测试，证实屋面出挑和外加曲线钢结构构件起到了遮阳和节能的效果。

关键词：遮阳；热环境；舒适度

3.24.1 建筑概况

广州国际会议展览中心东面的室外通道和南面展厅二层的室外通道，均有富于变化的钢结构遮阳构件，并且部分镶透明玻璃，部分镂空，既形成了丰富的空间造型又起到外遮阳的作用。为了评估上述遮阳构件对东侧和南侧通道热环境的影响，我们于 2004 年 9 月 24 日至 9 月 25 日分别对其作了室外温度和舒适度的测试，探讨其遮阳的效果。

3.24.2 遮阳效果测试

会展中心东侧通道（如图 3.24-1，图 3.24-2）是人行道与车道相间，主体建筑除了该建筑本身的屋面出挑 8m 外遮阳构件以外，外加由钢结构镶透明玻璃构成的一个浪花造型的带状遮阳构件，宽约 38m，长约 290m。

图 3.24-1 东侧通道外景图

图 3.24-2 镶透明玻璃的遮阳构造

会展中心二层展厅南侧 16.6m 外通道被南侧的 19m 出挑半圆形钢结构通花遮阳构件包围起来，不但增强了整个建筑的造型，而且在南向实墙上形成了丰富的光影变化，构成了富于变化的空间形态。

会展中心室外通道遮阳对室外干球温度、湿球温度、黑球温度、WBGT 均起到降低作用，黑球温度的降低最大，湿球温度的降低最小。因此，室外通道遮阳构造起到改善室外通道热环境的作用。会展中心南侧遮阳构造因是镂空的，而东侧的遮阳构件是镶透明玻璃非镂空的，同时测试东侧是晴天，而测试南侧是多云天，所以有无遮阳的差值东侧比南侧大。可见，遮阳可以使其作用处的温度降低。室外遮阳不但可提高该作用处的舒适度，遮挡太阳光通过窗户进入室内，同样道理，遮阳还可以使其作用的外墙温度降低，这些都对建筑物起到节能作用，所以遮阳构件既丰富了立面造型，同时又可以降低外墙温度，对建筑物改善热环境和节能都起了直接的作用（图3.24-3，图3.24-4，图片转载自《广东土木与建筑》2007年8月）。

图3.24-3　中午有遮阳测点

图3.24-4　南侧遮阳的光影效果

参考文献

[1] 董靓，陈启高. 户外热环境质量评价 [J]. 环境科学研究. 1995，8 (6)：42.

[2] 董靓，街谷. 夏季热环境研究 [D]. 重庆：重庆建筑大学. 1991，9.

[3] 陶郅，倪阳. 广州国际会议展览中心建筑设计 [N]. 建筑学报，2003，(7)：42-46.

3.25 多功能节能窗的构造原理及应用前景

冉茂宇
华侨大学建筑学院

摘 要：本文介绍了多功能节能窗的构造、原理、遮阳效果、保温性能和应用前景。
关键词：多功能节能窗；构造原理；遮阳效果

窗在建筑上的功能是多方面的，具有采光、通风、日照、遮阳、挡风、挡雨、隔热、保温、隔声、视景等多种功能。作为建筑物围护结构的重要组成部分，窗对建筑物的采暖空调能耗有着极其重要的影响。研究表明，在我国北方寒冷地区，通过窗户的热损失通常占总能耗的 $40\%\sim50\%$ 左右，而在我国南方炎热地区，夏天空调能耗中，窗户的能耗损失占总能耗的 $50\%\sim60\%$。因此，世界各国在建筑节能技术领域中，一直将窗户节能作为重点课题进行研究，相继研制开发了各种各样的节能窗，例如近几年研制的 Low-E 玻璃双层窗。然而，综观现有各种类型的窗，其功能较为单一，且在热工性能方面不能调节，难以做到与气候相适应，例如，用于夏季隔热的 Low-E 玻璃窗不利于冬季日照采暖，而用于冬季保温的中空玻璃窗不利于夏季室内散热。事实上，真正的节能窗应具有适时性，即其保温隔热性能可根据气候的变化或人的热冷感做到适时可调：在寒冷时节，窗户能让白天太阳辐射进入室内，夜间又阻止热量从室内传向室外；在炎热时节，窗户可在白天遮阳隔热，又可在夜间使室内散热；在过渡季节能使室内通风防蚊。本文介绍笔者申请获准的实用新型专利节能窗，其集遮阳、通风、防蚊、日照、采光、保温等功能为一体，并就其构造情况、运行原理、遮阳效果、保温性能、应用前景作简单说明。

3.25.1 多功能节能窗的构造

多功能节能窗与现有各种窗的区别在于在现有窗户内侧增加一层或几层多功能膜帘，该膜帘由多段具有不同功能的膜或帘组成，置于与窗框大小相同的框体中。膜帘两端用小卷筒固定，并通过旋转两卷筒来拉紧膜帘。当两卷筒分别位于框体上下部分时，适时通风、遮阳等的实现是通过多功能膜帘的上下移动来实现的；当两卷筒分别位于框体左右部分时，适时通风、遮阳等的实现是通过多功能膜帘的左右移动来实现的。下列 3 张图片表示平开窗与多功能膜帘及框体的组合情况。其中图 3.25-1 是窗扇关闭、膜帘部分显现的情况，图 3.25-2 是窗扇开启、膜帘全隐形的情况，图 3.25-3 是从室外侧看窗关闭时的情况。图中各数字表示为：1—窗扇框；2—窗玻璃；3—窗扇梃；4—窗框；5—膜帘框体；6—调节把手；7—多功能膜帘；8—窗扇铰链。

事实上，图 3.25-1 只呈现了一种简单的构造，这种构造方法可用于整面窗体，膜帘由多个功能片段组成，或为上下调节，或为左右调节。

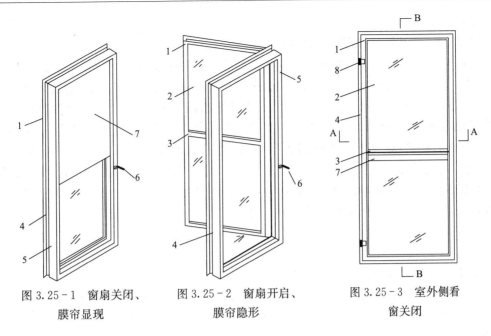

图 3.25-1 窗扇关闭、　　图 3.25-2 窗扇开启、　　图 3.25-3 室外侧看
膜帘显现　　　　　　膜帘隐形　　　　　　窗关闭

3.25.2 多功能节能窗的原理

多功能节能窗具有气候适应性，其遮阳隔热、通风防蚊、日照保温、采光状况等随气候变化或人体感觉的可调性说明如下：

1. 在炎热时节，白天关闭窗扇，将多功能膜帘的遮阳片断调节到窗位置，形成封闭空气间层，增加窗系统的热阻，阻止从室外向室内的温差传热。同时，遮阳片断具有很强的太阳辐射反射能力，将太阳辐射中短波部分能量大量反射到室外。这样，从两方面大大减少室外热量的传入，从而在白天节省空调能耗。夜间由于室外温度降低，当室温达到人体舒适时，可将多功能片断全隐藏或调节纱窗片断到窗位置，开启窗扇进行通风。当夜间室外温度仍不能使室内热舒适时，同样由于封闭空气间层的存在而减少室内冷量向外散失，从而降低夜间空调能耗。

2. 在寒冷时节，白天关闭窗扇，将多功能膜帘的透明片断或吸热片断调节到窗位置，在形成封闭空气间层、增加窗系统热阻的同时，白天吸收通过窗户的太阳辐射热，同时阻止从室内向室外的温差传热。利用透明片断时，太阳辐射短波部分可直接进入室内。利用黑色的吸热片断时，膜帘吸热先加热空气间层。如果透明片断或吸热片断为低辐射特性，则可大大减少窗系统向室外的热辐射，无论在白天或是夜间都可提高窗系统的保温性能，进而减少房间在冬季的采暖能耗。

3. 在过渡季节，当室外气温宜人，能用自然通风使室内达到热舒适时，可将多功能膜帘全部或部分隐藏，实现房间的自然通风节能。通风季节若室外蚊虫较多，则可将多功能纱窗片断调节到窗位置，阻止蚊虫进入室内。这一点对于南方湿热地区非常重要。

4. 在采光方面，多功能片断有全透明、半透明、不透明等多种选择，用户可根据自身的采光需要，调节其透明程度，进而实现白天室内光量可调。

5. 在视景方面，当多功能膜帘全隐藏时，窗的外观与传统窗户差不多，不会对视景产生影响。另外，若在多功能膜帘上配上图案，则会形成"景窗"或"假窗"来弥补窗无景的遗憾。

209

3.25.3　多功能节能窗的遮阳效果

多功能节能窗的遮阳效果取决于窗本身的遮阳效果和遮阳片断的遮阳效果。以普通的铝合金单层玻璃窗为例来说，普通的铝合金单层玻璃窗（玻璃厚5mm）的遮阳系数 S_c 常为0.9，如果膜帘的遮阳系数 S_w 为0.3（常见的遮阳窗帘），则当窗帘全覆盖窗面积时，其综合遮阳系数 $S=S_c \times S_w=0.27$，当多功能膜帘全隐藏时，此时，窗的遮阳系数最大为0.9。因此，随着遮阳片断对窗的覆盖率不同，窗系统的综合遮阳系数将在0.27～0.9之间变化。由此可知，多功能节能窗的遮阳效果可因用户自身需要可调。其可调范围因窗本身的遮阳效果和遮阳片断的遮阳效果而异，可以通过需要定做。在炎热时节，可将窗户用遮阳片断全覆盖，使遮阳系数达到最小，而在寒冷时节，全隐藏遮阳片断，使太阳辐射进入室内热量尽量多，从而实现最大限度节能。

3.25.4　多功能节能窗的保温性能

多功能节能窗的保温性能较窗本身的保温性能有较大提高，其提高程度与封闭空气间层厚度、层数以及保温膜帘材料有关。仍以普通的铝合金单层玻璃窗（玻璃厚5mm）的保温性能为例来说明，理论计算见下表3.25-1。

普通的铝合金单层玻璃窗与加膜帘后的保温性能比较　　表 3.25-1

窗系统名称	总热阻 R_0（$m^2 \cdot ℃$）/w	传热系数 K［w/（$m^2 \cdot ℃$）］	保温性能提高
普通的铝合金单层玻璃窗	0.1538	6.5	0%
加普通膜帘1层 （5cm厚封闭空气间层1层）	0.3338	3.0	54%
加普通膜帘2层 （5cm厚封闭空气间层2层）	0.5138	1.946	70%
加单面铝箔1层 （5cm厚封闭空气间层1层）	0.6483	1.5425	76%

由表3.25-1对比可知，在普通铝合金窗室内侧加1层普通膜帘，其保温性能将提高54%，而加两层普通膜帘，其保温性能将提高70%，加1层单面铝箔，其保温性能就能提高76%，由此可知，适时通风遮阳节能窗较普通窗在保温性能方面可大大提高。

3.25.5　多功能节能窗的应用前景

从上面的论述不难看出，多功能节能窗的构造较原有窗的构造只增加了框体和膜帘部分，并未在工艺上增加难度。在材料方面，增加的成本因材料特性而异，但通常情况下，多功能节能窗不再需要传统的窗帘和单独的纱窗，其费用不会超过窗帘和纱窗的合计费用，但其保温隔热性能则可大大提高，同时将多种功能合为一体，使室内更为简洁明快。这种节能窗由于具有气候适应性，在遮阳、通风、防蚊、日照、采光、保温等方面可根据气候变动和人体感觉进行调节，从而实现真正的适时节能。它不仅构造简单而且成本较低。在新建、扩建建筑中，可以将窗体系统一体化生产装配，在现场一次性施工完成；对于既有建筑的节能改造，可以将可调膜帘与框体先做好，然后再到现场装贴于窗户室内侧即可，十分方便；在寒冷地区，可以采用双层普通膜帘或低辐射单层膜帘，主要在于提高窗系统保温性能，减小其传热系数；在炎热地区，选择遮阳性能良好的膜帘，加强其遮阳隔热；在有蚊虫的地区，增设纱网部分，可通风防蚊。因此，无论是寒冷地区、夏热冬冷地区，还是夏热冬暖地区，抑或是温和地区，它都能适应。又由于其应用没有朝向限制，各朝向窗户都可安装，因此，其有广阔的应用前景。

3.26 居住区室外环境遮阳现状研究

刘 静 张 磊 孟庆林

华南理工大学

摘 要： 室外环境遮阳是影响室外热环境的重要因子之一。室外环境遮阳主要包括植物遮阳和构筑物遮阳。本文通过实地调研和图纸调研，将室外人们行为活动硬地划分为广场、游憩场、停车场和人行道四部分。总结这四部分的遮阳覆盖情况，使用情况以及在使用过程中遇到的问题。提出改善室外遮阳的方法，以降低居住区热岛。

关键词： 室外空间遮阳；遮阳覆盖率

城市热岛作为热环境因素，是人居环境的宏观表现。随着城市化进程的加快和人们对生存环境各因素提出的更高要求，城市热环境已经引起社会民众、科技领域和各国政府的广泛关注。室外环境遮阳是影响室外热环境的重要因子之一。夏季，强烈的太阳辐射造成了热环境的明显差异。因此，选取有效的环境遮阳设施能显著地降低室外环境温度和减弱地表辐射，是改善使用者生理热舒适感的重要手段。环境遮阳具有生态降温功能、空间引导功能、景观标志功能和设计实施便捷性。室外环境遮阳主要包括绿化遮阳和构筑物遮阳。其中绿化遮阳包括乔木遮阳和棚架爬藤遮阳；构筑物遮阳包括遮阳伞、遮阳篷、张拉膜、混凝土亭廊等。

3.26.1 实地调研

通过对广州佛山地区 10 个居住小区，7 个公园及市民广场的现场走访实地调研，得到了城市公共空间、居住区公共空间的遮阳覆盖情况，人们对公共活动区域的使用情况，以及在使用过程中遇到的问题，就此进行了分析总结。按照使用者行为目的和空间的功能特点，将人们行为活动区域划分为四种空间：广场、游憩场、停车场和人行道（见图3.26-1～图3.26-4）。

图 3.26-1 广场遮阳

图 3.26-2 游憩场遮阳

图 3.26-3　停车场遮阳　　　　　　　图 3.26-4　人行道遮阳

1. 广场

广场作为集散性空间，其空间形态组成多为点状或面状。按功能主要可以分成两种：一种是用于集会活动的户外广场，可供日常居民休闲娱乐、组织各种节日活动、庆典演出聚会等；另一种是疏散广场，用于短时间内快速安全地疏散瞬时涌出的大批人流，一般属于建筑物户外用地的一部分，专门作为建筑物的缓冲空间，比如住宅楼前的小疏散广场等。

根据广场的功能使用性质，广场需要有一定面积的硬质铺地，要求场地平整和视线畅通开阔，不能有太多的障碍物阻挡人流路线。对于集会广场的庆典活动等应该尽量选择天气舒爽的时间举行，如果是在晴天聚会，宜搭配使用遮阳伞、遮阳篷等临时遮阳设施以保证使用者的健康安全。平时作为居民休闲广场，在居民进行球类活动、轮滑、健身操等活动时，宜在周围设置休闲区配以良好的遮阳设施。疏散广场的面积一般较小，人流通过时间短，日晒对其影响比较小。

而城市市民广场，在调研的过程中发现大多只有大面积布置的大理石、花岗岩铺地，没有配套的乔木或构筑物遮阳。在烈日下，反射热造成人们强烈的不舒适感，人们被迫放弃广场的休闲娱乐，而使广场户外公共空间"闲置"。这类广场更多的只是作为政绩工程，只注重广场的豪华气派，忽略了场地中通风、日照等热环境因素，导致大面积的广场在夏季时因暴晒无法使用，造成社会资源浪费。

2. 游憩场

游憩场作为休闲性空间，其空间形态组成多为带状和面状。游憩场的场地面积相对宽松和灵活，下垫面也没有统一形式，可以是水泥、铺砖或草地。人们在这看书、下棋、休息、闲谈，也有打太极、打球、跳舞、遛狗等等，逗留时间较长，因此布置有乔木绿化、景观小品、休息廊、座椅（台）等甚至还有健身设施。多数新建小区的游憩场能配合林荫道、草地、水体，营造怡人环境。即使是老城区小区，也会分片区有社区游憩休闲区域供市民使用，是公共活动场地中人群使用数量最多、时间最长的区域。

游憩场的绿化遮阳主要以乔木为主，依靠乔木冠幅在地面形成阴影。设施遮阳主要依靠庇护性景观设施，如亭、廊或固定式棚、架、膜结构等，为地面提供阴影。混合式遮阳一般采用爬藤类植物和景观构架相结合的方式为地面提供阴影。

游憩场的使用时间一般是人们下班后或节假日。晴天人多，阴天人少，人们会选择相对气候舒适的时候出来休闲活动。因此对于游憩场，应该重点考虑人们较长时间逗留点的遮阳和通风，应将这些逗留点的选址定在场地中通风良好的位置，用乔木绿化和景观设施兼顾遮阳，降低辐射温度和小区热岛强度，创造出相对舒适的热环境。

游憩场区域的遮阳构筑物材质较多，涵盖了木质花架花廊、混凝土亭廊、卡布隆遮阳棚、金属顶棚、遮阳伞和张拉膜遮阳棚。其中以花架花廊和混凝土休闲亭廊为主。

3. 停车场

停车场作为停驻性空间，其空间形态组成多为面状。

停车位数量不足直接引起车辆占道停放和无序停放。当路边停车仍然解决不了停车问题，就容易出现停车占用绿地和活动场地。而这些公共活动场地本应属于居民共享空间、休息娱乐的空间，而当这些空间被占用之后，容易造成邻里交流场所的缺失。

新建小区一般会采用地下停车场解决业主的停车问题。在小区主出入口直接设置地下车库出入口，避免车辆进入小区，人车分流，既保证居民人身安全，也避免了汽车尾气和噪音对居民的影响。有的小区设置架空层停车，不允许车辆进入小区组团内部影响居住环境。这些都是比较好的做法。

然而一些小区虽然设置了居住区业主专用停车位，但对来访车辆的停放考虑不周，没有设置专用停车位，导致这些车辆只能停在路边。

相当部分的非规划露天停车场为水泥、沥青地面，会吸收大量太阳辐射，导致气温升高，进而形成"热岛效应"，对汽车造成伤害。而新建的大部分小区采用了林荫生态停车场。用透气、透水性铺装材料铺设地面，栽植高大乔木形成绿荫覆盖，特别是双林荫道的设计，将停车空间与园林绿化空间有机结合，既能充分利用城市土地资源，又能美化环境、涵养水源，还可吸收尾气，改善局部环境质量，缓解"热岛效应"。金属停车棚、卡布隆停车棚已经较少使用，或只在小范围地块使用，用以遮蔽自行车、摩托车等车辆，不具备广泛推广和使用的条件。

4. 人行道

人行道作为穿行性空间，以满足行人通过为主，兼有短暂的停留、交谈或者休息。

对于穿行性空间一般首要保证其畅通性，在满足顺利通行的前提下兼顾舒适性。因此人们需要这类空间能提供连续的遮阳。街道步行空间最为常用的遮阳措施是行道树。行道树是很好的遮阳措施，能有效降低辐射热，调节温度、湿度和风速，改善局部小气候。实验数据表明，行道树可以有效降低人行道黑球温度2℃～6℃。其中，双排行道树树下黑球温度要比单排行道树黑球温度低2℃左右[1]。人行道地面铺装也可选用透水透气材料，减少热反射，调节人行道表面与乔木之间空气质量，营造良好通行环境。人行道较为宽敞的区域可以在树荫下设计休闲座椅，以提供更舒适的公共活动空间。

而在实际生活中，常常出现的问题是人行道上无种植道树、景观树种叶面积指数太小无法提供遮阳、停车场占据人行道树荫等的情况。这令人们在人行道通行时得不到舒适感，也造成了人们的不便。

3.26.2　图纸调研

结合实地调研走访，笔者还收集了信息完整的规划图纸进行针对性研究分析，进行城市热岛分析计算，对居住区城市热岛环境进行评估。

1. 图纸调研对象

有效图纸 72 张，其中广州 53 张，佛山 1 张，上海 1 张，重庆 5 张，绵阳 5 张，常熟 5 张，淮南 1 张，洛阳 1 张。按建筑气候分区来分，Ⅲ区 18 张，Ⅳ区 54 张。

其中选择了 38 张规划信息完整的图纸进行热岛计算。分别为Ⅲ区 18 张，Ⅳ区 20 张。

2. 计算软件

使用建筑热环境分析软件 DUTE（Design Urban Thermal Environment）进行居住区遮阳覆盖率和热岛强度的计算。

DUTE 是 CAD 二次开发软件，具有直接从规划设计图纸识别、统计计算信息，最后编制代码运算获得集总参数法中的关键性计算参数，实现快速得到热环境评价结果的功能。辅助规划设计师在规划设计阶段快速评价热环境质量[2]。

3. 计算结果分析

广场、游憩场、停车场、人行道的平均遮阳覆盖率和规划用地的总覆盖率平均值如图 3.26 - 5，图 3.26 - 6。

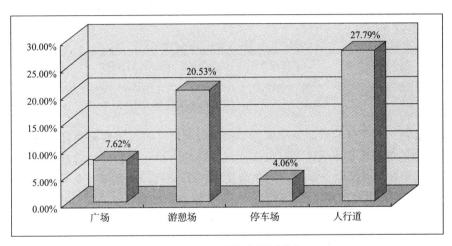

图 3.26 - 5　平均遮阳覆盖率

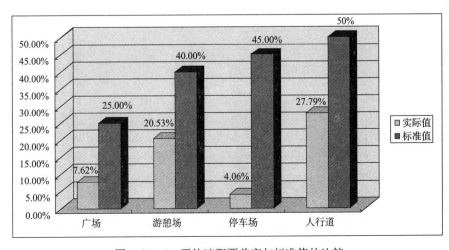

图 3.26 - 6　平均遮阳覆盖率与标准值的比较

215

　　由图 3.26-6 可以看出，实际规划案例的遮阳覆盖率距离《城市居住区热环境设计标准》[1] 所定的建筑气候Ⅲ、Ⅳ分区广场 25％、游憩场 40％、停车场 45％、人行道 50％的遮阳覆盖率还有相当的差距。游憩场和人行道的遮阳覆盖率相对较好，但两者仍距离遮阳标准值近两倍。广场相差了三倍多，停车场相差近 41 个百分点。规划用地总遮阳覆盖率平均值为 11.16％，达到华南理工大学陈佳明的研究分析确定的"遮阳覆盖率宜在 0.1～0.2 范围之内"[2]。

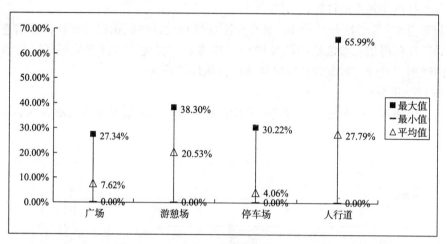

图 3.26-7　各类硬地面遮阳覆盖率的比较

　　由图 3.26-7 各部分的最高遮阳覆盖率值可以看出《城市居住区热环境设计标准》所定的各类硬地的遮阳覆盖率限值是有根据而且合理的。而且规划用地总遮阳覆盖率最高可到 21.03％，相对应小区位于常熟，热岛强度是－2.68℃，远远低于标准限值 1.5℃，形成了舒适的小区热环境。而总遮阳覆盖率最低的 0％的小区位于广州，其热岛强度为 1.665℃，高于标准限值 1.5℃。可见遮阳覆盖率的变化对小区热岛强度有不可小觑的作用。

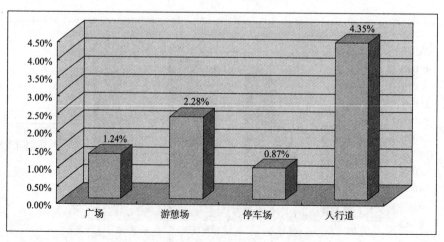

图 3.26-8　各类硬地面占总规划用地比例

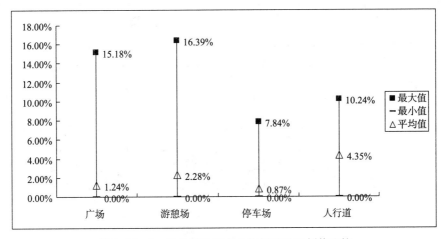

图 3.26-9　各类硬地面占总规划用地比例值比较

按照标准所划分的四类硬地所占小区用地比例来看，广场的平均占地比例是 1.24%，游憩场是 2.28%，停车场为 0.87%，人行道为 4.35%。虽然各项的最高值可达到 15.18%，16.39%，7.84% 和 10.24%，但由于按照硬地使用性质划分的居民活动用地比例偏小，因此单独调整其每一部分的遮阳覆盖率对小区总体热岛强度的变化帮助不够显著，需要综合调整各个功能硬地地块的遮阳覆盖面积。

通过建筑气候分区 IV 区和 III 区遮阳覆盖率的对比，可以发现 IV 区在游憩场和人行道的单项遮阳覆盖率优于 III 区，甚至达到 III 区的两倍。但总的遮阳覆盖率低于 III 区 2.14 个百分点。IV 区的平均热岛强度是 1.42，III 区的平均热岛强度是 1.32，可见总遮阳覆盖率对小区总体热岛强度的影响更大。单单仅凭几个分区域硬地上良好的遮阳不足以大幅度地影响小区总体热岛。停车场的总体遮阳覆盖率偏低，这是需要大力改善的部分。

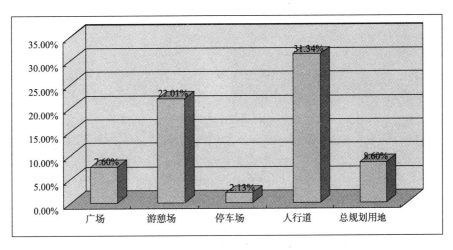

图 3.26-10　IV 区平均遮阳覆盖率

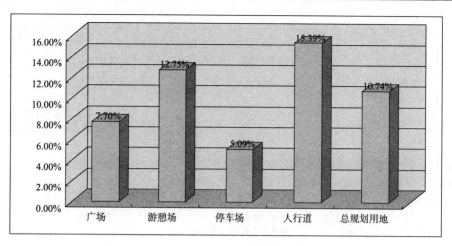

图 3.26-11 Ⅲ区平均遮阳覆盖率

3.26.3 结论

1. 广场中心不便设置过多的环境遮阳设施，建议在满足需求的基础上控制好场地空间面积，做好周围步行区域和休闲场地的辅助遮阳。

2. 游憩场宜重点考虑人们较长时间逗留点的遮阳和通风情况，将这些逗留点的选址定在场地中通风良好的位置，用乔木绿化和景观设施兼顾遮阳。

3. 合理配置地面停车数量和区域。种植乔木、铺设植草砖，实现停车场林荫化。

4. 人行道步行空间宜设双排行道树遮阳，树种选择以高大落叶乔木为主。

参考文献

[1] 张恒坤. 城市户外公共空间热环境研究 [D]. 重庆：重庆大学，2008.
[2] 陈佳明. 基于集总参数法的居住区热环境计算程序开发 [D]. 广州：华南理工大学，2010.

第4章
建筑遮阳设计

4.1 建筑遮阳装置效果计算及设计应用分析

杨仕超

广东省建筑科学研究院

摘 要：《民用建筑热工设计规范》要求建筑物的向阳面，特别是东、西向窗户，应采取有效的遮阳措施；《夏热冬暖地区居住建筑节能设计标准》、《夏热冬冷地区居住建筑节能设计标准》、《公共建筑节能设计标准》对门窗的遮阳系数提出了要求，并对外遮阳如何计算遮阳作用给出了计算方法；《绿色建筑评价标准》要求采取有效的遮阳措施，采用可调节外遮阳，调节室内光热环境。本文就建筑遮阳装置效果计算及设计应用进行阐述，以便在建筑设计中灵活应用遮阳装置提供参考。

关键词：建筑遮阳；建筑遮阳装置；建筑遮阳效果计算；建筑遮阳设计应用

建筑遮阳已经得到了大量应用，建筑遮阳在调节建筑太阳辐射得热量、调节室内热环境和室内自然采光环境方面发挥的重要作用已得到广泛认可。《民用建筑热工设计规范》要求建筑物的向阳面，特别是东、西向窗户，应采取有效的遮阳措施；《夏热冬暖地区居住建筑节能设计标准》、《夏热冬冷地区居住建筑节能设计标准》、《公共建筑节能设计标准》对门窗的遮阳系数提出了要求，并对外遮阳如何计算遮阳作用给出了计算方法；《绿色建筑评价标准》要求采取有效的遮阳措施，采用可调节外遮阳，调节室内光热环境。

但是，对于遮阳装置的遮阳效果，目前还没有统一的评价方法。遮阳系数是建筑节能和空调计算中评价遮阳效果最关键的参数，但如何定义却一直是问题。国际上，在 ISO 15099 标准和欧洲标准 EN 13363-1 中给出了平行于门窗且完全覆盖门窗的遮阳装置的光学、热工计算方法和计算公式。《夏热冬暖地区居住建筑节能设计标准》和《公共建筑节能设计标准》提出了遮阳装置遮阳系数的简化计算方法和公式。行业标准《建筑门窗玻璃幕墙热工计算规程》JGJ/T 151 给出了平行于门窗且完全覆盖门窗的遮阳装置的光学、热工计算方法和计算公式。对于遮阳装置视觉舒适度的评估计算，DIN EN 14500：2008 给出了平行于门窗且完全覆盖门窗的遮阳装置的测试方法和计算公式。

建筑遮阳装置的种类非常之多，形状各异，各种遮阳装置的计算评估都很重要，而且方法是否合适对遮阳的设计有着直接的影响，应该让遮阳装置有一整套完整、科学的计算分析方法，以便对遮阳装置的工程效果进行评价。

各个气候区该如何应用遮阳装置，各种遮阳装置该如何选择应用？对节能而言，怎样应用遮阳装置？在室内光热环境方面，如何应用遮阳装置？如何解决遮阳与采光的矛盾，等等。这些问题都应该得到完整的回答，从而使得建筑设计师们可以对各种遮阳装置有比较清晰的认识，便于在建筑设计中灵活应用。

建筑遮阳产品也随着建筑遮阳和调节自然采光的需要而得到了很大发展，出现了各种类型的百叶、遮阳帘、遮阳板等。这些产品因应用的需要而需满足一些性能指标的要求，需要一些指标来衡量产品的好坏。所以，在建筑的节能和绿色建筑设计中，需要对这些性能指标有清晰的了解和把握，从而更好地应用这些产品为建筑服务，以使建筑更加优秀。

4.1.1　遮阳装置遮阳和采光效果的计算方法

1. 遮阳系数的定义

遮阳装置的遮阳效果随着太阳位置和天气情况的变化而变化，在每时每刻都有不同的遮阳系数。在某一时刻，某一太阳直射、散射分布下，"门窗的遮阳系数是门窗和遮阳装置组合体的太阳能总透射比与无遮阳装置的情况下该门窗的太阳能总透射比的比值"。

（1）用于建筑节能计算的遮阳系数

对于建筑节能而言，如果把遮阳装置放到某个简单的建筑物窗户上，进行全年的能耗计算，根据采暖能耗和空调能耗在有遮阳和没有遮阳前后的变化，就可以得到冬季和夏季两个等效遮阳系数。这个遮阳系数可以作为用于建筑节能计算的（等效）遮阳系数。

（2）用于空调负荷计算的遮阳系数

空调负荷的计算需要对每个时刻都进行计算，而且一般采用晴天作为典型天。用于空调负荷计算的遮阳系数应根据需要进行逐时的计算，得到每个时刻的遮阳系数。用于空调负荷计算的遮阳系数不是一个数，有多少需要计算的时刻就有多少遮阳系数。

（3）遮阳产品给定条件的遮阳系数

为了遮阳产品性能的相互对比，各个产品标准中往往规定一定的太阳方位角、高度角，以及太阳光的直射散射比例，从而得到一类产品的准确遮阳系数。这个系数只能作为产品性能比较用，而一般不能直接用于实际工程计算。

2. 遮阳装置遮阳系数的计算

（1）用于建筑节能计算的遮阳系数计算

建筑节能计算的天气数据一般采用标准气象年。在一年的建筑节能计算中，外窗及其遮阳要进行逐时的计算，遮阳的效果也就进行了逐时的计算。如果要知道遮阳装置的遮阳效果，必须同时还计算不采用遮阳设施时的建筑能耗，从制冷能耗的比较中得到夏季遮阳系数，从采暖能耗的比较中得到冬季遮阳系数。这种方法可以称为"能耗计算法"。《夏热冬暖地区居住建筑节能设计标准》JGJ 75-2003 中建筑遮阳的简化计算公式就是采用这种方法获得的。

基于能耗的外遮阳系数为采用外遮阳措施后建筑外窗太阳辐射引起的全年建筑能耗与无遮阳时建筑外窗太阳辐射的外遮阳系数引起的全年建筑能耗的比值。

$$SD = \frac{q_2 - q_3}{q_1 - q_3} \tag{4.1-1}$$

式中　q_1——在建筑模型无遮阳情况下，模拟得到的夏季空调累计能耗或冬季采暖累计能耗，kWh/m^2；

　　　q_2——对某个朝向所有外窗设定水平、垂直或综合式外遮阳板后，模拟得到夏季或冬季累计能耗，kWh/m^2；

　　　q_3——对某个朝向所有外窗设定窗玻璃遮阳系数 $SC=0$，但该朝向所有外窗不设遮阳措施，其他参数不变的情况下，模拟得到的夏季或冬季累计能耗，kWh/m^2。

在 JGJ 75-2003 中，遮阳板的遮阳系数用如下公式计算：

$$夏季：SD_C = a_C PF^2 + b_C PF + 1$$
$$冬季：SD_H = a_H PF^2 + b_H PF + 1 \tag{4.1-2}$$

式中　SD——遮阳板遮阳系数；

　　　a、b——拟合系数，由能耗计算拟合得到，其中 C、H 下标分别表示夏季空调和冬季采暖；

　　　PF——挑出系数，由下式计算，其中 A、B 分别为遮阳板的外挑长度和遮阳板所在窗边到窗对边的距离。

$$PF = \frac{A}{B} \tag{4.1-3}$$

夏热冬暖地区遮阳板遮阳系数计算拟合系数　　　　　　表 4.1-1

遮阳装置		系数	东	南	西	北
夏季	水平遮阳板	a	0.35	0.35	0.20	0.20
		b	−0.65	−0.65	−0.40	−0.40
	垂直遮阳板	a	0.25	0.40	0.30	0.30
		b	−0.60	−0.75	−0.60	−0.60
冬季	水平遮阳板	a	0.30	0.10	0.20	0.00
		b	−0.75	−0.45	−0.45	−0.00
	垂直遮阳板	a	0.30	0.25	0.25	0.05
		b	−0.75	−0.60	−0.60	−0.15

　　还有一种方法是进行太阳的入射辐射的计算，计算全年窗户的太阳辐射照度的累积，把全年有遮阳装置和没有遮阳装置的太阳辐射照射总量进行对比，得到全年的遮阳系数。计算中把一年中的春、秋两个过渡季节作为夏季和冬季的分界，分别计算夏季和冬季的遮阳系数。这种方法可以称为"辐射累积法"。

　　计算太阳辐射的累积需要太阳的有关辐射数据和位置参数。太阳的辐射数据采用所在地的标准气候年的气象数据，太阳的位置根据所在地太阳时进行计算。

　　太阳的位置由高度角 β 和方位角 α 两个角度表示：

$$\sin\alpha = \frac{\cos\delta \sin t}{\cos\beta} \tag{4.1-4}$$

$$\sin\beta = \sin\varphi\sin\delta + \cos\varphi\cos\delta\cos t$$

式中　β——太阳高度角；

　　　α——太阳方位角；

　　　φ——当地的纬度；

　　　δ——当地当时的赤纬；

　　　t——太阳的时角。

　　在任意倾斜平面，太阳的直射辐射的照度为：

$$I_D = I_{DN}[\cos\theta \cdot \sin\beta + \sin\theta \cdot \cos\beta \cdot \cos(\alpha - \varepsilon)] \tag{4.1-5}$$

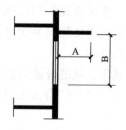

水平遮阳

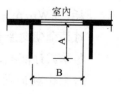

垂直遮阳

图 4.1-1　遮阳板计算
尺寸示意图

式中 θ——任意平面的倾斜角度（与水平面的夹角）；

ε——墙面方位角；

α——太阳方位角；

I_{DN}——太阳直射强度；

β——太阳高度角。

任意面所受太阳的总辐射照度为直射照度加天空散射照度加地面反射照度：

$$I = I_D + I_S + I_R \tag{4.1-6}$$

把窗作为一个面区域，在没有遮阳装置的时候，这个面在夏季和冬季各有一个太阳辐射的累积值 $Q_{C.0}$、$Q_{H.0}$。

当设置了遮阳装置后，窗户会受到遮阳装置的遮挡。遮挡会使直射减少，减少量可以通过每一个时刻的太阳位置来进行分析计算。遮挡也会使得散射减少，散射的计算可以进行一个半球面的几何分析计算得到。同时，直射和散射都会照射到遮阳装置上，遮阳装置上的太阳辐射会再次照射到窗户上，这部分也需要计算。

遮阳装置的阳光直射和散射以及互相照射均需要进行分析，还要分析墙面反光对遮阳装置的照射。在这些计算中，需要求出这些区域相互的角系数，然后进行一定的迭代计算分析。这些计算由计算机完成并不难，但如要计算精确，则需要把各个部分进行分块，同时增加迭代次数，这样就需要增加计算的时间。

通过以上的全年计算，可以得到有遮阳装置后窗户在夏季和冬季各自的太阳辐射的累积值 $Q_{C.D}$、$Q_{H.D}$。

$$夏季：SD_C = Q_{C.D} / Q_{C.0} \tag{4.1-7}$$

$$冬季：SD_H = Q_{H.D} / Q_{H.0}$$

（2）用于空调负荷计算的遮阳系数计算

空调负荷计算一般取特殊的计算天（如7月22日）。由于要求进行一个完整天的逐时计算，所以要计算这一天每一个时刻的遮阳系数。这一系数的计算要求计算每个时刻的太阳辐射照度（分为直射和散射两部分），同时需要给出太阳的高度角、方位角。这部分的计算不考虑不同天气条件的直射和散射关系，而只计算晴天的辐射照度。

每一时刻遮阳系数的计算仍然采用与"辐射累积法"一样的方法。

把窗作为一个面区域，在没有遮阳装置的时候，这个面在某时刻有一个太阳辐射的总量值 Q_0。当设置了遮阳装置后，窗户会受到遮阳装置的遮挡。通过计算，可以得到有遮阳装置后窗户的太阳辐射总量值 Q_D。这一时刻遮阳装置的遮阳系数为：

$$SD = Q_D / Q_0 \tag{4.1-8}$$

（3）与窗平行的遮阳装置遮阳系数的计算

这类遮阳装置包括织物帘和百叶帘等。对于织物帘，只要测量了透射比和反射比，即可计算其遮阳性能。但百叶帘却与百叶的角度和太阳入射角、太阳直射与散射的比例等均有关。百叶透过率的计算可以采用二维模型，如按照 DIN EN 14500：2008 直射阳光透射、反射的计算公式。

比如较密的遮阳百叶可以简化为二维模型计算。二维模型可以用简单的平面几何来进行计算。百叶二维计算示意图见图 4.1-2。

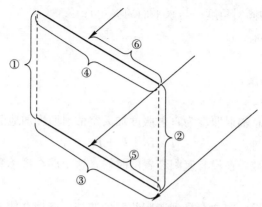

图 4.1-2 百叶二维计算示意图

注：①、②、③、④、⑤、⑥为各不同平面。

$$\tau_{S,D}=\Phi_{51}\rho+\Phi_{61}\tau+\frac{(Z\Phi_{54}\rho'+\Phi_{63}\tau)(\Phi_{31}\rho+\Phi_{41}\tau)+(Z\Phi_{63}\tau+\Phi_{54}\rho)(\Phi_{41}\rho'+\Phi_{31}\tau)}{\Phi_{34}\rho\cdot(1-ZZ')}\cdot Z$$

$$(4.1-9)$$

$$\rho_{S,D}=\Phi_{52}\rho+\Phi_{62}\tau+\frac{(Z\Phi_{54}\rho'+\Phi_{63}\tau)(\Phi_{32}\rho+\Phi_{42}\tau)+(Z\Phi_{63}\tau+\Phi_{54}\rho)(\Phi_{42}\rho'+\Phi_{32}\tau)}{\Phi_{34}\rho\cdot(1-ZZ')}\cdot Z$$

式中
$$Z=\frac{\Phi_{34}\rho}{1-\Phi_{34}\tau};\ Z'=\frac{\Phi_{34}\rho'}{1-\Phi_{34}\tau}$$

Φ_{ij}——区域 $i\sim j$ 角系数，角系数可用计算机程序计算；

τ——百叶材料太阳光透射比；

ρ——百叶材料前表面太阳光反射比；

ρ'——百叶材料后表面太阳光反射比；

$\tau_{S,D}$——遮阳百叶直射太阳光的透射比；

$\rho_{S,D}$——遮阳百叶直射太阳光的反射比。

遮阳卷帘也有类似的计算公式。

得到了遮阳帘的透射比和反射比后，遮阳系数可以按照 ISO15099 或我国行业标准《建筑门窗玻璃幕墙热工计算规程》JGJ/T 151 计算。

如在遮阳装置置于窗室外侧的情况下，太阳能总透射比 g_{total} 应采用下式计算：

$$g_{total}=\tau_{e,B}\cdot g+\alpha_{e,B}\frac{\Lambda}{\Lambda_2}+\tau_{e,B}(1-g)\frac{\Lambda}{\Lambda_1} \qquad (4.1-10)$$

$$\alpha_{e,B}=1-\tau_{e,B}-\rho_{e,B}$$

$$\Lambda=\frac{1}{1/U+1/\Lambda_1+1/\Lambda_2}$$

式中　Λ_1——遮阳装置的传热系数 $[W/(m^2\cdot K)]$，可取 6 $[W/(m^2\cdot K)]$；

Λ_2——间层的传热系数 $[W/(m^2\cdot K)]$，可取 18 $[W/(m^2\cdot K)]$；

U——窗或幕墙的传热系数 $[W/(m^2\cdot K)]$；

$\tau_{e,B}$——遮阳帘太阳辐射透射比，即前式的 $\tau_{s,D}$，包括直射—直射透射和直射—散射透射；

$\rho_{e,B}$——遮阳帘室外侧太阳能反射比，即前式的 $\rho_{s,D}$，即直射—散射反射。

3. 遮阳装置室内采光效果的计算

对于尺寸较大且不与门窗平行或不完全覆盖门窗的遮阳装置，应直接计算建筑室内采光效果。而对于与门窗平行且完全覆盖门窗的遮阳装置，先计算透射比，再计算采光才是可行的。

采光计算一般采用 CIE 全阴天模型，而不采用实际天气条件。全阴天模型采用国际照明委员会（CIE）的全阴天模型，考虑的是最不利采光条件下的情况，计算不包括直射日光。全阴天即天空全部被云层遮蔽的天气，此时室外天然光均为天空扩散光，其天空亮度分布相对稳定，天顶亮度为地平线附近亮度的三倍。

计算室内采光时还要包括遮阳装置每个面的反光和室内墙面、天花、地面的反光。计算室内采光要进行散射光线传播分析，分析墙面反光、地板反光等影响。在这些计算中，需要求出这些区域相互的角系数，然后进行一定的迭代计算分析。这些计算由计算机完成，需要把各个部分进行分块，进行多次迭代计算。

目前，国际上采用的软件主要是 Radiance，以及采用这一核心的相关软件。广东省建筑科学研究院开发的"建筑阳光大师"，可以精确计算房间的采光效果，从而评价遮阳装置对采光的影响。

4. 遮阳计算方法的工程应用

（1）遮阳装置的遮阳系数计算方法应根据满足相应的需要而选择。

在进行空调负荷计算时，如果计算软件能够进行相应遮阳装置的遮阳计算，也就不用单独计算遮阳系数。但如果要评价遮阳装置的遮阳效果时，就需要计算遮阳系数。这类遮阳装置的遮阳系数可以采用"能耗计算法"得出有规律的结果，从而为以后同类的遮阳装置计算所应用。

对于能耗计算软件、空调负荷计算软件不能计算的遮阳装置，必须进行单独的遮阳系数计算。对于尺寸较大且不与门窗平行或不完全覆盖门窗的遮阳装置，可以采用"辐射累积法"直接计算遮阳装置的遮阳系数。

对于与门窗平行且完全覆盖门窗的遮阳装置，则先计算透射比，再按照《建筑门窗玻璃幕墙热工计算规程》计算遮阳系数。

（2）遮阳装置的采光计算方法也应根据满足相应的需要而选择。

在进行采光计算时，如果采光计算软件能够进行相应遮阳装置的计算，就直接计算室内采光。对于尺寸较大且不与门窗平行或不完全覆盖门窗的遮阳装置，应直接计算建筑室内采光效果。

对于与门窗平行且完全覆盖门窗的遮阳装置，应先计算透射比、反射比等光学性能，再进行采光计算。

4.1.2 遮阳装置的遮阳效果计算分析

1. 固定外遮阳装置的遮阳效果

（1）能耗计算法

能耗计算法计算用于建筑节能设计的外遮阳系数 SD，可以按能耗计算得到的拟合公式进行。水平遮阳板和垂直遮阳板组合成的综合遮阳，其外遮阳系数值应取水平遮阳板和垂直遮阳板的外遮阳系数的乘积。拟合公式中的拟合系数是利用建筑能耗模拟计算软件（如 DOE2 等）通过计算回归分析得到。目前，国内各建筑气候区的建筑节能设计标准中均提供了用于本地区节能设计时计算各种遮阳装置遮阳系数计算的拟合系数。这些标准包括《夏热冬暖地区居住建筑节能设计标准》、《夏热冬冷地区居住建筑节能设计标准》、《严寒和寒冷地区居住建筑节能设计标准》、《公共建筑节能设计标准》等。

（2）辐射累积法

广东省建筑科学研究院基于本文所描述的原理开发了"建筑阳光大师"建筑遮阳及光环境模拟分析软件。在软件中建立窗户和遮阳装置模型，输入城市地理位置，即可算出不同朝向遮阳装置的夏季和冬季遮阳系数。以遮阳装置特征值（出挑系数 PF）为0.5时三种固定遮阳为例，得到其用于节能计算的遮阳系数如表4.1-2所示：

固定遮阳夏季遮阳系数辐射累积法计算结果（广州） 表4.1-2

遮阳类型	南	西
水平遮阳	0.69	0.73
垂直遮阳	0.80	0.79
综合遮阳	0.47	0.53

2. 挡板外遮阳装置的遮阳效果

在"建筑阳光大师"建筑遮阳模拟分析软件中建立窗户和遮阳装置模型，输入城市地理位置，同样以遮阳装置特征值为0.5时挡板遮阳为例，得到其用于节能计算的遮阳系数如表4.1-3所示：

挡板遮阳夏季遮阳系数辐射累积法计算结果（广州） 表4.1-3

遮阳类型	南	西
挡板遮阳	0.49	0.51

广州发展大厦的遮阳装置是大型的遮阳板，开放时类似垂直遮阳板，关闭时类似挡板，见图4.1-3。

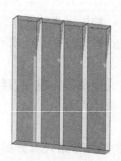

图4.1-3 广州发展大厦遮阳板关闭、开放状态示意图

经过模拟计算，在关闭状态下南向遮阳装置夏季遮阳系数为0.43，西向为0.46；开放状态下南向遮阳装置夏季遮阳系数为0.63，西向为0.70。

3. 百叶遮阳装置的遮阳效果

百叶型遮阳装置一般属于平行于门窗的遮阳装置，而且一般也完全覆盖了门窗的透光部分。选择一款百叶，叶片宽度为 30mm，叶片间距为 25mm，叶片的反射系数为 0.5。首先计算其不同入射角和叶片开启角度的透射系数，见表 4.1-4。

百叶的透射反射系数　　　　　表 4.1-4

外遮阳类型	百叶角度	入射角	直射透射系数	散射透射系数	透射比
百叶帘	45	45	0.06	0.33	0.10
		30	0.05	0.33	0.09
	30	45	0.09	0.41	0.13
		30	0.07	0.41	0.12

当遮阳装置置于一个遮阳系数为 0.7 的窗前方、后方时，得到不同的遮阳系数如表 4.1-5 所示：

百叶遮阳装置的遮阳系数计算结果　　　　　表 4.1-5

外遮阳类型	百叶角度	入射角	透射比	位置	透射比
百叶帘	45	45	0.10	外侧	0.29
				内侧	0.66

由以上计算可见，百叶遮阳装置与百叶的调节角度和太阳的入射角度有关系，也与置于室内外的位置有关，置于室外的遮阳系数远小于置于室内时的遮阳系数。

4. 织物帘遮阳装置的遮阳效果

织物帘式遮阳装置一般也属于平行于且完全覆盖了门窗的遮阳装置。选择一款织物帘，透射比为 0.3，前反射比为 0.4，后反射比为 0.4。计算得到其置于外侧时，遮阳系数为 0.46；置于内侧时遮阳系数为 0.68。

帘式遮阳装置透射比越小越好，反射比越大越好，置于室外时的遮阳系数远小于室内的遮阳系数。

5. 外遮阳装置的室内采光效果计算分析

基于辐射累积的计算原理，利用"建筑阳光大师"建筑光环境模拟分析软件，建立房间、窗户和遮阳装置模型，可以分析遮阳装置对房间的室内采光效果的影响。计算结果显示固定遮阳装置中垂直遮阳影响最小，不超 10%；水平遮阳大约 25%；综合遮阳影响最大，约为 45%，但综合遮阳的遮阳系数在西向小于 0.55，在南向甚至小于 0.45。可见，固定遮阳有较好的遮阳效果，对采光的影响不是非常大。

4.1.3 遮阳装置的应用分析

1. 固定遮阳装置

固定式遮阳构造简单，施工方便，对室内自然采光有一定影响，通过合理的设计可以达到较好的遮阳效果，并兼顾采光。

固定遮阳的应用主要在夏热地区，固定遮阳的设计要以太阳的运行轨迹来进行。为了夏季空调节能，遮阳板应能够遮挡大部分的太阳直射阳光，而较少遮挡天空的散射光，同时最好能够有利于冬季的阳光入射。

227

水平遮阳适用于太阳高度角较高的建筑的南立面，夏季遮阳系数小，冬季遮阳系数大，但这在不同的城市有不同的效果，见表 4.1-6。东西立面设置水平遮阳，需增大遮阳深度，影响建筑窗口的自然采光、自然通风和立面效果，所以不太合适。

在不同城市南向水平遮阳板的遮阳系数　　　　　表 4.1-6

城市	夏季遮阳系数	冬季遮阳系数
广州	0.68	0.71
武汉	0.67	0.69
上海	0.66	0.69
北京	0.62	0.73

图 4.1-4　西向垂直遮阳板示意图

当太阳高度角较低，且与垂直遮阳成一定投射角度时，垂直遮阳的效果较为明显，因此垂直遮阳比较适用于建筑的东西立面和华南区建筑的北立面，应用于东西立面时应调整垂直板的角度。如西向采用斜向（45°）的垂直遮阳，夏季遮阳系数基本一致，冬季遮阳系数则可以比较小，有利于冬季获得阳光照射（见图 4.1-4）。

向南倾斜的西向垂直遮阳板遮阳系数　　　　　表 4.1-7

城市	夏季遮阳系数	冬季遮阳系数
广州	0.59	0.63
武汉	0.58	0.72
上海	0.59	0.70
北京	0.59	0.76

垂直遮阳较适合和水平遮阳一起使用，构成综合遮阳，尤其适用建筑的南立面。但由于窗口周边设置遮阳构件较多，会在一定程度上影响外窗的自然通风效果。综合遮阳是水平遮阳和垂直遮阳的组合，见图 4.1-5。综合遮阳的遮阳系数最小，且适应于各个朝向。

挡板和固定百叶遮阳平行于窗口，见图 4.1-6，一般为非透明材料，遮阳效果较好，但也因此遮挡了窗口的视线和采光。由于大多数窗户都把视线放在首位，故固定的挡板和百叶遮阳装置的应用很受局限，一般用于夏季炎热地区建筑的东西立面。

图 4.1-5　综合遮阳示意图

图 4.1-6　挡板遮阳示意图

2. 平行且覆盖窗口的遮阳装置

与固定式百叶相比，活动百叶可以解决遮阳和采光、窗口视野的矛盾。活动百叶在满足遮阳要求的同时，应增大百叶板的宽度和百叶间距，从而减少百叶板的数量，尽量降低对室内采光和窗口视野的影响。百叶表面还可以设计成高反射率的，可以增加室内深处的采光。

可调节帘式遮阳完全覆盖窗口时，具有非常好的遮阳效果；收起时又完全不影响窗口的视野和自然采光，而且材质和造型种类繁多，构造简练，容易与建筑立面构成独特的立面效果，适合在炎热地区建筑的各个立面设置。

内遮阳也是一种选择。虽然内遮阳的遮阳系数较大，但对于大面积窗和玻璃幕墙而言，内遮阳可能是唯一的选择。

4.1.4　遮阳装置的绿色建筑应用

1. 绿色建筑中的建筑节能要求

外遮阳在南方的空调节能贡献是巨大的，最大可以达到15％以上，即使是北京最大也可以达到10％以上。南方绿色建筑应该有丰富的立面阴影，而北方建筑则应为平整立面，外遮阳的美感完全在于设计者的用心与否。

（1）居住建筑

《绿色建筑评价标准》要求居住建筑住宅热工设计符合建筑节能标准的规定，其中夏热冬冷和夏热冬暖地区均有遮阳要求。同时，绿色建筑还要求合理设计建筑体型、朝向、楼距和窗墙面积比，使住宅获得良好的日照、通风和采光，并根据需要设置遮阳设施。

在住宅热工设计中，应采用遮阳型的玻璃、固定遮阳、活动遮阳等，满足综合遮阳系数的要求；在南方夏热地区应该根据需要采用遮阳方式，如东西向、南向和天窗的遮阳方式。

（2）公共建筑

《绿色建筑评价标准》要求公共建筑的热工设计符合建筑节能标准的规定，其中夏热冬暖地区、夏热冬冷地区以及寒冷地区均有遮阳要求。

公共建筑热工设计中，应采用遮阳型的玻璃、固定遮阳、活动遮阳等，满足综合遮阳系数的要求；在寒冷、夏热冬冷地区和夏热冬暖地区也应该采取遮阳措施，如东西向、南向和天窗采光顶等，可以采用内遮阳降低空调能耗。

2. 绿色建筑中的建筑环境要求

夏热冬暖、夏热冬冷和寒冷地区建筑的东向、西向和南向外窗（包括玻璃幕墙）以及屋顶天窗（包括采光顶），在夏季受到强烈日照，大量太阳辐射热进入室内，造成建筑过热和空调能耗增加，使室内舒适度降低。采取有效的建筑遮阳措施，就能够降低空调负荷，减少建筑能耗，并减少太阳辐射对室内热舒适度的不利影响，还可以保障视觉舒适。

（1）居住建筑

《绿色建筑评价标准》要求住宅的卧室、起居室、书房、厨房的采光系数满足《建筑采光设计标准》；采用可调节外遮阳，防止夏季太阳辐射透过窗户玻璃直接进入室内。

住宅设计中，应对固定遮阳设施对采光的影响进行评估，这与朝向无关，与遮阳装置形状、位置有关；可调节外遮阳是很好的措施，如卷帘、百叶等；内遮阳一般由居住者自行设计配备，效果无法预期，但房屋的说明书中应该给出指南，这很重要。

（2）公共建筑

《绿色建筑评价标准》要求办公室、宾馆类建筑 75％以上主要功能空间室内采光系数满足《建筑采光设计标准》要求；采用可调节外遮阳，改善室内光热环境。

建筑设计中，应对固定遮阳设施对采光的影响进行评估，这与朝向无关，与遮阳装置形状、位置有关；可调节外遮阳是很好的措施，如卷帘、百叶等，但采用时需要仔细设计，保证安全；智能化内遮阳一般属于永久设施，将来应该可以得到政府对光热环境调节效果的承认。

4.1.5　结论及建议

1. 建筑遮阳系数根据不同的使用目的应采用不同的计算方法进行计算。用于空调负荷时，应逐时计算遮阳装置的遮阳系数；用于建筑节能计算时，可按照"能耗计算法"或"辐射累积法"计算其置于不同朝向时冬季和夏季的遮阳系数。

2. 能耗计算法和辐射累积法计算外遮阳系数的原理不同，结果有一定差异。能耗计算法为拟合公式，只能计算几类简单的遮阳装置，应用有很大局限性。辐射累积法的结果只与遮阳装置的自身参数和环境气候条件有关，而且计算较为准确。

3. 平行且完全覆盖门窗的遮阳装置，可采用《建筑门窗玻璃幕墙热工计算规程》所提供的方法计算遮阳系数，但对于活动遮阳装置，应根据其调节控制情况对计算所得到的遮阳系数进行调整。

4. 对于采光的计算，固定遮阳装置应直接计算附加遮阳装置后的建筑室内采光效果，从而计算遮阳装置对采光的影响；与门窗平行且完全覆盖门窗的遮阳装置，应先计算透射比，再计算采光效果，计算方法相对简单，且结果更加精确。

5. 外遮阳装置的遮阳效果与窗口的视野和采光效果有一定矛盾，但可以控制。固定遮阳装置应按照太阳运行轨迹设计，最大限度遮挡夏季的直射阳光，而对采光的影响不会太大，且可以避免窗口强光照射，在南方地区应该提倡采用。平行且覆盖窗口的挡板、百叶、遮阳帘等遮阳装置影响较大，应能够灵活调节为好，必要时应可以全部开启。

6. 玻璃的采光作用不容忽视，遮阳型玻璃的可见光透射比不能过分降低。当玻璃的遮阳系数不能满足要求时，可采取其他遮阳措施，不能过分依赖玻璃遮阳而降低采光要求。

7. 遮阳在绿色建筑中应用，应满足夏季建筑节能的需要，可以采用固定遮阳，也可采用活动遮阳，冬季采暖地区应优先采用活动遮阳。南方绿色建筑应该有丰富的立面阴影，而北方绿色建筑建筑则应为平整立面。

同时，建筑遮阳应满足室内光热环境调节的需要，应采用活动遮阳，活动遮阳宜采用智能控制。

8. 内遮阳装置目前政府还不承认其节能效果，大大影响了活动遮阳的工程应用，导致目前许多内遮阳装置仅作为内装饰。行业应对内遮阳进行研究，进行节能、采光分析，使其在绿色建筑中发挥应有的作用。

4.2 建筑遮阳设计

张树君

中国建筑标准设计研究院

摘 要：建筑遮阳能有效减少阳光的辐射，改善室内的光热环境质量，降低室温和空调能耗，提高室内舒适度。建筑遮阳的目的在于阻断直射阳光透过玻璃进入室内，防止阳光过分照射和加热建筑围护结构，防止直射阳光。本文通过建筑遮阳的形式、实例、发展趋势、依据的标准规范等，提出如何进行建筑遮阳设计及玻璃幕墙的遮阳设计。

关键词：建筑遮阳形式；实例；设计；发展趋势；标准规范

建筑遮阳是建筑节能的一项重要技术措施。建筑遮阳能有效减少阳光的辐射，改善室内的光热环境质量，降低室温和空调能耗，提高室内舒适度。在国家、行业和地方的居住建筑节能设计标准和公共建筑节能设计标准中都对建筑遮阳做出了规定。

建筑遮阳与气候和日照状况密不可分，太阳的辐射作用主要从两个途径进入室内影响我们的舒适度：一是透过窗户进入室内被室内表面所吸收，产生了加热效果；二是被建筑的外围护结构表面吸收，其中又有一部分热量通过围护结构的热传导逐渐进入室内。即使建筑外墙、屋顶和门窗的隔热和蓄热作用在一定程度上稳定了室内的温度变化，但透过窗户进入室内的日照还是对室温有直接和重要的影响。所以，建筑遮阳的目的在于阻断直射阳光透过玻璃进入室内，防止阳光过分照射和加热建筑围护结构，防止直射阳光。

4.2.1 建筑遮阳形式选择

建筑遮阳主要有：外门窗遮阳、屋面遮阳、墙面遮阳、绿化遮阳等。建筑遮阳设计应根据当地的地理位置、气候特征、建筑类型、使用功能、建筑造型、透明围护结构朝向等因素，选择适宜的遮阳形式，并宜选择外遮阳。

1. 根据建筑遮阳设施与建筑外窗的位置关系，建筑遮阳分为外遮阳、内遮阳和中间遮阳三种形式。

外遮阳是将遮阳设施布置在室外，遮挡太阳辐射。内遮阳是将遮阳设施布置在室内，将入射室内的直射光分散为漫射光，以改善室内热环境和避免眩光。中间遮阳至于两层玻璃窗或幕墙之间，此种遮阳易于调节，不易被污染，维护成本较高。

2. 外遮阳按遮阳构件的安装方式，可分为水平式、垂直式、综合式和挡板式四种。由于太阳的高度角和方位角一年四季循环往返变化，遮阳装置产生的阴影区也随之变化。在低纬度地区或夏季，由于太阳高度角大，建筑的阴影很短，水平遮阳能有效遮挡从窗口上前方投射来的直射阳光，一般适用于南向或接近南向的窗口（图 4.2-1）；决定垂直遮阳效果的因素是太阳方位角，在太阳高度角较小时，垂直遮阳能有效遮挡从窗侧面斜射过来的直射阳光，一般适用于东西向的窗口（图 4.2-2）；综合式遮阳兼有水平遮阳和垂直遮阳的优点，一般适用于东南向和西南向的窗口（图 4.2-3）；挡板式遮阳能有效遮挡从窗口正前方投射下来的这是阳光，一般布置在东向、西向及其附近的窗口（图 4.2-4）。

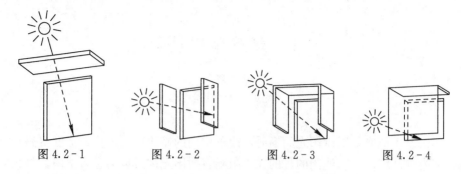

图 4.2-1　　　　图 4.2-2　　　　图 4.2-3　　　　图 4.2-4

3. 外遮阳按遮阳构件的活动方式，分为固定式和活动式两种。

固定式外遮阳不易兼顾冬季阳光入射、采光及房间的自然通风；活动式外遮阳使用灵活，但结构复杂，造价较高，维护成本较高。

4. 活动外遮阳可为遮阳板、遮阳卷帘、遮阳百叶等。机翼型遮阳板有水平式和垂直式，可进行造型的组合设计，可使其在满足遮阳功能的同时，又可成为建筑物的一种外装饰风格（图 4.2-5）。平板式遮阳板能有效地遮挡整个窗户的阳光，为兼顾采光和通风，需要移动和开启，进行适当的调节，可在外墙上安装导轨，不论是平板式还是折叠式，用推动的方式根据需要达到遮阳的目的（图 4.2-6）。遮阳帘布有直臂式（图 4.2-7）和曲臂式（图 4.2-8），曲臂式可使帘布翻跷，在遮阳的同时不会遮挡视线，并可获得更多的光线，也可打开窗户便于室内通风。

图 4.2-5　　　　　　　　　　　图 4.2-6

图 4.2-7　　　　　　　　　　　图 4.2-8

铝合金卷帘可在叶片中填充发泡的绝热材料，一般是聚氨酯，除遮阳外，还能有保温隔热作用和防盗功能（图 4.2-9）。采用遮阳一体化解决了传统外挂遮阳装置掉落和高层清洁、维护的困难。

对于玻璃中庭或采光顶来说，除了在屋顶上再设置大檐口实体遮阳板之外，还经常在玻璃顶内部使用遮阳格栅和帘布（图4.2-10）。随着一天之中光线的不断变化，遮阳板或帘布所形成的光影和光斑也姿态迥异。织物由于其柔软的特性，可以加工成造型各异的遮阳帘布，利用导轨对帘布进行控制和定型，帘布可通过导轨的滑动进行调节，富有震撼力的室内光影效果。遮阳百叶材料可为金属、玻璃或有机塑料（图4.2-11）。

图4.2-9

图4.2-10

图4.2-11

4.2.2 建筑遮阳实例

建筑遮阳不仅有助于建筑节能，而且遮阳构件成为影响建筑形体和美感的关键要素，特别是新的遮阳构件和构造往往成为凸现建筑高技术和现代感的重要组成部分。

1. 上海建科院生态示范楼（图4.2-12）根据建筑形式和日照规律，采用不同类型的遮阳系统：南立面采用可调节的铝合金水平式外遮阳活动百叶；东西向采用可调节的铝合金垂直式外遮阳活动百叶；中庭采用外遮阳篷，节省了空调能耗。

2. 上海世博会的沪上·生态家（图4.2-13）在南立面双层玻璃之间安装了电动百叶，可通过调节叶片的角度调节室内进光量，满足室内采光和照明需要，叶片还可将光线反射到天花板，并经天花板再次反射增加大室内深处的光亮。

图4.2-12

在屋顶通道内设置电动卷帘（织物面料的开孔率为7%），在遮蔽阳光的同时，可从室内清晰地看到室外的景观。在阴雨天，可将卷帘卷起，不影响室内采光（图4.2-14）。

图4.2-13

图4.2-14

采光顶安装活动遮阳板，除闭合时可遮阳隔热外，更强调遮阳板能够实施翻转角度，通过叶片表面将阳光反射至室内，增加亮度，解决了眩光，改善了视觉舒适度。

屋顶设置了太阳能热水系统和太阳能光伏发电系统，平板集热器代替了采光顶、薄膜电池与玻璃复合形成光伏构件，既产生了热水和发电，还起到了遮阳功能。屋顶绿化降低了屋面温度，也为住户提供了休闲空间。

图 4.2 - 15

3. 清华大学建筑设计研究院（图 4.2 - 15）在建筑朝西面距建筑主体 4.5m 处设置了几乎整面混凝土的防晒墙，可以完全遮挡西晒阳光，而 4.5m 的间距又能保证足够的漫射光进入室内以保持足够的照度。在混凝土墙上开洞，易于空气流动。

地面的植被起到改善周围微小气候的作用，使得空气流动时带走 4.5m 空间的热量。该建筑南面采用水平遮阳格栅，既能遮阳又能保证房间的采光和通风。

图 4.2 - 16

4. 柯布西耶设计的印度昌迪加尔议会大厦和高等法院（图 4.2 - 16）采用通风良好的非功能性的大屋顶，作为建筑顶部遮阳，立面设置粗犷的大进深的混凝土花格减小房间进光量。奇特的形状和遮阳格栅独树一格，影响深远。需要注意的是混凝土遮阳构件因热容量较大，吸收的热量无法及时散失，会在温度较低的夜晚对室内形成二次辐射。现在一般选用高反射、低热容的金属材料作为遮阳构件。

5. 有的建筑充分利用建筑之间和建筑自身的构件相互产生阴影，形成互遮阳和自遮阳，达到减少屋顶和墙面的得热的目的，它没有明显的遮阳构件。柯里亚设计的孟买干城章嘉公寓（图 4.2 - 17），通过自身形体的凹凸形成大量阴影，使得大面积的采光窗位于阴影之中，主立面则以开小窗为主以减少热辐射。

6. 巴黎德方斯大门（图 4.2 - 18）是自遮阳的最好例证。它以一个超大尺度的洞口避免了灼热的阳光直晒，面向大门的房间通过中央门洞间接采光。底部的水平帘布遮阳又在地面形成阴影。

7. 植物遮阳在建筑外墙和屋顶种植落叶植物同样可以起到良好的遮阳效果。植物遮阳与建筑构件遮阳的原理不同，构件遮阳在遮挡阳光的同时把太阳辐射集中在自己身上，然后通过提高自身的温度把热量通过对流和长波辐射等方式散发出去，从而可能产生遮阳板对于室内的二次热辐射；而植物叶冠则是将拦截的太阳辐射吸收和转换，其中大部分消耗于自身的

图 4.2 - 17

蒸腾作用，通过光合作用将太阳能转换成生物能，植物叶面温度并未显著提高，而植物在这一过程中，除将太阳能转化为热效应外，还能吸收周围环境中的热量，从而降低了局部环境温度，造成能量的良性循环。另外，植物还起到降低风速、提高空气质量的作用，综合效能明显。植物遮阳不仅遮挡了夏季的酷热，而让人从中领略到建筑与优美的自然环境的融合，建筑掩映在绿叶中，阳光透过树叶的缝隙投下缕缕光斑，犹如一曲动人的旋律。最为理想的植物是落叶乔木，茂密的枝叶可以阻挡夏季灼热的阳光，而冬季温暖的阳光又会透过稀疏的枝条进入室内，这是普通固定遮阳构件无法具备的。

图 4.2 - 18

8. 维也纳白水住宅（图 4.2 - 19）在外墙部分采用攀缘植物来遮阳，充满自然特性，密集的植物光影丰富多变。

9. 柏林的北欧五国大使馆（图 4.2 - 20）是斯堪的纳维亚国家：丹麦、芬兰、冰岛、挪威和瑞典共享的一座综合建筑，采用了水平遮阳板，绿色流线型截面的遮阳板密密覆盖在窗户外侧，与整个墙面融为一体。

图 4.2 - 19

10. 巴黎国家图书馆（图 4.2 - 21）在玻璃幕墙后面排列了厚重的木遮阳板，通过旋转改变采光和遮阳效果。

图 4.2 - 20

图 4.2 - 21

4.2.3　建筑遮阳设计

1. 具备下列条件，需进行建筑遮阳设计：

（1）室内（外）气温≥29℃；

（2）太阳辐射强度＞1004kJ/m² · h；

（3）阳光照射室内深度＞0.5m；

（4）阳光照射室内时间≥1h。

2. 建筑遮阳设计应根据当地的地理位置、气候特征、建筑类型、建筑功能、建筑朝向、经济技术条件等因素，选择适宜的遮阳形式，并宜选择外遮阳。

（1）夏热冬暖地区的外窗（包括透明幕墙）应设置遮阳。夏热冬冷地区及寒冷地区宜设置遮阳；

（2）建筑物的东向、西向和南向外窗或透明幕墙、屋顶天窗或采光顶应采取遮阳措施。

3. 太阳辐射强度随季节和建筑朝向变化，水平面最高，东西向次之，南向较低，北向最低。建筑遮阳设计依次考虑屋顶天窗、西向、东向、西南向、东南向。

（1）南向、北向宜采用水平式遮阳或综合式遮阳；

（2）东西向宜采用垂直式遮阳或挡板式遮阳；

（3）东南向、西南向宜采用综合式遮阳。

4. 建筑遮阳设计应兼顾采光、通风、视野、隔热、散热功能，严寒、寒冷地区不影响建筑冬季阳光入射。

（1）采用内遮阳或中间遮阳时，遮阳装置面向室外侧宜采用能反射太阳辐射的材料，并可根据太阳辐射情况调节其角度和位置；

（2）建筑遮阳构件宜呈百叶或网格状。实体遮阳构件宜与建筑窗口、墙面和屋面留有间隙。

5. 遮阳设施力求构造简单、经济适用、耐久性美观，便于维修和清洁，并应与建筑整体及周围环境相协调。

（1）遮阳装置应与建筑主体结构连接牢固；

（2）活动遮阳装置应控制灵活、操作方便、便于维修。

6. 玻璃幕墙遮阳

遮阳系统在玻璃幕墙外观的玻璃墙体上形成光影效果，体现出现代建筑艺术美学效果。因此，在欧洲建筑界，已经把外遮阳系统作为一种活跃的立面元素，加以利用，甚至称之为双层立面形式。一层是建筑物本身的立面，另一层则是动态的遮阳状态的立面形式。这种具有"动感"的建筑物形象不是因为建筑立面的时尚需要，而是现代技术解决人类对建筑节能和享受自然需求而产生的一种新的现代建筑形态。

7. 新建建筑应做到遮阳装置与建筑同步设计、同步施工，与建筑工程同时验收。

（1）遮阳装置应与建筑主体结构连接牢固；

（2）活动遮阳装置应控制灵活、操作方便、便于维修。

4.2.4　玻璃幕墙遮阳

遮阳系统在玻璃幕墙外观的玻璃墙体上形成光影效果，体现出现代建筑艺术美学效果。因此，在欧洲建筑界，已经把外遮阳系统作为一种活跃的立面元素，加以利用，甚至称之为双层立面形式。一层是建筑物本身的立面，另一层则是动态的遮阳状态的立面形式。这种具有"动感"的建筑物形象不是因为建筑立面的时尚需要，而是现代技术解决人类对建筑节能和享受自然需求而产生的一种新的现代建筑形态。有的玻璃幕墙外采用活动的热反射玻璃遮阳百叶，透过百叶呈现出里面建筑物不同的色彩。

大面积的玻璃幕墙应避免东照西晒。建筑的长向应朝南北向配置。

对于玻璃幕墙的遮阳除可采用着色玻璃、阳光控制膜、Low-E玻璃外，设置遮阳系统是最为简单和有效的屏蔽太阳辐射、阻挡直射到玻璃上的阳光、降低遮阳系数的方法。玻璃幕墙的遮阳系统按其所在位置分为以下几种模式：

1. 外遮阳，在玻璃幕墙外采用如遮阳百叶、遮阳卷帘、格栅和遮阳板等，由于对构件的结构强度、耐久性、耐候性要求较高，且受水平风荷载的影响，通常设置固定钢轨、钢杆钢索等控制其水平晃动。

2. 采用双层幕墙并在双层玻璃间采用机械控制的百叶、遮阳卷帘。

3. 内遮阳，在玻璃幕墙内侧采用遮阳百叶、遮阳卷帘等。

4. 与太阳能光伏系统结合采用光电幕墙。

(1) 将BIPV（光伏建筑一体化）组件作成百叶式非晶硅太阳能光伏夹层玻璃，即将非晶硅电池去膜或切割成条状与白玻间隔放置，形成像百叶遮阳窗一样的效果。

(2) 将BIPV组件作成百叶式非晶硅太阳能光伏中空玻璃，即将非晶硅电池切割成条状，将电池条放置在中空玻璃内部中空层，形成百叶式遮阳窗帘结构，不改变原有中空玻璃的尺寸和隔热、隔声功能。

4.2.5　建筑遮阳发展

1. 建筑遮阳设计与采光、通风、隔热和散热

建筑遮阳设计是要达到隔绝太阳辐射热量的目的，但多数遮阳构件是与窗户结合在一起，为此，窗户原有的采光和通风功能仍然需要得到满足。如遮阳板遮阳，不仅遮挡了阳光，也使建筑周围的局部风压也会出现较大幅度的变化。在许多情况下，设计不当的实体遮阳板会显著降低建筑表面的空气流速，影响建筑内部的自然通风效果。如能根据当地的夏季主导风向特点，利用遮阳板作为引风装置，增加建筑进风口的风压，对通风量进行调节，可达到自然通风降温的作用。

遮阳构件既要避免构件本身吸收过多热量，又要易于散热。遮阳构件在遮挡阳光的同时会因吸收太阳辐射而升温，如果采用了热容量高的材料，其中相当一部分热量会最终传至室内，如混凝土水平遮阳板会将热量传至外墙，并将阳光反射到上层房间内，并很容易在遮阳板下方造成热空气滞留，从而加速热量向室内传入。如将遮阳板设计呈百叶或网状，或在遮阳板和墙面之间留有空隙，则可避免上述问题的出现。这是因为百叶状或网状遮阳板在这样的同时不妨碍通风。遮阳板金属等低热容材料，在日落后能迅速冷却。在当今突出生态技术的建筑中，采用新型材料制成的高反射、低热容的金属遮阳板受到越来越多的青睐。即使对于木材和织物等传统材料，建筑师也致力于寻求通过新工艺和造型产生相当程度的艺术震撼力。

2. 新型遮阳材料

今天，最为流行的遮阳材料当属金属，如钢格网具有很高的结构强度。有些幕墙采用

中置遮阳措施，钢格网可同分隔上层幕墙中广泛应用，满足了人员在上走动和上下通风的需要（图4.2-22）。轻质的铝合金材料可加工成外遮阳格栅、遮阳卷帘以及室内遮阳百叶。金属材料通过电脑控制确保生产的精确性，使每个构件看起来精美绝伦，加上施工安装的高技术，也确保了金属遮阳构件的精确和精密。

3. 多功能遮阳材料

采用高性能的隔热和热反射玻璃制成的玻璃遮阳板，以及光热光电转换的遮阳板，在遮阳的同时又能提供热水和电能，使得遮阳材料和技术更上一层楼（图4.2-23）。这种多功能的遮阳构件，不仅避免了遮阳构件自身可能存在的吸热导致升温和热量传递问题，还能把吸收的太阳辐射能量转换成可再生能源，这也是遮阳构件复合多功能发展的方向。

图4.2-22　　　　　　　　　　　　　　　　图4.2-23

4. 可调节的遮阳构件

在双层幕墙的空气夹层中，安装了由智能化控制的活动式水平遮阳百叶，利用空气夹层内自然产生的气流，达到透过百叶窗帘驱散热量的效果。同时为获得更多的自然光线，用户可根据阳光的强弱程度，自行调节水平百叶的角度，夏季可将阳光反射遮阳外，冬季可将阳光反射至室内，从而，可有效调节和控制室内光线和减少吸收热量，以适应不同季节的天气。

5. 赏心锐目的遮阳构件

遮阳构件动人的魅力是与其轻盈、精致、细腻的细部节点密不可分，无论何种材料和构造组成的遮阳系统，一方面具有完善的遮阳功能，另一方面具有赏心锐目的视觉效果。对于金属遮阳构件，连接的精细、比例的优美，充分表现了金属的细腻、光洁的质感，展现材料美、技术美。

参考文献

[1] 建筑遮阳工程技术规范.JGJ 2337-2011.

[2] 刘念雄.欧洲新建筑的遮阳[J].世界建筑.2002,12.

4.3 建筑师与建筑遮阳设计

蓝晓丹　卢　求

洲联集团·五合国际

摘　要：我国建筑设计界对建筑遮阳的认知度较低，大多数建筑师在做设计时很少考虑建筑遮阳。而建筑师对建筑遮阳的设计，正是运用遮阳设施减少建筑能耗的重要环节之一。本文从建筑师的角度出发，对建筑遮阳的重要性和主要形式进行了简要介绍，并通过对几个建筑遮阳成功案例的分析，阐述将外遮阳构件与建筑立面整合设计的常用处理手法，并提出建筑遮阳设计需要注意的八个方面。

关键词：建筑遮阳；遮阳形式；遮阳设计

4.3.1　中国建筑设计界对建筑遮阳的认知现状

建筑遮阳作为节能建筑的一种必要措施，在欧洲许多发达国家和地区早已广泛使用，十分普遍。在我国建筑设计领域，对建筑遮阳的认知度虽也在逐步提高，但总体上仍处于较低水平。大多数建筑师在做设计时很少会将建筑遮阳作为建筑的一个有机组成部分加以对待。因此，在大量建造的一般性建筑设计过程中，遮阳构件和设施往往不是建筑师们必须考虑的元素，而是业主在建筑落成后根据自己的喜好和财力才开始考虑是否要加到立面上去的附属构件。即便是勉强加上去了，也由于并未作为建筑的有机整体加以考虑，所造成的建筑形象也是差强人意。

在我国长期以来普遍采用的集合式住宅设计中，在建筑使用过程中后续加上的遮阳设施尤其明显。除非有特殊的原因，集合式住宅的设计和建造往往都不会考虑设置外遮阳构件和设施，即使是东西向户型也都如此。相反，建筑师们花大力气解决的却是如何满足室内日照时间的问题。遮阳问题往往交由每家每户自行解决。结果，绝大多数住户都会采用窗帘来遮阳，朝西的立面上或许会有少数住户会选择在窗外安装遮阳篷。遮阳篷零零落落，五花八门，严重影响建筑外观。而窗帘的遮阳和节能效果都很难令人满意。

4.3.2　建筑遮阳的重要性

建筑师们对建筑遮阳的认知度是与公众对建筑节能事业的认知度密不可分的。建筑师在建筑遮阳设计上的不作为，很大程度上是对建筑遮阳在建筑节能方面的贡献不了解。建筑遮阳是节能建筑的重要手段和必要措施：一方面，遮阳构件和设施阻断或降低了太阳热辐射而有效减少了外窗得热，从而大大降低了夏季室内的空调冷负荷，提高了室内的热舒适度；另一方面，过于强烈的阳光直射室内，容易造成眩光而引起人的视觉不适。采用建筑遮阳设施，在使室内达到热舒适度的同时，还降低了室内眩光。以往，许多建筑避免眩光的做法是采取不恰当的措施将阳光完全屏蔽在外，转而采用人工照明。据统计，办公建筑中人工照明占到建筑总能源消耗量30%[1]。适当的遮阳装置可以避免眩光，使室内能够充分利用自然采光，减少甚至不采用人工照明，降低消耗。而且，天然采光的视觉舒适度是人工照明所不能比拟的。从这个意义上说，建筑遮阳提高了室内的视觉舒适度。

正是由于建筑遮阳对节能建筑的重要作用，建筑遮阳的理念和设施才越来越受到业内人士和政府部门的重视。目前，我国许多省市已发布了关于建筑遮阳的地方规定或条文，对建筑遮阳产品实行大力推广。《公共建筑节能设计标准》和几个气候区的居住建筑节能设计标准对建筑能耗水平提出了更加严格的要求。研究结论显示，要达到上述新版节能设计标准的要求，在公共建筑和居住建筑上采用建筑外遮阳设施几乎成为不可或缺的技术手段。由此可见，我国建筑遮阳行业正面临大发展的历史机遇。了解并熟知建筑遮阳，已成为广大建筑师们的当务之急。

4.3.3 建筑外遮阳的主要形式

目前，我国应用较多的建筑遮阳主要形式，按照与建筑外窗的相对位置关系，建筑遮阳可分为外遮阳和内遮阳两大类。外遮阳主要有遮阳板、户外百叶帘、遮阳软帘、金属卷帘窗、遮阳篷、遮阳膜结构等多种形式；内遮阳主要有室内百叶帘、卷帘、垂帘、折帘、天棚帘、开合帘、布艺帘等形式。外遮阳设施对建筑外立面影响比较大，本文侧重介绍外遮阳系统及其立面处理手法。

目前市场上可见的建筑外遮阳产品种类繁多，从外观上看，比较常见的主要可分为遮阳板、遮阳卷帘、遮阳百叶和遮阳膜结构等几大类。以下我们分别阐述。

1. 遮阳板是通过阻隔光线来避免过多热量透过窗户，调节室内空间光照环境从而达到环保和节省空调运作费用的目的。遮阳板又分为固定式和活动式这两种。固定式遮阳板的设计通常是根据建筑物所在的经纬度，计算太阳的入射角度，从而确定遮阳板的倾斜角度及板件之间的间隔距离。活动式遮阳板往往与楼宇管理系统组合成为智能化的自动遮阳系统，遮阳板能够根据外界环境变化和室内用户需求而改变位置和角度，而提高室内热舒适度和遮阳效果。相对于遮阳百叶来说，遮阳板的板件尺寸都比较大。

2. 遮阳卷帘系统一般是由电机驱动或用户手动控制遮阳帘上下移动，卷帘可以根据用户需要停止在所需的高度。按照卷帘面料的软硬度，遮阳卷帘又可分为软卷帘和硬卷帘两种。软卷帘的面料一般为玻璃纤维和聚酯纤维。这种面料经过特殊设计和处理，卷帘放下时，人在室内可透过卷帘欣赏室外景色，视线不受遮挡，而室外的人却不能透过卷帘看到室内情况，具有很高的私密性[2]。硬卷帘的材质可为金属或者塑料，将金属（多为铝合金）或塑料等硬性材质做成中空、有弧度的多个帘片，帘片采用卷取的方式上下伸展或收回。帘片表皮可根据设计要求喷涂各种色彩，中空帘片内部可充填发泡聚氨酯等保温隔热材料；帘片与帘片之间的距离可以调节，以此来控制有多少光线进入室内。这种卷帘一般称为金属卷帘窗，遮阳的同时还有防盗、隔热、隔声等作用，在欧洲居住建筑中应用较为普遍。

3. 遮阳百叶装置的材质有铝合金、木质和塑料等。一般来说，铝合金百叶多用于商业楼宇，木质百叶多用于住宅建筑。安装在双层幕墙玻璃间的铝合金百叶帘，在国外使用得越来越多。我国的双层玻璃幕墙也开始采用这种遮阳方式。铝合金百叶帘的百叶宽度一般在 60～120mm 之间。双层玻璃幕墙的外层玻璃一般为单层钢化玻璃，内层为可开启的透明的中空 Low-E 玻璃，通过智能控制系统，百叶可以转动或升降，有效控制光线和太阳得热的吸收。

4. 织物遮阳是用框架或导轨将织物固定在建筑表皮，既可以有变化丰富的图案，又可以利用其应力张拉出膜结构的遮阳效果，就像建筑物外穿的衣物一样，图案更新或者材料老化都可以轻松更换，老建筑外观改造也很自由。这种织物也是经过特殊处理和设计，遮阳的同时不影响从建筑内向外看的透视效果[3]。织物遮阳设施具有价格相对较为低廉，重量轻，易收放，样式丰富，色泽多样等优点。

4.3.4 建筑外遮阳设施的处理手法及案例

从设计实践来看，目前建筑师对遮阳构件和设施的设计有各种各样的方式。一种积极的态度和方式就是将遮阳设施与窗户或幕墙进行一体化的整合设计。建筑师在做立面设计时就考虑到遮阳，将遮阳、窗户、幕墙与围护墙体的构造统一考虑。

目前，许多发达国家在窗户生产制造时，连同遮阳设施一起在工厂生产线完成；安装窗户的同时将遮阳设施一起安装到位。这种窗户—遮阳一体化的设计与生产应用得比较普遍，具体方式也多种多样。还有的把金属卷帘窗与窗户进行一体化制作与安装，卷帘箱安装在围护墙体之后，从室外看不见卷帘箱，建筑外观非常干净整洁（图4.3-1）。又如在常见的铝板幕墙和玻璃幕墙设计中，将遮阳百叶系统与铝板幕墙、玻璃幕墙统一设计。我国也在进行窗户—遮阳一体化的研究和生产试用。上海某建筑遮阳百叶的应用就是一个案例。该项目采用铝合金电动遮阳百叶作为玻璃幕墙的外遮阳设施，百叶箱安装在铝板幕墙与实体围护墙之间，无论是室外还是室内都看不到百叶箱体。铝板幕墙、玻璃幕墙的框料与百叶的安装构件统一考虑，都在工厂生产线上完成，因而围护结构的构造设计可以做到非常精致而整洁，没有任何多余的构件。当百叶帘收起时，建筑外立面上只有光洁的铝框和玻璃两种材质，达到一种非常简洁的效果（图4.3-2）。

图 4.3-1 （图片来源：德国
爱屋卷帘窗。）

图 4.3-2 （图片来源：德国海茵建筑设计/
五合国际建筑设计。）

另一种方式是注重建筑外观的表现，即将遮阳装置作为立面构成的一部分甚至是主要部分来表现。如新加坡滨海艺术中心的外立面设计，建筑平面基本由两个长圆形组合而成，长圆形平面上覆盖着拱形弧线玻璃屋面，整个屋面上都设置了特制的银色金属三角形外遮阳板。每两块遮阳板组合成三棱椎的两个面，一个一个的三棱椎遮阳板紧密相连，既有效地遮挡了东南亚终年强烈的阳光，又赋予建筑独特的纹理和质感，使建筑表皮酷似当地盛产的热带水果榴莲的果壳。在阳光的照射下，这些金属遮阳板呈现出丰富的光影变幻，极富美感和现代感。远远看去，整个建筑就像巨大的银色榴莲静静地躺在枝叶繁茂的绿树丛中（图4.3-3）。在这个案例中，外遮阳构件已形成了建筑的另一层表皮张扬在外，建筑的玻璃屋面几乎已被完全遮挡在遮阳板之后，退而成为立面的次要元素。

图4.3-3 （卢求摄）

另一个案例是新加坡某办公建筑的立面设计。该建筑立面上窗户面积较大，建筑师在外窗玻璃之外设置一层金属格栅用于遮阳，同时不影响建筑通风。格栅细密的纹理与立面上另两种材质——石材和玻璃，形成对比，营造出另外一种风格（图4.3-4）。

图4.3-4 （蓝晓丹摄）

又如新加坡拉萨尔（Lasalle）艺术学院采用了膜结构建筑遮阳。拉萨尔艺术学院由六个单体建筑组成，每个单体的体量都相差无几。单体之间的空地作为休息活动场地，在二层以上采用连廊相互联系。外观体形方正，墙体封闭，开窗面积很小，内部却让人感觉现代、通透、舒适宜人。这是因为每个单体朝向内庭院的立面都采用不规则多边形空间折线作为母题，并且通高采用通透的玻璃幕墙，并在每个单体楼顶都设置了遮阳张拉膜结构。张拉膜采用透光的遮阳面料，就像一顶巨大的帐篷将每栋楼和每个庭院一并覆盖（图4.3-5）。白天，炽热的阳光经过遮阳膜的过滤和遮挡，为庭院和室内空间提供了自然舒适的漫射光。夜晚，建筑内的灯光透过膜结构照亮夜空，为建筑营造出梦幻般的景象（图4.3-6）。在这个案例中，遮阳膜的结构美与玻璃幕墙的曲折多变共同营造出建筑的前卫感，达到了技术与艺术的高度统一。

还有一个案例是居住建筑的，地点也在拉萨尔艺术学院附近。这是一栋高层集合式住宅楼，立面上有许多层次上的变化，窗户上采用了两种外遮阳方式。一种是从外墙上挑出的轻质穿孔金属遮阳挡板，一个一个整齐地排列在窗户外侧，与外墙保持很大的距离。这种挡板式遮阳，能够有效地遮挡从窗口正前方投射过来的低角度的阳光。遮阳板表面刷成红色，在立面上十分醒目。另一种方式是窗洞上口和两侧综合了水平遮阳和垂直遮阳的"倒U形"结构遮阳板，对从窗口上前方和侧前方投射过来的阳光都能形成有效的遮挡"倒U形"遮阳板外表涂刷成白色，与金属遮阳板的红色形成鲜明的对比（图4.3-7）。

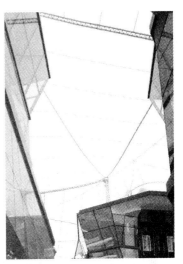

图 4.3-5 （蓝晓丹摄）

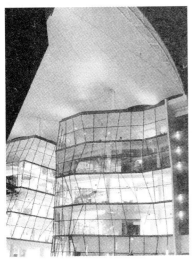

图 4.3-6 （图片来源：http://www.bingsg.com/lasalle.）

图 4.3-7 （蓝晓丹摄）

4.3.5 建筑师在遮阳设计中应特别注意的八个方面

1. 建筑遮阳设施应与建筑立面的整体艺术表现力相结合。遮阳设施作为建筑围护结构的一个部分，对建筑的整体造型起着重要作用。建筑师在做立面设计时应将建筑遮阳设施作为建筑物的一个有机组成部分来加以考虑，注重遮阳构件或设施与建筑整体风格的融合与统一。

2. 重视遮阳构件或装置和设施与建筑围护结构连接部位的构造设计。遮阳设施与围护结构的各组成部分（墙体、门、窗）的连接部位往往是节能设计的重点部位，处理不当则极易在这些部位形成建筑节能的薄弱环节。因此，精心、合理的遮阳装置设计是建筑节能的保障。

3. 重视遮阳设施的安全性。遮阳设计应充分考虑遮阳设施的结构安全，以保证在台风或暴风雨等极端恶劣天气下遮阳设施仍然具备足够的安全性。

4. 重视遮阳装置的操作的便利性与安全性。充分考虑使用者各种情况下的操作使用需求，避免失误操作导致的人身伤亡。

5. 遮阳装置应易于维护和清洁，以及方便构件的更换。建筑师必须重视这一点，除了对自己的建筑外观形象负责，也需要对建筑的使用和维护的方便性、经济性负责，这是绿色建筑中全寿命周期成本的重要组成部分。

6. 在不同气候条件下，遮阳方式和设施的应用也不同。南方太阳辐射强烈，建筑遮阳对建筑节能及室内舒适度的贡献较大。在北方寒冷及严寒地区，采用遮阳设施的同时要考虑到冬季太阳能的利用，遮阳设计应综合考虑夏季遮阳与冬季利用太阳辐射得热两者的关系。北方寒冷及严寒地区更适宜采用可活动式遮阳设施，如活动遮阳百叶、遮阳卷帘等。

7. 注意建筑遮阳设施与建筑排烟、消防联动的有机结合。建筑师在做遮阳设计时要处理好非常时期（如火灾时）遮阳设施与建筑防排烟、消防联动等方面的关系，使遮阳设施不影响火灾时的建筑排烟和人员疏散，做到平时与紧急时两种状态的顺利转换。

8. 建筑师应与生态节能工程师密切配合，通过相关计算软件对建筑内部、外部环境进行模拟计算后，确定最适合的遮阳形式，通过精细化设计，以求达到建筑遮阳的最佳效果。

4.3.6　结语

尽管目前国内建筑遮阳的普及度较低，但随着中国建筑节能事业的不断发展，建筑师与公众对建筑遮阳的认知度越来越高，相信这种状况在不久的未来会得到改善。国家对建筑遮阳持鼓励的态度，行业协会也在呼吁政府出台相关政策法规也对建筑遮阳产业加以扶持。对于建筑师来说，建筑遮阳将成为建筑围护结构的一个强制性元素而出现，甚至有可能成为建筑立面的主要构件。换言之，建筑师有必要摆脱将建筑遮阳作为附着物来对待的心态，而应当重视对建筑立面中包括遮阳构件在内的所有元素进行整合设计。

本文所列的几个案例大多数均为新加坡的建筑。新加坡地处亚洲大陆最南端，终年日照强烈，四季炎热，因此各种类型的建筑都很注重建筑外遮阳，在这方面也有很多成功案例。由于气候原因，这些案例也许更适合南方借鉴，但在建筑遮阳与建筑外立面设计的整合设计这方面，这些案例给我们做出了很好的示范。如何将建筑遮阳与建筑立面有机结合，达到建筑与生态节能、技术与艺术等方面的完美统一，这是一个永无止境的课题。本文将这些相对比较成功的案例一一列出，并提出遮阳设计需要注意的八个方面，希望能对国内广大建筑师有所启发，起到抛砖引玉的作用。

参考文献

[1] 张雪松．可持续建筑立面整合自动遮阳设计研究［J］．建筑技术及设计．2008，（10）：108.

[2]《绿色建筑》教材编写组．绿色建筑［M］．北京：中国计划出版社，2008.

[3] 魏红．新技术及产品在建筑遮阳上的运用［J］．建筑技术及设计．2008，（10）：106.

4.4 基于动态分析的成都双流国际机场 T2航站楼屋盖方案优选

冯 雅[1] 戎向阳[1] 高庆龙[2]

1. 中国建筑西南设计研究院建筑环境与节能设计研究中心；2. 西安建筑科技大学建筑技术研究所

摘 要：本文通过对成都双流国际机场T2航站楼屋盖四种设计方案的动态分析，经过热工计算、建筑模型计算比较、装机负荷计算结果比较、室内热舒适评价指标分析、运行能耗计算分析和经济性分析，选出最佳方案，在满足采光要求和控制眩光影响的前提下，降低空调和照明总能耗。

关键词：成都双流国际机场；窗户和非透明构件；室内热舒适度

成都双流国际机场为中国西南地区重要航空枢纽港和客货运集散基地。现服役的T1航站楼，设计年旅客吞吐量为1300万人次，已近满负荷运行。拟增修建T2航站楼，设计建筑面积为29.3万 m^2，设计年旅客吞吐量为3200万人次，航站楼及指廊建筑效果图（见图4.4-1，图4.4-2）。建筑屋盖设计理念体现竹叶形状，采用虚实相间的透明和非透明构件。此建筑外围护结构中屋盖的面积逾80%，屋盖的设计方案对此建筑室内热环境和建筑能耗具有决定性影响。建筑设计师提供了四种屋盖方案（见图4.4-3），主要是天窗面积的变化，本文从装机负荷、建筑室内热环境舒适度指标和年运行能耗进行对比，并进行了经济性分析，定量给出各项指标，对方案进行优选。

图4.4-1 T2航站楼俯瞰图

图4.4-2 走廊内部空间效果图

 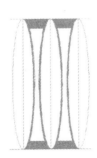  

方案一：玻璃面积440m² 方案二：玻璃面积280.7m² 方案三：玻璃面积219.7m² 方案四：玻璃面积369.1m²

图4.4-3 四种方案窗户和非透明结构对比示意图

注：深色部分为窗户，浅色为非透明构件。

4.4.1　分析方法和热工计算参数

建筑负荷和能耗的计算采用 DOE-2 计算工具，其中装机负荷计算采用设计日气象参数，设计日参数见表 4.4-1，能耗计算气象参数采用 TMY 气象数据，气象数据来自于西安建筑科技大学建筑气候研究所。围护结构采用的技术措施见表 4.4-2，能耗分析时室内热扰设置见表 4.4-3。对于处于夏热冬冷地区的成都市，大天窗面积的建筑，突出的问题为对夏季室内热环境影响较大，所以本文分析仅针对空调制冷工况的分析。

DOE-2 中设置设计日参数表　　表 4.4-1

参数项目	参数值	参数项目	参数值
最高干球温度	34.4℃	最高干球温度	28.4℃
最高干球温度出现时刻	16：00	最高干球温度出现时刻	5：00
最高露点温度	28.4℃	最高露点温度	28.4℃
最高露点温度出现时刻	16：00	最高露点温度出现时刻	5：00
风速	1.4m/s	风速	NNE
云量	0	云量	0
晴朗指数	1.15	地面温度	22℃

各方案围护结构技术措施表　　表 4.4-2

外围护结构	保温隔热技术措施	传热系数值（W/m²·K）	玻璃遮阳系数
非透明部分	1mm 厚钢板＋150mm 厚岩棉夹芯保温＋1mm 厚钢板	0.387	——
透明部分	10mm 安全玻璃＋12mm 空气层＋8mmLow-E 玻璃	2.50	0.50

建筑能耗计算室内热扰参数的确定　　表 4.4-3

人员密度（m²/P）	灯光密度（W/m²）	设备（W/m²）	人员新风量（m³/P）	人员显热（W/p）	人员潜热（W/p）	系统运行时间	夏季设计温度（℃＊）
3.9	20	5	20	64	53	6：00～24：00	24 或 25

注：＊方案一，方案四采用 24℃，方案二和方案三采用 25℃。

4.4.2　计算模型的建立

取 T2 航站楼指廊标准段作为计算分析对象，标准段为半圆弧拱结。模型计算取平面板进行弧形拟合，中心角取为 5 度，各平面板宽度为弧弦长，倾角为中心角，采用 BDL 语言对建筑模型描述[1]，建立 DOE-2 计算模型，可视化后如图 4.4-4。

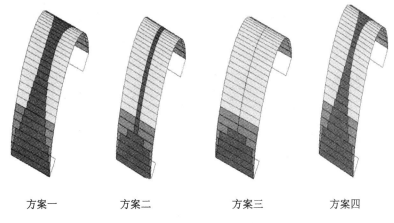

方案一　　　　方案二　　　　方案三　　　　方案四

图 4.4-4　可视化后的模型方案

4.4.3　装机负荷计算结果比较

根据上述模型，计算设计日工况下逐时空调负荷（图 4.4-5，图 4.4-6），计算结果见图 4.4-7。逐时负荷中，极大值作为装机负荷，从方案一到方案四指廊标准段的装机负荷分别为：282.9W/m²、228.5W/m²、206.3W/m²、259.5W/m²。方案一、方案二、方案四分别比方案三大 37.1%、10.8%、25.8%。

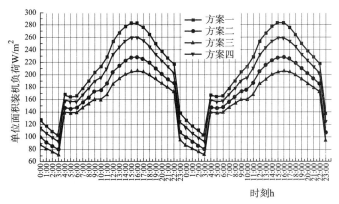

图 4.4-5　空调逐时负荷曲线图

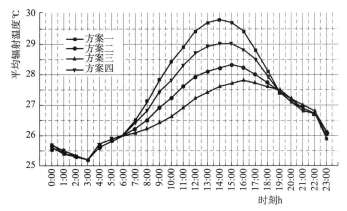

图 4.4-6　平均辐射温度逐时曲线图

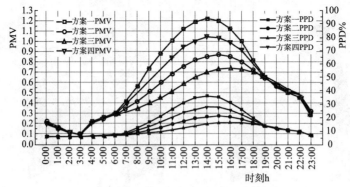

图 4.4-7　逐时 PMV/PPD 曲线图

4.4.4　室内热舒适评价指标的分析

文献〔2〕推荐以 Fanger 的热舒适方程评价空调房间热舒适度。ISO7730 将热环境因素综合成热感觉预测指标 PMV，PMV 的表达式如下：

$$PMV = [0.303\exp(-0.036M) + 0.0275] \times \{M - W - 3.05 - 0.42(M - W - 58.15) -$$
$$1.73 \times 10^{-2}M(5.867 - P_a) - 0.0014M(34 - t_a) - 3.96 \times 10^{-8} \times f_{cl}[(t_{cl} + 273)^4 -$$
$$(t_r + 273)^4] - f_{cl}h_c(t_{cl} - t_a)\} \tag{4.4-1}$$

式中：M——人体能量代谢率，$\mathrm{W/m^2}$；

$\qquad W$——人体所做的机械功，$\mathrm{W/m^2}$；

$\qquad Pa$——水蒸气分压力，Pa；

$\qquad F_{cl}$——穿衣面积系数；

$\qquad T_{cl}$——衣服外表面温度，℃；

$\qquad t_r$——平均辐射温度，℃；

$\qquad I_{cl}$——衣服热阻，clo；

$\qquad h_c$——对流换热系数，$\mathrm{W/(m^2 \cdot K)}$。

$$PPD = 100 - 95\exp[-(0.3353PMV^4 + 0.2179PMV^2)] \tag{4.4-2}$$

ISO7730 标准推荐以 PPD≤10％作为设计依据，即 90％以上的感到满意的热环境为热舒适环境，此时对应的 PMV＝－0.5～＋0.5。考虑到机场作为旅客中转的使用功能，停留时间较短，一些研究者认为 PPD 最佳值为 20％或更大，PPD＝20％时，PMV≈±0.85。

一般而言，室内热辐射为长波辐射，用环境辐射温度来表示，PMV 指标无太阳辐射参数。而对于有大面积天窗的建筑空间而言，大量的太阳辐射透过玻璃进入室内，直接照射到人体和物体上，其中有直射也有散射。在某种程度上，此类空间的热舒适性是介于室内和室外之间的。如何解决太阳辐射对室内热舒适 PMV 影响是本文要考虑的问题。文献〔3〕通过试验证明，室内有太阳辐射时热中性温度为 22.24℃，无太阳辐射时热中性温度为 23.05℃。进入室内的太阳辐射对人体热舒适具有显著影响。文献〔4〕利用黑球温度作为考虑太阳辐射影响的指标，计算热应力指标 WBGT，该指标在室内与 PMV 有很好的吻合性，但是文献给出考虑太阳辐射影响下的 PMV 计算方法。由此在进行热舒适分析前，应该考虑如何在 PMV 计算指标中考虑进入室内的太阳辐射量。本文对地面辐射温度采用综合温度进行计算，间接考虑太阳辐射对 PMV 指数的影响。根据设计日逐时进入室内的太阳辐射量，根据公式 4.4-3 计算地面的综合温度[5]，使用综合温度作为地面辐射温度，用来计算房间平均辐射温度。得到各方案的室内平均辐射温度见图 4.4-6。

$$t_{fr} = t_i + \rho I / a_e - t_{lr} \tag{4.4-3}$$

式中 t_{fr}——地面内表面温度，℃；

　　　t_i——室内温度，℃；

　　　ρ——地面对太阳辐射吸收系数；

　　　I——进入室内的太阳辐射照度，W/m²；

　　　a_e——表面换热系数；

　　　t_{lr}——表面长波辐射温度。

根据文献 [4] 提供的计算 PMV 的计算方法，编制程序计算各种方案的逐时 PMV 和 PPD 值，计算时室内空气温度取值 25℃。图 4.4-9 给出了各方案在设计日条件下 PMV 和 PPD 值，并画出了 PPD 不大于 10% 和 20% 的范围。由图可以看出，在室内设计温度为 25℃ 的条件下，各方案顶层房间均不能满足 ISO7730 标准推荐以 PPD≤10%、PMV=-0.5～+0.5 的热舒适指标。但是方案二和方案三可满足 PPD≤20%、PMV=-0.85～+0.85 的舒适度要求；方案一和方案四夏季室内温度应为 24℃ 方能满足舒适度要求。所以在负荷计算和能耗计算计算过程中，方案一和方案四室内设计温度取值 24℃，方案二和方案三的室内设计温度取值 25℃。

4.4.5　建筑运行能耗计算分析

本文讨论建筑能耗分为两部分：空调能耗和照明能耗。本文采用 DOE-2 能耗模拟的方法计算各方案的空调运行能耗（参数设置见表 4.4-2 和表 4.4-3），计算结果见图 4.4-8。由图 4.4-8 可以看出，全年的建筑能耗，方案一最大，方案三最小。方案一、方案二、方案四分别比方案三增加的年运行空调能耗分别为 111.3kWh/m²、24.1kWh/m²、85.8kWh/m²，增加比例依次为 21.7%、4.7%、16.7%。指廊上层空间为候机厅，如无天窗，则顶部无采光，增加日间照明能耗，按照设计灯光强度 20W/m²，日间照明时间为 12 小时/日，计算全年日间照明能耗约见表 4.4-4。方案三年照明能耗约增加 349.3kWh。

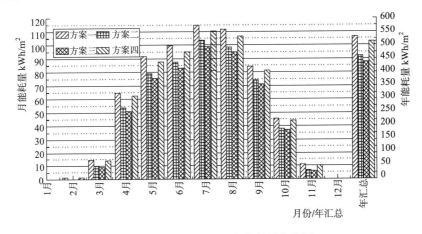

图 4.4-8　月各方案运行能耗量柱状图

4.4.6　经济性分析

经济性分析从初投资和运行费用两方面考虑。按照对成都市公共建筑的统计分析，空调系统初投资指标约为 2.5 元/W，按照整个航站楼中指廊部分顶层空间的建筑面积计算，方案一、方案二、方案四分别比方案三增加的初投资约分别为 1419.8 万元、333.8 万元、905.7 万元，其中不包括由于装机负荷的增加而增加的机房建筑面积和管道占用使用空间的费用。运行费用按照 DOE-2 的模拟计算结果，计算各方案的年耗电量（综合考虑输送能耗和机组效率，空调系统综合能效比取 3.0），计算得到各方案耗电量和费用见表 4.4-4。按照寿命周期方法计算在一个空调系统寿命周期内的，各方案比方案三增加费用的现值，计算公式见公式 4.4-4。按照有关资料，空调系统寿命周期取为 20 年[6]，贴现率取 3%[7]。计算结果见表 4.4-4，方案一、方案二、方案四的空调能耗分别比方案三寿命周期内增加费用分别约为 2965.2 万元、643.6 万元、2286.3 万元，但是第三方案照明能耗将增加 4290.0 万元。综合考虑初投资、空调及照明能耗，四种方案的全寿命周期内相对费用分别为：4385.0、977.4、4290.7、3192.0 万元（其中未考虑能源价格的增长因素影响）。

$$P = \sum_{i}^{20} A_i / (1+d)^{i-1} \qquad (4.4-4)$$

式中　P——现值；

　　　A_i——第 i 年运行费用与方案三运行费用差值；

　　　d——贴现率。

各方案各项指标对比表　　　　　　　　　　　　　　　　　　表 4.4-4

方案	装机负荷（kW）	负荷增加率	机电增加初投资（万元）	年能耗量 104kWh/y	年耗电量 104kWh/y	年增加耗电量 104kWh/y	年增加电费（万元/y）	年耗电增加率	照明增加能耗/费用差值 104kWh/万元	寿命周期增加运行费用（万元）
方案一	15308.3	37.1%	1419.8	3823.6	1529.4	272.6	193.5	21.7%	—	2965.2
方案二	12364.6	10.8%	333.8	3289.7	1315.9	59.1	42	4.7%	—	643.6
方案三	11163.3	0.0%	0.0	3142.0	1256.8	0.0	0.0	0.0%	349.3/280	4290.0
方案四	14042.1	25.8%	905.7	3667.2	1466.9	210.1	149.2	16.7%	—	2286.3

4.4.7　结论

综上所述，从节约初投资和降低建筑运行能耗及提高建筑舒适性等三方面进行定量分析，分析结果汇总于表 4.4-4。由表 4.4-4 可以看出，方案一和方案四初投资大，年运行能耗大。方案三由于去掉了天窗的采光而造成的昼间照明能耗较大，甚至远大于空调降低的能耗。综合考虑节约初投资，节约建筑运行能耗，提高建筑热舒适性等各方面因素，建议选择方案二。由以上分析可以认为，天窗采光对大进深建筑昼间照明节能量有时大于天窗增加的空调能耗。因此对于大进深建筑，建议采用合理设置天窗，并控制眩光影响，降低照明能耗。但在满足采光要求的前提下，应尽量减小天窗面积，可降低空调和照明的总能耗（图 4.4-9，图 4.4-10 为成都双流国际机场）。

图 4.4-9　成都双流国际机场（一）

图 4.4-10　成都双流国际机场（二）

参考文献

[1] Lawrence Berkeley Laboratory of California DOE-2 Basic Manual [R]. LBL-29140 1991.08.31～3.36.

[2] 陆耀庆. 实用供热空调设计手册 [M]. 北京：中国建筑工业出版社，2008.

[3] 冯国会，梁偌冰等. 太阳辐射对人体热舒适性的影响分析 [N]. 沈阳建筑大学学报，2007，（5）：790-793.

[4] 唐鸣放，钱炜等. 太阳辐射影响下城市户外热环境评价指标 [N]. 太阳能学报，2003，（1）：106-110.

[5] 刘加平. 建筑物理 [M]. 北京：中国建筑工业出版社，2000，12.

[6] 陆耀庆. 实用供热空调设计手册 [M]. 北京：中国建筑工业出版社，2008.

[7] Amy S. Rushing, Sieglingde K. Fuller Energy Price Indices and Discount Factors for Life-cycle Cost Analysis [R]. April 2007 Nistir 85-3273-21：3-4.

4.5 公共建筑中庭遮阳技术案例赏析

冯　雅　高庆龙
中国建筑西南设计研究院

摘　要：本文通过对成都双流国际机场 T2 航站楼、西昌机场候机楼、成都新客站等公共建筑遮阳设计工程案例介绍，指出近年来公共建筑中庭面临越来越大的趋势，提示在考虑追求公共建筑中庭通透明亮、景观美感的同时，更应注意此区域的遮阳和通风。采用合适的遮阳技术，才能达到节能降耗和光影迥异的和谐效果。

关键词：公共建筑遮阳；中庭遮阳技术；公共建筑遮阳案例

4.5.1 成都双流国际机场 T2 航站楼遮阳设计

成都双流国际机场 T2 航站楼是四川省的第一门户，由于建筑为特殊的大型公共交通建筑，设计概念体现出天府之国最具代表性的植物——竹叶，要求建筑能给从东面抵达机场的乘客强烈的视觉效果，由于航站楼作为工艺性较强的特殊公共建筑，为了满足建筑所追求的整体效果和建筑的通透性，候机大厅透明屋面与玻璃幕墙采用虚实相间的透明材料和金属夹芯板，并采用电动可调节的铝合金百叶内遮阳措施，通过调节百叶角度有效地控制太阳辐射量和候机大厅的热环境（图 4.5-1～图 4.5-4）。

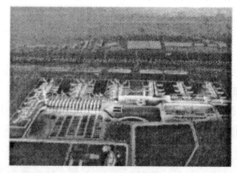

图 4.5-1　成都双流国际机场 T2 航站楼竹叶式透明屋顶效果图

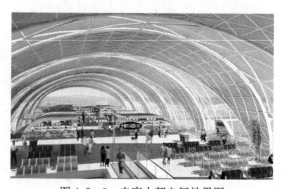

图 4.5-2　候机大厅透明屋面铝合金
百叶内遮阳措施效果

图 4.5-3　走廊内部空间效果图

图 4.5-4 西昌机场候机楼屋面的透明天窗室内效果图

4.5.2 西昌机场候机楼遮阳设计

西昌机场候机楼地处我国高原温和地区，气候特征是冬季温暖，夏季凉爽，年日照率高，大气透明度好，日照辐射强度大，全年日照百分率70%以上，属于我国太阳能最为丰富的地区之一。西昌机场候机楼屋面的遮阳设计采用高技与低技相结合的方式，由于温和地区，太阳辐射是影响建筑能耗和热环境的主要因素，因此，这一地区太阳能应用与遮阳相结合具有特殊的作用。

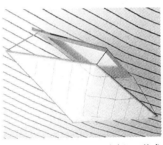

图 4.5-5 天窗遮光幔，形成不同风格的昼夜光环境

候机楼室内的采光与遮阳主要通过采用漫反射格栅透明天窗，直射光到达遮光幔后经二次反射变成漫反射光再进入室内，有效减少了眩光，形成柔和的室内光环境（图 4.5-5～图 4.5-8）。

图 4.5-6 过渡季节天窗白天和夜间采用自然通风营造舒适宜人的内部环境

图 4.5-7 屋面透明天窗的格栅遮阳系统

图 4.5-8 西向透明天窗和玻璃幕墙的遮阳

4.5.3　成都新客站的遮阳设计

成都新客站（东站）位于成都市东郊地区，优美的自然景观、悠久的历史文化，宜人的气候和丰富的人文环境构成成都的城市风格。设计中应充分考虑成都的气候特点，解决好采光、通风、遮阳、节能的问题。建筑长 450m，宽为 508.37m，高 37.6m。由于建筑为高大空间公共建筑，为了满足建筑的整体效果，候车厅为大跨建筑，建筑采用大面积玻璃幕墙，在方案设计阶段采用动态分析的方法对采光遮阳进行方案比较。从空调负荷、年运行能耗进行量化分析，根据分析结果给出选择具有显著经济性、良好节能效果的优化方案。

建筑立面采用虚实相间的透明材料和实体材料，大量玻璃幕墙、屋顶天窗等，因此，对建筑采光和遮阳提出了很高的要求。其目的是采用多种遮阳措施并举来降低空调能耗，将建筑的能耗水平控制在全国同类建筑的先进水平（图 4.5-9～图 4.5-12）。

图 4.5-9　成都火车东站鸟瞰图

图 4.5-10　候车大厅东侧遮阳方案

图 4.5-11　7 月 15 日下午 5：30
太阳辐射屋盖遮阳分析

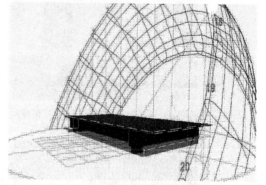

图 4.5-12　Radiance 软件进行屋盖
遮阳模拟计算分析

4.5.4　公共建筑中庭遮阳与建筑艺术

近年来公共建筑的中庭有越来越大的趋势，这是由于人们希望公共建筑更加通透明亮，建筑立面和空间更加美观，建筑形态更为丰富。室内中庭遮阳除了考虑中庭的室内建筑艺术效果外，还应考虑建筑的能耗和室内中庭的热环境，通常采用有利于节能的玻璃自遮阳（贴膜或镀膜）控制进入室内的辐射量外，还采用室内遮阳，如遮阳格栅，遮阳幕、遮光幔等，但这类遮阳对节能的作用不是很大，仅仅起到控制室内热环境和调节采光及增强室内艺术效果的作用。

随着一天之中光线的不断变化，中庭遮阳设施所形成的光影和光斑也姿态迥异。此外，中庭上部采用的布幔遮阳通过导轨的滑动来进行调节，形成富有震撼力的室内光影效果。成都双流国际机场 T2 航站楼"竹叶"的设计理念更是形象的将大自然融为一体，凸显了自然特性，营造出了完美的艺术氛围。

4.6 玻璃幕墙建筑的遮阳设计与节能

徐 皓

深圳市方大装饰工程有限公司

摘 要：玻璃幕墙结构是热交换、热传导最活跃、最敏感的建筑。因此，在我国南方地区以玻璃幕墙为外围护结构的建筑当中，建筑遮阳就成为建筑节能的一个重要措施。本文通过对遮阳方式的分析，探讨玻璃幕墙建筑的遮阳设计。

关键词：建筑玻璃幕墙遮阳；节能；智能

世界建筑科学技术突飞猛进，房屋建筑快速发展，各发达国家建筑围护结构的保温隔热和气密性能也在不断提高，采暖、空调和照明设备与技术日益进步，人们能够在更为舒适的室内环境中生活与工作，人类建筑文明也得到了提升。与此同时，人们也不得不面对资源枯竭、环境恶化、生态破坏、气候变暖等一系列严峻问题。据不完全统计，在我国这个发展中国家，建筑能耗占社会总能耗大约27％，随着经济的发展和人民生活质量的不断提高，这个比例还会不断增长。

当今国际建筑由于大量地采用了玻璃幕墙结构，这种建筑物是热交换、热传导最活跃、最敏感的部位，是传统墙体热损失的5～6倍，玻璃幕墙的能耗约占整个建筑能耗的40％左右，故玻璃幕墙的节能有极其重要的地位。尤其是我国南方地区以玻璃幕墙为外围护结构的建筑，建筑遮阳则成为建筑节能的一个重要措施。

4.6.1 遮阳的分类

遮阳具有防止太阳辐射、避免产生眩光及建筑外观上光影美学效果等功能，但也对室内的采光、通风带来影响。《公共建筑节能设计标准》中建议夏热冬暖、夏热冬冷地区的建筑以及寒冷地区中制冷负荷大的建筑宜设置外部遮阳，且明确了遮阳系数及计算方法[1]。对遮阳系统本身而言，按遮阳所处位置可分为外遮阳与内遮阳两种，其中又可分为"活动遮阳"及"固定遮阳"等。

外遮阳是把遮阳的设施设置于窗户的室外侧，可以在太阳热辐射达到窗户部位前就被遮挡在外，并且由于在外遮阳设施与窗户之间有流动的空气把热带走，热就不会轻易进入室内，甚至使太阳晒不到窗户。因此，室内就像在树阴下一样凉爽。这就是为什么说外遮阳的效果远比内遮阳的效果好的原因所在。同时外遮阳可根据需要做成活动外遮阳，可根据个人对采光、日照、视线等方面的需求，进行调节使用。另外，外遮阳还可根据建筑立面以及景观环境的情况协调配置，丰富建筑立面。但外遮阳的不足之处在于遮阳设施被直接暴露在室外，不仅使用过程中容易积灰、不易清洗，而且还要考虑风、雨带来的腐蚀作用。

内遮阳是把遮阳设施设置于窗户的室内侧，看起来是在遮阳，实际上太阳辐射热已经进入到室内，在窗户附近产生热效应，不可避免地使室内积聚热量，在夏季还必须使用空调。有数据表明，采用内遮阳将有80％的热量进入到房间，而外遮阳只有40％甚至更少的热量进入到室内。由此可见，室外遮阳比室内遮阳效果好得多。但内遮阳设施便于在室内维护，清理，更换（拆换）。

4.6.2　遮阳的作用与效果

玻璃幕墙做为建筑围护结构时，玻璃具有表面换热性强，热透射率高，对室内温度有极大的影响。在夏季，阳光透过玻璃直接射入室内，是造成室内温度过高的主要原因。特别在我国南方炎热地区，如果人体受到阳光的直接照射，将会感到炎热难受。在玻璃幕墙上采用遮阳系统，可以最大限度地减少阳光对室内的直接照射，从而避免室内过热，故遮阳设施也是炎热地区建筑防热的主要措施之一。

1. 遮阳对太阳辐射的作用。围护结构的保温隔热性能受许多因素的影响，其中影响最大的指标就是遮阳系数。一般来说，遮阳系数受到材料本身特性和环境的控制。遮阳系数就是透过有遮阳措施的围护结构和没有遮阳措施的围护结构的太阳辐射热的比值。遮阳系数愈小，透过围护结构的太阳辐射热愈小，防热效果愈好。可见，遮阳对遮挡太阳辐射热起着绝对性的作用，玻璃幕墙建筑设置遮阳措施更是效果明显。

2. 遮阳对室内温度的作用。遮阳对防止室内温度上升有明显作用，在夏热冬暖地区窗户关闭的条件下，无遮阳设施时，室内温度波幅值较大。阳光是否直接照射室内，是导致室温急剧变化的主要原因。而有遮阳设施时，室内温度波幅值较小，室温出现最大值的时间延迟，室内温度均匀。因此，建筑遮阳可大大减少空调房间的冷负荷，所以对空调建筑来说，遮阳更是节能的主要措施之一。

3. 遮阳对采光的影响。从天然采光的观点来看，遮阳设施会阻挡阳光直射，防止眩光，使室内照度分布比较均匀，有助于视觉的正常工作。对周围环境来说，遮阳可分散幕墙玻璃（尤其是高反射率的镀膜玻璃）的反射光，避免大面积玻璃反光造成的光污染。但同时由于遮阳设施有挡光作用，从而会降低室内亮度，在阴雨天更加不利于室内采光。因此，在遮阳系统设计时也要充分考虑到尽量满足室内天然采光的要求。

4. 遮阳对建筑外观效果的影响。遮阳板既提高了建筑的遮阳效果，又可作为立面从实到虚的过渡部分，因此时下越来越多的建筑师习惯于将外遮阳设施作为一种活跃的立面元素加以利用，甚至称之为"双层立面形式"，一层是建筑物本身的立面，另一层则是动态的遮阳状态的立面形式。这种具有"动感"的建筑物形象不是因为建筑立面的时尚需要，而是现代技术解决人类对建筑节能和享受自然需求而产生的一种新的现代建筑形态。国内外许多案例启发我们发现玻璃幕墙以轻巧的金属板设计成优美的遮阳形式并成为建筑造型别致的一部分。同时有些建筑师通过建筑外遮阳与夜间灯光照明相结合，起到意想不到的夜间建筑效果。

5. 遮阳对房间通风的影响。内外遮阳设施对房间通风都有一定的阻挡作用，采用了遮阳设施，在开启窗户通风的情况下，室内的风速会相应减弱。而且对玻璃表面上升的热空气有阻挡作用，不利建筑散热，因此在遮阳设施的构造设计时应加以考虑。

4.6.3　遮阳的构造设计

根据不同地区的气候特点和建筑的使用要求，可以把遮阳设计为永久性的或临时性的。永久性遮阳设施就是在玻璃幕墙内外设置不同形式的遮阳板或遮阳帘；临时性遮阳设施就是在玻璃的内外设置轻便的布帘，竹帘，软百叶，帆布篷等。在永久性遮阳设施中，按其构件能否活动，又可分为固定式或活动式两种。活动遮阳设施可视一年中季节的变换，一天的时间变化和天空的阴晴情况，任意调节遮阳板的角度；在寒冷的季节，可以避免遮挡阳光，争取尽量多的日照。这种遮阳设施的灵活性大，使用合理，因此近年在国外的建筑中应用比较广泛。

就我国所处地理纬度来说，遮阳设施可分为四种：水平式、垂直式、综合式和挡板式。这几种通常用在住宅建筑的遮阳形式，经过创新设计，也常用于玻璃幕墙建筑遮阳。遮阳形式如图 4.6－1 所示：

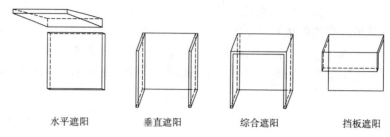

水平遮阳　　　　垂直遮阳　　　　综合遮阳　　　　挡板遮阳

图 4.6－1　四种典型的外遮阳形式

1. 水平式遮阳

这种遮阳形式能够有效地遮挡高度角较大的、从窗口上方投射下来的阳光。故它适用于接近南向的窗口，低纬度地区的北向的窗口。

2. 垂直式遮阳

垂直式遮阳能够有效地遮挡高度角较小的、从窗侧斜射过来的阳光。但对于高度角较大的、从窗口上方投射下来的阳光，或接近日出、日落时平射窗口的阳光，不起遮挡作用。故垂直式遮阳主要适用于东北、北和西北向的窗口。

3. 综合式遮阳

综合式遮阳能够有效地遮挡高度角中等的、从窗前斜射下来的阳光，遮阳效果比较均匀。故它主要适用于东南或西南向的窗口。

4. 挡板式遮阳（窗花式）

这种形式的遮阳能够有效地遮挡高度角较小的、正射窗口的阳光，故它主要适用于东、西向的窗口。

外遮阳形式与朝向的适应性如图 4.6－2 所示：

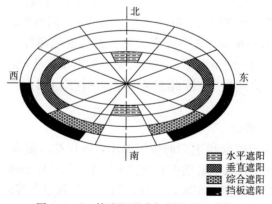

图 4.6－2　外遮阳形式与朝向的适应性

在遮阳设计时，应根据建筑所在地区的气候条件、建筑的朝向、房间的使用功能等因素，综合进行遮阳设计。遮阳的效果除与遮阳形式有关外，还与构造设计有很大的关系，设计时要特别注意以下几点：

（1）遮阳板面的组合与构造。在满足遮挡直线阳光的前提下，可以有不同面板组合的形式，应该选择对通风，采光，视野，构造和立面处理等要求更为有利的形式。例如采用光电遮阳板，将太阳能光电与可调节遮阳板结合构成复合功能的太阳能综合利用装置。不断调节角度的遮阳板追踪太阳光线，最大限度地吸收太阳能。

为了利于热空气的散佚，并减少对通风、采光的影响，常将面板做成百叶或部分做成百叶的形式，或中间层做成百叶形式。

（2）遮阳板的安装位置。遮阳板安装的位置对防热、通风及采光的影响很大。例如将面板紧靠墙面布置时，面板表面受热而上升的热空气会使室外风压作用导入室内。这种情况对综合式遮阳更为严重，为了克服这一缺点，遮阳面板应该离开玻璃幕墙面一定的距离安装，以使大部分热空气沿着墙面排走，且应使遮阳板尽可能减少挡风，最好还能兼起导风入室的作用。同时遮阳设施位置高度对室内采光有一定的影响。

（3）遮阳板的材料与颜色。为了减轻自重，遮阳构件以采用轻质量为宜。遮阳构件经常暴露在室外，受日晒雨淋，容易损坏，因此要求材料坚固耐久。如果是活动遮阳，又要求轻便灵活，以便调节或拆除（一般采用电动智能控制或手动控制）。材料的外表面对太阳辐射热的吸收系数要小，设计时可根据上述的要求并结合实际情况来选择适宜的遮阳材料。

遮阳构件的颜色对隔热效果也有影响。以安装在玻璃幕墙内侧的百叶帘为例，暗色、中间色和白色的遮阳系数分别为：86％、74％和62％。白色的比暗色的要减少24％。为了加强表面的热反射，减少热吸收，遮阳帘朝向阳光的一面，应为浅色反光的颜色，而在背光面，应为较暗的无光泽颜色，避免导致眩光。

（4）外遮阳和内遮阳。一般来讲，明色室内百叶只可挡去17％太阳辐射热，而室外南向仰角45°的水平遮阳板，可轻易遮去68％的太阳辐射热，两者间的遮阳效果相差甚大。装在窗口内侧的布帘，软百页等遮阳设施，其所吸收的太阳辐射热，大部分将散发到室内。若是外遮阳板，则会将大部分吸收的辐射热散到室外，从而减轻了对室内温度的影响。因此采用外遮阳（遮阳板）是最好的建筑节能措施。

4.6.4 遮阳系统智能化设计

玻璃幕墙的遮阳系统智能化就是对控制遮阳板角度调节或遮阳帘升降电机的控制系统采用现代计算机集成技术。目前国内外采用较多的为以下两种控制系统：

1. 时间控制系统：这种时间控制器储存了太阳升降过程的记录，而且，已经事先根据太阳在不同季节的不同起落时间进行了设置。因此，控制器能够准确地使电机在设定的时间进行遮阳板角度调节或窗帘升降。并且还能利用阳光热量感应器（可调式），进一步控制遮阳帘的高度或遮阳板角度，使室内不被强烈的阳光照射。

2. 气候控制系统：这种控制器是一个完整的气候站系统，装置有太阳、风速、雨量、温度感应器。控制器在使用前已被输入基本程序，包括光强弱、风力、延长反应时间等数据。这些数据可以根据地方和所需而随时更换。而"延长反应时间"这一功能使遮阳板或窗帘不会因为太阳光的小小改变而立刻作出反应。

遮阳系统能够实现节能的目的，需要依靠其智能控制系统，这种智能化控制系统是一套较为复杂的系统工程，是从功能要求到控制模式、信息采集、执行命令、传动机构的全过程控制系统。它涉及气候测量、制冷机组运行状况的信息采集、电力系统配置、楼宇控制、计算机控制、外立面构造等多方面的因素。

4.6.5　结语

建筑遮阳是建筑节能的有效途径，通过良好的遮阳设计在节能的同时又可以丰富室内的光线分布，还可以丰富建筑造型及立面效果。同时建筑遮阳不应该仅是一组组物理数字计算而已，只要合理地整合技术和艺术，就可以成为具有表现力的建筑立面要素，成为可呼吸的建筑表皮，更好地发挥作用，来实现建筑节能。

参考文献

［1］公共建筑节能设计标准. GB 50189 - 2005.

［2］柳孝图. 建筑物理［M］. 北京：中国建筑工业出版社，1991.

［3］《建筑设计资料集》编委会. 建筑设计资料集［M］. 北京：中国建筑工业出版社，1994.

4.7 绿色建筑对建筑遮阳选材技术的要求

刘 翼 戚建强 蒋 荃

中国建材检验认证集团股份有限公司，国家建筑材料测试中心

摘 要：建筑遮阳是重要的被动式节能手段，并且有效地改善室内光热环境，符合绿色建筑内涵的需求。本文从绿色建筑及其选材技术出发，介绍了对建筑遮阳的需求与技术要求。

关键词：绿色建筑；选材；建筑遮阳

　　绿色建筑是我国建筑业的发展方向。2012 年 4 月 17 日，财政部与住房和城乡建设部联合颁发的《关于加快推动我国绿色建筑发展的实施意见》（财建［167］号）指出："到 2014 年政府投资的公益性建筑和直辖市、计划单列市及省会城市的保障性住房全面执行绿色建筑标准，力争到 2015 年，新增绿色建筑面积 10 亿 m² 以上，到 2020 年，绿色建筑占新建建筑比重超过 30%。"

　　绿色建筑选用绿色建材是业内共识，选用绿色建材可以延长建筑材料的耐久性和建筑的寿命，降低建筑材料生产、使用过程的资源消耗和碳排放。从全生命周期的角度来看，绿色建材承载着诸如节约资源、能源和保障室内环境等重要作用，对材料的选用很大程度上决定了建筑的"绿色"程度。

　　建筑遮阳是有效的建筑节能措施，能够改善建筑室内光热环境，降低建筑运行能耗，提高建筑能效。因此，建筑遮阳是符合绿色建筑内涵要求的。本文分析绿色建筑与建筑遮阳相关的条文要求，并介绍《绿色建筑选用产品技术指南》对遮阳产品的具体要求。

4.7.1 绿色建筑与建筑遮阳

　　《绿色建筑评价标准》GB/T 50378—2006 对绿色建筑做出了定义：在建筑的全寿命周期内，最大限度地节约资源（节能、节地、节水、节材）、保护环境和减少污染，为人们提供健康、适用和高效的使用空间，与自然和谐共生的建筑。其中与建筑遮阳相关涉及节能、节材与室内环境。

1. 节能

　　在绿色建筑对建筑节能的要求中，围护结构的热工性能是重要的指标。其中控制项要求围护结构的热工性能必须满足相应的国家或行业建筑节能设计标准。而非控制项则要求围护节能的热工性能要优于上述标准，包括传热系数与遮阳系数。我们以夏热冬冷地区居住建筑为例进行说明。《夏热冬冷地区居住建筑节能设计标准》JGJ 134-2010 的规定见表 4.7-1，JGJ 134 同时规定东偏南 45°至东偏北 45°，西偏南 45°至西偏北 45°范围的外窗应设置挡板式遮阳或可以遮住窗户正面太阳辐射的活动外遮阳，南向的外窗宜设置水平遮阳或可以遮住窗户正面的活动外遮阳。窗户设置了可以遮住正面太阳辐射的活动外遮阳（如卷帘、百叶窗等）则对遮阳系数的要求自动满足。在不设置外遮阳的情况下，常见外窗的遮阳系数参见表 4.7-2。

夏热冬冷地区居住建筑的外窗综合遮阳系数限值　　　　　表 4.7－1

窗墙面积比	外窗综合遮阳系数 SC_w（东、西向/南向）
窗墙面积比≤0.20	—
0.20＜窗墙面积比≤0.30	—
0.30＜窗墙面积比≤0.40	夏季≤0.40/夏季≤0.45　冬季≥0.60
0.40＜窗墙面积比≤0.45	夏季≤0.35/夏季≤0.40　冬季≥0.60
0.45＜窗墙面积比≤0.60	东、西、南向设置外遮阳　夏季≤0.25　冬季≥0.60

常见外窗遮阳系数表　　　　　表 4.7－2

序号	玻璃品种及规格（mm）	玻璃遮阳系数	隔热铝合金窗综合遮阳系数	木窗、塑钢窗综合遮阳系数
1	6 透明＋12 空气＋6 透明	0.86	0.69	0.60
2	6 高透光 Low-E＋12 空气＋6 透明	0.62	0.50	0.43
3	6 中透光 Low-E＋12 空气＋6 透明	0.50	0.40	0.35
4	6 较低透光 Low-E＋12 空气＋6 透明	0.38	0.30	0.27
5	6 高透光 Low-E＋12 氩气＋6 透明	0.62	0.50	0.43
6	6 中透光 Low-E＋12 氩气＋6 透明	0.50	0.40	0.35
7	6 较低透光 Low-E＋12 氩气＋6 透明	0.38	0.30	0.27

对于夏热冬冷地区居住建筑来讲，对外窗玻璃通常选择表 4.7－2 中的 1～3 类，以保证室内的采光要求。目前住宅采用大开窗，落地窗日益增多，窗墙比较大，按照表 4.7－1 的规定，仅通过窗户很难达到遮阳系数的要求。如果按绿色建筑的更高标准，对遮阳系数在节能设计标准的基础上提出减少 85％的要求的话，仅通过窗户不可能达到要求，必须设置外遮阳设施。而为了兼顾冬季阳光入射降低采暖能耗，须采用活动外遮阳设施。

2. 节材

绿色建筑要求建筑造型要素简约，装饰性构件应功能化。所谓单纯的装饰性构件，主要针对不具备遮阳、导光、导风、载物、辅助绿化等作用的飘板、格栅和构架；单纯追求标志性效果的塔、球、曲面等。而建筑遮阳能够与建筑巧妙结合，丰富建筑表现元素，提高建筑表现力，如图 4.7－1。所以，建筑遮阳是装饰性构件功能化最主要的手段之一。

3. 室内环境

GB 50378 中室内环境一章中作为非控制项明确提出，采用活动外遮阳，改善室内光热环境。通过遮阳的设置，防止阳光辐射直接进入室内，在节能的同时可有效地改善局部热环境，避免开口附近烘烤的感觉，同时还能降低眩光，提高自然采光的均齐度。

图 4.7-1 建筑遮阳美学案例

4.7.2 《绿色建筑选用产品技术指南》解读

绿色建筑对建筑材料的选用不仅是技术问题和经济问题，更是观念问题。通常房地产开发商和施工单位是从保障房屋结构安全的角度及工程竣工验收的要求出发，以较经济的价格来选购材料，是从企业和项目的自身利益来考虑。但发展绿色建筑要求企业更新观念，跳出这种狭小的圈子，在考虑企业自身经济利益的同时，更要从有利于我国社会经济持续发展的角度，从建设节约型社会的角度来思考问题。

根据"十一五"国家科技支撑计划《绿色建材产品评价认证技术与体系的研究》的研究成果，笔者所在单位提出了国内首部《绿色建筑选用产品技术指南》，并指出在选用建筑材料时应考虑以下四项原则：

1. 产品符合且高于相关标准要求

各类产品符合相应的产品标准是其基本要求。同时，对于不同的建筑材料应针对自身属性，提出关键性指标，并适度提高其指标技术要求。如耐久性、节能性能、节水性能、防火性能等。

2. 产品应具有满意的环境安全性

有害物质限量的强制性国家标准只是产品市场准入的最低门槛，随着装饰装修材料用量的增加，如果仅按最低门槛进行要求，其累计叠加后往往会导致室内空气中有毒有害物质超标。所以，仅满足国家强标显然不符合绿色建材的理念，应在具有可操作性的基础上高标准要求。

263

3. 产品宜具有合理的环境功能性

建筑产品在保证其基本使用性能的前提下，宜赋予其改善室内声、光、热和空气质量的功能性，以改善人居环境，这是建筑材料的重要发展方向之一。

4. 宜选择全生命周期环境负荷低的产品

据统计，我国建材的含能（碳排放）占了建筑全生命周期的 20%～25%，不容忽视。某些"零能耗建筑"，通过高耗能的技术投入，实现建筑运行阶段的所谓"零能耗"，其实质是将巨大的能源消耗和环境污染转移到前期的建筑材料生产及施工等阶段。从这个角度出发，绿色建筑选用的建筑材料应在资源开采、原材料制造、产品生产、运输、使用、维护以至废弃最终处置的全寿命周期中减少对自然资源和能源的消耗，降低对环境的不利影响。具体措施包括选用生产过程中含能（碳排放）低的建筑材料、选用利废型建材产品等。

归纳上述几个方面，绿色建筑选材时应充分考虑我国的行业发展情况、社会经济结构及生态环境，应在基于使用性能和健康安全性的前提下，兼顾特殊功能性和生命周期环境影响性，以满足社会的可持续发展为最终目标，更好地挖掘建筑材料的潜在功能，使建筑材料具有尽可能高的使用性能和使用价值。

4.7.3 《绿色建筑选用产品技术指南》对建筑遮阳产品的要求

《绿色建筑选用产品技术指南》中，参照 GB 50478 对各种建筑材料和产品的要求分为控制项、一般项和优选项。同时采取星级评定的方式，分为一星二星三星。星级评定原则见表 4.7-3。

《绿色建筑选用产品技术指南》对建筑材料和产品的星级评定原则   表 4.7-3

星级	要求
一星级★	规定项
二星级★★	规定项＋一般项
三星级★★★	规定项＋一般项＋优选项

1. 外遮阳产品

《绿色建筑选用产品技术指南》对外遮阳产品及其生产企业要求见表 4.7-4。

外遮阳产品要求   表 4.7-4

类别	技术要求	体系要求
控制项	符合相应产品标准基本要求	通过 ISO 9001 ISO 14001 体系认证
一般项	符合各自产品标准中机械耐久性 2 级	通过 ISO 14001 体系认证，或 CNCA 认可的产品自愿性等认证，或国外认证
	符合各自产品标准中抗风性能次高级	
优选项	符合各自产品标准中机械耐久性 3 级	通过碳排放核查或 LCA 认证
	符合各自产品标准中抗风性能最高级	
	外遮阳系数≤0.5（按 JG/T 281 实测）	
	具有气候感应功能或可智能化控制	

2. 内遮阳产品

《绿色建筑选用产品技术指南》对内遮阳产品及其生产企业要求见表4.7-5。

内遮阳产品要求 表 4.7-5

类别	技术要求	体系要求
控制项	符合相应产品标准基本要求	通过 ISO 9001 ISO 14001 体系认证
	织物面料有害物质限量符合表4.7-6的要求	
一般项	符合各自产品标准中机械耐久性2级	通过 ISO 14001 体系认证，或 CNCA 认可的产品自愿性等认证，或国外认证
优选项	符合各自产品标准中机械耐久性3级	通过碳排放核查或 LCA 认证
	具有除光热调节外的其他功能性	

遮阳织物面料有害物质限量要求 表 4.7-6

项 目	要求，mg/kg
甲醛	$\leqslant 100$
钡	$\leqslant 1000$
镉	$\leqslant 25$
铬	$\leqslant 60$
铅	$\leqslant 90$
砷	$\leqslant 8$
汞	$\leqslant 20$
硒	$\leqslant 165$
锑	$\leqslant 20$

4.7.4 结语

建筑遮阳是绿色建筑不可或缺的重要组成部分。绿色建筑在进行遮阳产品的选用时，应按照其使用性能、环境安全性、功能性和环境负荷等综合因素进行考虑。《绿色建筑选用产品技术指南》对建筑遮阳产品提出了细化的要求，希望可以为绿色建筑开发商、建筑师、施工单位以及遮阳生产企业提供参考。

4.8 玻璃幕墙建筑的节能与遮阳系统的设计与应用

王 珊

天津大学建筑学院，天津市建筑物理环境与生态技术重点实验室

摘 要：本文以天津市建筑设计院办公楼为例，探讨建筑门窗幕墙设计中绿色节能技术的使用情况，在分析当前建筑幕墙设计中存在问题的基础上，从采光、通风、保温系统设计与遮阳系统设计两个角度分析节能技术在建筑门窗幕墙设计中的应用，为进一步提高我国建筑门窗幕墙的绿色节能设计与应用水平提供借鉴。

关键词：建筑门窗；幕墙设计；遮阳系统；节能技术

随着建筑节能条例的颁布与实施，各种新型节能建材投入使用，作为建筑物重要围护结构的玻璃幕墙越来越得到人们的重视，各种节能玻璃幕墙也应运而生。中国目前已成为全世界最大的玻璃幕墙生产加工与使用国，每年生产制作玻璃幕墙超过 4 亿 m^2，安装使用玻璃幕墙超过 6000 万 m^2。中国经济快速增长和中国建筑业蓬勃发展的态势由此可见一斑。玻璃幕墙作为建筑的重要组成部分，它的选择和使用是关乎建筑是否节能的关键环节。

本论文针对建筑玻璃幕墙的设计展开探讨，重点研究建筑玻璃幕墙节能技术与遮阳系统在设计中的应用，以期探索出更加有效并且可为实际工程提供指导与借鉴的设计模式或方法。

4.8.1 我国幕墙设计中存在的问题

随着建筑节能和建筑个性化发展的需求，建筑对玻璃幕墙的需求也越来越多。我国玻璃幕墙设计现状水平与建筑设计需求间的矛盾也越来越突出，主要存在如下问题：

1. 对玻璃幕墙设计重要性的认识不足。大部分的建筑设计单位、建设单位对玻璃幕墙节能设计的重要性认识不足，对玻璃幕墙的节能知识知之甚少，哪些由幕墙公司完成，哪些由建筑设计单位完成目前尚无明确界定。建设单位往往在工程已经开工，需要预埋时才进行幕墙招标，当招标完成幕墙设计开始介入时，往往主体施工早已开始，由于玻璃幕墙设计滞后，造成增加对结构梁柱、降低选用产品档次的现象时有发生。

2. 玻璃幕墙设计与施工一体化机制不利于幕墙工程建设与幕墙技术进步。玻璃幕墙设计依赖于施工单位，设计为施工服务、设计为施工"让路"已是不争的事实，玻璃幕墙工程的质量安全在目前没有专业幕墙监理的情况下让人堪忧。幕墙招标过程中，残酷的市场竞争与低价的市场取向往往使技术含量最低的玻璃幕墙产品占尽优势，玻璃幕墙新技术新产品的应用与开发失去了应有的动力。

3. 玻璃幕墙设计限于结构与构造设计，缺少对建筑设计的理解与贯彻。建筑设计由原来的"适用、经济、美观"的基本要求发展到"安全、绿色、可持续发展"的更高级的要求，对玻璃幕墙设计的认识发展也应从"制作图设计"、"玻璃幕墙结构设计"发展到"建筑玻璃幕墙设计"，即玻璃幕墙设计应有整个建筑的大局观念。玻璃幕墙设计需将建筑

外观、建筑功能、建筑效能有效地联系起来。这一问题对建筑师提出了更高的要求，需要我们不懈地努力去提高。

4.8.2 节能技术在现代建筑玻璃与幕墙设计中的应用

1. 玻璃幕墙的采光通风与保温系统设计应用

对于自然采光和自然通风的重视，使专业人员研究设计和采用了呼吸式幕墙。对于玻璃幕墙产品来说，近20年的飞速发展，以及断热技术的日臻完善，许多金属门窗幕墙的性能已接近木窗，甚至一些玻璃幕墙的传热系数已经等同于墙体材料，保温采暖问题已大致解决。目前，幕墙采光通风与保温的相关产品多了，选择的余地自然也多了。但各种方法有利有弊，这需要设计师更精准更科学的计算与分析。例如，自然通风和天然光利用在哪些时段最为重要，在哪些时段可以忽略；对遮阳百叶的选择应该能随阳光照射的变化，计算它的热辐射值和倾斜角度，使预设的遮阳效果自动调节叶片状态，设置的主要依据是对阴影的评价或直接追随阳光的变化，甚至要考虑太阳升起和落下的角度对于建筑的影响。

随着幕墙技术的发展，逐渐出现了双层幕墙系统。双层幕墙系统，不论是其采光通透性，还是保温性，都较单层幕墙系统有较大程度的提升。双层玻璃幕墙由内、外两层玻璃幕墙组成，外层幕墙一般采用隐框、明框或点式玻璃幕墙，内层幕墙一般采用明框幕墙或铝合金门窗。内外幕墙之间形成一个相对封闭的空间——通风间层，空气从外层幕墙下部的进风口进入，从上部的排风口排出，形成热量缓冲层，从而调节室内温度。双层玻璃幕墙系统主要是针对普通玻璃幕墙耗能高、室内空气质量关等问题，用双层体系作围护结构，提供自然通风和采光，增加室内空间舒适度，降低能耗，从而较好地解决了自然采光通风和节能之间的矛盾。

天津市建筑设计院 A 座科研楼西向采用了大面积的呼吸式玻璃幕墙（图 4.8-1），使立面效果通透美观，同时它的遮阳系统作为玻璃幕墙的重要组成部分，起到了增加幕墙热惰性的作用，消解太阳辐射达 85% 以上，在夏季能够减少室内因西晒过热而增加的制冷量，冬天的阳光则可以透过宽大的玻璃幕墙暖洋洋地照进办公大楼。双层呼吸式幕墙及多角度遮阳百叶和反光板的使用，使我们可以灵活选择自然采光，可适度的利用自然光线照明，大大地提高了舒适度并达到了节能的目的。

图 4.8-1　天津市建筑设计院 A 座科研楼西立面

2. 玻璃幕墙的遮阳系统设计应用

遮阳是通过建筑设计手段，运用相应的材料和构造，与日照光线形成某一有利遮挡的角度，阻挡阳光直射并阻隔造成室内过热的太阳辐射，而不减弱采光条件的手段和措施。建筑遮阳的好处在于：可以防止透过玻璃的直射阳光使室内过热；可以防止建筑围护结构过热并造成对室内环境的热辐射；可以防止直射阳光造成的强烈眩光。这三点对于处于低纬度地区的建筑尤为重要。由于日照辐射强度随时间、地点、日期、朝向而异，因此建筑中各朝向窗口要求遮阳的日期、时间以及遮阳的形式和尺寸也需根据具体地区的气候和朝向而改变。

由于重视了建筑遮阳对节能的积极作用，建筑采用了各种先进的遮阳系统。常见的遮阳方式主要有水平遮阳、垂直遮阳、格栅式遮阳（综合式）、挡板式遮阳、百叶式遮阳等。遮阳措施种类繁多，根据建筑的不同类型、所处地理位置、朝向等因素，选择不同的遮阳措施，不存在某一种遮阳措施普遍通用的情况。因此，加强对各种遮阳形式的了解，有助于我们在设计中选择正确的遮阳形式。

图 4.8-2 为天津市建筑设计院 F 座技术档案中心所采用的一种遮阳板及其细部。

图 4.8-2　天津市建筑设计院 F 座技术档案中心采用的遮阳板

对于围护结构的竖向玻璃幕墙来说，无论是从全日的太阳辐射总量来看，还是从房间内日照面积的大小来看，对遮阳的要求为东西向最大，而后是东南、西南，再次是东北、西北，南向又次之，北向最小，同时由于下午室外气温要高于上午，所以西向遮阳较东向更加重要。南向虽然日照时间较长，但因为我国大部分处在中低纬度地区，夏季太阳高度角较高，照射房间不深，遮阳也较易处理。

图 4.8-3 为天津市建筑设计院 F 座技术档案中心不同朝向所采用的不同建筑设计手法及遮阳措施，力求在达到节能目的的同时丰富建筑物立面的变化。

东立面透视图　　　　　东立面图　　　　　西立面图

整体效果图

图 4.8-3　天津市建筑设计院 F 座技术档案中心

4.8.3　结语

随着世界各国环境日益恶化，能源危机的到来，能耗严重的玻璃幕墙建筑急需采用节能节能技术来降低能耗，提高建筑的舒适性，甚至产生能源供建筑使用。参照国外建筑玻璃幕墙发展的历程与经验，我国的建筑玻璃幕墙设计只能也必须向节能，环保与智能化发展。

参考文献

[1] 李俊英. 热通道玻璃幕墙的分析与展望 [J]. 山西建筑. 2002.（7）：71-73.

[2] 陈海辉. 一种新型幕墙的节能原理及设计经验 [J]. 重庆建筑大学学报. 2005.（1）：39-40.

[3] 王振. 夏热冬冷地区双层皮玻璃幕墙的气候适应性设计策略研究 [D]. 武汉：华中科技大学，2004.

4.9 建筑遮阳设计思路

陈燕男

天津大学建筑学院，天津市建筑物理环境与生态技术重点实验室

摘　要：本文综合对科技发展和可持续发展理念的思考，以及低碳建筑、生态建筑、绿色建筑等建筑思潮对建筑遮阳的影响，应用建筑技术科学和建筑设计的分析方法，阐述现代建筑遮阳设计的全过程化、复合化、智能化、地域化和生态化的发展趋势，为建筑遮阳设计提供新的思路和方向。

关键词：建筑遮阳；发展趋势

大量调查和综合实验测试表明，太阳辐射通过窗口进入室内的热量是造成夏季室内过热的主要原因。建筑遮阳作为降低窗口得热的主要途径，可以避免阳光直射室内，从而防止夏季室内过热和眩光的产生。从 1928 年勒·柯布西耶首次在迦太基住宅设计中使用遮阳设施，到目前建筑遮阳已有近百年历史。我国现代建筑遮阳开始于从 20 世纪 80 年代末，迄今为止的 20 多年里有了巨大发展。随着科学技术的发展，以及可持续发展的理念、低碳建筑、生态建筑、绿色建筑等建筑思潮，都对建筑遮阳的有了新的要求，建筑遮阳也呈现出新的发展趋势。

4.9.1　建筑遮阳设计全过程化

建筑遮阳设计不应仅仅局限于建筑立面造型或者改善热工环境等某一方面，而要贯穿于建筑设计的整个过程，从建筑选址、布局到建筑立面设计，从环境植物配置到结构、暖通设计的配合，实现建筑遮阳设计全过程化，这不仅有助于改善室内热环境舒适度，而且能获得良好的建筑美学效果，丰富建筑师的造型手法。

目前建筑遮阳作为一种活跃的建筑语言越来越多地被建筑师所运用。通过对遮阳构件的重复与变化以形成节奏感，呈现韵律与动感之美；利用遮阳构件创造层次感与光影效果，使得整个建筑造型更加丰富；利用遮阳构件的虚实变化造成视觉上的对比，形成视觉张力，给人以生动、强烈的印象；利用色彩鲜艳的外遮阳构件来丰富建筑立面，形成独特的美学效果（图 4.9-1）。

图 4.9-1　遮阳形成独特的美学效果

4.9.2　建筑遮阳设计复合化

科学技术的发展带来了新技术、新材料的涌现。未来的建筑遮阳产品与设计应充分利用新材料和高技术，充分挖掘多功能和可调控的遮阳构件。

1. 遮阳与太阳能板相结合

与太阳能光电和光热转换板结合的遮阳板（图 4.9 - 2）是一种多功能的遮阳构件，它在避免了遮阳构件自身可能存在的吸热导致升温和热传递问题的同时，巧妙地将吸收的能量转换成对建筑有用的资源加以利用，这是建筑构件复合多功能发展的方向之一。

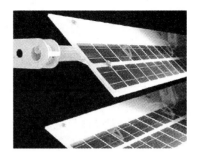

图 4.9 - 2　太阳能光电板

遮阳设施与玻璃结合的太阳能发电措施有两种：一种是新型的光电转换玻璃，这种玻璃允许部分可见光透过，吸收其他波段阳光并发电。另外一种做法是将光生伏打电池安装在双层玻璃幕墙中。

2. 遮阳与建筑功能构件相结合

打破建筑各功能构件的联系，考虑采光口与阳台、外廊、检修道、屋顶、墙面的综合遮阳设计，使遮阳构件与建筑本身融为一体，这种集遮阳、通风、排气、检修等物理功能和外廊、阳台等建筑构件于一体的模式，是建筑遮阳另一发展方向。

建筑双表皮遮阳是其中比较特殊的一种。建筑物的双层表皮是指在建筑立面外附加一层立面，以实现单层立面不能满足的物理功能和使用功能。双层表皮通过特殊处理的玻璃和附加机械系统，能实现自然通风、遮挡辐射、减少能耗（包括热负荷和冷负荷）、隔绝噪音等目标，高层双层玻璃幕墙就是一个很好的例子。巴黎国家图书馆（图 4.9 - 3）的幕墙夹层中采用可翻动式竖向遮阳板，通过调整每一块板的角度，既可提高遮阳效率，又能造成斑驳的特殊立面效果。

4.9.3　建筑遮阳设计智能化

图 4.9 - 3　巴黎国家图书馆

太阳辐射强度受天空中云量影响很大，同时太阳高度角和方位角也随时间不断变化，因此不同季节不同气象条件下对遮阳的需求也不同，而固定式的遮阳构件无法满足这种不断变化的遮阳及采光需求，所以智能化、活动式建筑遮阳构件应运而生。

智能遮阳系统可以根据阳光的强弱程度自行调节遮阳设施的角度，夏季可以将阳光反射回室外，冬季将阳光更多地引入至室内，从而有效地调节和控制室内温度和照度。运用智能遮阳系统，在满足功能需要的同时，又能营造出一种美妙的光影效果和气氛，并且根据实际天气情况进行调节，达到遮阳节能与采光节能的最优化。

目前国外已经成功开发出时间电机控制系统和气候电机控制系统。前者储存了太阳运行规律信息，可以根据时间变化调整遮阳装置，还能利用阳光热量感应器（热量可调整）来进一步自动控制遮阳板的高度或角度；后者则是一个完整的气象站系统，装有阳光、风速、雨量、温度感应器，此控制器已经预先输入基本程序，包括光线强弱、风力、延长反应时间等数据，可以根据建筑物所在区域的具体气候状况进行相应调节控制。

4.9.4　建筑遮阳设计地域化

伴随批判性地域主义等思潮的出现，建筑的地域性和文化性再次得到探讨。而遮阳设计作为建筑造型的重要组成部分，直接或间接体现了建筑师对历史文化的继承与理解程度。建筑遮阳设计与地域文化相结合将是未来的发展趋势之一。

保持地域差异性有赖于技术与地方文化的创造性结合。应利用现代技术把传统材料和民族性格等地方性因素融合到遮阳设计理念中。

阿拉伯世界研究中心（图4.9-4）照相机般的控光装置，使用了最前卫的技术和构造技巧。主立面用框架和滤光器的手法处理采光，并覆盖隔栅，可以根据阳光做出精确调节，达到采光和遮阳的目的。在每一个单元格上，控制调节的电子线路板清晰可见，其遮阳板充分体现出艺术与技术的完美结合，同时控光装置的现代形式反映了阿拉伯建筑的传统几何原型。

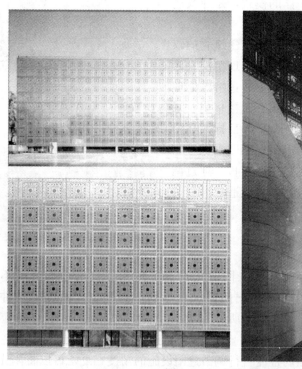

图4.9-4　阿拉伯世界研究中心

4.9.5　建筑遮阳设计生态化

以上介绍的几种建筑遮阳趋势多集中于建筑遮阳构件，但正如在4.9.1中所提到的，建筑遮阳设计应贯穿于建筑设计全过程，结合植物配置进行遮阳也是一种发展趋势。落叶的乔木是非常好的遮阳设施，大多数乔木的树叶随气温的升高而繁茂，随气温降低而凋落，这正起到了夏季开启而冬天收起遮阳的作用（图4.9-5）。

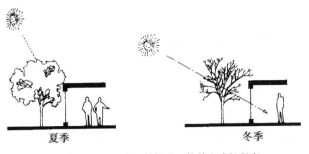

夏季　　　　　　　　　　冬季

树木的遮阳取决于其树种、修剪和成长程度

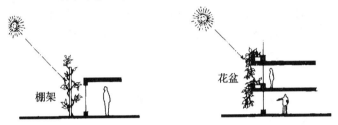

棚架　　　　　　　　　　花盆

蔓藤植物能够十分有效地遮挡太阳。

图 4.9-5　树木与蔓藤植物的遮阳效果

　　结合建筑设计，设置垂直绿化与屋顶花园绿化。在遮阳的同时，增加绿色植物种植，减少温室气体排放，是生态观及可持续发展观的体现。梅纳拉商厦（图 4.9-6）就采用了此种手法。梅纳拉商厦是马来西亚一座 15 层高的大型写字楼，引入了空气流动、太阳能利用、植物造氧环境及遮阳等综合措施，被称为真正的绿色摩天大楼。在植物遮阳方面，它采用了一系列相连的格架、花坛与屋顶花园组成垂直绿化贯穿整个建筑，使摩天楼充满了绿色与生机。

4.9.6　小结

　　目前，建筑遮阳不再是单纯作为附加遮阳构件而存在，越来越成为一门系统的科学。国内建筑师也从单纯模仿国外建筑遮阳立面效果转而研究其背后的科学依据，建筑遮阳近年来有了极大的发展。在科技发展和可持续发展理念的推动

图 4.9-6　梅纳拉商厦

下，现代建筑遮阳将朝着全过程化、复合化、智能化、地域化、生态化的道路不断前进。

参考文献

[1] 王立雄 . 建筑节能［M］. 北京：中国建筑工业出版社，2009.12.

[2] 刘翼，蒋荃 . 建筑遮阳的现状及标准与评价进展［J］，中国建材科技 .2010，（S2）.

[3] 刘宏成 . 建筑遮阳的历史与发展趋势［J］. 南方建筑 .2006，（09）.

[4] 颜俊 . 生态视角下的建筑遮阳技术研究［D］. 北京：清华大学建筑学院，2004.

4.10 华南理工大学人文馆屋顶空间遮阳设计

张 磊 孟庆林

华南理工大学建筑学院建筑节能中心

摘 要：屋顶遮阳是亚热带地区绿色建筑设计手法之一，有营造屋顶生态空间和实现建筑顶层房间节能两个主要作用。本文结合华南理工大学人文馆屋顶遮阳的技术设计，采用屋顶遮阳构造的透光系数作为评价遮阳效果的指标，计算并分析了遮阳板的构造尺寸对冬、夏季遮阳效果的影响，为建筑师创作绿色建筑方案和设计绿色建筑遮阳构造提供参考。

关键词：屋顶空间遮阳；绿色建筑；生态空间；建筑节能

热带和亚热带地区全年无冬，夏季炎热，太阳辐射强烈，普通屋顶由于容易吸收太阳辐射热，外表面和周围空气温度差可达50℃，致使屋顶房间热舒适性较差和夏季空调冷负荷很大，而冬季由于屋顶冷辐射的影响，降低了顶层房间的热舒适性。因此，近年来，由于遮阳节能和建筑艺术的需要，热带、亚热带地区涌现出了一批诸如柯比西埃（法国）、柯利亚（印度）、杨经文（马来西亚）等人的屋顶遮阳设计作品，随即广州、厦门、深圳、香港、台湾、吉隆坡、雅加达等地也相继出现了大量的屋顶构架和立面构架。

4.10.1 人文馆屋顶遮阳实现了建筑与气候的结合

广州华南理工大学人文馆是华南理工大学校庆50周年的重点工程，在展示华工大人文历史及现代风貌的同时，为师生提供了交往活动的场所。人文馆功能分为三个部分：东西向布置的三层展厅，与展厅成倾斜角度设置的二层阅览室以及带有弧形架空廊的咖啡厅和报告厅。它不仅在建筑设计上有其独特的地方，也在生态设计方面充分考虑了亚热带区域的气候特征，在屋顶和弧形架空廊的设计上采用了带有固定倾斜角度遮阳板的遮阳措施。

由于太阳直射光的照射，这些遮阳构件可以在建筑立面和平面形成浓厚的光影，如图4.10-1～图4.10-3所示，太阳位置的不停变化使建筑光影在一天中的不同时间里随太阳的移动而改变，产生非常具有韵律感和生命力的阴影变化，突出了空间、场所在视觉上的感染力，实现了建筑与气候的巧妙结合。

图 4.10-1

图 4.10-2

图 4.10 - 3

图 4.10 - 4 和图 4.10 - 5 是 12 月 22 日和 7 月 2 日正午时刻遮阳板在屋顶形成的阴影，由于 12 月 12 日太阳高度角约为 43.46°，大部分太阳光线可以通过倾斜的遮阳板照到屋顶平面，而 7 月 2 日太阳高度角约为 89.1°，几乎为垂直入射，大部分太阳辐射可以被遮阳板遮挡，少量太阳光线可以透过遮阳板间距照到屋顶平面。人文馆的屋顶遮阳设计实现了夏季遮阳和冬季透光的效果。

图 4.10 - 4

图 4.10 - 5

4.10.2 结语

人文馆屋顶遮阳设计充分考虑了亚热带气候特征，实现了建筑与气候的结合，同时，人文馆屋顶遮阳设计还综合考虑了日照、天然降雨和自然通风等要素，创造了生态的屋顶空间环境。

参考文献

[1] Akbari H et al. Calculations in Support of SSP 90.1 for Reflective Roofs. ASHRAE Transaction 104 - 1 (1997).

[2] 杨经文. 绿色摩天楼的设计与规划 [J]. 世界建筑. 1999，(02)：21 - 29.

[3] 杨经文. 槟榔屿州 Menara Umno [J]. 世界建筑. 1999，(02)：52 - 56.

[4] 何镜堂，倪阳. 延续校园生态走廊——华工人文馆创作随笔 [J]. 世界建筑. 2002，(11)：63.

[5] 马京涛. 广州地区窗口外遮阳构造透光率分析 [D]. 广州：华南理工大学，2003，13.

4.11 夏热冬暖地区建筑外遮阳板参数设计计算与运用

廖宁林

深圳市方大装饰工程有限公司

摘　要：本文结合实际工程案例，通过对影响建筑遮阳设计的参数进行分析及举例说明，简要介绍了遮阳技术在建筑幕墙中的重要性及设计计算方法，以供技术人员在建筑幕墙遮阳设计时参考。

关键词：建筑遮阳；太阳高度角；太阳方位角；遮阳设计与计算

建筑需要良好的自然采光、自然通风和开阔的景观，透明围护结构是建筑设计的必然选择。但透明围护结构对太阳辐射热的抵挡能力却远不如非透明围护结构。过多的透明围护结构使得建筑对恶劣气候的阻隔能力变差。近些年来，建筑遮阳的重要性逐渐受到重视，尤其是夏热冬暖地区的空调建筑，遮阳系统是建筑幕墙节能非常重要的措施。建筑遮阳设计，尤其是南方地区以玻璃幕墙为外围护结构建筑中的设计尤为重要。作者以深圳地区的建筑作为案例，对影响遮阳系统设计的参数进行分析介绍，针对遮阳板设计的构造和方式进行探讨，并提出对夏热冬暖地区建筑遮阳设计与计算的方法。

4.11.1　夏热冬暖地区遮阳在建筑节能中的必要性

夏热冬暖地区位于我国南部，大体在北纬 25°以南，东经 106°以东的地区，包括广东大部、广西大部、福建南部、海南岛以及香港、澳门与台湾。该地区为亚热带湿润季风气候（湿热型气候），其特征为夏季冗长，几乎没有冬季，气温高且湿度大，气温的年较差和日较差都较小，夏季太阳辐射强烈。

由于夏季强烈的太阳辐射，致使室内热环境很差，夏季空调能耗严重。建筑的节能设计，除了利用建筑外墙本身的材质阻隔外界的热量外，在幕墙的室内或室外设计遮阳系统，如安装遮阳板、遮阳百叶等，也是建筑节能的重要手段，甚至节能效益往往比单纯改变建筑材质达到的性价比更高。

下面就以深圳为列，对建筑方位及开窗率相同的情况下，对建筑外遮阳和玻璃遮阳因素及玻璃 K 值能耗量进行分析：

深圳位于东经 113°52′~114°21′，北纬 22°27′~22°39′。夏季大气压力为 1005hPa，夏季白天平均太阳辐射照度为 550W/m²。夏季室外计算温度为 31℃，空气调节室内计算温度为 24℃。

根据透过玻璃白天增热量公式：

$$R_{hg} = K_1 \times (T_w - T_n) + S_C \times I_s \qquad (4.11-1)$$

其中：R_{hg}——相对增热（W/m²）；

$\quad K_1$——玻璃的传热系数，根据夏热冬暖地窗墙比为：0.5＜窗墙比≤0.7 时对应的传热系数限值作为计算取值，取 3.0W/m²·K；

$\quad T_w$——夏季室外计算温度，取 31℃；

$\quad T_n$——夏季空调室内计算温度，取 24℃；

S_c——遮阳系数，根据夏热冬暖地区窗墙比为：$0.5<$窗墙比$\leqslant0.7$时对应的北面遮阳系数限值作为计算取值，取 0.45；

I_s——深圳地区夏季白天平均太阳辐射照度，取 550W/m^2。

根据上述可知：

通过传热得热为： $3.0\times(31-24)=21(\text{W/m}^2)$；

通过太阳辐射得热为 $0.45\times550=268.5(\text{W/m}^2)$。

从上面的建筑能耗分析中我们可以发现，在建筑方位、开启面积及透明玻璃幕墙面积确定的情况下，建筑幕墙对建筑能耗的损失中，太阳辐射得热是通过传热得热的 10 倍以上。因此，在夏热冬暖地区，玻璃幕墙因受到太阳辐射影响直接造成建筑室内空调能耗的增加是最主要的因素之一。因而采取适当的遮阳措施，防止直射阳光的不利影响，将会大大降低建筑能耗，也是建筑节能设计中应重点考虑的因素。

4.11.2 深圳地区建筑外遮阳板设计参数计算方法

建筑外遮阳设计与建筑物所在的地理位置有密切关系，在进行遮阳板的设计时，其尺寸大小、遮阳形式应充分考虑其地理位置、太阳高度角等因素。下面以深圳地区建筑为例，对遮阳板设计时应考虑的几个因素及计算方法介绍如下：

1. 太阳赤纬角 δ

太阳赤纬角是地球赤道平面与太阳和地球中心的连线之间的夹角。赤纬角以年为周期，在 $+23\,°27'$ 与 $-23\,°27'$ 的范围内移动，成为季节的标志。每年 6 月 21 日或 22 日赤纬角达到最大值 $+23\,°27'$ 称为夏至（如图 4.11-1）。

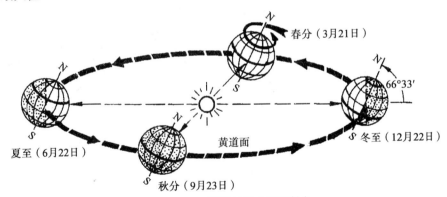

图 4.11-1 夏至时的太阳辐射角

向北为正，向南为负，在进行遮阳板设计时，可近似按下式计算：

$$\delta=23.45\times\sin[360\times(284+n)/365] \qquad (4.11-2)$$

式中 n 为日数，自 1 月 1 日开始计算。我国主要季节太阳赤纬角见下表：

主要季节的太阳赤纬角 δ 值 　　　　　表 4.11-1

季节	日期	赤纬 δ	日期	季节
夏至	6 月 21 日或 22 日	$+23\,°27'$		
小满	5 月 21 日左右	$+20\,°00'$	7 月 21 日左右	大暑

季节	日期	赤纬 δ	日期	季节
立夏	5月6日左右	$+15°00'$	8月8日左右	立秋
谷雨	4月21日左右	$+11°00'$	8月21日左右	处暑
春分	3月21日或22日	$0°$	8月22日或23日	秋分
雨水	3月21日左右	$-11°00'$	10月21日左右	霜降
立春	2月4日左右	$-15°00'$	11月7日左右	立冬
大寒	1月21日左右	$-20°00'$	11月21日左右	小雪
		$-23°27'$	12月22日或23日	冬至

2. 时角 Ω

地球自转一周为一天，24 小时，每小时时角为 15 度，以当地太阳时正午为零度（太阳时角是以当地太阳位于正南向的瞬时为正午），下午为正，上午为负，每小时 15°。太阳时角 Ω 计算公式如下：

$$\Omega = 15(t-12) \tag{4.11-3}$$

式中 t 为观察时间，按一天 24 小时观测，正南为 0°。

3. 太阳高度角 hs 及太阳方位角 As

太阳光线与地平面间的夹角 hs 称为太阳高度角。

太阳光线在地平面上的投影线与地平面正南线所夹的角 As 称为太阳方位角（见图 4.11-2）。

太阳高度是决定地球表面获得太阳热能数量的最重要的因素，也是在遮阳板类型的设计中最主要的因素之一。影响太阳高度角和方位角的因素有三：

· 太阳赤纬角 δ，它表明季节（日期）的变化；

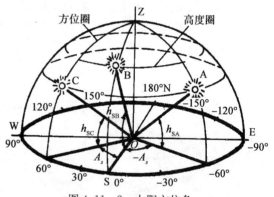

图 4.11-2 太阳方位角

· 时角 Ω，它表明时间的变化；

· 地理纬度（φ），它表明观察点所在的位置。

在计算遮阳板设计时，深圳可取北纬 22°30'。太阳高度角 hs 通过下式计算：

$$\sin h_s = \sin\varphi\sin\delta + \cos\varphi\cos\delta\cos\Omega \tag{4.11-4}$$

太阳方位角 As 可通过下式计算：

$$\cos As = \frac{\sin h_s \sin\varphi - \sin\delta}{\cos h_s \cos\varphi} \tag{4.11-5}$$

方位角以正南方向为零，向西逐渐变大，向东逐渐变小，直到在正北方合在 ±180°。根据式（4.11-5）可求出二个 As 值，一个 As 值是午后的太阳方位，另一个 As 值为午前的太阳方位。对于中国区域，早上太阳光从东边射来，中午是南北移动，傍晚太阳光从西边边射来。

因此：当 $\cos As \leqslant 0$ 时：

午后太阳方位角 $90°{\leqslant}As{\leqslant}180°$ 午前太阳方位角 $-180°{\leqslant}As{\leqslant}-90°$

当 $\cos As{\geqslant}0$ 时：

午后太阳方位角 $0°{\leqslant}As{\leqslant}90°$ 午前太阳方位角 $-90°{\leqslant}As{\leqslant}0°$

举例：

深圳地区，北纬 $22°30'$

夏至时节赤纬角 $\delta=23°27'$

早上十点：时角 $\Omega=15\times(10-12)=-30°$

太阳高度角

$$\begin{aligned}\sin h_s &= \sin\varphi\sin\delta+\cos\varphi\cos\delta\cos\Omega\\ &= \sin22°30'\sin23°27'+\cos22°30'\cos23°27'\cos(-30°)\\ &= 0.8863\end{aligned}$$

则太阳高度角 $hs=62°24'$

太阳方位角

$$\begin{aligned}\cos As &= \frac{\sin h_s\sin\varphi-\sin\delta}{\cos h_s\cos\varphi}\\ &= \frac{\sin62°24'\sin22°30'-\sin23°27'}{\cos62°24'\cos22°30'}\\ &= -0.13737\end{aligned}$$

则可得太阳方位角 $As=97°53'$，及 $As=-97°53'$，早上 10 点时角，因此太阳方位角为 $As=-97°53'$。

根据以上计算方法，我们可以得出深圳地区全年 24 小时的不同太阳高度角及方位角。从空调能耗角度出发，对深圳地区需要遮阳的月份及时间段可分别计算太阳高度角及方位角如下表：

深圳市主要遮阳季节及时间段的各太阳高度角 hs 值　　　　表 4.11－2

太阳高度角（hs）		每天时间段									
		8:00	9:00	10:00	11:00	12:00	13:00	14:00	15:00	16:00	17:00
赤纬角（δ）	谷雨（+11°00）	$31°46'$	$45°35'$	$59°8'$	$71°37'$	$78°30'$	$71°37'$	$59°8'$	$45°35'$	$31°46'$	$17°55'$
	立夏（+15°00）	$33°2'$	$46°53'$	$60°40'$	$73°57'$	$82°30'$	$73°57'$	$60°40'$	$46°53'$	$33°2'$	$19°16'$
	小满（+20°00）	$34°23'$	$48°8'$	$61°58'$	$75°48'$	$87°30'$	$75°48'$	$61°58'$	$48°8'$	$34°23'$	$20°49'$
	夏至（+23°27）	$35°10'$	$48°43'$	$62°24'$	$76°9'$	$89°2'$	$76°9'$	$62°24'$	$48°43'$	$35°10'$	$21°49'$
	大暑（+20°00）	$34°23'$	$48°8'$	$61°58'$	$75°48'$	$87°30'$	$75°48'$	$61°58'$	$48°8'$	$34°23'$	$20°49'$
	立秋（+15°00）	$33°2'$	$46°53'$	$60°40'$	$73°57'$	$82°30'$	$73°57'$	$60°40'$	$46°53'$	$33°2'$	$19°16'$
	处暑（+11°00）	$31°46'$	$45°35'$	$59°8'$	$71°37'$	$78°30'$	$71°37'$	$59°8'$	$45°35'$	$31°46'$	$17°55'$
	秋分（+0°00）	$27°30'$	$40°47'$	$53°8'$	$63°10'$	$67°30'$	$63°10'$	$53°8'$	$40°47'$	$27°30'$	$13°50'$
	霜降（-11°00）	$22°21'$	$34°37'$	$45°25'$	$53°24'$	$56°30'$	$53°24'$	$45°26'$	$34°37'$	$22°21'$	$9°18'$

深圳市主要遮阳季节及时间段的各太阳方位角 As 值　　　　表 4.11-3

太阳方位角（As）		每天时间段										
		8:00	9:00	10:00	11:00	11:55	12:15	13:00	14:00	15:00	16:00	17:00
赤纬角（δ）	谷雨（+11°00）	−89°13′	−82°39′	−73°6′	−53°42′	−6°8′	17°55′	53°42′	73°6′	82°39′	89°13′	94°45′
	立夏（+15°00）	−93°42′	−88°8′	−80°28′	−64°44′	−9°10′	25°57′	64°44′	80°28′	88°8′	93°42′	98°44′
	小满（+20°00）	−99°29′	−95°18′	−90°33′	−82°39′	−25°12′	55°6′	82°39′	90°33′	95°18′	99°29′	103°47′
	夏至（+23°27）	−103°35′	−100°25′	−97°53′	−96°51′	−129°46′	106°6′	96°51′	97°53′	100°25′	103°35′	107°20′
	大暑（+20°00）	−99°29′	−95°18′	−90°33′	−82°39′	−25°12′	55°6′	82°39′	90°33′	95°18′	99°29′	103°47′
	立秋（+15°00）	−93°42′	−88°8′	−80°28′	−64°44′	−9°10′	25°57′	64°44′	80°28′	88°8′	93°42′	98°44′
	处暑（+11°00）	−89°13′	−82°39′	−73°6′	−53°42′	−6°8′	17°55′	53°42′	73°6′	82°39′	89°13′	94°45′
	秋分（0°00）	−77°32′	−69°3′	−56°27′	−34°59′	−3°15′	9°43′	34°59′	56°27′	69°3′	77°32′	84°8′
	霜降（−11°00）	−66°48′	−57°31′	−44°22′	−25°13′	−2°13′	6°38′	25°13′	44°22′	57°31′	66°48′	73°54′

从表 4.11-2 和表 4.11-3 数据可发现，在深圳地区从正常需要空调制冷的季节（谷雨 4 月 21 日）开始到霜降（10 月 21 日），中午时刻，太阳方位角位于正南及接近南向，且此时太阳高度角最大，太阳光照几乎是垂直射到玻璃表面，因此在正南应设置遮挡玻璃幕墙上方投射下来的阳光，如水平遮阳系统（如下图）。特别需要指出的是，由于深圳纬度为北纬 22°30′，位于北回归线以南，夏至季节前后日子，太阳赤纬角 δ 高于深圳的纬度，在中午时刻，太阳光线是从偏北向从玻璃上方投射下来，因此在深圳地区北面及接近北向的幕墙也应设置水平遮阳（见图 4.11-3）。

早上太阳方位主要位于东面偏北方位，傍晚太阳方位主要位于西面偏北方位，而且此时太阳的高度角很小，太阳光线是斜射到玻璃幕墙上，因此应在东北面及西北面设置遮挡斜射的太阳光的垂直遮阳系统（如图 4.11-4）。

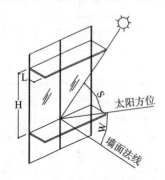 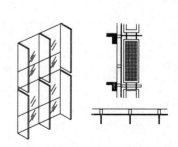

图 4.11-3　建筑外窗遮阳挡板的水平设置　　　图 4.11-4　建筑外窗遮阳挡板的垂直设置

上午十点至十一点左右及下午十三点至十四点左右，太阳主要位于东南方位及西南方

位，此时太阳高度角在中等，因此应在东南方向设置水平及垂直的综合遮阳系统（如图
4.11-5）。

在上午九点及下午十五点左右，太阳主要正东及正西方位，太阳高度角在 $40°\sim50°$ 范围，此时应设置挡板式遮阳系统或水平遮阳系统来遮挡太阳光照射到室内（如图 4.11-6）。

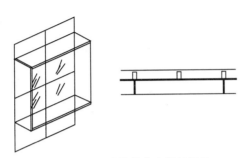

图 4.11-5 建筑外窗遮阳挡板的
综合设置

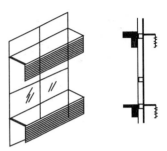

图 4.11-6 建筑外窗遮阳的
挡板式设置

对于不同建筑不同方位应选择不同的遮阳方式，减少强烈太阳光直射室内，降低室内温度，以节约空调费用的作用，但建筑外遮阳设计除了遮挡阳光外，还需满足人们对美学和建筑效果的追求。下面通过深圳市嘉里建筑中心二期的外遮阳构件设计形式来介绍遮阳板设计在遮阳效果与建筑效果结合的运用。

4.11.3 遮阳板设计遮阳效果与建筑效果的结合工程实例

本文以深圳市嘉里建设广场二期项目外遮阳板为例。此项目位于深圳市福田中心区益田路与福华路交叉口，正负零以上共 41 层，建筑总高度 200m，总建筑面积约 103000m²。其中塔楼南面随玻璃面板垂直分格采用三道垂直遮阳铝板，遮阳板悬挑玻璃面 450mm（见图 4.11-7）。

塔楼北面垂直方向设置悬挑 320mm 的垂直遮阳板，考虑建筑的整体效果，每层在楼层结构部位均设置了一道水平遮阳板（见图 4.11-8）。

图 4.11-7 建筑正南面

图 4.11-8 建筑正北面

东北面及西北面设置悬挑 320mm 的垂直遮阳板，同时，水平方向设置渐变的水平遮阳挡板，靠北面部分水平遮阳从无到有，从悬挑 100mm 到南面为 450mm（见图 4.11-9）。

西面及东面开始往南面设置悬挑尺寸渐变的垂直遮阳板，靠近南部最大垂直遮阳为 320mm，第二道垂直遮阳为 290mm，第三道为 260mm，逐渐递减，直到垂直遮阳悬挑 110mm，然后直接为竖向隐框玻璃幕墙（见图 4.11-10）。

图 4.11-9　建筑东北面及西北面

图 4.11-10　建筑西南面及东南面

总之，遮阳的设计除了具有减少或阻止强烈太阳光直射室内，减少太阳热量进入室内，减低室内温度，以节约空调费用外；轻巧美观并附有形象变化的建筑遮阳系统还能为建筑外观增添艺术形象效果，体现现代建筑艺术美学气息。

4.11.4　结语

遮阳措施是解决建筑透明围护结构隔热问题，调节室内光、热环境的有效措施，建筑遮阳技术目前已经开始逐步推广使用。随着国民经济的发展，大量公共和居住建筑的涌现，相信越来越多的现代建筑将采用各种各样的遮阳系统，并在设计阶段就应被集成进去。遮阳系统为改善室内环境而设，在全国乃至全世界都在考虑建筑节能减排的当代事情，遮阳系统将是建筑最新和最有潜力的一个发展分支。

参考文献
[1] 公共建筑节能设计标准. GB 50189-2005.
[2] 民用建筑热工设计规范. GB 50176-93.
[3] 赵西安. 玻璃幕墙的遮阳技术 [J]. 建筑技术. 2003，(9).
[4] 熊建明. 玻璃幕墙建筑节能的技术分析及其经济分析 [J]. 新型建筑材料. 2000，(09).

4.12 浅谈居住建筑活动外遮阳产品选型与技术要求

刘 翼 蒋 荃

中国建材检验认证集团股份有限公司，国家建材工业铝塑复合材料及遮阳产品质量监督检验测试中心

摘 要：建筑遮阳是建筑节能的重要组成部分，江苏已就居住建筑安装活动外遮阳产品进行强制性推广，北京也将在2013年开始强制实行。但业界对活动外遮阳产品的选型与技术要求缺乏足够的认识。本文围绕该类产品的抗风性能、耐久性能和节能性能等关键参数的选型和技术要求，进行了系统的介绍。

关键词：居住建筑；活动外遮阳；抗风；耐久性；遮阳系数

建筑遮阳是重要的被动式节能措施。随着我国建筑节能工作的深入开展，住建部和北京、上海、江苏等地的建设主管部门都相继出台了一系列推广政策，并配套了相应的技术支撑。推广范围主要针对新建居住建筑和既有建筑的节能改造。由于各类遮阳技术中，活动外遮阳兼具夏季遮阳，冬季采光、光线调节等突出优势而备受青睐。《江苏省居住建筑热环境和节能设计标准》DGJ32/J 71－2008要求南向外窗应设置外遮阳，宜设置活动外遮阳；东西向外窗宜设置外遮阳，设置时应为活动外遮阳。即将出台的《北京市居住建筑节能设计标准》更是明确规定主要房间的东西向外窗应设置完全伸展时能遮蔽整窗的活动外遮阳。但是，活动外遮阳的概念进入我国仅10年左右的时间，建筑遮阳方面的标准也是近年才陆续发布。因此，开发商、建筑师、施工单位以及工程监理还缺乏实际经验，在当下大面积推广外遮阳的情况下，对于活动外遮阳产品的选型与技术要求缺乏必要的了解。笔者所在单位从2005年起一直从事建筑遮阳尤其是活动外遮阳产品的研究，参与了多个遮阳标准的起草工作，并为中新天津生态城等重点项目提供选材服务于技术支撑，因此结合上述实际工作经验，就建筑活动外遮阳产品的选型与技术要求进行简要介绍。

4.12.1 我国遮阳标准体系

由于我国建筑遮阳起步较晚，并在没有标准的状态下发展。工程上一般约定遮阳产品关键原材料的性能，主要包括面料、铝材和电机。但是，组装后产品的整体性能不可能仅通过原材料来体现。正如建筑外窗的关键性能（气密、水密、风压和传热系数）不能仅通过其原材料，即窗框型材和玻璃来约束。随着我国居住建筑节能设计标准对热工指标不断提高，在相关专家以及遮阳产品生产企业推动下，住建部从2006年起，先后下达了多项建筑遮阳标准（具体见表4.12－1），基本形成了建筑遮阳标准系列。但标准出台后，宣贯力度还有待进一步加强。据了解，部分开发商、建筑师、施工单位以及工程监理还没有完全按照标准规定执行，在工程中还是沿用的约定原材料性能的方式。甚至某些地区的建设主管部门要求遮阳产品备案时，也只要求了原材料的性能。应通过加强标准的宣贯，在"有法可依"的基础上做到"有法必依"，方可确保遮阳工程的质量安全。

建筑遮阳系列标准 表 4.12-1

标准类别	标准名称	标准号
通用标准	建筑遮阳产品术语标准	在编
	建筑遮阳通用要求	JG/T 274-2010
	建筑遮阳产品电力驱动装置技术要求	JG/T 276-2010
	建筑遮阳用电机	JG/T 278-2010
	建筑遮阳热舒适、视觉舒适性能与分级	JG/T 277-2010
	建筑用遮阳面料	在编
	建筑用遮阳膜	在编
	建筑用光伏遮阳构件通用技术条件	在编
产品标准	建筑用遮阳金属百叶帘	JG/T 251-2009
	建筑用遮阳天篷帘	JG/T 252-2009
	建筑用曲臂遮阳篷	JG/T 253-2009
	建筑用遮阳软卷帘	JG/T 254-2009
	内置遮阳中空玻璃制品	JG/T 255-2009
	建筑用铝合金遮阳板	在编
	建筑用遮阳硬卷帘	在编
	建筑用遮阳非金属百叶帘	在编
	建筑用遮阳一体化窗	在编
试验方法标准	建筑遮阳产品抗风性能试验方法	JG/T 239-2009
	建筑遮阳产品耐积水荷载试验方法	JG/T 240-2009
	建筑遮阳产品机械耐久性能测试方法	JG/T 241-2009
	建筑遮阳产品机操作力测试方法	JG/T 242-2009
	建筑遮阳产品误操作试验方法	JG/T 275-2010
	建筑遮阳产品隔热性能试验方法	JG/T 281-2010
	建筑遮阳产品遮光性能试验方法	JG/T 280-2010
	建筑遮阳产品声学性能测量	JG/T 279-2010
	密封百叶窗气密性试验方法	JG/T 282-2010
	建筑遮阳热舒适、视觉舒适性能检测方法	JG/T 356-2012
	建筑遮阳产品耐雪荷载试验方法	在编
	建筑遮阳产品抗冲击性能试验方法	在编
工程标准	建筑遮阳工程技术规范	JGJ 237-2011

4.12.2 活动外遮阳产品关键参数

居住建筑用活动外遮阳产品主要包括百叶帘（窗）、硬卷帘和曲臂遮阳篷等，其最为关键的性能为抗风性能、遮阳材料耐候性能、机械耐久性能和遮阳系数。

1. 抗风性能

活动外遮阳产品的抗风性能直接关系到使用安全，各产品标准中也明确规定了抗风性能的要求和分级（见表 4.12 - 2）。在《建筑遮阳工程技术规范》JGJ 237 - 2011 中则规定外遮阳工程应对进场的外遮阳产品的抗风性能通过见证送检的方式进行复验。

居住建筑常用活动外遮阳产品抗风性能分级　　　　　　　　表 4.12 - 2

| 遮阳产品 | 抗风性能等级（额定测试压力，P），N/m² | | | | | | 执行标准 |
	1	2	3	4	5	6	
百叶帘	50	70	100	170	270	400	JG/T 251 - 2009
硬卷帘	50	100	200	400	800	1500	JG/T 274 - 2009
曲臂遮阳篷	40	70	110	—	—	—	JG/T 253 - 2009

注：曲臂遮阳篷安全测试压力应为为 $1.2P$；百叶帘、硬卷帘安全测试压力应为 $1.5P$。

欧盟普遍将涉及公共安全、健康、环保、节能等 6 个方面的建筑产品列入 CE 强制性的产品认证目录，对其进行约束管理。根据建筑指令 CPD（89/106/CEE）的要求，列入 CE 强制性认证目录的建筑产品有 40 余种，部分建筑遮阳产品也纳入 CE 强制性认证产品的范畴。自 2006 年 4 月 1 日，欧盟对所有的建筑外遮阳产品实施 CE 强制性认证，要求产品进行抗风性能测试，并要求生产厂家通过自我声明的形式提供产品的抗风性能等级。遮阳产品 CE 的标志通常包括生产厂家名称、注册地址、产品名称、执行标准、产品使用位置和抗风压等级等内容。与此同时，电动遮阳产品还需符合机械指令（98/37/EC）的要求。

目前在国内还没有对建筑外遮阳产品的提出强制性认证的要求。抗风性能与电气性能涉及使用安全和耐久，研究 CE 的认证技术，在我国开展外遮阳产品强制性认证是一个发展趋势。

2. 遮阳材料耐候性能

遮阳材料的耐候性能与遮阳产品的寿命关系密切。居住建筑活动外遮阳产品的使用寿命一般要求至少 10 年，遮阳材料的耐候性应与之相匹配。欧洲标准中仅提出了 240h 中性盐雾试验的要求，我国辐照强度强于欧洲、且空气污染、酸雨等现象较为严重，如果照搬欧标显然难以满足户外 10 年以上的耐候性要求。因此在《建筑用曲臂遮阳篷》JG/T 253 - 2009 中对面料的耐气候色牢度提出了要求（表 4.12 - 3），《建筑用遮阳金属百叶帘》JG/T 251 - 2009 中则对金属表面涂层的耐盐雾、耐湿热和耐人工候加速老化均提出了更为严格的要求（表 4.12 - 4），硬卷帘帘片涂层耐候性可参照执行。

曲臂遮阳篷耐气候色牢度分级　　　　　　　　表 4.12 - 3

等级	1	2	3	4
耐气候色牢度级数	4 级	5 级	6 级	7～8 级

金属百叶帘叶片涂层耐候性要求　　　　　　　　表 4.12 - 4

项目	要求
耐盐雾性，1500h	不次于 1 级
耐湿热性，1500h	不次于 1 级
耐人工候加速老化性，1000h	$\Delta E \leqslant 3.0$NBS，光泽保持率≥70%，粉化不次于 0 级

3. 外遮阳系数

对于固定遮阳构件，其外遮阳系数一般通过计算获得。但对于活动外遮阳产品不适用，且无法对同类型产品的节能效果横向进行比较。《建筑门窗玻璃幕墙热工计算规程》JGJ 151-2008 中虽然提出了计算方法，但是公式中的参数目前比较缺乏，对于新产品，这些参数没有。参数的测量则更加复杂，可供参考的测量标准和试验台更是非常少。关键问题是，没有科学的试验室标准测试方法，就无法考察通过数学建模计算出来的结果与实际情况的相符程度。因此，国外都投入了大量人力物力开展该方向的研究，比如加拿大国家太阳能实验室（NSTF）、美国劳伦斯－伯克利实验室、瑞士联邦材料实验室建筑物理实验室等。

国内相关的标准为《建筑遮阳产品隔热性能试验方法》JG/T 281-2010，该标准采用长弧氙灯模拟太阳辐射，热室用于模拟室外环境，冷室用于模拟室内环境和计量。该标准规定遮阳产品的的隔热性能用遮阳产品和 3mm 透明平板玻璃的综合遮阳系数来表征。综合遮阳系数为在规定的测试工况下，测试的遮阳产品和 3mm 透明平板玻璃的组合得热量与基准得热量比值。但仅仅这个标准还远远不能满足我国各个不同建筑气候区对遮阳装置和产品在遮阳系数方面的要求。好在我国已有专家队伍正在进行针对我国各不同建筑气候区，采用不同遮阳装置和产品的遮阳系数和遮阳效果等方面的计算和研究，相信在不远的将来，这些研究成果和计算方法，会体现在相应的标准当中。

4.12.3　活动外遮阳产品选用技术要点

1. 适用层高

受抗风性能的影响，居住建筑选用的活动外遮阳产品有其适用范围。在实际选用时，可参照表 4.12-5 进行。当遮阳产品配有风速感应系统时，使用层高不受本表限制，但需对风速感应系统进行实体试验，确保其在设定风速下能将遮阳产品快速收回。

居住建筑常见活动外遮阳设施适用层高　　　　　　　　　　表 4.12-5

产品分类		适用层高			
		低层 1~3 层	多层 4~6 层	中高层 7~9 层	高层 10 层及以上
百叶帘	导索式	√	√	√	
	导轨式	√	√	√	√
硬卷帘		√	√	√	√
曲臂遮阳篷	平推式	√			
	斜伸式		√		
	摆转式	√	√		

2. 抗风等级

选定外遮阳产品的形式以后，应根据建筑物具体情况，确定风荷载标准值。通常建筑物底层安装活动外遮阳时可不必进行抗风性能核验。

根据《建筑遮阳工程技术规范》JGJ 237-2011 的规定，垂直于遮阳装置的风荷载标准值垂直于遮阳装置的风荷载标准值应按下式计算：

$$W_{ks} = \beta_1 \beta_2 \beta_3 \beta_4 W_k \qquad\qquad (4.12-1)$$

式中　W_{ks}——风荷载标准值（kN/m^2）；

　　　W_k——遮阳装置安装部位的建筑主体围护结构风荷载标准值（kN/m^2），根据建筑物位置、体型、高度等，按《建筑结构荷载规范》GB 50009 执行；有风感应的遮阳装置，可根据感应控制范围，确定风荷载；

　　　β_1——重现期修正系数，取 0.7；当遮阳装置设计寿命与主体围护结构一致时，取 1.0；

　　　β_2——偶遇及重要性修正系数，取 0.8；当遮阳装置凸出于主体建筑时，取 1.0；

　　　β_3——遮阳装置兜风系数：柔软织物类取 1.4，卷帘类取 1.0，百叶类取 0.4，单根构件取 0.8；

　　　β_4——遮阳装置行为失误概率修正系数：固定外遮阳取 1.0，活动外遮阳取 0.6。

修正系数 β_1 是考虑遮阳产品的设计寿命与主体结构不一致而对荷载进行的折减。与主体结构不同的是，遮阳装置通常只有当主体建筑遮风效果偶然缺失（如居住建筑外窗未关又正好出现大风）时才出现风压，故受风概率降低，且受风破坏后果的严重程度较主体结果要低得多，故以 β_2 修正。兜风系数 β_3 考虑遮阳装置在风中的形态引起风压的变化。主体建筑遮风效果偶然缺失的失误概率由修正系数 β_4 表达。

活动外遮阳产品风荷载修正系数按表 4.12-6 取值：

遮阳装置风荷载修正系数　　　　　　　　　　　表 4.12-6

种类	β_1	β_2	β_3	β_4
外遮阳百叶帘	0.7	0.8	0.4	0.6
遮阳硬卷帘	0.7	0.8	1.0	0.6
曲臂遮阳篷	0.7	1.0	1.4	0.6

确定垂直于遮阳装置的风荷载标准值后，对照不同遮阳产品抗风性能等级的额定测试压力，选取相应抗风等级的产品，选取过程采取就高原则。

3. 耐久性能

产品的耐久性能应与设计寿命相结合，具体包括遮阳材料的耐候性能和产品的机械耐久性能。材料的耐候性能和机械耐久性能可参考表 4.12-7 进行选取。

材料耐候性参照表　　　　　　　　　　　　表 4.12-7

类别	使用年限		
	5 年	10 年	15 年
面料耐气候色牢度分级	3（6级）	4（7级）	4（8级）
金属叶片、帘片涂层	普通聚酯	耐候性聚酯，通过表 4.12-4 老化试验	氟碳，符合 JG/T 133 的要求
其他金属材料	通过 240h 中性盐雾试验	通过 480h 中性盐雾试验	通 720h 中性盐雾试验
提升绳	—	通过 1000h 人工加速老化试验	通过 1500h 人工加速老化试验
成品机械耐久性，伸展/收回	1 级，3000 次	2 级，7000 次	3 级，10000 次

4. 外遮阳系数

外窗的综合遮阳系数为窗的遮阳系数和外遮阳系数的乘积。经检测，常见合格外窗的遮阳系数和合格的活动外遮阳产品的遮阳系数分别参见表 4.12-8 和表 4.12-9，可以看出，建筑外窗安装了活动外遮阳装置并完全伸展后可以遮蔽整窗，其综合遮阳系数可以满足现阶段节能设计标准的要求。因此，在现阶段节能设计规范中也提出，安装符合前述要求的活动外遮阳后，可认为遮阳系数自动满足标准要求。但是，即使同类产品之间遮阳系数仍有差别，对建筑能耗模拟的结果也有较大影响，因此，各类产品做定型检验时应进行遮阳系数的检测，将其作为一项重要参数提供给建筑师和使用方。

常见外窗遮阳系数

表 4.12-8

玻璃品种及规格（mm）	玻璃遮阳系数	隔热铝合金窗综合遮阳系数	木窗、塑钢窗综合遮阳系数
6 透明＋12 空气＋6 透明	0.86	0.69	0.60
6 高透光 Low-E＋12 空气＋6 透明	0.62	0.50	0.43
6 中透光 Low-E＋12 空气＋6 透明	0.50	0.40	0.35
6 较低透光 Low-E＋12 空气＋6 透明	0.38	0.30	0.27
6 高透光 Low-E＋12 氩气＋6 透明	0.62	0.50	0.43
6 中透光 Low-E＋12 氩气＋6 透明	0.50	0.40	0.35
6 较低透光 Low-E＋12 氩气＋6 透明	0.38	0.30	0.27

常用活动外遮阳产品外遮阳系数

表 4.12-9

产品种类	外遮阳系数
平推式曲臂遮阳篷	按照水平遮阳进行计算
摆转式、斜伸式曲臂遮阳篷	0.25～0.30
金属百叶帘	0.15～0.20
硬卷帘	0.20～0.30

4.12.4　结语

居住建筑安装活动外遮阳产品已经或即将在江苏和北京强制性推广，下一步将扩大到国内其他适用地区。在此过程中，应高度关注其产品的抗风性能、耐久性能和节能性能，使外遮阳工程安全适用、经济耐久、确保质量。

4.13　城市公共空间遮阳分析

吴亚楠　王立雄

天津大学建筑学院，天津市建筑物理环境与生态技术重点实验室

摘　要：城市公共空间的遮阳对提高人们生活的舒适感具有重要意义。但当今大部分城市公共空间缺乏遮阳。到了炎热的夏季，行人在没有任何遮阳设施的道路上行走倍感炎热，备受煎熬。本文针对当代城市公共空间缺乏遮阳设施的现象，连系传统城市中"廊"的概念，指出现代城市缺乏廊式空间，并分析哪些公共空间需要连廊，提出相应的改造建议。

关键词：城市；公共空间；遮阳；连廊

当代城市发展过程中，交通方面主要考虑机动车辆行驶，车道越来越宽阔，对行人的行走空间考虑相对较少。大多数当代城市缺乏人行空间设计，表现之一就是城市公共空间中缺乏遮阳设施。炎热的夏季，行人在路上或行走或骑车，倍感炎热，备受煎熬，因此，增加城市公共空间的遮阳对提高人们在城市中生活的舒适感具有重要意义。随着城市慢行交通系统的发展，多个省市都对外发布了《城市交通白皮书》，其中《深圳市城市交通白皮书》提出将建设连续风雨连廊系统，即在衔接地铁站出入口与重要人流吸引点的步行通道上建设连续的风雨连廊系统，并加强步行交通辅助设施建设，以营造舒适的慢行交通环境。这一举措表明城市公共空间遮阳的问题已经逐渐引起重视。

廊，即有顶的通道，是中国传统的空间形式之一。其基本功能为交通、遮阳、防雨和供人小憩等。廊有殿堂檐下的廊、围合庭院的回廊、游廊等形式，不仅在古代建筑中应用广泛，而且在古代城市公共空间的应用也非常广泛，江南的水乡同里、乌镇、西塘、周庄均有大量的廊式空间，很多沿用至今。人们在廊中或行走，或休息，边走边欣赏周围景致，或停下来聊天，好不惬意。尤其是酷夏季节，烈日炎炎，廊的遮阳作用明显，人在廊中活

图 4.13-1　西塘的檐廊

动，不必被阳光直射，享有一方阴凉，又有通风，在其中不必匆匆赶路，还可小作休憩。图 4.13-1 为江南古镇西塘沿着河道的檐廊，为人们提供休憩、交流空间。

4.13.1　城市公共空间遮阳现状

1. 当代城市公共空间缺乏遮阳设施

与古代相比，当代的城市主要"以车为本"，没有切实考虑到行人的行走空间，城市中缺乏廊式空间。比如行人经常经过的天桥、地铁站与公交车站的换乘部分、商业区等区域很少考虑遮阳，缺乏廊式空间。夏季，人们在路上行走，被烈日暴晒，早已没有走走停停，欣赏周围景色的心情，行人的行走环境不宜人。

（1）城市内天桥缺乏遮阳设施

天桥缺乏遮阳设施的现象在重庆市、广州市、深圳市等大部分中国城市中普遍存在，这里以重庆市为例。重庆市地处东经 105°11′～110°11′、北纬 28°10′～32°13′之间，属亚热带季风性湿润气候，夏季炎热多雨，7 月至 8 月份气温最高，多在 27℃～38℃之间，最高极限气温可达 43.8℃。重庆市没有遮阳设施的天桥很多，夏季人们在上面行走，炎热难耐，行走的舒适感差。图 4.13-2 为重庆市观音桥转盘的天桥仅是其中的一个例子，天桥上的行人汗流浃背，只得打太阳伞或者用冰水敷脸，环境舒适感差。

图 4.13-2　重庆市观音桥转盘的天桥

（2）重要人流吸引点的步行通道连接处缺乏遮阳设施

虽然广为倡导城市慢行交通系统，但地铁站出入口与重要人流吸引点，如公交车站的换乘连接处很少有遮阳设施。行人从地铁站出来，缺乏足够的引导，且没有遮阳设施，很大程度上降低行人出行的舒适性，不利于倡导绿色出行。

（3）商业区缺乏遮阳设施

商业区的遮阳设施对于整体改善购物环境很重要，但目前国内很多著名商业区的购物中心都是彼此独立，缺乏相联系、有遮阳的连廊，顾客在不同的购物中心间往来要频繁地走到室外，暴晒在阳光下，既不方便，也降低了舒适性。

（4）交通等待区缺乏遮阳设施

城市中，等待交通信号灯的路口往往是行人、骑自行车的人需要停留时间较长的地方，但是因为缺乏遮阳设施，夏季暴晒在阳光下的人们舒适感差，可能会抢道，容易带来交通隐患。

2."廊"在当代城市公共空间的应用

随着缺乏遮阳的现象逐渐引起重视，廊在当代部分城市公共空间中有所应用。

（1）天桥连廊

香港很多街区有天桥相连且考虑了遮阳，形成相通的连廊（见图 4.13-3），这些飞架于城市上的连廊或凌空横架在川流不息的车流之上，或连接相邻的摩天大厦安装有升降电梯或自动扶梯，设计"人性化"，功能多样，体现了"以人为本"、引导及方便人们出行的设计理念。因此，为方便行人的出行，在天桥设计时要考虑遮阳，使人们的行走空间变得更加舒适。

（2）交通换乘连廊

图 4.13-3　香港城市天桥

作为广为倡导的"城市慢行系统"的一部分，廊式空间有其现实意义，即交通换乘连廊。2011 年，深圳市对外发布了《深圳市城市交通白皮书》，其中提到将在衔接地铁站出入口与重要人流吸引点的步行通道上建设连续的风雨连廊系统。也就是在地铁出入口和公交车站之间建设步行连廊，从而形成公交、地铁一体化的连廊体系，给人们出行提供更加便利的换乘服务。无论晴天雨天，人们都可不受雨淋日晒就达到换乘的目的，从而营造出有良好体验的交通环境及舒适的城市空间（见图4.13-4）。

（3）商业区连廊

在香港中环商业区，两边的商厦都有连廊相连（见图4.13-5），使顾客在不同的购物中心之间往来时不必暴晒在阳光下，购物的连续性强，不仅方便了顾客，也丰富了香港的城市空间层次，从而形成空间活跃、富有魅力，享誉海内外的商业区。

图4.13-4　深圳交通换乘连廊

图4.13-5　香港商业区连廊

（4）交通等待区的遮阳廊

等待红绿灯的交通路口往往是夏季行人、骑自行车的人需要停留时间较多的地方，要充分考虑遮阳。近来，多个省市针对这个问题采取了措施，如海口、无锡、镇江、洛阳等城市，在其主要交通路口建了遮阳廊（见图4.13-6），这标志着交通路口等待区的遮阳问题已逐渐引起重视。

图4.13-6　镇江市某路口的遮阳廊

4.13.2　城市规划改造及优化建议

在城市公共空间增加遮阳对提高人们生活的舒适感具有重要意义，因此，针对目前大部分城市公共空间缺乏遮阳的现象，提出以下的改造及优化建议。

1. 城市规划和改造过程中考虑公共空间的遮阳

在今后的城市规划以及城市改造的过程中，要充分考虑城市公共空间的遮阳，注重廊式空间的营造。尤其是在夏热冬冷地区、夏热冬暖地区、部分寒冷地区以及太阳辐射总量大的城市，考虑公共空间的遮阳对提高人们在城市中生活的舒适感有重要作用。

2. 对缺乏空间遮阳的城市公共空间进行改造

（1）对夏季炎热的城市主要人行交通区的天桥进行改造。可以通过系统规划天桥位置，增加遮阳顶棚，使其紧密联系两侧的道路和建筑，方便行人快速到达目的地，同时提高行走的舒适感。

（2）在城市地铁出入口和公交车站之间建设步行连廊，这样可以遮阳避雨，给人们出行提供更加便利的换乘通道，形成"无缝衔接"，方便绿色出行。

（3）在城市商业区建设联系各个购物中心的连廊，从而给顾客遮阳避雨，使其自由到达不同的购物中心，增强购物的连续性，形成空间活跃、富有魅力的商业区。

（4）在城市交通路口等待区设置遮阳廊，使人们在等待交通信号灯时免于暴晒，有利于营造舒适的城市公共环境。目前，海口、无锡等城市在其主要交通路口建了遮阳廊，这种方法值得借鉴。

3. 从技术角度提升空间遮阳效果

从技术角度考虑可以采取措施进一步优化遮阳效果，例如考虑采用遮阳性能更好的材料，或者结合应用被动式技术，采用双层屋顶的概念，加强连廊的遮阳效果等。

（1）我国传统岭南民居屋顶构造一般为架空的双层瓦屋面（见图 4.13-7）。上层瓦为下层瓦遮阳，使屋顶进行两次传热，避免太阳辐射热直接作用在围护结构上，增强隔热性能。同时，两层瓦之间的空气间层形成热压通风的风道，通过自然通风带走进入夹层的热量，而增强散热性能。据测试，设置合理的屋面架空隔热板构造可使屋顶内表面的平均温度降低 4.5℃～5.5℃。

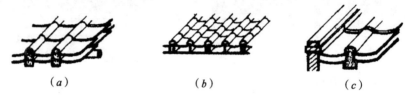

（*a*）　　　　　　　　　（*b*）　　　　　　　　　（*c*）

图 4.13-7　双层瓦屋面

（*a*）双层架空黏土瓦（坡顶）；（*b*）山型槽瓦上铺黏土瓦（坡顶）；（*c*）双层架空水泥瓦

（2）采用遮阳格栅覆盖屋顶的双层层面结构。马来西亚建筑师杨经文发展了双层屋面的思想，在自宅中采用了整体格栅覆盖屋面的双层遮阳（见图 4.13-8）。他根据太阳从东到西各季节运行的轨迹，将屋顶上固定的遮阳格栅条片做成不同角度，以控制不同季节和时间阳光的进入量，减少屋面的暴晒，从而营造舒适的室内环境。

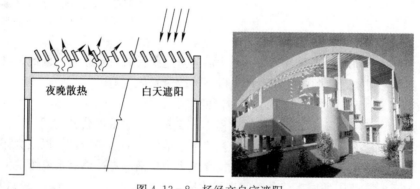

图 4.13-8　杨经文自宅遮阳

4. 采用光反射率强的材料作为屋面材料

可以采用光反射率强的材料作为屋面材料优化遮阳效果，如在屋顶粉刷铝银粉或采用表面带有铝箔的卷材，这样可以加强屋面对太阳辐射的反射，提升遮阳隔热效果。

4.13.3　结语

空间遮阳在当代城市公共空间中其实用价值和意义。经以上分析，行人在城市中必经的交通空间和停留空间需要设置遮阳设施，即过街天桥、地铁出入口和公交车站换乘部分、商业区、交通路口等待区需要廊式空间。城市公共空间的连廊不仅起到遮阳作用，也引导交通、为行人提供休憩空间，对促进城市慢行交通系统的发展，营造具有良好体验感的街区环境及舒适、高质量的城市空间有着重要的作用。因此，在城市规划过程中，应充分考虑城市公共空间的遮阳，注重廊式空间的营造；同时，对现今缺乏遮阳的城市公共空间要进行改造，并从技术角度进一步提升空间遮阳效果。

参考文献

[1] 赵玉生，王法新．我国古代建筑中的廊 [J]．山西建筑．2001.

[2] 龚玉和，武彬．"廊檐、骑楼"—种特殊建筑文化的沉淀——谈杭州青春路、凤起路等的骑楼改建工程文化内蕴 [J]．技术与市场（园林工程）．2007.

[3] 深圳市北林苑景观及建筑规划设计院．深圳市地铁出入口与公交车站步行连廊 [J]．风景园林. 2011.

[4] 深圳城市城市交通白皮书，2012.

[5] 刘家平．建筑物理 [M]．北京：中国建筑工业出版社，2000.

4.14 浅议建筑遮阳的表皮化趋势

赵 群

同济大学建筑城规学院

摘 要：建筑遮阳技术的发展，为建筑面带来更加丰富的表现形式。将遮阳技术手段转化为建筑表皮设计手法，有越来越明显的倾向。本文通过对国外一些建筑遮阳的设计和运用，阐述其表皮化发展趋势。

关键词：建筑遮阳；遮阳表皮化趋势；建筑遮阳实例

建筑表皮是指建筑和外部空间直接接触的界面，以及其展现出来的形象和构成方式。作为承担建筑外部围护界面的物质系统，自建筑产生以来，建筑的表皮就始终是建筑设计中不可避免的基本问题之一。除了建筑的体会外，它是人们最先感受到的东西并和体会共同形成人们可直观感知的建筑外部形象，除此以外它为人们提供庇护，围合了空间，而且具有重要的文化意义。建筑表皮作为个体建筑与外界环境进行沟通的直接载体，表现了建筑内在自然属性和外在社会属性。

随着时代的发展，建筑表皮已经成为建筑的一个极为重要的元素。建筑表皮的自主性已经使其作为当代建筑学概念参与到当下多样化的社会运作之中，激发出新的功能需求与技术手段，带来新的空间认知与形式表现，使得建筑学的固有概念得到重新反思的机会，可以说当代建筑设计对建筑表皮的关注到达了前所未有的高度（图 4.14 - 1，图 4.14 - 2）。

图 4.14 - 1 法兰克福 KFW 大厦　　　　图 4.14 - 2 东京 Tod's 大厦

由于建筑表皮成为建筑设计关注的焦点，各种质感、各种色彩的建筑材料在建筑表皮设计中频繁运用，表皮的功能性开始被关注，最初只是承担审美需求的表皮也开始肩负使用功能的责任，同时是装饰与功能性构件的遮阳设施构成了建筑表皮功能与美观一体化设计的载体，既满足了表皮审美的需求，又起到控制遮挡阳光、引导通风等作用。介于实体与虚体之间的各种材质的遮阳装置成为最好的表现建筑表皮的形式，大大增加了表皮的表现力（图 4.14 - 3～图 4.14 - 6）。

图 4.14 - 3 荷兰阿姆斯特丹
城市住宅的金属穿孔遮阳板

图 4.14 - 4 法国国家电力中心
办公楼的木质百叶

图 4.14 - 5 英国 BRE 办公室
的陶瓷百叶

图 4.14 - 6 瑞士巴塞尔 SUVA
保险公司的玻璃挡板

　　随着节能意识的普及以及遮阳产品的丰富，人们越来越关注遮阳装置轻巧灵活、便于控制的特点，各种遮阳装置使用得到一定的普及，如百叶、卷帘、太阳能集热装置等，在建筑立面上开始有了较为普遍的使用。同时，作为表现建筑技术美的一个重要载体，遮阳装置也得到众多建筑师的青睐，逐步成为建筑造型的重要元素。尤其是欧美国家的许多建筑师秉承"建筑即是建造"的观点，将遮阳技术手段转化为表皮设计手法，在规整的平面与体量之上，探求各种材质的精准搭接和逻辑构造方式，使建筑获得新的形式与意义。他们利用太阳几何学来改进和设计遮阳构件，根据各地的日照情况和不同建筑的需求，有意识地把遮阳装置作为建筑表皮的

图 4.14 - 7 德国柏林
GSW 总部大楼

有机组成部分，设计遮阳装置的尺寸、形式、造型、材质等，使其更加灵活、高效。色彩、形式都与建筑考虑和搭配，即使使用的是简易常见的遮阳装置，却可以呈现丰富多彩的立面效果。遮阳装置的形式、布局、材料等不仅影响到建筑外立面的造型，也体现出建筑师对于建筑细部的创作能力。（图 4.14 - 7～图 4.14 - 10）在细致的建筑美学和结构设计之外，不仅赋予了建筑物立面更强的生态功能性，使得建筑表皮不仅仅起到划分空间的作用，同时也是建筑内外能量交换的媒介，在注重能量动态平衡的同时追求内部空间的舒适性。

图 4.14 - 8　德国柏林 GSW 总部大楼
双层幕墙中间的上悬挂折叠遮阳板以
穿孔铝板制成并涂饰不同的色彩

图 4.14 - 9　西班牙巴塞罗那
Agbar 大厦

图 4.14 - 10　西班牙巴塞罗那 Agbar 大厦建筑
外表通体采用可调节玻璃百叶，内部则采用不
同色彩的金属板，整体形成朦胧抽象的特殊效果

　　建筑遮阳的表皮化趋势说明一个好的建筑遮阳的设计，绝不仅只是确定颜色、材质等基本参数后的产品选择，而是基于每个建筑的具体情境，从材料到构造的综合、详细的设计，其中所体现的细节，也并不只是基于产品的外挂和堆砌，而是从材料的性能出发，探索部件之间的关联方式与搭接逻辑，从而使普通材料构造出了具有新意的表皮，获得了新的意义。

　　在未来建筑表皮的设计中，多功能的建筑表皮将会代替纯装饰性的建筑表皮成为表皮设计的主流，顺应这种设计主流，复合功能的建筑遮阳在建筑表皮中的表现力将会成为建筑表皮设计的热点。可以预见的是，不同类型建筑上的各种形状、色彩、材质以及组合方式的建筑遮阳设计将充斥着我们的视野，建筑遮阳构件将成为建筑表皮的主要构件被大量地使用，在技术发展基础下不断地发展壮大。

第5章
建筑遮阳工程案例

5.1 "环保、节能、可持续发展"的绿色建筑
——环境国际公约履约大楼（4C 大厦）

卫敏华 于冰君
中国遮阳网

摘 要：北京环境国际公约履约大楼是新落成使用的 4C 大厦。4C：现代计算机技术（Computer）、现代控制技术（Control）、现代通信技术（Communication）和现代图像显示技术（CRT），加上现代建筑技术（Architecture），即 A＋4C 技术是智能建筑发展的技术基础。

关键词：环境国际公约履约大楼；A＋4C 技术；建筑遮阳技术

环境国际公约履约大楼（以下简称 4C 大厦）坐落于北京积水潭桥与西直门桥之间，位于西直门桃园小区北侧，是我国与国际机构、外国政府开展环境保护合作与交流的重要窗口。4C 大厦由意大利 MOA 建筑事务所设计，2006 年建造，2009 年竣工，主要包含办公区和服务区，地上 9 层，地下 2 层，总高度 36m，总面积 29290m²，基地面积 6754082m²，表面积大约 29300m²，容积大约为 102000m³，可容纳 1000 多人办公。总投资 4.2 亿元人民币，其中，蒙特利尔议定书多边基金提供 2000 万美元，意大利环境、领土和海洋部提供1000 万欧元及 2400 万元人民币。大厦建设过程中，意大利环境、领土和海洋部还在大楼设计、节能设备和环保材料等方面提供了支持。

4C 大厦以可持续理念为基础，充分考虑建筑与环境的协调，在建筑材料、围护结构、遮阳空气调节、自然采光、太阳能利用等方面突出了生态、节能和环保的特性。在节地与室内外环境、节能与能源利用、节水与水资源利用、环保材料及资源利用等方面采用了多项环保节能的新技术。

4C 大厦除北立面由石材、可回收材料配合高能效的窄条形窗构成外，其他立面是由幕墙，遮阳板和轻型框架组成，以此来控制日照和改善自然采光。幕墙和遮阳板面层包括铝板、石材板和玻璃板（见图 5.1-1～图 5.1-3）。所有因为跃层空间而可见的楼板都被覆以钢制外饰面，这样就能保证其建筑的窗、吊顶等风格协调。即使是立面上的轻质架构，从功能上讲也是为了使自然光更充分地供给到建筑的办公区并减少眩光，同时成为建筑的立面特色之一，并实现了建筑在风格和品质上的良好衔接。

图 5.1-1 建筑北立面

图 5.1-2 建筑南立面

4C大厦某中庭采光，是采用光反射原理，由反光扳拦截的日光被由反射棱镜支撑的枝形反光片组反射至中庭的各个方向，成为漫射光（见图5.1-4）。

4C大厦除了北面的办公室之外，所有办公室内都拥有内部和外部导光板，以改善日光的穿透（图5.1-5，图5.1-6）。导光板被设计为浅色的，能够反射其顶面的光线以及防护从天空的直接进入室内的眩光。内部导光板改变日光的方向并把光线反射到天花板上，从而减少了靠近窗户区域的光照度并使室内光线柔和。

4C大厦为了改善穿透中庭的日光，屋顶安装了定向追光镜系统，以拦截白天的太阳辐射（图5.1-7）。屋顶上方玻璃天窗覆盖了整个中庭，允许日光通过，追光镜和反光镜反射来的光，折射进入建筑并垂直照亮9个楼层。通过高度精准的控制设备，追光镜跟踪太阳的轨迹。一旦阳光被追光镜捕获，它们就被投射在正对着追光镜的反光镜子上。白天，整幢大厦内部几乎不需人工采光，降低了照明能耗。

4C大厦建筑外壳主要是砖石以及玻璃幕墙，其中玻璃幕墙U值为$1.2W/m^2 \cdot K$，日光因子40%，视觉透射率71%。

图5.1-3 楼梯间遮阳

据业主实测，2009年夏季空调能耗平均为$17.7kW/m^2$。该建筑从方案论证到建造的全过程，始终围绕着"环保、节能、可持续发展"这条主线，具有绿色建筑示范性，其对遮阳的应用更是将对"光"的引导放在了首位，在我国推广使用高效节能建筑，以及综合降低建筑能耗方面，起到了示范带头作用。

图5.1-4 中庭仰视

图5.1-5 遮阳构件导光

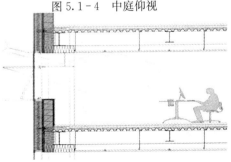

图5.1-6 导光示意图

图5.1-7 屋顶定向追光镜系统

5.2 天津生态城建筑遮阳应用案例

刘翼　戚建强　蒋荃

中国建筑材料检验认证中心，国家建材工业铝塑复合材料及遮阳产品质量监督检验测试中心

摘　要：中新天津生态城指标体系要求100％为绿色建筑。建筑遮阳因其对建筑节能、室内热舒适与视觉舒适的效果显著，而成为绿色建筑必不可少的技术措施之一。生态城大量的建筑采用了外遮阳技术，本文选择了部分典型的标志性建筑进行浅析。

关键词：天津生态城；绿色建筑；遮阳

中新天津生态城是世界上第一个政府间合作开发的生态城市，旨在顺应应对气候变化、倡导节能减排、发展低碳经济、构建和谐社会的新趋势，探索一条经济社会全面可持续发展的新路。其中，100％为绿色建筑是生态城特色指标。建筑遮阳因其对建筑节能、室内热舒适与视觉舒适的效果显著，成为绿色建筑必不可少的技术措施之一。

5.2.1　建筑遮阳的作用

1. 节能

建筑节能是我国可持续发展的必然要求。遮阳节能技术是建筑节能技术的重要组成部分，是中高纬度地区建筑节能的关键措施。根据欧洲中央组织2005年的《欧洲25国遮阳系统节能及二氧化碳排放研究报告》表明，在欧洲采用建筑遮阳的建筑，总体平均节约空调用能约25％，节约采暖用能约10％左右[1]。

2. 眩光调节

通常认为，遮阳设施可以降低室内自然采光的照度值。但是，建筑窗洞口在提供自然采光的同时，往往会进入不必要的眩光，给工作和生活带来一定干扰。遮阳设施的使用恰好可以缓解这一问题（如图5.2-1）。

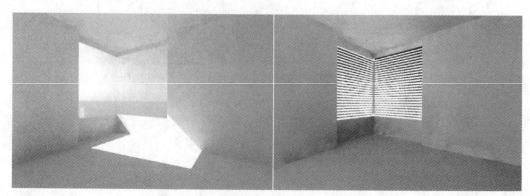

图5.2-1　建筑遮阳室内眩光调节示意图

遮阳设施的使用降低了室内的照度水平，尤其在靠近建筑外墙的区域内，这种效果非

常明显；同时也可以看到，使用了遮阳设施，室内的采光系数趋于一致，照度更趋均匀，光线柔和。如果配备反射型的遮阳设施，在均匀室内照度的同时，将室外自然光引导至室内（图5.2-2），则可以增加室内自然采光的照度水平，遮阳设施的应用将更为广泛，节能效果也将更为明显[2]。

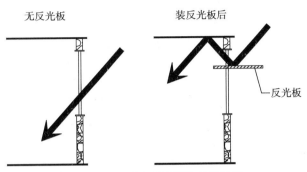

图5.2-2 反光型遮阳设备示意图

3. 室内热舒适度

人在室内环境中的热舒适感觉与很多因素有关系，其中周围环境的平均辐射温度是一个很重要的参数。夏季，透过玻璃窗进入室内的太阳直接辐射将造成窗户附近室内固体表面的辐射温度大幅提高，使人有种烘烤感觉。冬季，表面温度比较低的玻璃窗则给人一种冷辐射的感觉，同时，窗户附近的冷空气下沉形成的冷空气对流也给窗户附近的人带来冷吹风感觉，严重降低人的舒适感觉。使用遮阳设施以后，冬、夏季可以避免窗户对人直接产生的冷、热辐射，减少夏季进入室内的直接辐射热，维持室内舒适的平均辐射温度，提高人体舒适感。

5.2.2 建筑遮阳与绿色建筑

建筑遮阳是一项重要的被动节能技术措施，在《绿色建筑评价标准》GB 50378－2006[3]和《中新天津生态城绿色建筑评价标准》DB/T29－192－2009[4]中均将"采用可调节外遮阳装置，防止夏季太阳辐射透过窗户玻璃直接进入室内，改善室内热环境"作为优选性指标，认为可调节外遮阳装置对于夏季的节能作用非常明显，并且可以提供室内热舒适度。

5.2.3 天津生态城外遮阳应用案例

1. 天津生态城服务中心

天津生态城服务中心是坐落于生态城3km² 起步区的第一个建筑，占地4.6万 m²，建筑面积1.2万 m²，是生态城建设的组织和服务中心。项目执行国家绿色建筑标准，突出"节能、环保、简洁、实用"的原则，力求最大响度地节约资源、保护环境、减少污染，创造健康、舒适和高效的使用空间。服务中心在一片绿树掩映中，以橘红色为主色调的服务中心，辅以外围晶莹通透的玻璃幕墙，格外引人注目（图5.2-3）。雨水回收装置、太阳能光伏电源、地源热泵、污水循环利用管线等一批彰显生态环保理念的设备，都被应用到了该建筑中。

图 5.2 - 3　天津生态城服务中心

　　为减少夏季太阳光对室内的热辐射，该建筑向阳立面窗和玻璃幕墙采用了导轨式铝合金外遮阳百叶帘（图 5.2 - 4），结合屋顶气象单元光照强度和角度数据采集及楼宇控制系统集成，实现了外遮阳帘的自动控制和调节，有效地屏蔽太阳光的热辐射，降低了空调系统负荷。

图 5.2 - 4　生态城服务中心外遮阳百叶帘应用

　　2. 国家动漫园

　　国家动漫产业综合示范园（简称动漫园）（图 5.2 - 5）是国家文化部与天津市政府部市合作共建项目，是文化部确认的、与地方共建的第一个国家级动漫产业园，地处天津生态城服务中心南侧，占地面积约 1km²，规划总建筑面积约 77 万 m²，项目建设预计总投资 35 亿。动漫园集高端写字楼、精品住宅、高端公寓、情景商业街、星级酒店、高等院校之大成，成就复合价值领地，是中新生态城的首席商务综合体。在规划设计时遵循"生态、绿色、环保"原则，重视工作人员娱乐性、参与性、体验性，整体规划突出"主题公园式"产业园的理念，形成"公园中的产业园、产业园中的主题公园"的空间景观特色，打造"可以浏览的产业园区"。整体功能区划包括门户区主楼及动漫主题公园、研发孵化区、智能衍生品区、传媒大学、世茂超五星级酒店、高档公寓及创意编剧策划区。动漫园一期工程总建筑面积约 30 万 m^2，包括门户区主楼、研发孵化区和智能衍生品区，已于 2009 年 9 月开工，2010 年 5 月建筑主体封顶，10 月全部竣工建成并具备入住条件。

图 5.2-5 国家动漫园正门

国家动漫园主楼外窗采取了垂直固定遮阳板的外遮阳措施（图 5.2-6），在阻挡阳光入射的同时超与建筑设计相得益彰，获得了出色的外立面效果。

3. 第一中学

生态城第一中学（图 5.2-7）位于起步区内，投资额 3500 万元，占地面积 4.4 万 m^2，2011 年 5 月开工建设，2012 年 6 月竣工，计划 2012 年 9 月开学。该项目通过建筑向学生展示绿色节能生态技术、普及绿色节能理念，从小培养学生的环境保护和可持续发展意识。教学楼瞄准生态城绿色建筑白金奖和国家绿色建筑三星设计，采取被动节能与主动节能技术措施有机结合，充分利用可再生能源和多种节能技术的优化融合，通过倡导行为节能及教育示范，营造绿色、舒适的校园环境，力主成为生态城绿色展示的窗口。

图 5.2-6 国家动漫园主楼垂直遮阳板

图 5.2-7 生态城第一中学鸟瞰图

该项目根据朝向不同，采取了活动铝合金遮阳板和垂直遮阳构件相结合的形式。东南朝向和西南朝设置可调式铝合金机翼外遮阳，有利于冬季和夏季采暖空调系统节能，也有利于调节室内光线，形成良好的教学环境；西北朝向和东北朝向宜设置垂直遮阳，考虑到建筑立面效果影响，使建筑构件作为自身遮阳，解决外遮阳设计问题。同时，该项目综合考虑了遮阳和采光的优化设计，如增大教室南向窗户面积，遮阳板结合反光板改善室内采光效果等（图 5.2-8）。

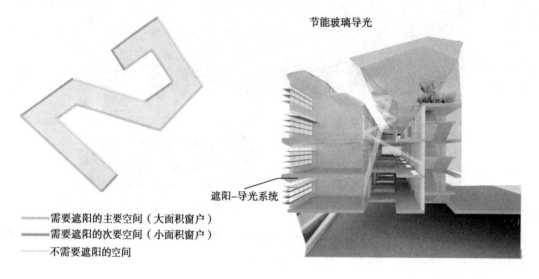

图 5.2-8　第一中学建筑外遮阳示意图

5.2.4　结语

建筑遮阳作为绿色建筑不可或缺的技术措施，在生态城 100％绿色建筑的指标要求下，得到广阔的应用空间。笔者将继续关注生态城建筑遮阳的应用情况，并对其节能效果、环境适应性进行跟踪研究。为我国华北地区及沿撼地区外遮阳应用技术积累数据。

参考文献

[1] 刘翼，蒋荃.建筑外遮阳设施节能评价标准方法研究进展 [J].门窗.2011，(5).

[2] 王志宏，陈宜民.建筑遮阳产品推广应用技术指南 [M].北京：中国建筑工业出版社，2011：76—77.

[3] 绿色建筑评价标准.GB 50378－2006.

[4] 中新天津生态城绿色建筑评价标准.DB/T 29－192-2009.

5.3 遮阳技术在北方住宅建筑中的应用探讨

刘 畅

天津大学建筑学院，天津市建筑物理环境与生态技术重点实验室

摘 要：随着节能减排越来越受到社会的重视，住宅节能作为建筑节能的重要部分也越来越为人们所关注，住宅建筑中运用遮阳技术能有效降低住宅能耗，同时能改善居住的舒适度，在住宅建筑中推广遮阳技术具有巨大潜力。

关键词：外遮阳系统；智能控制；一体化；生态遮阳

随着全球气候变暖，节能减排越来越受到社会的重视。建筑能耗约占社会总能耗的28%，减少建筑能耗能有效缓解能源紧张、减少二氧化碳排放。我国既有的住宅建筑更是在建筑能耗中占了很大比重。采取必要的遮阳措施能有效减少夏季住宅的空调能耗，节约大量能源。遮阳新技术已逐步发展成熟，在公共建筑中已得到普遍推广，但住宅建筑中的应用还很少。在住宅建筑的设计阶段中应充分考虑结合遮阳技术与立面的美观性，达到既节能又不影响建筑造型的目的。

5.3.1 住宅建筑的遮阳现状及存在的问题

1. 住宅建筑对遮阳的忽视

近年来，遮阳技术多用于办公建筑等公共建筑和工业建筑中，往往忽略了住宅建筑因未采用遮阳措施而造成的大量空调能耗。

住宅能耗很大一部分来自夏季空调的使用，而造成空调能耗过高的原因大部分是由于阳光直射到室内，加热了室内空气而不得不采用空调降温。虽然有些住宅建筑已采用混凝土遮阳板作为固定遮阳设施进行遮阳，但大多数住宅还未能采取任何遮阳措施，遮阳设计环节还未被纳入整个住宅建筑设计的流程中。遮阳所创造的价值是以能耗来计算的，但这种价值体现于建筑相对漫长的使用过程中，故被很多设计师和开发商忽视。

2. 遮阳措施与立面造型的不协调

利用建筑构件进行遮阳的措施一般有混凝土板遮阳、雨篷遮阳等。传统的遮阳形式多为固定不可调式，这种形式在冬季造成室内日照不足，给冬季采暖的住宅造成一定影响（图5.3-1）。另外，一些住宅为单纯地追求遮阳功能，不顾及立面效果，影响了建筑的美观。采用后加设施对建筑进行遮阳的住宅往往各行其是，造成建筑立面秩序混乱，且遮

图 5.3-1 固定式遮阳

阳形式和材料较为单一，无法跟上当代建筑的设计步伐（图 5.3-2）。

5.3.2　遮阳技术在住宅中的应用

1. Low-E 玻璃和卷帘式外遮阳系统

相关研究结果表明，从遮阳效果看，内遮阳可阻挡 40%～45% 的热辐射，中置遮阳可阻挡 65%～70% 的热辐射，而外遮阳阻挡的热辐射可达到 85%～90%。

图 5.3-2　后加设施进行遮阳

目前常用的外遮阳系统主要有两种：一种是低辐射玻璃即 Low-E 玻璃，另一种是卷帘式外遮阳系统（图 5.3-3）。Low-E 玻璃的采光透过率在 80% 左右，可反射 90% 以上的远红外辐射，从综合性能来看，其透光率相较于其他产品更符合人们的生活习惯，还可以减少室内照明能耗，适合住宅使用。卷帘式外遮阳系统引自欧洲，遮阳效果显著，操作方便。系统可全部伸展或收回，对房间通风采光有利，适合住宅建筑，虽目前造价略高，但有一定的推广前景。

图 5.3-3　卷帘式外遮阳系统

2. 智能控制系统

目前国际上公认的遮阳效果明显的智能遮阳系统是活动外遮阳百叶，并为室内环境控制系统中的必要子系统。根据其自身特点，智能遮阳系统可分为人工电动控制及感应智能控制。人工电动控制可以人为根据一天内太阳光的照射角度及强弱对遮阳系统进行角度的调节。而感应智能控制则是通过探头对太阳照射高度位置、方向及太阳光强弱的感应而自动调节遮阳板的遮阳方向、角度、位置、遮阳面积大小等。但是，目前在我国居住建筑中还很少采用智能遮阳系统，主要还是成本较高的问题。

3. 建筑外门窗—外遮阳一体化

一体化设计是将节能门窗与外遮阳组合在一起的新结构，是运用空气间层保温原理和型材空腔断热结构的高效节能新技术的有机组合。据测算，一体化卷帘式遮阳窗，夏天可降低空调制冷能耗 58.43%；冬天可有效提高外窗保温性能 23.44%，降低 48.77% 的建筑能耗。与明装式外遮阳比较，一体化外遮阳装置具有安全、方便、美观等特点外，与玻璃中置百叶窗和 Low-E 中空玻璃相比，一体化外遮阳在价格、节能效果等方面也有着明显的优势，同时提高建筑立面的整体性。

4. 生态遮阳

传统的绿化遮阳多用于低层建筑中，通过建筑外植树或在建筑外墙周围种植攀援植物实现对墙面的遮阳，同时还有屋顶花园等绿化遮阳形式。随着时代的发展和建筑形式的更新，人们越来越习惯主动的温度调节方式，这种绿化遮阳方式渐渐被人们淡忘。

生态遮阳在绿化的基础上，更重视新材料、新技术的运用，实现自动控制和调节，加强遮阳效果，同时兼顾采光、通风等其他功能和立面效果，使遮阳成为综合解决各种问题的多功能综合构件。

生态遮阳的设计趋势与新材料新技术的多样性相关联，遮阳板结合太阳能光电和光热转换板（图 5.3-4），不仅避免遮阳构件自身可能存在的吸热导致升温的热传递问题，而且将吸收的热量转换成对建筑有用的电能、热能资源加以利用；安装在双层玻璃墙的空气夹层中的遮阳百叶（图 5.3-5），可以综合实现遮阳、采光等的利用。

图 5.3-4 太阳能光伏板结合遮阳

图 5.3-5 内置百叶的中空玻璃

5.3.3 结语

住宅建筑的夏季遮阳能够节约大量空调制冷能耗，有效提高室内热舒适度，调节室内光线。遮阳措施应在建筑设计阶段予以充分考虑，使遮阳成为建筑的一部分，而不是附加构件。同时，遮阳应与通风、采光、防雨等功能综合考虑，提高可调节性，进而实现智能控制，使其使用效率最高，效果最好。

参考文献

[1] 崔新明，廖春波. 外遮阳系统在夏热冬冷地区住宅建筑中的应用 [J]. 住宅科技. 2006，4.
[2] 孟冬华. 从中外对比看我国建筑遮阳设计的发展 [J]. 室内设计. 2009，3.
[3] 刘珠雄. 建筑外窗遮阳技术的研究与应用 [J]. 福建建设科技. 2006，6.
[4] 刘会丽. 浅谈遮阳在民居和现代建筑建构过程中的作用 [J]. 价值工程. 2010，18.

5.4 上海典型建筑遮阳工程案例简介

卫敏华 程小琼
中国遮阳网

推行建筑节能，首先要分析当地的气候条件，将建筑设计与建筑气候、建筑技术和能源的有效利用结合起来，才能达到节能的效果。

上海处于我国夏热冬冷建筑气候区：夏天闷热，冬天湿冷，气温日差较小，年降雨量大，日照偏小，每年要遭受几次台风、暴雨的侵袭。因此在"关于《上海市建筑节能条例》的说明"中就明确表示："上海市的建筑节能要求与我国其他地区的差异较大，既要考虑建筑物的保温防寒，更要考虑夏天的遮阳隔热，两者之间要以夏天的遮阳隔热为主。"遮阳在上海，不仅要在夏季最大限度地减少得热和空调能耗，同时在冬季也要最大限度地利用自然能来取暖，获得更多热量和减少热损失——遮阳因此成为上海地区推行建筑节能的重要手段。本文通过对上海市几种不同类型建筑遮阳工程案例的简介，传达遮阳节能的理念，呈现遮阳在追求单件构件独立的"智能"与"美"的同时，也正成为一种与建筑表皮和谐统一的独特建筑形式的趋势。

5.4.1 上海四平街道——既有住宅遮阳节能改造

工程简介：

建筑面积：5000m²

一期工程遮阳面积：2000m²

应用遮阳产品：斜伸式遮阳篷

该项目属于"'环境友好型'社区节能减排适用技术集成与示范"的一部分，针对鞍山四村三居委78~79号及83~84号两幢5层居民楼进行的建筑外遮阳技术的改造。"'环境友好型'社区节能减排适用技术集成与示范"是由上海杨浦区节能减排办公室牵头，上海电力学院、上海理工大学、同济大学共同参与建设的一个上海市科委节能减排重点建设项目。

整个建筑的外窗均采用斜伸式遮阳篷用以遮挡阳光，第一步打开时就和电动卷帘相似，进一步打开时下半部在曲臂的作用下使下半部向外斜伸，既遮阳光，又可以通风、采光，使用此帘和不使用此帘在窗洞可以减少50%以上辐射热进入室内，继而减少空调冷负荷，并减少空调的使用时间，对减少夏季总用电量，有明显效果，特别对不能长期在密闭的空调室内的人群特别适宜，由于其通风、透光可以构成室内良好的热环境（图5.4-1，图5.4-2）。

图 5.4-1

由于遮阳篷宜在大风大雨的时候自动收起，又要便于居民自家有个性化要求，为此整个系统设立风光自动控制，当阳光强烈时，遮阳篷自动打开伸展，当风大到超过设定等级时，遮阳篷自动收合，保证遮阳篷的自身安全，在控制技术上，各家安装手控开关，小区集体安装风光自动控制，既满足居民的个别要求，又满足小区的整体美观和安全的要求，同时该项目是大批量成片使用斜伸式遮阳篷的一种技术突破，也对既有建筑进行遮阳节能改造提供了一个优化方案。

5.4.2 中鹰·黑森林——生态、科技、节能环保的国际社区

工程简介：

建筑面积：27.5 万 m²

遮阳面积：1 万 m²

应用遮阳产品：户外卷闸窗、外遮阳百叶内置窗系统

中鹰·黑森林位于上海普陀区万里城核心区域，内环线与中环线之间，南起新村路，西侧紧邻 1.5 万 m² 的中央绿化带，整个社区由 5 栋叠加别墅，11 栋 16～30 层小高层及高层组成，共分三期开发。

该项目全面引进德国建筑节能设计理念，10cm 的岩棉外墙外保温系统，断桥隔热铝合金门窗、外遮阳金

图 5.4-2

属卷闸窗、外遮阳百叶内置窗系统、屋顶花园系统、同层排水系统、智能总线系统等数百项德国先进技术、设备和建材，率先在中国高层公寓中实施应用（图 5.4-3，图 5.4-4）。

图 5.4-3

图 5.4-4

中鹰·黑森林是上海最早的一批大量应用外遮阳卷闸窗的工程典范，外遮阳产品及技术的应用也仅是整个生态建筑体系中的一部分，整个系统参照了德国低能耗住宅设计标准，夏天制冷只有 40W/m²，冬天时更低，只有 25W/m²。

目前中国用于空调的能耗非常高，原因在于密闭性不好和没有保温材料的外立面，无遮阳设施，所有这些导致了在居住舒适度并不高的情况下的高能耗。但是，由于所有原配件都为进口材质，成本造价较之高。

5.4.3　上海佘山中凯曼茶园别墅——别出心裁的外遮阳翻板

工程简介：

建筑面积：3.7152 万 m²

遮阳面积：550m²

应用遮阳产品：户外遮阳翻板

上海佘山中凯曼茶园别墅对外遮阳的需求比较特殊，该项目的遮阳产品主要应用于车库顶棚、阳台及户外餐厅等，由于车库、阳台及餐厅均为露天屋顶，业主要求不仅仅遮阳隔热、调节光线，更主要的是下雨天气遮阳板闭合时，不允许室内漏雨，即遮阳板的闭合密封要求较高，并能够具备屋顶的排水功能。

户外遮阳板技术在国内虽然使用不太久，但因其隔热节能效果优秀，结构简单，且具有防风功能，目前在很多建筑上已大量使用。本项目所用的遮阳板面积不是很大，但由于采用了独特的排水防雨设计，在满足遮阳、调光的基本使用要求基础上，突出了主动排水的使用功能，在上海地区夏季中等强度以上大雨的条件下，仍然能够顺利排水且不漏雨，实际使用效果就是一个可以活动的屋顶，突破了现有的屋顶设计规范，在今后的住宅建筑和公共建筑设计中，可以起到示范作用，也具有实际推广的意义（图 5.4-5，图 5.4-6）。

图 5.4-5

图 5.4-6

5.4.4　上海外滩中信城——高端办公楼遮阳实例

工程简介：

建筑面积：15 万 m²

遮阳面积：1.8 万 m²

应用遮阳产品：户外电动张紧式天篷帘、室内电动卷帘

上海外滩中信城是国际标准甲级办公楼，项目占地约 1.6 万 m²，总建筑面积约 15 万 m²。建筑地上 47 层，地下 3 层，总高 228m。该项目是上海北外滩 CBD 地标性建筑，位于城市中心和传统商业区，社会配套完备齐善，是上海硬件设施最高端的写字楼之一。

遮阳产品的实用性和功能性经常与建筑物室内装饰的美观性和窗户的通透性是一对矛盾体。

上海外滩中信广场却偏偏要求遮阳产品既要遮蔽阳光热量进入到室内，还不影响室内的整体装饰效果以及窗外黄浦江的迷人景致。

该项目采用了两种不同形式的遮阳解决方案：1. 屋顶户外电动张紧式天篷帘约1000m²，天篷帘长度为12.5m²；2. 主楼立面室内电动卷帘约17000m²。

（1）该建筑裙楼之间的连接通道上方没有屋顶玻璃（净空高度为15m）。电动张紧式天篷帘是一种适宜于解决户外遮阳的天篷帘之一，可以满足该建筑夏季遮阳隔热、调节光线；冬季收回天篷帘后尽可能采光采热的要求。对于外遮阳产品耐气候问题，利用风速感应自动控制技术，当风速达到设定值时，天篷帘自动收回，很好地解决了户外防风的问题；利用雨水感应自动控制技术，在雨量不大的情况下，还可以挡雨；当雨量达到设定值时，天篷帘同样可以自动收回。

（2）建筑立面选用室内电动卷帘遮阳产品较好解决超高建筑遮阳节能问题。对于超高层建筑玻璃幕墙的遮阳问题，采用户外遮阳产品，很可能破坏了设计师对于建筑物外立面的设计效果（包括楼宇夜间泛光照明的要求）；同时，户外遮阳产品用于户外的抗风性能要求很高。本项目主楼立面选用电动卷帘室内遮阳，较好地解决了上述两个问题（图5.4-7，图5.4-8）。

图5.4-7 图5.4-8

独立遥控和集中控制相结合，增强了遮阳系统控制要求的适应性，降低造价。根据业主方对遮阳产品提出的控制要求，本项目采用独立遥控和集中控制相结合的解决方案，克服了无法预埋线的困难，经济实用的解决了矛盾，非常实用，同时又大大节省了一次性的投资，具有示范作用。

5.4.5 上海越洋广场·璞丽酒店——奢华酒店遮阳

工程简介：

建筑面积：20万m²

遮阳面积：8000m²

应用遮阳产品：电动卷帘、电动百叶帘

本项目由上海越洋房地产开发有限公司开发，是南京西路集商业、零售和生活为一体的新地标越洋广场所拥有的国际甲级办公楼和顶级商场。璞丽酒店是越洋广场重要的一部分。璞丽酒店以其独特的经营理念，成为上海首家定位为"都会桃源"的奢华酒店。作为国内第一家超五星级精品酒店，力图为入住的客人提供全方位的宁静和舒适。窗外是上海最繁忙的延安路高架，每小时近万辆的车流，声浪和热流一刻不停地向酒店大楼袭来。

因此酒店全部客房要求双层内遮阳：外层为电动卷帘，里层为电动百叶帘。既要遮阳，又要隔噪声。酒店选择了以下方案：

1. 外层是带边槽全遮光超静音电动卷帘：

选用品牌的超静音电机，解决噪音源，遮阳帘运行的噪音不超过44dBA；设计静音安装支架，并强调按规范装配和安装、调试；定时控制电动卷帘的伸展和收回，最大限度隔热节能；与面料供应商专门订购超宽门幅的遮光面料；设计遮光边槽，确保卷帘面料在运行过程中绝无跑光漏光（图5.4-9）。

2. 内层是超静音电动铝百叶：

选用品牌的大功率超静音电机，解决噪音源；利用电机较大的启动扭矩并采取特殊工艺顺利解决了叶片挠弯并保证叶片转向过程中每一片叶片同时转向。按设计师要求，满足了电动百叶帘叶片转向为电动，而收放动作以手动操作（图5.4-10）。

图5.4-9

图5.4-10

整个项目在保持建筑外立面建筑风格的基础上，采用双层内遮产品等多种措施，满足了窗帘噪音控制在44dBA范围内的特殊要求；电动卷帘则采取根据客人是否在室控制与定时控制结合的策略，客房内的每个电动遮光帘，根据冬夏设定节能控制——夏季12点到5点，若客人离房，遮光帘会自动关闭达到隔热节能效果；冬季12点到5点则以反向控制让阳光入室，以达到保温节能的目的。在酒店遮阳的案例中，具有一定示范意义。

5.4.6　上海辰山植物园展览温室——典范空间遮阳

工程简介：

建筑面积：1.26万 m^2

遮阳面积：1.1万 m^2

应用遮阳产品：天篷帘

上海辰山植物园是上海市政府、中国科学院和国家林业局共建的集科研、科普和观赏游览于一体的综合植物园。展览温室是上海辰山植物园的标志性建筑，是反映植物园科研水平的重要载体，由三个独立的温室和能源中心组成，为国内首例展览温室群，建筑形态独特，弧形的大跨度穹顶，内部无柱支撑，结构采用先进的单层网架结构，顶为三角形夹层玻璃覆盖。温室突破传统的室内植物密植形式，在大空间内突出园艺花卉植物季节性布置，三个温室利用地源热泵、雨水回收可再生资源，采用独立分区的智能环境控制系统，

3个展馆8个不同气候区植物，种植来自世界各地的奇花异草。

展览温室建筑群（含温室单体众A、B、C）为铝合金结构之玻璃屋顶，屋顶为空间异形曲面，三个单体面投影面积为1.2875万 m^2，表面积为2.0134万 m^2，遮阳面积约达55%，为1.1073万 m^2，采用室内电动遮阳工程对三个异形玻璃温室实现遮阳节能、光线控制及吸声减噪功能，以达到节能、满足植物生长、形式美观、不破坏建筑整体效果，达到技术和艺术良好结合的目的（图5.4-11）。

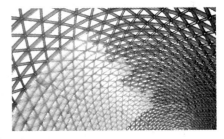

图5.4-11

该项目遮阳天篷帘系统要求可实现电动开启和闭合，达到可调节室内光线及控制阳光辐射功能。该系统由四大部分构成：运行机构、驱动电机、遮阳面料、控制系统。

整个遮阳系统要求采用电动卷取式遮阳机构，配置特殊的不锈钢索导向系统，距离玻璃曲面300～400mm处并沿曲面设置运行。机构必须沿玻璃分格分布及运行，面料打开时应成弧形迎合建筑曲面。整套机构需具备良好的抗风性能，在面料展开时能承受8m/s的风速，而不会影响机构正常运行。系统本身具有一定的防水性能，且机构收放、卷取自如。

电机采用进口遮阳系统专用管状电机。根据设定尺寸大小，电机额定扭矩范围25N.M～70N.M之间。单向最大转数为46圈或35圈。电机防护等级IP44。

面料采用进口高强度纤维网布，开孔率约3%～5%。遮阳布的遮阳系数为0.15～0.35，色牢度和强度应有5年质量保证期和大于10年的使用寿命。面料具有吸音功能，能有效降低噪声。

控制系统需实现本地控制、智能感应控制及中央集中控制三大功能。本地控制采用无线电遥控系统，对所在温室区域遮阳系统进行群控。智能感应控制包括，光线感应控制、风速感应控制、温度感应控制等等。中央控制包括，采用电脑程序控制、时间控制、中央分区总控等。所有控制原件需采用同一品牌原装进口控制元件，以保证其兼容性和稳定性。

辰山植物园展览温室是一个特殊的异形曲面体铝合金结构，玻璃建筑既是外墙，又是屋顶，A、B、C三个展示区，形状各异，投影图是自由几何图形，又像蚕，又像水滴，B区的体量特别大，如何设计遮阳工程，如何分割伸展收合，选用合适的遮阳形式，选用材料、电机、面料有一定示范作用。

5.4.7 中国农业银行数据处理中心——巨型遮阳百叶翻板

工程简介：

建筑面积：12.39万 m^2

遮阳面积：8000 m^2

应用遮阳产品：百叶翻板

中国农业银行数据处理中心在上海外高桥保税区，占地面积8.8万 m^2，绿化面积达32.67%，项目安装"先进超前、适用、节约"的建设原则进行规划和设计。由法国AREP建筑设计公司及上海现代建筑设计集团联合设计。

该项目的内围设计为玻璃幕墙结构，中间是一个独立完整的内庭园空间，从而增大了光通量和紫外线的照射及热辐射的穿透。安装百叶翻板遮阳系统的目的是为了有效地控制进入室内的热能，降低空调制冷负荷，同时满足进入室内光线的调节，防止眩光以及吸声降低噪声，并起到一定的装饰作用。

安装遮阳系统以后，要满足业主、保安、消防、使用者的各自需求，控制调节实现遮阳节能、挡眩光等功能，同时要保证控制的优先顺序。

叶片宽 1m 高 4m，组合式结构，叶片开孔率 30%，起到遮阳效果同时减轻自重，减少风压，不担心在台风季节使用（图 5.4－12）。

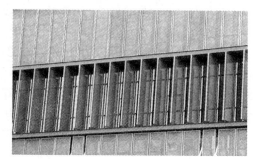

图 5.4－12

叶片上下两端采用螺纹轴头定位固定

根据大型建筑建设惯例，土建作业的结构误差在 1cm、2cm 的属于很正常情况，但是这种误差对于制作以及安装尺寸精度要求都较高的电动百叶来说都是致命的。另外，农行数据处理中心遮阳百叶工程的预留安装位置是较小的空腔形式。为了满足工程外观的美观要求，要把所有的变速、安装以及传动机构安装在空腔内，还要在这些机构的间隙中留下调整百叶长度的调节距离，因此该工程中使用了带有螺纹的输出轴头，轴头在穿过轴承后可以通过螺母的进退来调整百叶的安装长度。最后在两端用螺母吊紧后可以提高百叶本身的抗外力能力。

耐候橡胶条解决热胀冷缩问题并防止碰撞及降低噪音

该工程在铝板与边框的连接中摒弃传统的螺栓和焊接工艺，采用幕墙、门窗制作中惯用的胶条添缝工艺，避免了室外百叶在受气候影响下配件无间隙的热胀冷缩，以致百叶机构整体遭到破坏的可能。另外，铝板与边框之间镶嵌胶条可以避免百叶在受外力影响产生变形后，铝板与边框的直接摩擦。降低了噪音和磨损。橡胶条可做多种颜色，但通常为黑色。使用橡胶条不会粘灰，不会污染装饰表面。

轮蜗杆的 1∶15 减速和自锁功能

由于本工程百叶自重较大，另外采用了多片联动设计，所以在驱动旋转过程中的动力输出必须连续、同步和稳定。要使动力稳定输出的话必须使用变速机构，变速越大则输出越稳定，根据安装空腔的大小，最后设计使用 1∶15 的蜗轮蜗杆机构。由于电机输出转速变到 1/15，所以在旋转过程中百叶运动的非常缓慢（转一圈需要大概一分钟），因此百叶在旋转过程中的稳定性得到了保证。另外，蜗轮蜗杆机构本身具有自锁功能，可以避免百叶在受外力状况下自行发生旋转，保护电机以及传动机构不受破坏。

采用圆锥滚子轴承，叶片可承受纵向 1°～3°的摆动，既解决百叶受风变形问题，又增强了抗震性能。

根据风力计算，百叶的受风压值达到 1.41KN/m² 即每片百叶要受到 500 多公斤压力，百叶在受风情况下肯定会产生变形，即百叶中心轴线发生弯曲现象。如果采用一般的滚珠轴承或平面轴承的话，则弯曲后的轴头会将轴承卡死，如果此时百叶开始动作旋转的话会使机构损坏或电机烧毁。因此，我们采用圆锥滚子轴承，此种轴承允许被传动件在纵向有 1°～3°的摆动，在允许范围内百叶的变形不会影响正常的传动旋转。

电器控制

（1）配置单独控制，对每幅遮阳帘、百叶帘、百叶翻板单独控制。

（2）配置区域控制，对大楼 7 大区域 4200 套个性化或统一管理。

（3）配置楼宇控制，在楼宇总控下，结合风、光、雨、温度或时间控制对系统实现总体控制，同时与消防、安保、空调、照明等楼宇自动控制兼容。

（4）配置 RP60 控制器、集中控制器、可编程风、光控制器，当光亮达到设定值时系统动作；当风速超过设定值系统动作。风的动作比光更有优先权。在冬季和夏季由两种编程控制日出、日落时系统动作，风感应器命令能在 10 分钟内自动锁定。

（5）配置中央控制器，每个可操控 420 个控制组合。

本遮阳系统因安装于室外，有较多金属外露。由于系统的主体结构相互连接，从而形成一个整体，设计中将遮阳系统与建筑的避雷系统相连接，接地电阻将不大于 4.0 欧姆。由此解决遮阳系统的防雷、避雷问题。

当地震时，建筑会发生平面的位移；就一般而言，幕墙也可能在平面内发生层高的 3/550mm 位移，百叶叶片的垂直轴线也将因此而产生偏移。本方案采用了圆锥滚子轴承，叶片可承受纵向 1°～3°的摆动，因此，地震后，遮阳百叶仍然能正常工作。

该工程从外观、结构、安装细部、控制器件、控制系统构成一个完整的系统，同时采取了多种技术措施保证安全运转，对幕墙的外遮阳工程具有示范意义。

5.4.8 结语

推行建筑遮阳不仅是建筑功能发展的需要，也是节约建筑能耗的主要举措，更是表达建筑自身地域性、文化性的重要媒介手段——上海以其独特的气候特征和聚集人才技术的优势，用典型的遮阳工程案例，务实地推进着我国节能建筑的发展。但建筑遮阳作为一个系统工程，涉及建筑设计、建筑物理、构配件生产产业等方方面面，需要各方面的通力努力和协作。在整个世界建筑领域，可持续发展的理念已深入人心，建筑遮阳技术的不断进步会使人们的居住空间和生活环境变得更加美好！

5.5 从上海世博会浅析建筑遮阳的发展方向

岳 鹏 罗 琼

上海市建筑科学研究院（集团）有限公司

摘 要： 建筑能耗不断增长，加剧了我国能源资源供应的现实矛盾。建筑遮阳作为建筑隔热保温通风技术的代表，是实现建筑节能的重要手段和方式，代表着建筑节能技术的发展方向。每一届世博会上展示的建筑理念、材料和技术往往预示着下一个时代的方向。本文通过总结研究上海世博园内的众多建筑所采用的设计理念和遮阳新技术，浅析我国建筑遮阳的未来发展方向。

关键词： 建筑节能；建筑遮阳；世博会；发展方向

随着科技的进步，建筑早已从最原始的遮风挡雨、御寒避暑的地方发展成为能完成人类梦想、实现更多可能性的空间，建筑的功能正在被无限延展，但人类追求建筑的功能和舒适的同时，建筑能耗也不断增长，建筑能耗几乎占社会总能耗的30％以上。目前中国现有建筑面积约400亿 m^2，其中大部分为高能耗建筑，每年还有数10亿 m^2 的新建建筑，接近全球年建筑总量的50％。如此高的建筑能耗加剧了我国能源资源供应的现实矛盾。降低建筑能耗，实施建筑节能，对于促进能源资源节约和合理利用，缓解我国的能源供应与经济社会发展的矛盾有着举足轻重的作用，也是保障国家资源安全、保护环境、提高人民群众生活质量、贯彻落实科学发展观的一项重要举措。

建筑遮阳是为了避免阳光直射室内，以减少透入的太阳辐射热量，防止夏季室内过热，特别是避免局部过热和避免产生眩光以及保护物品而采取的一种必要措施。在我国传统民居中，用于遮阳的方法很多，在窗口悬挂挑帘，利用门窗构件自身遮阳以及窗开启方式的调节变化，利用窗前绿化、雨篷、挑檐、阳台、外廊及墙面花格都可以起到一定的遮阳作用。据统计，我国民用市场遮阳产品利用率还不到5％，而采用建筑遮阳产品能够节省10％～14％的建筑能耗。伴随绿色建筑的发展，建筑遮阳的重要性日益显现，建筑遮阳成为实现建筑节能的重要手段和方式。

每一届世博会都是建筑的"群英会"，世博会上展示的建筑理念、材料和技术往往标志着一个时代的最高水平，也预示着下一个时代的方向。2009年在上海举办的世博会，就是全球绿色建筑科技的汇集地，引领着全球建筑业的绿色节能的发展方向。世博园内的遮阳设计与遮阳新技术应用非常普遍，有高架平台系统、展馆等候遮阳系统、绿化遮阳系统等多种类型，针对不同的场所进行了有区别的设置。本文旨在通过研究上海世博园区内的部分建筑浅析建筑遮阳的发展方向。

5.5.1 建筑遮阳的发展方向

建筑遮阳按遮阳的类型可以分为建筑构件遮阳、附加遮阳（遮阳产品）和植物遮阳三种形式。根据上海世博会上各具特色的建筑，按遮阳的类型来浅析建筑遮阳的发展方向。

1. 建筑构件遮阳

建筑遮阳构件是指在设计和建造过程中专门设置的遮阳构件，也可以将其定义为在建筑交付使用前即已存在的遮阳措施。建筑构件遮阳大多数是固定不可调节的，根据实际情况正确设计的固定遮阳措施一般遮阳效率较高，而且具有不需维护、遮阳效率不受人为控制性因素影响的特点。构件遮阳通常有各种形式遮阳板、出挑屋檐、建筑自遮阳等几种形式。

中国馆是对中华传统文化的诠释，同时也符合现代生态环保的建筑理念。中国馆造型层叠出挑（图 5.5-1），在夏季上层形成对下层的自然遮阳，减少了降温所需的能耗。根据测算，夏至当天，阳光进不去，冬至当天，阳光可以进去的时间是 6 个半小时。

图 5.5-1　中国馆

世博轴上的"阳光谷"上部开口面积相当于一个足球场那么大，整体高 40 多 m（图 5.5-2）。除视觉美感之外，这些倒蘑菇状的新颖通透建筑还具有良好的遮阳效果，同时能把阳光"采集"到地下，实现节能。此外，雨水也能顺着阳光谷流入地下二层的积水沟，再汇向 7000m³ 的蓄水池，经过处理后实现水的再利用，同时达到了遮阳、节能、造型的目的。

图 5.5-2　阳光谷

世博文化中心的设计呈飞碟形（图 5.5-3），不只是为了突显这座文化新地标的时尚感，也蕴藏着精妙的节能环保、防暑降温的构思。其主体部分采用悬挑结构，取得外遮阳效果，下层圆弧表面形成自遮阳体系，在高温季节可避免阳光直射，同时为玻璃屋顶的地下空间进行自然采光，使得建筑比传统模式能耗大大降低。

国家电网馆从视觉上看，像是让整个"盒子""漂浮"起来（图 5.5-4）。利用魔盒及建筑架空，形成建筑自有的遮阳区，提高人员等候区域的舒适度，为排队等候进入场馆的参观者遮阳挡雨。

图5.5-3　世博文化中心

图5.5-4　国家电网馆

中国馆造型层叠出挑，阳光谷的倒蘑菇状，世博文化中心呈飞碟形，国家电网馆犹如"漂浮"的"魔盒"，这些造型都十分出众，且各具特色，也非常重视参观者的舒适感受，同时在建筑设计的同时考虑了遮阳技术，即通过建筑自身体型的凹凸形成阴影区，实现有效遮阳。因此在建筑设计时充分考虑遮阳的使用，使建筑同时具有遮阳、节能、造型的效果，成为未来的遮阳发展方向之一。

2. 附加构件遮阳

附加构件遮阳指在建筑落成以后，人们根据实际需要自行安装的遮阳措施。与建筑构件遮阳相比，附加构件遮阳具有更大的灵活性，也便于人们在遮阳和采光、通风、视线遮挡等因素中自由取舍。附加构件遮阳措施种类非常多，如人们最常用的窗帘和百叶帘，临时搭建的遮阳篷等都是其中的典型代表。金属页片、布料、塑料制品、纤维制品乃至苇、竹、木等材料均可作为附加遮阳构件的材料。

在很多世博场馆的排队等候区，遮阳篷（图5.5-5）连成一片，而在一些人流集中的广场休憩区，固定遮阳篷还同时安装了喷雾设施，降温效果更为明显。遮阳篷是上海世博园区内使用最普遍的遮阳产品，发挥着显著的降温避暑作用。

麦加案例馆（图5.5-6）通过18个帐篷、直径26m的遮阳巨伞构成模拟的极限条件下的人居环境。帐篷布采用特殊材料，可以防火、挡风、防腐蚀、防滑，使用寿命长达25年，特殊的"太阳光滤镜"仅容许10％的阳光透入帐篷中，确保帐篷内的温度适宜。

图5.5-5　遮阳篷

图5.5-6　麦加案例馆

世博浦西最佳实践区的沪上生态家通过"风、光、影、绿、废"五种主要"生态"元素的构造和技术设施的一体化设计，展示了未来"上海的房子"（图5.5-7（a））。沪上生态家选用了三种不同的遮阳产品。

（1）屋顶户外采用电动追光遮阳板图（5.5-7（b）），可以跟随太阳角度的变化而自动转变角度，一方面起到遮阳作用，另一方面反射环境光，提高室内照度。

（2）南立面呼吸幕墙中设置电动百叶帘图（5.5-7（c）），可以有效地阻隔紫外线及阳光直射，防止"温室效应"的产生。在室内光线达不到照明标准时，百叶会自动调整，同时室内灯光会自动亮起，因而有利于整个楼宇的保温隔热效果，有利于节能。

（3）南立面首层过道中采用了电动卷帘图（5.5-7（d）），具有环保节能、美化环境、节省室内空间等多种功能；还可以与控制中心对接，方便实现远距离规模化的集中控制。

(a) 沪上生态家

(b) 电动镜面遮阳板

(c) 电动百叶帘

(d) 电动卷帘

图 5.5-7

在炎热的夏天，这些遮阳装置能够随时阻挡阳光进入，起到隔热降温的作用，改善居住环境。

马德里案例馆的"竹屋"和"空气树"格外醒目奇特。"竹屋"外墙材料主要取自竹子，可以起到透风且遮阳的作用。广场前的（图5.5-8）的"空气树"是一座直径为12m的十边形钢结构建筑，十边形的外立面装有多功能幕布，可根据光照变化调整开启角度以遮阳，还可以作为放映影片的银幕，同时装有曲臂遮阳篷，充分利用室外空间，阻挡紫外线和热量。

阿尔萨斯水幕馆（图5.5-9）是一栋青枝绿叶的"绿墙"建筑。展馆外部围护结构由植被墙体、水幕太阳能墙体、通透遮阳系统等构成建筑"表皮"。水幕太阳能墙体外

图 5.5-8 马德里馆外的曲臂遮阳篷构成的"空气树"

层为局部可开启的玻璃幕墙，内层是隔热保温材料制成的竖条式遮阳板，由电脑自动控制，可以随着室外温度和日照强度的变化自动开闭，既能遮阳降温又能有效减少能源消耗。

图 5.5 - 9　阿尔萨斯水幕馆太阳能墙体

遮阳篷、遮阳板、遮阳帘等遮阳产品在上海世博中得到了充分的应用，使得建筑物既能遮阳降温又能有效减少能耗。随着新材料和新技术的发展，建筑遮阳产品不断地得到改进。遮阳产品向着多功能、自动化、高效率的趋势以及轻盈、精致的方向发展。同时阿尔萨斯水幕馆的水幕太阳能墙体综合了玻璃幕墙和遮阳板的使用，节能效果更加明显。另外遮阳板结合太阳能光电和光热转换不仅可以避免遮阳产品本身可能存在的吸热导致升温和热传递问题，而且将吸收的热量转换成对建筑有用的电能、热能资源加以利用，是复合多功能遮阳产品发展的方向。

3. 植物遮阳

从环境影响的角度来看，有机的方法是最佳的遮阳途径。落叶植物在夏季可以最大限度地遮挡阳光辐射，而在冬季叶片脱落，阳光可以穿越进入室内。植物遮阳与构件遮阳的原理不同，构件遮阳在遮挡阳光的同时把太阳辐射集中在自己身上，然后通过提高自身温度把热量通过对流和长波辐射等措施散发出去，可能产生遮阳板对于室内的二次热辐射；而植物叶冠则是把拦截的太阳辐射吸收和转换，其中大部分消耗于自身的蒸腾作用，叶面温度能保持在较低的范围之内，而且植物在这一过程中，除将太阳能转化为热效应外，还能吸收周围环境中的能量，从而减低了局部环境温度，造成能量的良性循环作用。另外，植物还起到降低风速、提高空气质量的作用，综合效能优势明显。

宝钢大舞台的墙面植物遮阳板既可以充分利用原有结构的外墙，又能与周边环境形成一体，达到良好的视觉效果。

主题馆的垂直生态绿化墙的面积达 $6000m^2$，是目前世界上最大的生态墙。这块"植物壁毯"既降低了周边温度，帮助游客遮风挡雨，又把主题馆装点得绿意盎然。

沪上生态家在西墙种植常春藤，辅以遮阳板，形成双层遮阳体系。"绿"的设计在美化环境同时，提升了建筑隔热保温性，并能净化空气。

宁波案例馆的主场馆东立面入口区的墙面则是垂直绿化，即整个墙面上种植一种特殊的植被，对墙体内的室温进行调节。

宝钢大舞台、主题馆及沪上生态家等场馆都运用了植物遮阳，不仅起到了遮阳、降温的作用，也达到了良好的视觉效果，同时净化了空气。植物与遮阳板构成的双层遮阳体系能更有效地提高建筑的隔热保温性能，是绿色遮阳的发展趋势。

5.5.2 结语

随着社会经济的不断发展，人们对生活品质的要求越来越高，建筑遮阳的目标是提高建筑室内环境的舒适度以及将遮阳构件与建筑进行一体化的设计。在建筑设计时要充分考虑遮阳的效果，使建筑同时具有遮阳、节能、造型的功效，是遮阳设计的发展方向。同时，随着技术发展，遮阳产品逐渐向着多功能、自动化、高效率的趋势以及轻盈、精致的方向发展；另外遮阳板结合太阳能光电和光热转换是复合多功能遮阳产品发展的方向。最后，在合适的条件下，积极采用植物遮阳，达到遮阳、净化空气和美化环境的作用；将植物遮阳与遮阳板结合使用能更有效地隔热保温，也是未来建筑节能发展的趋势之一。

参考文献

[1] 段恺，齐新琦，赵文海等．建筑遮阳标准体系在建筑节能中的作用［J］．绿色建筑．2010，（1）：27-28.

[2] 刘小军．基于建筑设计的建筑节能方法的探讨［J］．山西建筑．2010，（36）12：238-239.

[3] 谢浩．民居中的建筑遮阳［J］．建筑工人．2008（3）：18-20.

[4] 岳鹏．我国建筑遮阳技术与标准体系研究综述［J］．绿色建筑．2010，（1）：13-18.

5.6 "沪上·生态家"动态遮阳技术及节能效果

殷 骏

法国尚飞

摘　要: 本文对应用在"沪上·生态家"展馆的尚飞动态遮阳技术,即电动户外遮阳翻板、电动铝百叶帘及通过 LON 总线兼容到楼宇自控系统、实现的楼宇控制和阳光追踪等自动控制进行功能性阐述,并通过模拟软件,计算出楼宇在使用动态遮阳产品前后耗能的差别,以阐明使用动态遮阳技术带来的节能效果。

关键词: 动态遮阳;阳光追踪;遮阳节能

"沪上·生态家",来自中国上海的一个生态住宅案例,位于 2010 世博园浦西园区最佳实践区北部街坊的居住组团。"沪上·生态家"占地面积 1300m²,建筑面积 3147m²,地上 4 层,地下 1 层,世博会期间作为上海生态人居展示案例,世博会后将改建为办公楼永久保留。

"沪上·生态家"案例以"生态建筑,乐活人生"为主题,秉承"节约能源、节省资源、保护环境、以人为本"的十六字生态建筑理念,以"节能减排、资源回用、环境宜居、智能高效"为技术目标。在上海建科院的规划下,"沪上·生态家"项目中动态遮阳作为实现节能减排效果的重要手段,被应用在楼顶和南立面的重要位置。

5.6.1 "沪上·生态家"应用的活动遮阳技术

1. 电动户外遮阳翻板

电动户外遮阳翻板系统是在建筑物外部使用铝合金或板状百叶窗样式的大型遮阳产品,其百叶片(板)可调整翻转角度以决定光照量的吸收和阻隔。翻板的安装方式可以分为水平方向安装和竖直方向安装两种,翻板叶片又分为表面平面性和曲线型(梭型)两种,同时也可以使用玻璃百叶板,用于通风控制。电动户外翻板由推杆电机驱动,能实现角度调节但一般不能收合(图 5.6-1)。

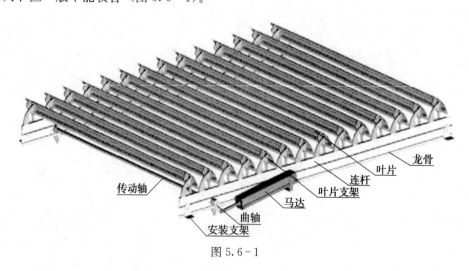

图 5.6-1

"沪上·生态家"顶部外侧使用了梭形的电动户外遮阳翻板,可根据采光和遮阳的需要对百叶进行自动调节。一方面,在炎炎夏日,电动户外翻板有利于控制太阳辐射量,减少阳光辐射热量的进入,降低空调系统能耗。另一方面,电动户外翻板可以调节中庭内采光情况,在光线较强的天气情况下,减少阳光直射,避免眩光;在光线较弱的天气情况下,可以尽可能地让室外光线进入室内(图5.6-2)。

图 5.6-2

2. 电动遮阳铝百叶帘

电动室外铝百叶帘使用铝合金帘片,通过专用卷绳系统带动帘体的上下运行及帘片翻转,起到光线调节与导引、遮阳隔热的作用。室外百叶帘安装于玻璃外面或双层玻璃之间,由于要考虑清洁维护、风力影响等因素,在建筑设计之初就需要统筹考虑。使用的铝合金帘片尺寸有50mm、80mm、90mm、120mm等不同宽度;某些帘片表面打孔,以取得更好的调光效果或装饰效果;Z型帘片遮光性能最佳。由于室外百叶帘应用环境特殊,需要考虑到抗风问题,不同结构的室外百叶帘拥有不同的抗风能力(图5.6-3)。

不同EVB系统的抗风级别

A型:65km/h

卷带及梯绳外露
经济型

B型:85km/h

卷带内置于侧槽,梯绳外露
抗风比A型强

C型:110km/h

卷带及梯绳都内置于侧轨
抗风力最强

图 5.6-3

由于电动控制,电动室外铝百叶与智能灯控系统能有机兼容使用,达到温度及光舒适度的最佳效果。自然光和照明光相互补充调节,在获得用户舒适的同时起到节能效果(图5.6-4)。

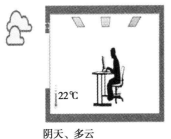

阴天、多云

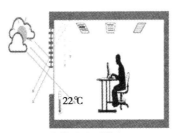

光线不足,阴天

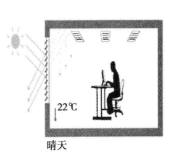

晴天

图 5.6-4

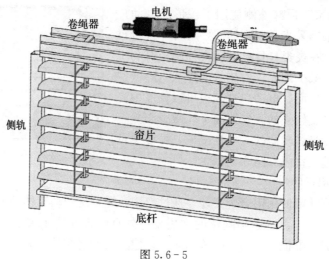

图 5.6 - 5

图 5.6 - 6

"沪上·生态家"南立面共安装了 30 多幅电动铝百叶帘，是南立面窗口遮阳的主体部分。银灰色帘片能最大程度的遮挡室外热量辐射传播。通过翻转的帘片，可以调节进入室内的光线强度，避免眩光，营造舒适的室内亮度。

百叶帘装在双层玻璃间或室内时，只要使用反射能力强的叶片（白色，银色等），就能起到相当的节能功效，同时利于使用维护。

3. 智能遮阳控制系统

为了实现节能效果最大化，所有"沪上·生态家"的动态遮阳产品通过 Somfy Animeo LON 控制技术，同时兼容 2 种控制方式：（1）楼宇中央控制系统通过控制终端实现人工控制。（2）通过阳光传感器实现阳光追踪自动控制。

Lonworks 技术是一种开放的总线技术，所有取得 Lonmark 认证的产品，无论其产自哪一家设备供应商，都可以确保在系统中 100% 兼容。相对较高的总线数据传送速率，丰富的信息传送载体，以及较高的系统稳定性使得 Lonworks 技术在工业控制和楼宇自控等行业有着非常广泛的应用。中国建设部智能建筑中心已经把 Lonworks 技术作为推荐采用的控制网络技术在智能建筑中推广使用。

Animeo LON 系统在"沪上·生态家"主要功能介绍

（1）可"寻址"的集中控制：

Animeo LON 系统中的每一个电机控制器都具有单独的地址码，系统通过域、子网、节点地址的分层式逻辑寻址方式可以单独访问任意一个电机控制器的任意一路输出。这意味着我们在进行系统集成或单独通过计算机对系统进行控制的时候，可以实现对任意一幅窗帘的远程控制，此功能确保了动态遮阳产品能接受楼宇控制系统的指令，实现人工操作。

（2）可自由编程的本地开关控制：

Animeo LON 系统可以实现的对于电动百叶的控制形式是十分灵活的。我们可以通过本地开关控制每一幅百叶单独动作，也可以实现任意的分组甚至交叉控制。所有的控制方式都是通过软件编程实现，所有的控制对应关系可以随时解除并重新分配（当然需要通过软件重新编程）。这一点对于应对日后因建筑内房间布局变化而引起的控制对应关系变化显得尤为重要——我们不需要二次布线即可实现新的控制对应关系。

（3）电机控制器内置高级的"阳光追踪"控制器：

尚飞的 Animeo LON 电机控制器内置高级的"阳光追踪"功能：

——无需额外的阳光追踪，既精简了网络，又节约了硬件成本；

——可以通过自由定义的步进角度来增加或减少百叶帘在一天之中的动作次数；

——阳光追踪的最短自动动作间隔时间为 1 分钟，最多有 1440 个自动翻转的角度。

"阳光追踪"功能的原理是基于内置在电机控制器内的当地日照角度数据库，综合分析不同季节、不同日期、不同时段及不同朝向的太阳仰角和方位角，通过计算得出相应的百叶帘帘片的"最佳遮阳角度"，然后控制电机驱动百叶帘翻转到该角度，以实时保证遮阳、采光和通透性的最佳平衡。

尚飞 Animeo LON 电机控制器可以实现帘片从 $0°\sim180°$，最小步进角度为 $0.125°$ 的高精度阳光跟踪功能；百叶帘在一天当中的自动动作次数的理论最大值为 1440 次。但是，从全球实际使用经验及专业角度出发，我们建议：阳光追踪的自动动作次数设置为一天不超过 3 次为佳，原因如下：

——过多的阳光跟踪自动动作次数会打扰室内的工作人员；

——过多的阳光跟踪自动动作次数会缩短电机和窗帘的使用寿命；

——从经验角度来说，$2\sim3$ 个阳光跟踪自动动作角度已经完全可以达到非常理想的遮阳和透景效果。

5.6.2　"沪上·生态家"动态遮阳节能效果

动态遮阳究竟能对楼宇的能耗产生什么样的影响？通过模拟"沪上·生态家"的应用环境，建立模型，并通过电脑模拟软件的计算，我们模拟出楼宇在使用动态遮阳产品前后耗能的差别。

1. 应用环境模拟参数：

——项目地点：中国上海；

——房间只朝南面有窗户；

——南面窗墙比为 0.28；

——外墙面传热系数 $0.87W/(m^2 \cdot K)$；

——窗户为双层玻璃，传热系数 $3.0W/(m^2 \cdot K)$，遮阳系数 0.77；

——动态遮阳产品为电动铝百叶，50mm 宽帘片，银灰色；

——房间内让人体感到舒适的温度为：$20℃\sim24℃$；

——模拟房间大小 18m²。

以上参数基本符合"沪上·生态家"的实际使用标准。

图 5.6－7 为全年的制冷能耗模拟结果。

表 5.6－1 为房间制冷效果对比数据。

2. 遮阳节能效果结

图 5.6－8 为全年的制热能耗模拟结果。

表 5.6－3 为模拟出的动态遮阳系统节能总结表，从表中可见，对于采用"沪上·生态家"建筑结构的房间，每 18m² 制冷/热需求量总共节约 233kWh，约 19.37%，总负荷节约 16.4%，以生态家 3147m² 建筑面积计算，每年可节约电费约 32000 元。

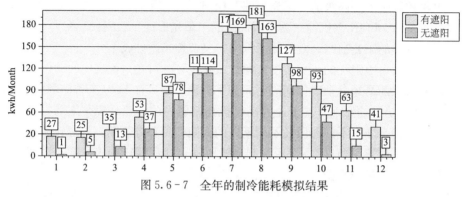

图 5.6－7　全年的制冷能耗模拟结果

注：Without Solar Shading 无遮阳；With Solar Shading 有遮阳，下同。

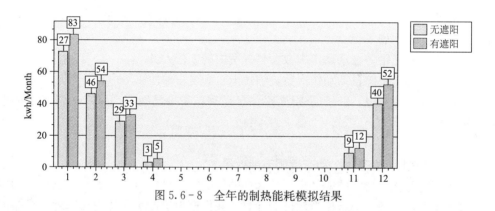

图 5.6－8　全年的制热能耗模拟结果

房间制冷效果对比数据　　　　　　　　　　　　　　　　表 5.6－1

制冷用能　　　　対比	无遮阳	有遮阳	节约百分百%	节约量
制冷需求量（kWh）	1016	743	26.9%	273
单位面积制冷需求量（kWh）	56	41	26.9%	15
冷负荷（W）	1000	775	22.5%	225
单位面积冷负荷（W/m²）	55	43	22.5%	12

注：表中出现的制冷需求量是指按照设计规定的室内温湿度条件下，建筑全年所消耗冷量，冷负荷是所占制冷主机的容量。

全年的制热能耗模拟结果   表 5.6-2

对比 制冷用能	无遮阳	有遮阳	节约百分百%	节约量
制冷需求量（kWh）	199	239	－20.1%	－40
单位面积制冷需求量（kWh）	11	13	－20.1%	－2
热负荷（W）	370	371	－0.3%	－1
单位面积热负荷（W/m²）	20	20	－0.3%	0

注：表中出现的制热需求量是指按照设计规定的室内温湿度条件下，建筑全年所消耗热量，热负荷是所占制热主
机的容量。

模拟出的动态遮阳系统节能总结表   表 5.6-3

对比 制冷用能	无遮阳	总节约量	节能比例
制冷需求节约量（kWh）	273	223	19.2%
制热需求节约量（kWh）	－40		
冷负荷节约量（W）	225	224	16.4%
热负荷节约量（W）	－1		

5.7 上海建科院绿色建筑示范区建筑遮阳工程案例赏析

岳 鹏

上海市建筑科学研究院（集团）有限公司

摘 要： 上海市建筑科学研究院多年来致力于建筑节能与遮阳技术的研究与应用。2003年起，先后进行了上海市科委重大科技项目《生态建筑关键技术研究与系统集成》等多项课题的研究。2004年将多种内外遮阳技术和产品用于"上海市生态建筑示范楼"等生态建筑中。2010年在负责设计的上海世博会城市最佳实践区"沪上·生态家"项目中，通过"风、光、影、绿、废"五种主要"生态"元素的构造和技术设施的一体化设计，运用了多种遮阳技术和遮阳产品。本文通过介绍上海建科院位于莘庄科技园区内的生态建筑办公示范楼、生态建筑住宅示范楼和综合试验楼三个绿色建筑示范工程案例，分析研究建筑设计理念和遮阳技术，为建筑遮阳技术的工程应用提供借鉴和参考。

关键词： 建筑节能与建筑遮阳；遮阳工程案例；遮阳技术和遮阳产品

5.7.1 生态建筑示范楼

2003年由上海市建筑科学研究院总体负责，上海交通大学、上海电力学院、宏润建设集团、上海植物园和上海格爱绿色环保科技有限公司以及国内外数十家企业共同参与了上海市科委2003年重大科研攻关项目"生态建筑关键技术研究及系统集成"的研究，该技术的研究成果之一的上海市生态建筑示范楼于2004年完成。生态建筑示范楼由生态建筑办公楼（见图5.7-1）、生态建筑住宅示范楼（见图5.7-2、图5.7-3）组成。

图5.7-1 上海市生态建筑
办公示范楼

图5.7-2 上海市生态建筑住宅示范楼南立面

图5.7-3 上海市生态建筑住宅示范楼北立面

1. 生态建筑办公示范楼

（1）工程概况

生态建筑办公示范楼针对上海的地域特征和经济发展水平，集成了国内外60多家产学研联合体的先进技术研究成果，全面展示了体现生态建筑基本设计理念的超低能耗、自然通风等十大类关键技术体系，成为具有国际先进水平的生态建筑关键技术集成平台。该建筑也是2010年上海世博会城市最佳实践区"沪上·生态家"的建筑原型。

该楼占地面积905m²，建筑面积1994m²，高度17m，钢混主体结构，南面两层、北面三层，西侧为建筑环境实验室，东侧为生态建筑技术产品展示区和员工办公区，中部为采光中庭与天窗。基于上海的经济发展水平，地域气候特征、场址环境特点和建筑使用功能，通过研发并集成国内外最新生态技术及产品，总体技术目标达到：综合能耗为普通建筑的25％；再生能源利用率占建筑使用能耗的20％；室内综合环境达到健康、舒适指标；再生资源利用率达到60％。形成超低能耗、自然通风、天然采光、健康空调、再生能源、绿色建材、智能控制、（水）资源回用、生态绿化、舒适环境等十大技术亮点。

（2）建筑遮阳技术应用

根据生态办公示范楼的建筑形式与日照规律，采用户外电动遮阳百叶、水平及垂直铝合金遮阳百叶、电动天顶篷遮阳、曲臂式电动遮阳篷等多种遮阳形式，以提高外窗的保温隔热性能。天窗外部采用可控制天篷帘遮阳技术（见图5.7-1）达到有效节省空调能耗的作用；南立面根据当地的日照规律采用可调节的水平铝合金百叶外遮阳技术（见图5.7-4），通过调节百叶的角度，达到节能效果；东西立面根据太阳光入射角度采用可调节垂直铝合金百叶遮阳技术（见图5.7-4）。经过一年多的运行和测试，遮阳技术结合节能门窗的使用，仅围护结构节能措施可降低能耗47.8％。

图5.7-4 生态建筑办公示范楼南立面水平铝合金百叶和东立面可调节垂直铝合金百叶

2. 生态建筑住宅示范楼

（1）工程概况

生态建筑住宅示范楼共建造两幢，一幢是连体别墅其中的一套独立住宅（见图5.7-5），建筑面积为238m²，二层砖混凝土结构，在这一幢建筑中全面集成了当今全国内外先进的生态住宅建筑技术，提出了零建筑能耗的新理念，许多技术将在5至10年内得到广泛推广应用。另一幢是多层建筑的一部分（见图5.7-6），将多层建筑一梯两户型公寓建筑两套和木结构轻质屋顶加层合为一体，总建筑面积402m²，每户均面积134m²。在该建筑中集成了大量目前即可在住宅建设中推广应用的生态建筑实用技术，增加的建筑造价控制在500元/m²以内。

图5.7-5 上海市生态建筑独立住宅示范楼　　图5.7-6 多层建筑中两套公寓建筑和木结构屋顶

结合住宅建筑面向广大居民用户的特点，围绕"四节一环保"的基本方针，在生态住宅示范楼建设中引入了"零能耗建筑"、"资源高效循环利用"和"高品质居住环境"三大技术目标，采用了"超低能耗、智能遮阳、清洁能源、节能空调、环保建材、轻质结构、立体绿化、节约用水、信息家居和舒适环境"等十大技术体系，分别赋予了全新的技术内涵。

（2）建筑遮阳技术应用

两栋住宅都安装了高效智能遮阳系统，以提高窗户的隔热性能，其中独立住宅的东窗、南窗和天窗全部采用外遮阳方式，北窗采用了内遮阳方式。外窗的综合遮阳系数达到0.4，天窗遮阳系数为0.2。

根据建筑外窗朝向的不同及采光控制要求，选择了不同的活动外遮阳系统，具体为南向一层采用自动控制的活动百叶铝合金外遮阳，二层采用活动外遮阳和太阳能集热器固定遮阳，西向采用自动控制的活动百叶铝合金外遮阳，北向采用百叶内遮阳，天窗选用活动的软布艺外遮阳方式（多种室内外遮阳系列产品见图5.7-7～图5.7-10）。多种遮阳产品通过固定开关、无线遥控发射器、风光感应控制器共同实现对遮阳帘的控制，提高其工作效率和安全性。在生态住宅示范楼中，一些世界领先技术和遮阳新理念得到了应用和展示，它们包括日光增强型百叶帘（见图5.7-11）、太阳能驱动卷闸帘（见图5.7-12）、太阳能驱动风光感应器（见图5.7-13，图5.7-14）及无线控制器、无线遥控及编程控制器、户内24V安全性遮阳帘（见图5.7-16）等。

图5.7-7 户外铝合金百叶帘　　　　　图5.7-8 户外天篷帘

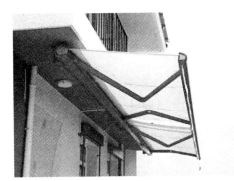

图 5.7-9 户外遮阳篷

图 5.7-10 外遮阳全景

图 5.7-11 日光增强型百叶帘

图 5.7-12 太阳能驱动卷闸帘

日光增强型百叶帘（见图 5.7-11）可按照用户需要，通过调节遮阳百叶帘上下部分的不同开启角度，实现户内下部遮阳闭光和上部的自然采光，使室内工作环境达到遮光节能（防止眩光）和自然采光的双重目的，保证人们生活和工作的最佳效率和舒适性。太阳能驱动卷闸帘（见图 5.7-12）是利用太阳能电池板（位于卷帘箱上方朝阳面）接受和储存阳光能量，在无需连接电源时就能控制户外卷闸帘的开启和关闭，节约了能耗。

太阳能驱动风光感应及无线控制器（见图 5.7-13，图 5.7-14）也利用太阳能电池板接受和储存阳光能量，自动运转并时刻监测风速大小和光线强弱变化，发出无线控制信号，可自动调整所有安装有无线信号接收器的遮阳帘的伸展或者收起。用户可以根据自己喜好，通过先进的无线遥控及编程控制器，实现对于遮阳帘的编程组合控制，提高了舒适性和安全性。户内 24V 安全型遮阳帘保证用电安全，尤其适于有低龄儿童的家庭和有防火需求的场合。该技术用于户内遮阳帘，包括铝合金百叶帘、百褶帘等。

图 5.7-13 太阳能驱动风光感应器

图 5.7-14 安装简便的风光感应器

5.7.2　上海建科院莘庄综合楼

1. 工程概况

上海市建筑科学研究院（集团）有限公司莘庄综合楼（见图 5.7-15）是上海建科院自行设计建造的第二栋绿色三星建筑，建设工程用地面积 2975m²，建筑面积近10000m²，其中地下建筑面积约 3000m²。莘庄综合楼的整体外观像层层叠加而具有不同质地的"盒子"，各层"盒子"围绕一根无形的"轴"旋转上升，造成南面与西面的逐层外挑，建立起室内环境与冬夏阳光之间的有机关系，形成主楼北向退台、副楼西向退台，松弛了建筑与园区院空间的关系。"以建筑为主导，以被动式策略为核心，结合适用、高效、成熟的技术手段，实现新一代更具建筑表现力的绿色建筑"是该楼设计建设技术路线。该楼从设计之初就秉承绿色建筑理念，综合"遮阳与自然采光（图 5.7-15）、自然通风与空调节能、可再生能源利用"等先进的绿色建筑技术和办公实验综合楼的功能要求，让使用者参与对设计方案的评判、选择、提出意见，从实际使用出发，建成了一幢功能完备的绿色建筑，并与此前建成的生态建筑办公楼和住宅楼组成了莘庄园区的绿色建筑示范区。

图 5.7-15　上海莘庄综合楼全景图

图 5.7-16　24V 安全型户内铝合金百叶帘

2. 建筑遮阳技术的应用

建筑如果不呼应气候，就谈不上"绿色"。上海处于亚热带，太阳运行轨迹和辐射特性，加上冬冷夏热的气候特点，使得建筑的夏季防晒和冬季阳光利用对室内环境舒适性和空调与采暖节能具有非常重要的意义。

莘庄综合楼主楼逐层向外旋转挑出的"盒子"，给南立面大部分外窗和外墙提供了夏季自遮阳，在冬季则对阳光进入室内影响甚小。同时北面逐层退台，一方面减小了对园区内部空间的压迫感；另一方面，避免了以光滑楼体迎向北风，产生涡流，影响园区内的风环境质量，可以大大改善本建筑门厅入口处的小气候。

除此之外，东、西、北向外窗均采用 Low-E 玻璃；底层门厅朝西北有较大面积的玻璃外墙，离外墙一定距离设有钢结构的爬藤植物架，将落叶藤本植物作为遮阳构件来设计实验楼为东西向，同样采取了自遮阳（图 5.7-17）、设施遮阳、植物遮阳（图 5.7-18）等策略。通过计算机模拟，这些策略都综合了遮阳与采光以及充分利用冬季阳光。

图 5.7-17 层间自遮阳

图 5.7-18 植物遮阳

南向外墙开窗最大，以获取充足的自然光。但是这样一来遮阳的问题就突出了。除了建筑层层外挑形成自遮阳区域之外，还有一些南窗在夏季需要遮阳。另外，办公空间也需要窗帘调节室内光环境。结合这两方面，采取的策略是用双层窗：外层为单玻璃普通铝合金框，内层为中空断热铝合金框，两层中间悬挂铝合金百叶帘（见图 5.7-19、图 5.7-20）。唯有体现玻璃通透感的第五层采用 Low-E 玻璃单层中空窗，结合室内窗帘（仅用于调节采光）。所有日常使用空间都有自然采光。

图 5.7-19 双层窗中置遮阳帘

图 5.7-20 双层窗中置遮阳帘

5.7.3 结语

建筑遮阳，作为人们用来抵御太阳辐射的主要手段，一直以来深受建筑师的广泛关注。研究建筑遮阳技术不仅是建筑功能发展的需要，也是节约建筑能耗的主要举措，更是表达建筑自身地域性文化性的手段。通过以上介绍，我们可以看出无论是高层办公楼，还是多层住宅楼，均有适宜的遮阳技术和遮阳产品采用，既保持了建筑物的美观大方，又起到遮阳节能效果。建筑师在进行建筑遮阳设计时，要综合考虑地理位置、朝向以及特定用途等各方面的需要，才能够设计处既节约能源，又具有独特个性的建筑来。本文提供了一些遮阳技术和遮阳产品的应用实例，旨在为建筑师在建筑遮阳技术的应用上提供借鉴和参考。

参考文献

［1］韩继红．上海生态建筑示范工程（生态办公示范楼）［M］．北京：中国建筑工业出版社，2005.

［2］汪维，韩继红．上海生态建筑示范工程（生态住宅示范楼）［M］．北京：中国建筑工业出版社，2006.

［3］张颖，张宏儒，邓良，范国刚．2009 年度绿色建筑设计评价标识项目—上海建科院莘庄综合楼［J］．建设科技．2010，（06）．

5.8 外遮阳百叶帘的工程应用

李 明 刘永刚 贵 昊

江苏省建筑科学研究院有限公司

摘 要：本文通过对外遮阳产品的遮阳性能、采光、通风、抗风、私密、保温等技术性能的比较、分析，着重介绍了外遮阳百叶的特点和技术参数，并通过工程应用，介绍了外遮阳百叶设计方案和工程案例。

关键词：外遮阳百叶；遮阳工程应用；既有建筑节能改造

欧洲遮阳组织的调查结果表明，建筑和建设过程消耗了社会总能耗的40%以上，建筑围护结构能耗损失中占其中70%～80%，外窗损失占围护结构的50%以上。在墙体、玻璃产品热工性能日渐成熟的情况下，外遮阳产品的节能指标就成为建筑能否达到节能总体指标不可或缺的、决定性的环节。江苏省建设行政主管部门要求2009年1月起送审图的新建建筑物应安装外遮阳设施。

5.8.1 遮阳产品选型

在节能工程项目设计中，江苏省建筑科学研究院有限公司对市场上现行各类外遮阳形式进行了比较分析，发现各类外遮阳产品在遮阳性能、采光、通风、抗风、私密、保温等技术性能上有较大差异，并列表5.8-1予以比较。从表5.8-1比较结果知，在以上诸多种类的外遮阳产品中，百叶帘的遮阳性能最佳、功能最完善，比其他各种活动外遮阳产品优点更多。外遮阳百叶帘通过电动或手动控制铝合金叶片升降、翻转，夏、秋季可遮挡阳光及其热辐射，保持室内的通风与自然光照，可提高建筑物的居住舒适度，并有良好的视野，冬季收起可利用阳光照射室内被动采暖，节能效果显著，在发达国家已推广使用十多年，技术成熟度高，现已成为欧洲建筑节能通用设备。

各类外遮阳设施性能比较　　　　　　　　　　表 5.8-1

遮阳设施	遮阳系数（夏季/南）	通风	调光	抗风	保温	视野	秘密	收拢空间	耐久	清洗	维修	与建筑一体化	价格
固定板	0.8	/	/	/	/	良	/	/	优	/	/	难	低
百叶帘	0.2	优	优	优	中	良	良	小	良	易	易	易	中高
卷帘	0.33	差	差	优	优	差	优	大	良	难	难	难	中
织物帘	0.4	中	良	差	中	差	良	小	差	易	易	易	中
水平篷	0.6	/	/	差	差	优	/	小	差	难	易	难	低
中置	0.2	优	优	优	/	良	良	小	优	难	易	易	高
内置	0.25	/	优	优	/	良	良	小	差	/	不可	/	低
机翼板	0.25	优	优	优	差	良	良	/	优	难	难	难	高

1. 外遮阳百叶帘的特点

（1）遮阳系数为 0.15～0.25，遮阳效果优异；

（2）在遮阳的同时可调节室内光线的强弱，提高居住环境光舒适度；

（3）在遮阳的同时可保持室内通风，提高居住环境热舒适度；

（4）在遮阳的同时可保持良好的视野，保持室内与外部环境的交融；

（5）叶片两端由导轨或导索支承，叶片间透风，抗风能力强；

（6）各配件材料抗疲劳强度高、耐候性优；

（7）外形尺寸小，占用空间少，易于实现与建筑一体化；

（8）叶片可翻转两面，便于维护、清洗；

（9）产品集成化程度高，易于装拆、修理。

2. 技术参数（见表 5.8-2）

外遮阳百叶帘主要技术参数　　　　　　　　　　　　　　　　表 5.8-2

	遮阳系数	0.15～0.25
	抗风能力	极限风载 600Pa（11 级风，风速 26m/s）
	电动升降速度	2m/min
单幅百叶帘 最大尺寸	最大长度/最大高度/最大厚度	4m/5m/0.13m
	最大面积	8m²

5.8.2　既有建筑外遮阳应用项目

1. 项目概况

江苏省建筑科学研究院工艺楼建于 1976 年，6 层框架结构，层高 3.2m，总建筑面积约 6000m²。该楼外观饰面陈旧、杂乱，空调能耗大，见图 5.8-1。2008 年，该建筑物列为省建筑综合节能改造示范项目，主要改造措施为：（1）外墙贴快装保温板；（2）空调集中竖向排列；（3）2～6 楼南窗安装电动外遮阳百叶帘；（4）屋顶增加聚氨酯保温层。

江苏省建筑科学研究院工艺楼节能改造前、后外观见图 5.8-1，图 5.8-2。

图 5.8-1　江苏省建筑科学研究院
工艺楼节能改造前外观

图 5.8-2　节能改造后江苏建科院
工艺楼外观

2. 百叶帘工程设计方案

根据分析对比结果，公司决定在该节能改造项目中于 2～6 层南窗安装 85 幅共 510m²外遮阳百叶帘。活动外遮阳产品分明装、嵌装、暗装方式。明装方式适合于既有建筑、或未经专门设计的新建建筑；嵌装方式适合于新建建筑，但要求窗洞上方外侧应预留安装外遮阳百叶帘的位置；暗装方式适合于外墙装饰材料干挂的新建或既有建筑物。本项目为既有建筑，选用明装方式。

（1）叶片形式：选用材料瑞士进口、抗风能力较强的 CR80 型叶片，颜色同墙面快装保温板取为亚光闪银灰色，既避免反光与眩光，又充满现代气息。

（2）产品分幅：本项目为办公楼，开间 4m，层高 3.2m，窗高 1.5m。因南窗为联排推拉窗，百叶帘应连续延伸设置。如每幅百叶帘长 4m，叶片等构件过于细长，在组装、运输、安装、使用中容易损坏，且外观上每开间 4m×1.5m 的分块扁平、厚重，而分解为 2 幅 2m 则更显匀称。

（3）安装方式：因从墙面到窗扇外表面进深仅 80mm，百叶帘厚度 130mm，如采用嵌装，百叶帘仍露出墙面 50mm，且百叶帘收拢后 250mm 高度也将遮挡窗户的部分采光面积，故百叶帘宜在墙面上明装，其安装节点大样见图 5.8-3，图 5.8-4。

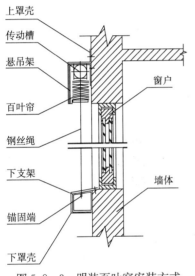

图 5.8-3 明装百叶帘安装方式

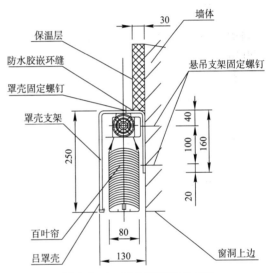

图 5.8-4 传动槽安装节点图

（4）导向方式：为加强百叶帘的抗风能力，百叶帘叶片两端应设置支承。如采用导轨支承，则应在墙面上安装悬挑支架固定导轨，该结构在从室内看感觉过于抢眼，从室外看感觉喧宾夺主，影响整个建筑物的立面外观。相比之下，采用钢丝绳导索支承则较为隐蔽。钢丝绳在上端拉结在顶轨上，下端固定在窗洞下方的钢龙骨上，钢龙骨表面全包铝塑板罩壳，见图 5.8-4。产品安装后上窗帘盒、下龙骨构成墙面上的线条，也可改善建筑立面外观。

（5）驱动方式：在每开间设一台电动机驱动两幅百叶帘同步升降，实现"一拖二"，可降低造价。

（6）控制方式：根据房间的使用情况，分单开间单线控、单开间单遥控、三联通间遥控一控三等方式。在内墙面上安装明盒、敷设线槽，电线由窗框穿墙直达百叶帘传动槽。

（7）维修接口：维修接口是产品使用维护的重要环节。支架、吊箍通过膨胀螺栓安装在墙面上，将百叶帘传动槽装入吊箍，闭合、锁紧横杆则可。需维修时可开启横杆，取下百叶帘。

3. 安装效果

明装百叶帘安装后效果见图 5.8-5,图 5.8-6。

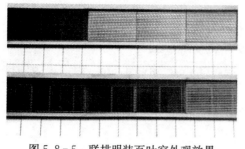

图 5.8-5　联排明装百叶帘外观效果

图 5.8-6　明装百叶帘局部效果

5.8.3　新建建筑外遮阳应用项目

1. 项目概况

镇江科苑华庭小区为住宅建筑群,框架结构,总建筑面积 9 万 m^2。该小区一期工程建筑面积约 2 万 m^2,开工时间为 2008 年 5 月,竣工时间 2009 年 6 月,安装 C80 型外遮阳百叶帘 42 幅、1150m^2。

2. 百叶帘工程设计方案

(1)建筑结构与外遮阳设施一体化设计

本项目为新建建筑,在项目规划、设计阶段即已在窗上梁下预留百叶帘安装位置,厚 240mm 梁的内侧设置 120mm×200mm 下挂梁,因此预留出 120mm×200mm 的安装空间,窗高由 1.8m 减低为 1.6m,在保障室内采光充足的前提下,也符合节能设计要求的窗墙比。安装在该预留空间中的百叶帘收起后可隐藏于窗上墙内,窗帘盒不凸出墙面,不影响建筑立面效果,见图 5.8-7。

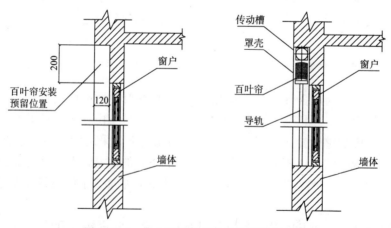

图 5.8-7　窗上预留安装空间并嵌装剖面图

(2)各窗型外遮阳设施的针对性设计

本项目采用内开窗,窗形式众多,在方案设计中分别采用以下技术对策:

1)常规平窗

将百叶帘悬吊在预留空间上沿,导轨侧装在窗洞内,铝合金罩壳外侧与墙面平齐,百叶帘由设置在室内的墙面开关控制。

2）多联窗

在一个同开间、同朝向 2～3 个条形窗上侧预留连通安装空间，由一根传动装置驱动三幅百叶帘，实现一拖多同步升降、翻转，见图 5.8-8。

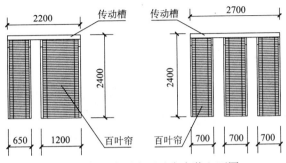

图 5.8-8　多联窗百叶帘安装立面图

3）拐角窗

在该窗南、东（西）转角上设置铝合金中挺，以便安装两幅百叶帘的导轨，采用拐角同步传动装置连接两幅百叶帘的传动轴，实现两幅百叶帘同步升降、同步翻转，以降低造价（见图 5.8-9）；如用户需要，也可安装两台电动机分别控制。凸窗亦属拐角窗，同上方法在两个转角上设置铝合金中挺，并分别安装拐角同步传动装置连接三幅百叶帘的传动轴，实现三幅百叶帘同步动作。

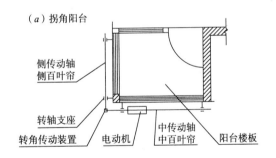

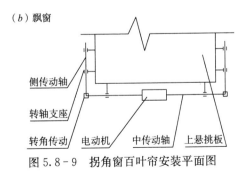

图 5.8-9　拐角窗百叶帘安装平面图

（3）墙面、外遮阳罩壳的一体化施工

百叶帘的铝合金罩壳安装为与外墙平齐，罩壳经接缝处理、表面处理后，与墙面同时涂覆涂料，使墙面与罩壳同色、同花纹，既避免了两者产生色差，又使两者等寿命，今后两者还可同时维护，实现了嵌装设计、暗装效果，使墙面、外遮阳设施实现真正、完全的一体化。

本项目为普通住宅楼，窗型概括了我国长江中下游夏热冬冷地区当今住宅的大部分窗型。通过协调建筑设计、同步施工，实现了墙面、外遮阳设施的一体化，因此具有示范意义。

3. 安装效果

该项目安装效果见图 5.8-10。

图 5.8-10　镇江科苑华庭一期 C80 型外遮阳百叶帘

5.8.4　结语

经在既有建筑、新建建筑项目应用，江苏省建筑科学研究院有限公司对外遮阳百叶帘的设计、施工、应用均进行了开拓性、探索性的工作，为江苏省推广应用起了良好的示范作用，对我国建筑遮阳技术的发展有一定的推进。

5.9 广东公共建筑遮阳技术工程实践

周 荃 程瑞希
广东省建筑科学研究院

摘 要：本文通过广东省几座公共建筑采用遮阳设施的实例，分析了建筑自遮阳、固定外遮阳、活动外遮阳和可调式内遮阳的遮阳效果。

关键词：公共建筑遮阳技术；建筑自遮阳；活动外遮阳；固定外遮阳

广东省作为中国第一经济强省，走在中国经济改革开放的前列，连续十几年经济领先中国其他省份。据统计，广东省城市建筑面积总量位居全国第一，并以每年新建建筑面积 1.2 亿 m^2 的速度继续增加。近年来，我国每年建筑全社会能耗约为 20 亿 t 标煤，广东约占全国的十分之一。建筑行业能耗占全社会能耗的 28%，建筑节能刻不容缓。在目前推广应用的新的建筑节能技术中，建筑隔热保温是重要的内容，也是建筑节能技术的重点，它代表着建筑节能技术的发展方向，而遮阳技术就是建筑隔热保温通风技术的代表。

广东地区属热带和亚热带季风气候区，气候暖热，雨量充沛，光照充足，夏季炎热漫长，全年平均日照时间在 290 天左右，日照时间长、辐射总量大。对于广东省大部分地区而言，通过窗户进入室内的空调负荷主要来自太阳辐射，主要能耗也来自太阳辐射，有效的遮阳措施在夏季可以阻挡近 85% 的太阳辐射，而且可以避免阳光直射而产生的眩光，对降低建筑空调负荷和能耗，提高室内居住舒适性有显著的效果。

近年来，广东新建的大型公共建筑和标志性建筑中也对各种遮阳技术和遮阳形式进行了探索和实践，以下对几个典型工程的遮阳技术应用作简要介绍。

5.9.1 广州亚运综合体育馆的建筑自遮阳

广州亚运城综合体育馆位于广州亚运城西南面，总建筑面积 6.55 万 m^2，于 2010 年 11 月正式投入第 16 届亚运会的使用（见图 5.9-1）。

图 5.9-1 广州亚运城综合体育馆效果图

广州亚运城综合体育馆在外形设计上充分考虑了遮阳问题，建筑造型和大屋檐的设计具有较好的自遮阳效果。

在工程设计中对建筑夏季的遮阳效果进行了计算分析，广州地区的夏季基本为 4 月到 11 月，针对各月典型天全天逐时的遮阳效果进行了模拟分析。夏季的遮阳重点关注条件最恶劣的西面。广州市气象参数显示，夏季西面的太阳辐射照度在下午 16 点左右达到最大值。分析可知，体育馆的形体和大屋盖设计对西面的玻璃幕墙遮阳起到一定的遮阳效果。其遮阳效果在太阳高度角较高的时候效果较好，例如 6～7 月份的 10 点到 16 点。遮阳效果如图 5.9-2 所示。

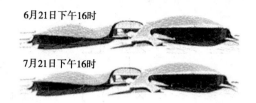

6月21日下午16时

7月21日下午16时

图 5.9-2　6～7 月份下午 16 时建筑遮阳效果

5.9.2　深圳证交所的建筑自遮阳

深圳证券交易所（SSE）营运中心位于深圳市深南大道边，总面积 26.7 万 m^2，是一座集办公、证券交易等于一体的多功能综合办公大楼。

该项目的遮阳设计主要通过建筑体型和窗口的凹进得以实现（见图 5.9-3）。

在体型上，有一座耸立在空中的外飘平台，东西向悬挑 36m，南北向悬挑 22m，南北立面较阔，有助于夏季减少太阳辐射及冬天加强日照。遮阳方面，采取了以梁柱为遮阳的立面设计，进一步降低太阳得热并有利于室内的自然通风。

在窗口细部上，幕墙部分以外置梁柱为遮阳，内陷 1010mm。相当于在外窗设置 1010mm 的水平遮阳板和左右各 1010mm 的垂直遮阳板，各个朝向都能有效地避免太阳辐射，节能效果十分明显。外置梁柱遮阳的方式没有采用其他的附加外遮阳措施就很好地达到了遮阳效果，节省了投资。这种绿色设计理念值得广大设计师借鉴。

5.9.3　广东全球通大厦的固定外遮阳和电动调节内遮阳

广东全球通大厦位于广州市珠江新城，总高约 150m，总建筑面积约 12 万 m^2，建筑外表面主要为玻璃幕墙结构。该项目立面外遮阳采用了固定外遮阳，在窗楣处挑出遮阳挡板，并对其遮阳效果进行了计算（见图 5.9-4）。

图 5.9-3　深圳证券交易所营运中心

图 5.9-4　广东全球通大厦（新址）

计算结果表明，南北朝向的遮阳系数达到了 0.75 以上，可以遮挡大部分的光线进入室内，有效地降低空调负荷，遮阳效果明显（见图 5.9-5）。

同时，在该项目东、西南侧还采用了电动内遮阳卷帘，通过电动马达控制可以自动调节卷帘开启，并可控制遮阳帘自动升降以配合气象条件，当所有遮阳帘一齐升降的时候，建筑物的外观看起来非常协调（见图 5.9-6）。

图 5.9-5　卷帘内遮阳

图 5.9-6　固定外遮阳与活动内遮阳相结合

广东全球通大厦中固定外遮阳与活动内遮阳相结合的遮阳方式，大幅降低了太阳辐射带来的空调负荷和能耗。

5.9.4　珠江城的固定外遮阳和活动内遮阳

珠江城位于珠江新城商务办公区，总建筑面积约 21 万 m²，高度 309m。是一座国际超甲级写字楼。

珠江城的东、西立面采用了铝合金水平外百叶外遮阳措施，百叶挑出的宽度为 0.8m。利用日照分析软件对外百叶的遮挡系数进行计算，得到不同时刻的直射、散射及综合遮阳系数（见图 5.9-7）。

在考虑立面形式的因素后，得出东、西立面整体外遮阳系数为 0.54，配合 Low-E 玻璃幕墙，使幕墙的综合遮阳系数达到了 0.27，遮阳效果非常明显（见图 5.9-8）。

珠江城的南、北里面采用了内呼吸双层玻璃幕墙，同时在幕墙内设置遮阳百叶，通过计算，南、北立面夹层百叶的遮挡系数为 0.39，配合 Low-E 玻璃幕墙，双层幕墙的综合遮阳系数为 0.3，能有效减少太阳辐射热的影响，降低围护结构的热损失，提高节能效果。

图 5.9 - 7　广州珠江城大厦

图 5.9 - 8　铝合金百叶效果图

5.9.5　广州新电视塔的固定外遮阳

广州新电视塔于 2009 年 9 月建成，包括发射天线在内，广州新电视塔高达 600m，已成为当时世界已建成的第一高塔。广州塔塔身为椭圆形的渐变网格结构，其造型、空间和结构由两个向上旋转的椭圆形钢外壳变化生成，密集的透空钢柱有效的遮挡了太阳光的射入，起到了外遮阳的作用，还显著地减少了幕墙对环境的污染（见图 5.9 - 9，图 5.9 - 10）。

图 5.9 - 9　广州新电视塔

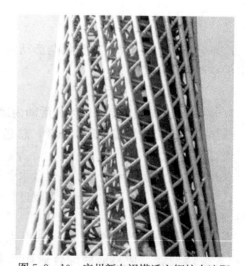

图 5.9 - 10　广州新电视塔透空钢柱自遮阳

广州线电视塔利用自身结构作为外遮阳措施，无疑为大型钢结构建筑注入了一种新的设计理念，即在设计时考虑到自身结构的遮阳效果，使其在支撑作用和营造立面效果的同时具有遮阳作用，对降低建筑空调能耗具有重要意义。

5.9.6　广州发展中心的电动活动外遮阳和内遮阳

广州发展中心大厦位于广州市珠江新城临江大道北侧，建筑总高度 150m，是一栋超高层综合写字楼。

大楼外立面的东、西两翼及塔楼南、北立面均采用有很大进深的两层高的正方形网格结构，网格结构中外沿设有竖向遮阳板，退缩其后为平面玻璃幕墙，形成鲜明的立体结构对比。自动可调式垂直遮阳板宽度900mm，长度8000mm，可根据风向、日照光线的变化而转动调节，既起到采光、隔热节能，又营造了"活动的立面"效果（见图5.9-11，图5.9-12）。

玻璃幕墙内部还设置了白色升降遮阳帘，可局部调节遮阳程度。利用活动外遮阳与活动内遮阳相结合的方式，使得调节更加灵活，在满足光照需求的同时获得了良好的遮阳隔热效果（见图5.9-13）。

图5.9-11 广州发展中心大厦

图5.9-12 活动遮阳板

图5.9-13 活动外遮阳与活动内
遮阳相结合

从上面的工程中，我们可以清楚地看到建筑遮阳对建筑节能的作用和效果是非常显著的，作为建筑节能的一种新途径，有着巨大的实用潜力。

广东省由于其独特的气候特点，建筑遮阳的节能效果十分明显，各种遮阳措施在广东的新建建筑和既有建筑节能改造项目中都得到了比较广泛的应用。但合理的遮阳系统对建筑的艺术与技术的作用和效果，尤其是在建筑节能与智能化方面，还需要不断地去开发和研究。

建筑遮阳正处于蓬勃发展阶段，在构建以低碳排放为目标的建筑体系这个大环境下，在不断地探索与实践中，建筑遮阳必然能逐步完善，成为具有丰富表现力的建筑立面要素，成为可呼吸的建筑表皮，更好地发挥作用，实现让建筑更节能、更生态的目的。

5.10 遮阳在绿色建筑中的应用
——以南国弈园为例

张 霖

广西华蓝设计（集团）公司

绿色建筑是指在建筑全寿命周期内，最大限度地节约资源（节地、节能、节材、节水）、保护环境和减少污染，为人们提供健康、适用和高效的使用空间，与自然和谐共生的建筑。建筑遮阳是建筑围护结构的构件，一般附加在建筑外窗或外墙外侧，用于遮挡直射的太阳光和太阳辐射热。我们知道，夏天水平面太阳辐射强度可高达 $1000W/m^2$ 以上，通过窗户进入室内的阳光是室内过热的主要原因。有针对性的遮阳，可以有效防止阳光直接进入建筑室内，明显降低室内温度。建筑遮阳的种类有窗口遮阳、屋面遮阳、墙面遮阳、绿化遮阳等几种形式。在这几种遮阳措施中，窗口遮阳是最重要的。

窗口遮阳是南方建筑防热的传统构件

我们知道，夏热冬暖地区建筑室内过热的原因，一是在强烈的太阳光与较高气温的共同作用下，大量的热量通过屋面和外墙，特别是东、西墙传进室内。其次，通过开敞的窗口直接透进太阳辐射热和热空气；再有就是生活余热。在这三者的共同作用下使室内热环境条件发生变化，使室内过热。采用建筑遮阳设施是防止室内过热的有效途径之一。

1. 遮阳防热原理

窗口遮阳可以阻挡直射阳光从窗口透入，减少对人体的辐射，防止室温升高。经测试得知，在广西地区，合理地设计窗户外遮阳可减少空调能耗 23%～32%。窗户遮阳是夏热冬暖地区建筑节能的有效措施。

2. 窗口遮阳的种类

按遮阳的形态分类，可以分为水平遮阳、垂直遮阳、挡板遮阳和骑楼等。

水平遮阳，能够遮挡窗口上方射来的阳光，适用于南向外窗；垂直遮阳，能够遮挡窗口两侧射来的阳光，适用于北向外窗；挡板遮阳，能够遮挡平射到窗口的阳光，适用于接近东西向外窗。骑楼是我国南方和东南亚建筑特有的形式，有综合遮阳的效果。

以上是几种遮阳方式，可以在实际工程中单独选用或者进行组合。常见的还有综合遮阳、固定百叶遮阳、花格遮阳等。

按遮阳的材料分类，可以分为钢筋混凝土构件遮阳、铝合金遮阳产品、塑钢遮阳产品、木质遮阳产品等。

为了解决固定遮阳带来的与采光、自然通风、冬季采暖、视野等方面的矛盾，可以活动或调节的遮阳设施逐渐被人们采用。可调节的外遮阳设施，可以根据使用者环境变化和个人喜欢，自由地控制遮阳系统的状态。其形式有遮阳卷帘、活动百叶遮阳、遮阳篷、遮阳纱幕等。

3. 遮阳在广西的应用

广西地处我国南部，位于北纬 $20°54'$～$26°23'$，东经 $104°29'$～$112°04'$。属亚热带季风气候区。年平均气温在 21.1℃ 左右。年均降雨量在 1835mm 左右。在建筑气候分区中绝大部分地区属冬暖夏热地区（桂林以北部分为夏热冬冷地区）。气候特征是夏天时间长，气温较高，降水多，炎热潮湿；冬天时间短，天气干暖。春秋两季气候温和，全年绿树成荫，青草经冬不枯，四季花朵常开。在建筑热工设计方面，冬天可以不考虑采暖，建筑耗能除照明外，主要是在夏季空调制冷的耗能方面。在广西大部分地区，空调还不十分普及，常用的防热措施就是遮阳。20 世纪 80 年代的广西，遮阳就已经是很常见的建筑防热的技术。

（1）广西民族博物馆（图 5.10-1）。

该馆 1978 年 12 月在南宁建成。馆内陈列室均作南北横向布置，底层架空，内设天井与庭院绿化，天井上部设遮阳隔栅，建筑外部采用垂直遮阳，在没有空调设施的情况下，基本满足陈列品的温度和湿度要求，以及观众的舒适度要求。尤其可贵的是，建筑外观比例适度，垂直遮阳隔栅上设计有壮锦图案的饰物，使建筑具有浓郁的南方气息和民族风格。

图 5.10-1　广西民族博物馆

（2）广西体育馆（图 5.10-2）。

该建筑 1966 年 12 月在南宁建成。馆内设有比赛大厅、贵宾休息室、运动员休息室、观众休息平台及其他辅助设施，可举行球类、体操、举重等项比赛和集会、文艺、杂技等演出。该馆最大的特点是比赛大厅采用自然通风来满足室内热工环境的要求：看台侧墙板镂空，形成一排排通风口；观众休息廊是开敞的，在巨大的挑檐遮盖下，观众避免太阳光的直射而得到清凉。同时形成的热压通风，迅速带走比赛大厅内的热量。体育馆的建筑形象轻盈、通透，具有南国特色。

图 5.10-2　广西体育馆

（3）遮阳在南国弈园的应用

1）南国弈园概况

南国弈园是近几年的建筑，位于南宁市云景路南面，月弯路西侧，距离南侧的城市主干道民族大道 200m。此项目为新建的体育文化类公共建筑，地上 7 层，地下 1 层。主要功能既满足棋牌等智力文体活动的要求，也考虑到满足餐饮、发布会等大型活动要求。

占地面积：6535.65m²；建筑面积：11621.1m²（其中：地上部分 7202.7m²，地下部分 4418.4m²）；容积率：1.1；建筑密度：29.4%；绿地率：35.1%。

此项目已获得国家二星级绿色建筑设计评价标识认证。

2）遮阳设计

该建筑四面外墙均设计有垂直铝合金百叶电动遮阳，每个百叶幕墙面积：25.5m×27.3m。每个朝向的外墙由 36 个百叶组成，单元净面积 4.2m×3.9m。叶片形状为翼帘型（图 5.10-4）。系统技术指标，每单元叶片数：8 片。叶片规格：长×宽×高＝3700（约）×450×70mm。叶片可调角度：0°～90°范围内调节（图 5.10-4）。叶片材料：预滚涂层铝板 3003 系列。厚度：1.2mm。叶片穿孔规格：60°交叉，孔径 2.5mm，孔距 5mm，穿孔率22.67%；表面处理：凸面：氟碳漆预滚涂［PVDF］。凹面：阳极氧化AA15。表面颜色为灰色。

3）遮阳的效果

作用一：降低能耗，并提供了遮阳系数。根据计算机节能软件的模拟计算，没有采用遮阳设施时，窗户的玻璃必须采用低辐射玻璃；采用遮阳措施后，只采用普通玻璃即可满足节能50%的要求；

作用二：降低造价成本。普通玻璃的价格仅为低辐射玻璃的1/3，经济效益十分显著；

作用三：功能和美观高度一致，遮而透。遮住了直射的阳光，透过凉爽的自然风，灰色的垂直形态，与建筑外观非常和谐，适合该建筑的性质和氛围（图5.10-3，图5.10-4）。

图5.10-3 南国弈园实景（一）

图5.10-4 南国弈园实景（二）

5.11 玻璃幕墙建筑外遮阳工程案例
——深圳方大装饰公司设计及施工的外遮阳工程简介

于胜义

深圳市方大装饰工程有限公司

摘　要：建筑外遮阳是建筑节能的重要措施，对降低建筑能耗、提高室内居住舒适性也有显著的效果。本文结合深圳方大装饰工程公司近几年设计及施工的典型工程案例，分别对玻璃幕墙采用水平式、垂直式、综合式和挡板式等外遮阳形式进行介绍，并对遮阳构件形状进行了分析和总结，给类似工程提供参考。

关键词：工程实践；建筑外遮阳形式

　　现代建筑遮阳在建筑节能领域起到越来越重要的作用。据不完全统计，近年来我国每年建筑行业能耗占全社会能耗的28％，建筑节能刻不容缓。在目前推广应用的新的建筑节能技术中，建筑隔热保温是重要的内容，也是建筑节能技术的重点，它代表着建筑节能技术的发展方向，而外遮阳技术就是玻璃幕墙建筑隔热保温通风技术的重要手段。

　　对于我国南方大部分地区而言，夏季空调负荷主要来自通过窗户进入室内的太阳辐射，建筑的主要能耗也由太阳辐射产生，有效的外遮阳措施在夏季可以阻挡近85％的太阳辐射，而且可以避免阳光直射而产生的眩光，对降低建筑空调负荷和能耗，提高室内居住舒适性有显著的效果。

　　近年来我国新建的大型公共建筑和标志性建筑中也对各种遮阳技术和遮阳形式进行了探索和实践。

　　外遮阳设计一般应考虑：（1）防止直射阳光，并尽量减少散射阳光；（2）要有利于采光、通风和防雨；不阻挡视线；（3）与建筑协调；（4）构造简单且经济耐久。

　　外遮阳的基本形式可分为：水平式、垂直式、综合式和挡板式等。如下图5.11-1：

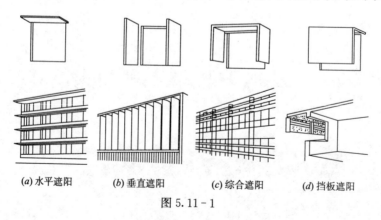

　　(a)水平遮阳　　(b)垂直遮阳　　(c)综合遮阳　　(d)挡板遮阳

图5.11-1

　　水平式遮阳能有效遮挡高度角较大的阳光，适用于南方地区南向的遮阳工程；
　　垂直式遮阳能有效遮挡高度角较大的阳光，适用于南方地区南向的遮阳工程；

综合式遮阳实际上是水平遮阳和垂直遮阳的组合，可据窗朝向的方位而定所起的具体作用；

挡板式遮阳是指窗口前方设置的与窗面平行的挡板（或花格等）。挡板式遮阳能够有效地遮挡高度角比较低、正射窗口的阳光，主要适用于东、西向附近的窗户。

本文介绍的遮阳工程案例，均是在水平式，垂直式、综合式和挡板式这几种遮阳形式为基础的创新。

5.11.1 工程实践案例介绍

深圳市方大装饰工程有限公司是国家建设部首批核准的建筑幕墙工程设计专项甲级资质企业及壹级建筑幕墙施工企业，专营各类建筑幕墙工程的设计、制作和安装。下面结合公司近几年设计及施工的几个典型工程的外遮阳形式案例，并对建筑外遮阳形式作简要介绍。

1. 厦门万达广场：

该工程位于厦门市仙岳路与金山路交叉口，幕墙面积：47665.65m²，水平方向为渐变的横向遮阳装饰条，最大截面尺寸 900mm×150mm，位于每个横梁外面。整个外装饰构件通过不断变换截面尺寸满足立面造型，给人们带来强烈地视觉冲击。

本工程遮阳装饰条属于典型的水平式外遮阳系统。见图 5.11-2。

装饰条简介：该装饰条横向变化（图 5.11-3），外形尺寸 450～900mm 不等，交界处以圆弧过渡。设计时充分考虑了最大风荷载给构件造成的影响，在装饰条内部采用加强龙骨，保证了构件的安全可靠连接（图 5.11-4），具体内部连接构造不在此叙述。

图 5.11-2 立面效果图

图 5.11-3 遮阳装饰条局部放大图

2. 深圳嘉里建设广场大厦：

嘉里建设广场（图 5.11-5）二期项目位于深圳市福田中心区益田路与福华路交叉口，东侧为嘉里建设广场一期，北侧紧邻香格里拉大酒店。工程地下 3 层，地上 41 层，建筑总高度 200m，总建筑面积约 103000m²。

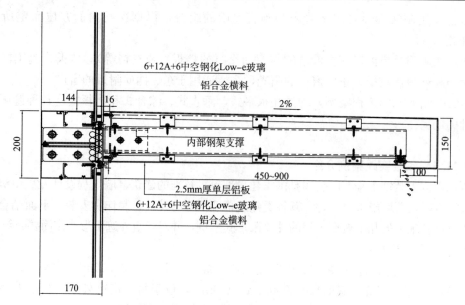

图 5.11-4 遮阳装饰条剖面示意图

图 5.11-5 立面效果图

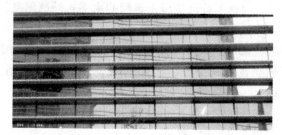

图 5.11-6 遮阳装饰条局部放大图

本项目幕墙工程主要包括塔楼单元式幕墙系统，裙楼构件式玻璃幕墙、玻璃采光顶、玻璃吊顶系统、玻璃栏板系统、玻璃雨篷及入口玻璃门等系统，幕墙总面积约 45000m²。

本工程遮阳装饰条属于典型的水平式外遮阳系统（图 5.11-6，图 5.11-7）。

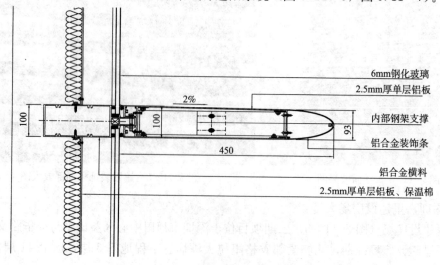

图 5.11-7 遮阳装饰条剖面示意图

遮阳装饰条装饰条简介：该工程裙楼玻璃幕墙横向装饰构件外形尺寸 450m×100m，端部以圆弧过渡。位于每根横梁的外侧，横向排列错落有致。

3. 大连万达广场：

该工程（见图 5.11-8）位于辽宁省大连市中山区人民路东侧、大连港西部，人民路东尽端，是大连中央商务区的龙头项目，总占地面积 8 公顷，总建筑面积约 50 万 m²。

该工程采用以竖线条和"X"形肌理为主导的外立面，从而表现出功能和形式相协调的健康美，在裙房的衬托下，两座塔楼更能体现蒸蒸日上、蓄势待发的感觉，建成之后是大连代表性的中心商务区的标志性建筑之一。

本工程遮阳装饰条属于典型的垂直式外遮阳系统（图 5.11-9，图 5.11-10）。

图 5.11-8　立面效果图

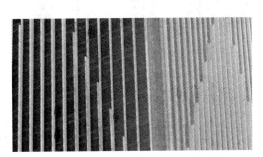

图 5.11-9　遮阳装饰条局部放大图

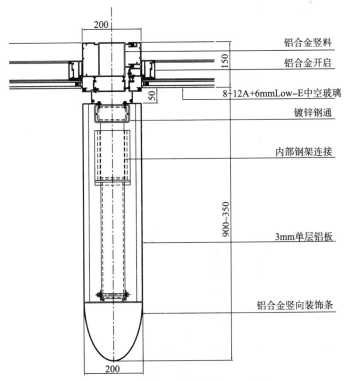

图 5.11-10　遮阳装饰条剖面示意图

装饰条简介：该装饰条外形尺寸 350mm～900mm 不等，外立面通过装饰条大小的改变来实现立面变化形式。装饰条与立柱内部连接构造不在此叙述。

4. 西安欧亚论坛中心：

该工程位（图 5.11-11）于西安市。

本工程遮阳装饰条属于典型的垂直式外遮阳系统（图 5.11-12，图 5.11-13）。

图 5.11-11　立面效果图

图 5.11-12　遮阳装饰条局部放大图

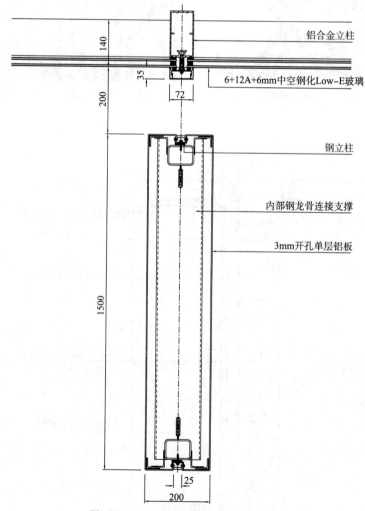

图 5.11-13　遮阳装饰条剖面示意图

装饰条简介：该装饰条外形尺寸 1500mm×200mm，由 3mm 单层铝板和钢龙骨组成，钢龙骨与主体结构连接，装饰条内部连接构造不在此叙述。3mm 单层铝板表面通过冲孔剪板等工艺进行加工制作，使之形状与当地的民俗文化浑然统一。

5. 合银广场：

合银广场（图 5.11-14）项目位于广州市环市东路与淘金路交汇处，地下 4 层，地上 50 层，建筑高度 250m，结构形式为框架－核心筒结构，主要功能办公及商住，总建筑面积约 15290㎡。

本工程遮阳装饰条属于典型的垂直式外遮阳系统。

图 5.11-14　立面效果图

图 5.11-15　遮阳装饰条局部放大图

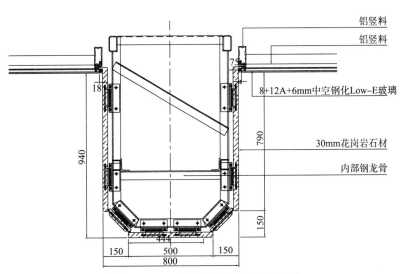

图 5.11-16　遮阳装饰条剖面示意图

遮阳装饰条简介：该装饰条外形尺寸 800mm×950mm，由干挂 30mm 花岗岩石板和钢龙骨组成竖向装饰柱，钢龙骨与主体结构连接，装饰柱内部连接构造不在此叙述。30mm 花岗岩石板表面进行火烧面处理，外观浑然一体，线条感十分强烈（图 5.11-15，图 5.11-16）。

6. 厦门五缘湾花园工程：

该工程（见图 5.11-17）位于厦门市环岛路与安岭路交汇处，总建筑面积约 5290㎡。

本工程遮阳装饰条属于典型的垂直式外遮阳系统（图 5.11-18，图 5.11-19）。

图 5.11-17　立面效果图

图 5.11-18　遮阳装饰条局部放大图

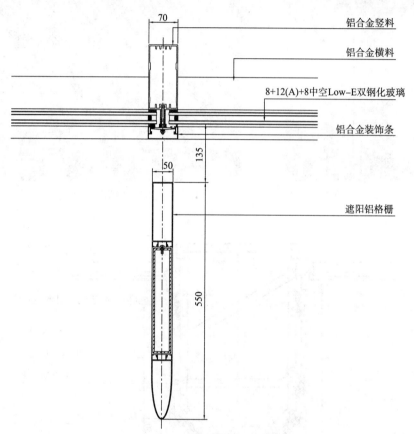

图 5.11-19　遮阳装饰条剖面示意图

装饰条简介：该装饰条外形尺寸 550mm×50mm，由三段铝型材组合而成，位于每个幕墙幕墙立柱外侧，不影响悬窗开启。

7. 中国银联上海信息处理中心：

中国银联上海信息处理中心（图 5.11-20）位于上海市浦东新区张江高科技园区，该工程项目包括动力区、生产区和办公区三个单体。工程外立面主要为明框玻璃幕墙、铝板幕墙及铝合金格栅等，造型新颖独特，是集办公及生产为一体的高档建筑。本工程地上 4 层，幕墙总标高为 23.7m，面积约 11000m²。

本工程遮阳装饰条属于典型的挡板式外遮阳系统（图 5.11-21，图 5.11-22）。

图 5.11-20 立面效果图

图 5.11-21 遮阳装饰条局部放大图

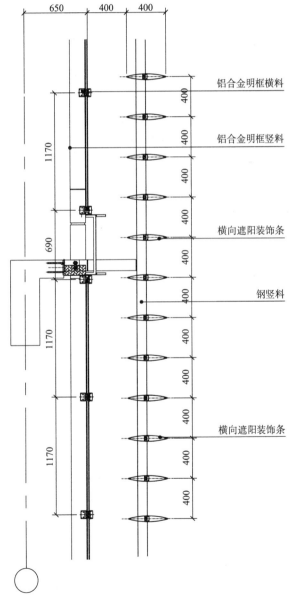

铝合金明框横料

铝合金明框竖料

横向遮阳装饰条

钢竖料

横向遮阳装饰条

图 5.11-22 遮阳装饰条剖面示意图

装饰条简介：该装饰条外形尺寸 400mm×50mm，相邻两个装饰条间距 400mm，由两段铝型材组合而成，位于玻璃面的外侧，距离玻璃面约 400mm，不影响开启窗的使用。该装饰条可以直接将阳光挡在室外，同时在人的高度范围内不影响视线。

5.11.2　结语

建筑外遮阳可以有效遮挡太阳辐射，在遮阳设施上所产生的热量绝大部分停留在建筑外部，外遮阳散热性好。采用建筑外遮阳大大降低了建筑能耗，有利于节能减排。但外遮阳的不足之处是维护有一定难度。建筑外遮阳设计对建筑美学和建筑造型也有很大的影响，精心设计建筑外遮阳，可以使建筑具有更加丰富的立面造型和立体感。外遮阳能有效减少建筑得热，其遮阳效果与遮阳结构、材料、颜色等密切相关，同时也要考虑避开采用材料和色彩的缺陷。由于直接暴露在室外，外遮阳设施在使用过程中容易积灰，应考虑清洗的问题，同时，还要考虑天气变化，如风、雨给外遮阳设施带来的损坏和腐蚀作用。

参考文献

[1] 公共建筑节能设计标准 . GB 50189－2005.
[2] 柳孝图 . 建筑物理 [M]. 北京：中国建筑工业出版社，1991.
[3] 建筑设计资料集编委会 . 建筑设计资料集 [M]. 北京：中国建筑工业出版社，1994.

5.12 深圳高新区软件大厦电动遮阳系统

刘树鹏

深圳市方大装饰工程有限公司

摘 要：本文对电动遮阳系统在工程中的运用进行概述，对电动遮阳系统中的叶片、驱动器、控制系统以及整个系统运转均作了设计分析，并结合使用经验，对验收标准作了简要概括。

关键词：遮阳系统；百叶片；驱动器；控制系统；验收

5.12.1 深圳软件大厦基本情况

1. 铝合金型材电动遮阳系统的应用

目前，国内大量公共建筑均采用透明的玻璃幕墙，虽然它们通透明亮，满足了一些建筑艺术方面的要求，但在夏天和中午，阳光会大量进入室内。夏季，室内温度上升使空调耗电量增加。同时，太强的光线使室内人员视觉舒适感降低。目前市场上有手动、电动遮阳系统，基本上是阳光面料、布料或薄单层金属叶片制作而成，都存在易老化、防火差、多个系统运转统一性差、机构易损坏等缺陷。为尽量避免这些缺陷。通过独特的设计，铝合金型材电动遮阳装置在深圳软件大厦工程中得到应用，为玻璃幕墙建筑遮阳提供了良好的参照。

2. 设计的目的和要求

遮阳系统设计的目的就是要防止直射日光透过幕墙射入室内，减少太阳光透射时的辐射，防止夏季室内温度过高和光线太强，达到良好的使用条件和降低制冷能耗。其设计要求达到以下几点：

（1）整体造型美观，对钢龙骨、玻璃幕墙及内装饰具有衬托效果；

（2）选用轻质材料，如铝合金挤压型材；

（3）结构牢固，装卸方便，保养检修方便。

3. 工程概况

深圳软件大厦为一类高层建筑，工程地点位于深圳市高新区中区西片，北临高新中一道，东临科技中三路，西靠科技中二路，沿高新中一道东西长约 208m，西端沿科技中二路，南北宽约 66m，东侧沿科技中三路南北长约 211m，南端东西宽约 86m，总用地面积 26650.38m²，分两期建设，本项目为一期工程，内容包括办公、管理及餐厅等配套设

图 5.12-1

施，总建筑面积为 62535.29m²，其中地上部分建筑面积为 47246.36m²，高 11 层（限高 45m），附楼地上 3 层，建筑高度约 17.2m。工程外貌见图 5.12-1。

5.12.2 电动遮阳系统简介

根据建筑功能和建筑艺术的要求，该工程的玻璃幕墙外侧采用电动遮阳百叶，面积达

$900m^2$。东立面百叶单幅水平总长9m，高2.9m，南立面百叶单幅水平总长124m，高3.4m，北立面百叶单幅水平总长148m，高3.3m。分102个跨度，紧邻2跨度配备一台电机，电机位于遮阳板隐蔽一侧，套上防雨罩。由于跨度较多，需配备一套自动控制系统，使其能够根据室内外环境的变化，转动到合适的位置，调节室内环境，使其达到最佳效果。

5.12.3　电动遮阳系统设计

1. 荷载和地震作用

深圳高新园基本风压值：$W_0 = 0.75kN/m^2$，地面粗糙度类别为B类。考虑50年一遇最大风压，地震设防为7度，立面遮阳区域最大风压标准值为$2.74kN/m^2$。

2. 叶片加工

根据建筑功能和建筑艺术的要求，外形尺寸采用360mm单面冲孔百叶，电机驱动系统。系统可以根据实际要求调整遮阳角度，调节范围$0°\sim105°$，面板采用1.5mm厚的预辊涂氟碳单层铝板，铝合金板6063，穿孔规格：$60°$交叉，孔径2.5mm，孔距5mm，穿孔率22%见图5.12-2。

叶片外形结构选用优质铝合金挤压型材，表面喷氟碳处理，叶片造型美观，符合人机工程学特点，类似飞机尾翼形状见图5.12-3，叶片支撑轴采用6063铝合金材质双层结构，内有2条加强筋，叶片转轴与龙骨（边框）连接，使用尼龙护套，叶片与加强筋、支撑轴通过自身公差配合成一体。叶片安装规格：竖向轴向间距为352mm和350mm，叶片横向间距为16mm/126mm。

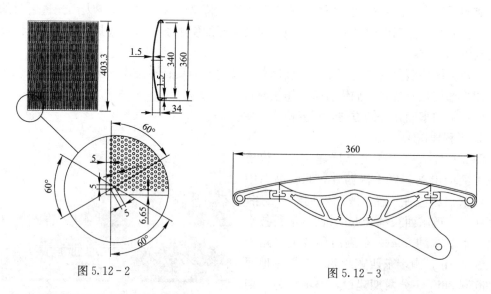

图5.12-2　　　　　　　　　　　　　　　　　图5.12-3

3. 电机选型及其分布

选用杆式驱动器，带减速装置和过载保护装置，保护等级达IP55，电机推杆的速度选择在10mm/s左右，叶片从$0°$打开到$90°$，使用时间为18s。推杆电机连接传动铝片，传动铝片带动所有叶片转动，叶片缓缓打开，整体效果最佳状态，对整体百叶结构运行无冲击力副作用。选择驱动电机的功率为1000N，使用电源为220V，推动力，推动360mm为20片（宽为3600mm/片），此工程叶片都在3600mm以下，最大负载叶片为18片。

电机驱动分布如下：

1～14：42 跨，使用 21 台 1000N 电机，1 台电机驱动两跨百叶；

17～18：3 跨，使用 2 台 1000N 电机，1 台电机驱动两跨百叶，1 台驱动一跨；

A～B：3 跨，使用 2 台 1000N 电机，1 台电机驱动两跨百叶，1 台驱动一跨；

18～15：4 跨，使用 27 台 1000N 电机，1 台电机驱动两跨百叶。

4. 系统结构

遮阳板最大开启角为 90°，在此范围内作正反转，每个跨度叶片的中心转轴两端由 250×80×3 铝合金方通支承，叶片另一端由拉杆连接，每相邻 2 跨度有一台电机驱动，电机的转动驱使液压拉杆做直线推拉运动，从而带动百叶转动见图 5.12 - 4。

5. 控制方式

（1）旋转角度：叶片从水平状态（0°）至垂直状态（90°）范围内旋转，可根据遮阳或采光的需要实现多角度控制。

根据需要遮阳的条件为：①室外气温达到和超过 29℃；②太阳。辐射强度大于 240 千卡/m 小时（1004.6 千焦耳/m 小时）；③阳光射入室内深度超过 0.5m；④阳光射入室内时间超过 1 小时由条件、百叶大小分布并验算，室内要达到遮阳效果，叶片按需要调整一定角度，设计中考虑的旋转角度（0°～90°）可以满足要求。

（2）旋转方式：叶片从 0°到 90°所需要时间为 18mm/s 左右。

（3）控制方式：根据需要旋转范围内可分四段调节 0°、30°、60°、90°。

（4）控制系统：整个遮阳系统实行集中控制（也可加入风光控制）。

（5）控制区域分布：1～14、17～18、A～B：48 跨群动作；18～1：54 跨（第二层位置）群动作；

以上设置一个群动作按钮，所有叶片可群动作翻转。

6. 电机防水处理

电机防护达到 IP55，不能达到安全防水的功能，全部电机需要安装防水罩，防水罩由 1.5mm 厚铝合金加工而成如图 5.12 - 5。

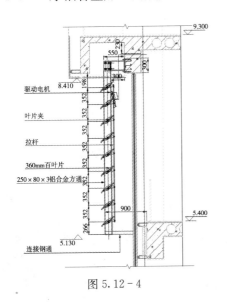

图 5.12 - 4

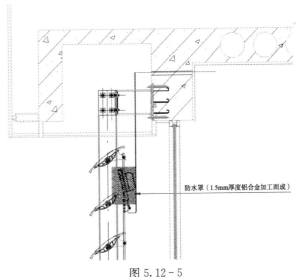

图 5.12 - 5

5.12.4 工程验收标准

1. 叶片外观良好，无凹陷、无扭曲、无大小不一（指叶片宽度和厚度）现象。

2. 牵拉臂安装牢固，无歪斜、无倾倒、无松动。

3. 牵拉杆与牵拉臂端的轴承连接可靠、无松脱、打滑现象。

4. 叶片转动时无噪音、无阻窒现象，转动过程的噪音不大于 35db 左右。

5. 每档旋转角度为 $30°±5°$。

6. 所有叶片在转动过程保持良好的一致性，各叶片角度偏差 $±3°$。

7. 各操作键（包括控制键和遥控器）功能准确，操作过程灵活、可靠，说明功能的文字清晰、美观。

5.12.5 结语

根据建筑设计的要求和该大楼的使用特点，设计该电动百叶遮阳系统，并已交付使用近两年时间，系统运转良好，外观美观，噪音低，遮阳效果显著，降低了室内空调电耗，节约了能源，并最大限度地发挥健康环保要求。

参考文献

[1] 建筑结构荷载规范（2006 年版）.GB 50009－2001.
[2] 玻璃幕墙工程技术规范.JGJ 102－2003.
[3] 公共建筑节能设计标准.GB 50189－2005.

5.13 遮阳是温和地区建筑节能的重要措施
——海埂会堂建筑遮阳设计

李家泉 张 军
云南省设计院

摘 要： 以温和地区气候特征为基础，以人的热舒适性指标为目的，通过海埂会堂建筑遮阳设计，展示了遮阳的社会属性和自然科学属性，分析了建筑遮阳是温和地区尊重、顺应自然，利用、享受自然的重要节能措施，展示了遮阳设计时建筑师应用建筑修养激活遮阳的"建筑化"、"一体化"和"专业化"。

关键词： 温和地区；遮阳设计；隔热节能；空间遮阳；内遮阳

5.13.1 温和地区的气候特征和建筑遮阳的热舒适效应

以昆明为中心的滇中区域是我国主要的温和地区，最热月平均气温 18～25℃。夏季，气候环境与人的热舒适指标较接近。

温和地区属低纬、高原地带，空气稀薄、天高云淡，太阳辐射照度较强。太阳辐射是影响该地区建筑能耗和热环境的主要因素，利用和控制太阳辐射照度是温和地区建筑节能的首要任务。建筑遮阳装置正是调节太阳辐射得热，控制室内温度，有效改善热环境的重要被动式节能措施。

温和地区室内环境的热舒适性，与建筑遮阳热舒适的影响参数直接相关，故太阳能利用与遮阳相结合在温和地区具有特殊的作用和效应。

5.13.2 海埂会堂热环境简况及坡屋面、大挑檐遮阳的应用

海埂会堂定位会议综合楼（地上建筑面积 50406m²）主要功能为满足云南省两会会议要求，同时有日常会议的需要。会议综合楼为一字形建设，会堂主立面朝西向，一、二、三层根据"两会"功能要求设置了 26 间 80 人小型会议厅和 250 人、600 人中型会议厅 2 个（见图 5.13 - 1～图 5.13 - 4）。高原的太阳西晒给 28 个中、小型会议厅的热环境和建筑能耗提出了严峻的挑战。

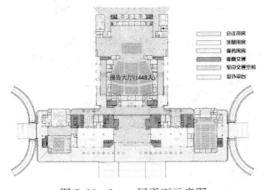

图 5.13 - 1 一层平面示意图

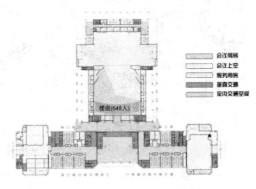

图 5.13 - 2 二层平面示意图

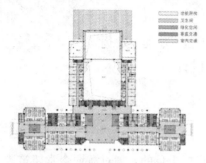

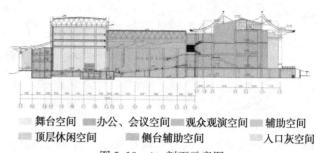

图 5.13-3　三层平面示意图　　　　　　　　　图 5.13-4　剖面示意图

舞台空间　　办公、会议空间　　观众观演空间　　辅助空间

顶层休闲空间　　侧台辅助空间　　入口灰空间

遮阳属建筑的外表构件，建筑的社会属性和自然功能属性，决定了建筑遮阳不仅隔热、节能、遮光、挡雨，同时通过自身的形体语言表达文化、地域和政治的内涵。根据昆明地区夏季太阳高度角的变化规律和范围，融合海埂会堂正对面的西山、滇池的自然环境框架，结合会堂建筑的文化与政治定位，依靠建筑修养将遮阳构件升华，用坡屋顶，大挑檐的遮阳设计完成了遮阳的社会属性和自然功能属性。大挑檐挡遮挡了二、三层会议厅的太阳辐射，结合内遮阳和 Low-E 遮光玻璃应用，也有效地改善了一层会议厅的热环境（见图 5.13-5～图 5.13-8）。

图 5.13-5　西立面大挑檐遮阳　　　　　　　图 5.13-6　西立面大挑檐遮阳

图 5.13-7　二楼西向会议厅　　　　　　　　图 5.13-8　三楼西向会议厅

传统的坡屋顶造型让建筑与自然环境共融，体现了东方神韵和云南地域的文化特色。云南省两会中心——海埂会堂的庄重，大气的特点，凸显出少数民族和谐的气氛（见图 5.13-9）。

图 5.13 - 9 海埂会堂西向正立面

5.13.3 遮阳——将建筑延伸到室外空间

温和地区气候环境与人的热舒适性指标较为接近,整个夏季基本属通风季节。故虽烈日高照,只要在背阳处或有效的遮阳下,人仍感到舒适,(经测试、调查按 ISO7730 标准标定 PMV＝0~0.85,PPD≤20％,即 80％以上的人感到热环境满意。)得天独厚的气候环境,遮阳将温和地区的建筑延伸到室外空间。

海埂会堂综合楼面对西山风景区和滇池湖面,通过建筑遮阳和四楼屋面架构,有效激活了原本"消积"的三楼屋顶平台,设置了屋顶水景茶座,为会议间歇及等候提供优质的休息场所,同时提供绝佳的观景空间。(见图 5.13 - 10~图 5.13 - 13)这一"天人合一"的建筑创作思路,正是由空间遮阳实现,体现了建筑尊重、顺应自然,利用、享受自然的生态理念。成为了该工程景观设计的一大亮点。

图 5.13 - 10 屋顶构架和遮阳板

图 5.13 - 11 屋顶构架及遮阳

图 5.13 - 12 西晒时遮阳效果

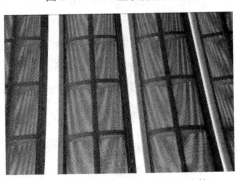

图 5.13 - 13 固定铝质穿孔百叶体

在三楼屋面架构上，合理设置固定铝质穿孔百叶板，根据昆明地区夏、冬两季太阳高度角的变化规律和范围，并结合弧形房架，计算安装合理的百叶角度。（昆明地区大暑日7月23日和大寒日1月20日正午太阳高度角分别为$85°10'$，和$44°44'$）让夏天大部分太阳辐射被百叶板遮挡，而冬天大部分阳光可以进入水景茶座。（见图5.13-14）实现了建筑与气候的巧妙结合，夏天遮阳避暑，冬天透光采暖。

昆明地区夏季主导风向为西南风，海埂会堂西南面是"五百里滇池"，夏天被湖面冷却的空气随风吹入水景茶座，同时通过三、四楼立体化的庭院设计，将沿湖面吹来的冷空气导入三楼空间（如图5.13-15），对室内微气候起到调节作用，让滇池水体成为海埂会堂夏天避暑、降温的"天然冷源"。实现了建筑能耗与利用环境气候资源的统一。

图5.13-14　8月18日
遮阳遮光效果

图5.13-15　三、四楼立体化透空庭院

有阳光的照射使得建筑有了生命和秩序，"建筑的历史就是为光线而斗争的历史"，建筑的生命在于对光线的充分了解、运用和控制而存在。置身水园茶座，太阳高度角和方位角的不停变化，使得光和影在不同时段而有序改变，产生了特有的韵律感和自然情怀。

空间遮阳不仅是一个建筑符号，它还综合考虑了夏冬日照、天然降雨、自然通风等气候因素，并溶入周围的自然景观，创造了生命的空间环境。

5.13.4　内遮阳在温和地区的热舒适效应

建筑内遮阳具有隔热、节能效果是一个客观事实，不能因"监管困难"而否认其节能效果。内遮阳在不同的建筑气候区域，其隔热原理都相同，但产生的热舒适效应在不同的气候区域和气候环境中显然不同。应先明确气候区域和环境条件，才能正确评价内遮阳的热舒适性能。

温和地区室内外温差较小，内遮阳具有一定的隔热效果，可使室内温度有所降低，正是这点"效果"和"降低"，营造了温和地区舒适的室内热环境。它正符合了温和地区"不用能，少用能，就是最大的节能"的建筑节能理念。温和地区内遮阳是建筑节能的重要措施。

在会议综合楼无大挑檐遮阳的部分会议厅和水景茶座的中轴部位，均采用了高反射率的电动卷帘和FTS顶棚帘，取到了隔热，切割光线的综合效果（如图5.13-16～图5.13-19）。

图5.13-16　顶棚窗下的水景茶座光环境

图5.13-17　水景茶座景观

图5.13-18　水景茶座FTS顶棚帘

图5.13-19　会议厅中的电动卷帘

相关研究表明，正确设计的电动卷帘和顶棚帘等内遮阳设施，可将传入室内太阳辐射热量降低30%。

5.13.5　遮阳设计的几点体会

1. 遮阳的属性决定了建筑方案设计是遮阳应用的源头，遮阳施工图设计和建筑能耗计算宜有专业人员配合。建筑与遮阳应同设计、同施工、同验收。

建筑遮阳装置不但要能从传统和地域文化，环境等方面综合思考建筑语言的表达方式，更应该将现代理念、新技术元素融入建筑本身。

2. 遮阳的应用涵盖了多领域的知识范围，并以多学科发展为依托，这就要求建筑师建立跨学科的思维模式，增强环境物理量量化的实施能力，用建筑修养激活遮阳的"建筑化"，"一体化"和"专业化"。当遮阳"技术实现了它真正使命，它就升华为了艺术"。遮阳装置的深入推广和应用，还需建筑师尊重遮阳的两重属性，不断创新，一例一策，寻求遮阳技术与建筑的内在联系，找准遮阳与建筑的结合点。

3. 建筑遮阳属建筑气候学范畴，应凸现建筑的地域性文化。尊重、顺应自然是建筑气候学的原则，而应用现代技术利用和享受自然，必然导向一种建筑的新形态。这种"形态"，具有地域性，又富有生机和时代感。这就是建筑的创新。

4. 内遮阳的热舒适性评价，首先应进行建筑气候区域划分。温和地区内遮阳是建筑节能的重要措施。它正符合温和地区"不用能，少用能就是最大的节能"的建筑节能理念。

参考文献

[1] 李峥嵘等.建筑遮阳与节能 [M].北京：中国建筑工业出版社，2009.
[2] 孟庆林.遮阳——将建筑走向空间 [J].城市住宅遮阳.2010，(12).
[3] 李家泉等.昆明地区建筑日照资源与参数 [J].云南建筑.2010，(5).
[4] 李家泉.为建筑构建科学发展的技术平台 [J].云南建筑.2010，(1).

5.14　生态幕墙与舒适建筑

王　涛

法国 Somfy

在日常生活中，人们可能更关注汽车尾气、污水排放造成的能耗及污染问题。而实际上，在中国总能耗中，建筑能耗已占到近 1/3。据统计，建筑能耗占国际总能耗的 40%，且增长迅速。建筑节能是实现整个社会节能目标的关键（图 5.14-1，图 5.14-2）。

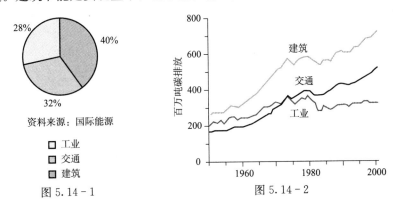

资料来源：国际能源

□ 工业
□ 交通
□ 建筑

图 5.14-1

图 5.14-2

而在强调节能的同时，我们不能忽视以下事实：建造一个建筑物的根本目的是为了营造一个舒适的室内环境以便于人们在其中工作、生活。因此，任何的节能手段都必须在满足人们对舒适性要求的基础上才能得以实现。生态建筑追求尽可能地利用建筑物周围的自然环境资源来营造建筑物内舒适的室内环境，并以达到节能目的。而作为建筑物与外界环境接触的界面，建筑幕墙直接影响到建筑物的能耗。同时，建筑幕墙也是从外界自然环境获得光、热及新鲜空气的主要界面。因此，生态幕墙（Bioclimatic Facade）是实现生态建筑的关键。

生态幕墙同样追求中国传统的天人合一的概念，希望人与周围的自然环境能够和谐共存。生态幕墙堪称建筑物会呼吸的皮肤，它可以根据室内人们的需要，利用外部自然环境的光、热、风营造室内的小环境。这样就可以大大降低为了实现室内舒适环境而传统上使用的空调、人工照明、通风等系统的能耗。生态幕墙的重要功能表现为：日光管理、动态控温及自然通风。

建筑内一般会根据不同的情况需要相对稳定的光照环境。舒适的光照环境可以遵循 1∶3∶10 原则（图 5.14-3，图 5.14-4）。

图 5.14-3　　　　　　　　　图 5.14-4

369

通常人们为了营造舒适的光照环境，会通过各种人工照明灯光的设置来达到这种效果。如果能够利用日光来实现这种光照效果的话，无疑会大大降低照明的能耗。日光会随着季节的变化及地理位置的不同而形成周期变化，同时也受到建筑物周围环境，如高楼、植物等的遮蔽影响。生态幕墙的日光管理功能首先要对建

图 5.14 - 5

筑物周围的环境进行分析，在确定建筑物幕墙上的日光照射规律后，根据室内需要的光照情况，对建筑幕墙上的遮阳设施进行合理的控制程序设计。在建筑物使用过程中，通过光照传感器，对建筑幕墙上的日光照射强度进行实时监控，并根据室内使用者的控制要求，自动调节幕墙上遮阳设施的位置，同时也可自动控制室内的人工照明设备，以达到尽可能的利用日光营造舒适的室内照明环境的目的（图 5.14 - 5~图 5.14 - 7）。

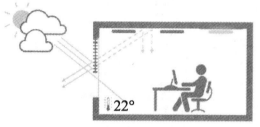
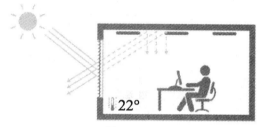

图 5.14 - 6　　　　　　　　　　　　　　图 5.14 - 7

日光在带来光明之外，同时带来了大量的热量，这也是影响室内温度的主要原因之一。现代建筑幕墙在注意保温层的设计后，已经可以达到非常好的隔热效果。但在幕墙上的窗体部分，其保温性能很难达到保温材料的效果。因此在窗体部分选用合适的遮阳设施，如遮阳卷帘等，在遮阳的同时，可以有效地改善窗体部分的保温隔热效果。

生态幕墙的动态控温功能是根据室内外的温度变化情况，在满足室内使用者光照需要的情况下，按照冬季尽可能采用日光取暖，夏季尽可能降低光热辐射的原则（图 5.14 - 8，图 5.14 - 9），自动地控制具有隔热功能的遮阳产品的运行。尽可能的改善窗体部分的保温隔热性能，从而达到节约空调能耗的目的。

图 5.14 - 8　　　　　　　　　　　　　　图 5.14 - 9

除了日光管理及动态控温功能之外，生态幕墙的另一个功能表现为自然通风管理。现代建筑物中，自然通风功能越来越被人们所遗忘，外界空气质量差是原因之一，同时也由

于人们过于依赖机械通风系统。实际上在条件允许的情况下，自然通风不仅可以增加室内的新鲜空气，而且可以降低大量的能耗。特别是当建筑幕墙具有"夜间冷却"功能时，建筑物利用夜间室外凉爽的空气与室内热空气形成自然对流，在改善室内空气质量的同时，可以带走建筑物白天蓄积的大量热量。这样不仅降低了机械通风系统的能耗，同时也可以降低空调系统的能耗。

如前所述，生态幕墙堪称建筑物会呼吸的皮肤。生态幕墙的实现有赖于设计师精心的设计、幕墙系统中各部分材料的正确选择、一套适合于建筑物自身特点及使用者要求的管理程序。这样才能更好地构建一个有机的满足舒适要求的高能效的生态幕墙系统。将生态幕墙系统与建筑内其他节能系统进行合理高效的整合，是实现生态建筑的关键。

目前，生态建筑系统已经在国内开始了有益的尝试，上海世博会展出的沪上生态家就是最新的生态建筑。沪上生态家采用了 Somfy 公司的生态幕墙系统，产生了良好的节能效果。可以预见，生态幕墙将会越来越多的应用在各类建筑当中，为生态建筑的发展做出应有的贡献。

第6章
国外建筑遮阳

6.1 欧洲建筑遮阳产品认证技术简述

刘翼 蒋荃

中国建筑材料检验认证中心，国家建材工业铝塑复合材料及遮阳产品质量监督检验测试中心

摘　要： 欧洲市场是我国遮阳企业出口的主要市场，而进入欧洲市场必须通过欧盟的强制性认证。本文分别就 CE 认证的特点、指令和具体要求几个方面，简述了欧洲建筑遮阳产品的认证技术

关键词： 建筑遮阳；CE 认证；建筑指令；机械指令

根据欧洲中央组织 2005 年的《欧洲 25 国遮阳系统节能及二氧化碳排放研究报告》表明，欧洲有超过一半的建筑采用了遮阳产品，采用建筑遮阳的建筑，总体平均节约空调用能约 25%，节约采暖用能约 10%。欧洲是目前建筑遮阳产品最大的市场。随着我国对建筑遮阳的日益重视，遮阳行业得到了长足的发展。据中国建筑业协会遮阳专委会的统计数据，十一五期间，我国遮阳企业从不足 1000 家增长到 3500 余家；产值从 30 亿元增加到近 80 亿元。但是欧洲遮阳行业的产值，超过 150 亿欧元的产业规模。所以，欧洲市场是遮阳产品出口的主要市场，而进入欧洲市场必须通过欧盟的强制性认证，即 CE 认证，外遮阳产品执行建筑指令，Construction Products Directive（89/106/CEE）；电动遮阳产品还需执行机械指令，Machinery Directive 98/37/EC。

6.1.1　国内外建筑机械产品市场准入制度的区别

1. 国内市场准入管理

现阶段中国建筑产品市场准入除部分纳入 CCC 认证的产品目录管理外，如安全玻璃、陶瓷砖等，其余大部分产品进入中国市场基本上不受任何限制。目前，部分建筑工程产品实行各地建委的备案制度，是国内认证制度没有完善的一种过渡性管理。不同产品有不同的市场准入规则，有些产品甚至没有市场准入规则，这就是过渡阶段的特殊表现。主要原因是中国的标准内容和标准执行规则还不能满足市场准入的要求，建立认证制度的条件尚不具备，但最终会逐步纳入中国产品认证的管理模式。

2. 发达国家市场准入管理

目前发达国家实行认证的市场准入制度在科学性、合理性、实用性、诚信度等方面已被多数国家认可，是国际化大趋势。其中主要的几种市场准入制度有欧盟 CE 认证、美国 UL 认证、日本 PSE 认证、加拿大 CSA 认证和俄罗斯 GOST 认证等。其中 CE 认证是最为完备技术体系之一。

6.1.2　CE 认证简述

"CE" 是法文 "Conformité Européene" 的缩写，其意为 "符合欧洲（标准）"。根据不同指令规定的，输入欧盟市场的大部分产品都必须通过加贴 CE 标志，也即必须通过 CE 认证，才能在欧盟市场上销售。产品上没有 CE 标志将被视为违法行为。因此 CE 标志

（CE Marking）成为了产品进入欧盟市场必需的通行证，是任何一个欧盟成员国强制性地要求产品必须携带的安全标志。

1. CE 标志适用区域

欧洲是世界上最大的贸易市场，约占 1/3 世界贸易额。CE 标志涉及欧洲市场 80％工业和消费品，70％欧盟进口产品。下列 28（15＋10＋3）个欧洲国家（图 6.1-1）强制性地要求产品携带 CE 标志：

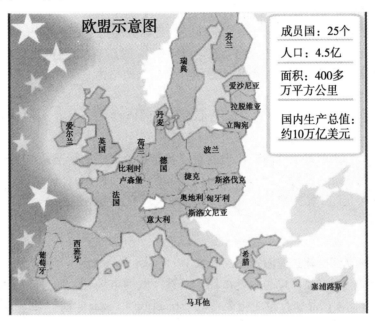

图 6.1-1 强制性地要求产品携带 CE 标志的国家和地区

注：1. 2004 年 5 月 1 日前已有的 15 个欧盟成员国：Austria（奥地利）、Belgium（比利时）、Denmark（丹麦）、Finland（芬兰）、France（法国）、Germany（德国）、Greece（希腊）、Ireland（爱尔兰）、Italy（意大利）、Luxemburg（卢森堡）、Netherlands（荷兰）、Portugal（葡萄牙）、Spain（西班牙）、Sweden（瑞典）、United Kingdom（Great Britain）（英国）。

2. 2004 年 5 月 1 日加入欧盟的 10 个新成员国：Estonia（爱沙尼亚）、Latvia（拉脱维亚）、Lithuania（立陶宛）、Poland（波兰）、Czech Republic（捷克）、Slovakia（斯洛伐克）、Hungary（匈牙利）、Slovenia（斯洛文尼亚）、Malta（马耳他）、Cyprus（塞浦路斯）。

3. 欧洲自由贸易协会 EFTA 的共 4 个成员国中除瑞士以外的其他 3 个成员国：Iceland（冰岛）、Liechtenstein（列支敦士登）、Norway（挪威）。

2. CE 标志的特点及用法

CE 标记是一个特定的标志，可以按一定比例放大和缩小。也可以看成是两个相交的圆，两个字母是等高的，字母"E"中间的一画要比上下两笔略短少许。CE 标记高度不能低于 5mm，如图 6.1-2 所示。

3. CE 标志的实施与监督

CE 标志在欧盟的法律中被定为法律合格标志。一个产品带有 CE 标记也就意味着其制造商宣告：该产品符合欧洲的健康、安全

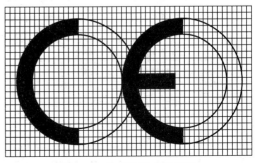

图 6.1-2 CE 标志示意图

与环境保护之相关法律中所规定的基本要求。因而该产品是对：使用者（人），宠物（家畜家禽），财产（物业）及环境（自然环境）都安全的产品。同时意味着该产品可以合法地进入欧盟统一市场自由流通。

欧盟海关依法将没有 CE 标记的产品在进入欧盟海关时扣留，市场监督机关依法将没有 CE 标记的产品从市场上取缔，执法机关依法追究将没有 CE 标记的产品投放市场之个人或公司的法律责任。

CE 标志的市场监督包括几个主要阶段：

（1）政府监督机构必须对市场上产品是否满足新方法指令要求进行监控。

（2）如果有必要，应采取相应的措施，以确保符合性（符合性声明及技术文件是监督机构参考的依据，特别注意：技术文件必须存放于欧盟境内直到产品停产后10年，以供监督机构随时检查）。

（3）经常访问商场，工厂、仓库、产品被使用的地方。

（4）进行随机的现场检查，抽样送交实验室测试。

（5）市场监督部门要求厂商或代理商对不符合指令要求的情况采取纠正进一步措施，限制或禁止产品在市场销售，如必要，招回全部产品（召回制）。但是决定应建立在事实和证据之上，应允许厂家采取补救措施。厂家或代理商认为决定不公，可以根据欧盟司法程序进行起诉。

6.1.3　CE 认证对建筑遮阳产品的要求

欧洲市场是遮阳产品出口的主要市场，而进入欧洲市场必须通过欧盟的强制性认证，即 CE 认证，外遮阳产品执行建筑指令，Construction Products Directive（89/106/CEE）；电动遮阳产品还需执行机械指令，Machinery Directive 98/37/EC。EN 13659 - 2009[1] 和 EN 13561 - 2009[2] 附录中对外遮阳产品的 CE 认证有明确的要求。

1. 建筑指令（89/106/CEE）的要求

列入 CE 强制性认证目录的建筑产品有 40 余种，部分建筑遮阳产品也纳入 CE 强制性认证产品的范畴。自 2006 年 4 月 1 日，欧盟对所有的建筑外遮阳产品实施 CE 强制性认证，要求产品进行抗风性能测试，并要求生产厂家通过自我声明的形式提供产品的抗风性能等级。遮阳产品 CE 的标志通常包括生产厂家名称、注册地址、产品名称、执行标准、产品使用位置和抗风压等级等内容，详见图 6.1 - 3。

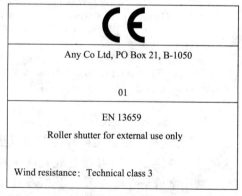

图 6.1 - 3　外遮阳产品 CE 认证证书示意图

2. 机械指令（98/37/EC）的要求

电动遮阳产品还需符合机械指令（98/37/EC）的要求。机械产品安全性是其进入欧洲市场首要必备条件。欧盟法律要求，加贴了 CE 标签的产品投放到欧洲市场后，其技术文件（Technical Files）必须存放于欧盟境内直到产品停产后 10 年，供监督机构随时检查。技术文件中所包含的内容若有变化，技术文件也应及时地更新。技术文件通常应包括下列内容：

（1）制造商（欧盟授权代理 AR）的名称或商标，地址；

（2）产品的型号或系列号；

（3）产品使用说明书；

（4）设计文件（机器总图，爆炸图，关键结构图，重要计算校核资料等）；

（5）产品电/气/液路原理图及控制系统图及线路图；

（6）关键元部件或原材料清单及其证书；

（7）测试报告（Testing Report）；

（8）危险评估报告。

6.1.4 结语

目前我国还没有对建筑外遮阳产品提出强制性认证的要求，只有部分认证机构开展了建筑遮阳产品质量、节能等自愿性认证。外遮阳产品在使用过程中受到风荷载、雪荷载、积水荷载及自然老化等诸多因素影响，尤其是抗风性能涉及使用安全。因此，研究 CE 的认证技术，在我国开展外遮阳产品抗风性能强制性认证是一个必然的发展方向。

参考文献

[1] EN 13659：2009.

[2] EN 13561：2009.

6.2 德国政府对建筑遮阳产品的政策支持与经济资助措施

卢 求

5+1洲联集团-五和国际

摘 要： 文章分析了德国政府对节能技术包括建筑遮阳产品在政策扶持和经济资助方面的具体措施，包括宏观政策导向与原则、经济资助与税收优惠措施、建筑节能技术研发资助思路、实施组织结构等情况，并介绍了欧洲遮阳协会建筑遮阳节能减排报告的主要成果。指出中国气候条件比同纬度欧洲城市恶劣，采用建筑遮阳措施的节能潜力更大，大力发展和普及遮阳技术应是中国建筑节能的下一个重要步骤，同时也是促进经济发展，扩大就业的有效途径。

关键词： 建筑节能；建筑遮阳；遮阳标准；政策；经济资助

建筑能耗占德国总能耗的1/3以上，占总电能消耗的约50%。建筑节能是德国节能的重点领域之一，遮阳的节能效果日益受到重视。建筑节能是通过整合设计，有机组合各种节能技术获得的一个综合效果，因而德国对建筑遮阳的政策支持与资助，大多作为对建筑节能减排政策支持与资助的一部分来实施。

6.2.1 德国对建筑遮阳产品在政策扶持和经济资助方面的具体措施

1. 宏观政策导向与原则

（1）将可持续发展、节能减排确立为基本国策，建筑行业节能减排确立为重要领域之一。

（2）将建筑遮阳纳入建筑行业节能减排的宏观战略之中。

（3）政府和相关部门编制了一系列完整的建筑遮阳的技术规范、条例。

（4）重视建筑遮阳行业创造就业机会的作用。

（5）政策倾斜和资助建筑遮阳行业从业人员技术培训。

（6）由于德国新建建筑规模有限，因而重视既有建筑节能改造工程中遮阳应用。

（7）支持建筑遮阳科研与技术创新。

2. 经济资助与税收优惠措施

2009年3月6日生效的德国政府第二项刺激经济发展计划（Das zweite Konjunkturpaket der Bundesregierung）中确定，在2009～2011年间德国将增加50亿欧元投资（其中联邦政府40亿，地方政府10亿），重点领域包括新能源开发、节能减排方面，其中包括遮阳工程。

另外2009年德国复兴银行（KFW）获得25亿欧元贷款额度，用于支持建筑节能减排。对达到低能耗水平（KfW-Effizienzhaus 70或Passivhauses标准）的住宅的建设和购买提供每套住宅最高50000欧元的10年期、年利率2.47%的低息贷款。而要达到低能耗水平，遮阳及卷帘窗等技术的应用是不可或缺的。如果85%达到低能耗水平（KfW-Effizienzhaus 70或Passivhauses标准），可获得50000欧元的10年期年利率3.85%的低息贷款。

既有建筑节能改造工程中达到低能耗水平（KfW-Effizienzhaus 70 或 Passivhauses 标准），投资改造或购买这类住宅可获得最高 15000 欧元现金补贴，遮阳及卷帘窗等技术的应用是不可或缺的。根据德国卷帘窗与遮阳协会数字（Bundesverband Rollladen＋Sonnenschutz e. V.）结合既有建筑节能改造，安装现代化卷帘窗和保温卷帘窗盒能够最多降低 40％外窗的能耗。

既有建筑节能改造工程中，人工劳务费最多可获得 1200 欧元的免税额指标，安装遮阳和卷帘窗设施的人工劳务费可以享受此优惠政策。

3. 建筑节能技术研发资助思路

德国科技部 2006 年 12 发布的《节能建筑资助方案》（Foerderkonzept Energieoptimiertes Bauen），它继承和延续了德国以往节能建筑技术研发资助的思路和具体方法，成为一直延续到今天的德国政府节能建筑技术研发资助的方针。

该文件确定了德国联邦政府能源研发资助政策的目标是：

（1）开发创新技术，保证向可持续能源应用的平稳过渡（提高能源效率）。

（2）为德国能源供应提供最佳的应变能力和的灵活性（贡献整体经济，规避风险）。

（3）加速了与经济增长和促进就业相关联的现代化进程。

建筑节能研发资助政策围绕这一宏观层面目标展开。政府对节能建筑研发的资助分为两大方面，分为技术研发和示范项目两大方面，由一家专业机构承担操作。见图 6.2－1。

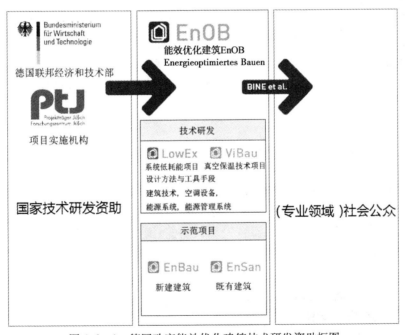

图 6.2－1　德国政府能效优化建筑技术研发资助框图

资料来源：德国联邦经济和技术部 2006.12《能效优化建筑资助方案》Foerderkonzept Energieoptimiertes Bauen。

德国政府节能建筑技术研发资助包含技术研发和示范项目两个方面。具体操作是由德国联邦经济和技术部牵头并提供资金，由一家研究机构（项目实施机构）协调管理。技术研发包含低能耗技术、真空保温技术、设计方法与工具手段、建筑技术、空调设备、能源系统、能源管理系统等方面。示范项目分为新建建筑和既有建筑，鼓励示范项目上采用技术研发新成果，同时应用中长期能源监测研究，确保技术应用的节能效果。

6.2.2　德国政府对建筑节能技术研发的资助（包括遮阳技术）

德国政府目前支持建筑节能技术研发集中在三个领域，建造技术与产品、建筑设备技术、设计和使用管理。当前关注的主题包括：

1. 建造技术与产品：
- 创新的隔热产品，如真空隔热板（ViBau）
- 创新高效保温材料，如纳米微孔发泡材料（Schaeume mit Porenraeumen im Nanometerbereich）
- 表面高效镀膜技术，如构件表面选择性功能镀膜技术
- 具有高效蓄热功能的材料
- 高效率和具有复合功能的玻璃幕墙系统
- 相变材料的组成部分（PCM）
- 特殊性能的纺织品及膜结构

建筑遮阳科研重点发展领域：
- 中空玻璃夹层内的高反射、隔热百叶窗综合遮阳系统
- 具有日光调节性能的卷帘百叶帘技术
- 与建筑自控系统结合一体的遮阳控制系统（如 EIB，LON 等系统）
- 与建筑遮阳结合一体的太阳能光伏发电和太阳能光热系统
- 特殊加工处理的遮阳玻璃　镀膜，电子处理，彩釉
- 智能材料-经过特殊加工处理的具有独特性能的新材料，如纺织品，膜和胶片，塑料，涂料和复合材料系统

2. 建筑设备技术：
- 新型节能供暖，通风，空调系统（LowEx）
- 探索新型区域性供热和供冷系统
- 高效微型分散能源系统 如微型冷热联产设备（Mikro-KWK）
- 创新能力的日光和人工照明系统（智能化遮阳系统）
- 探索新型蓄热系统
- 探索新型空调系统
- 能量转化系统建筑一体化
- 优化窗户、幕墙的开启功能
- 改善通风与热泵技术

3. 设计和使用管理：
- 完善建筑能耗（建筑和设备）模拟软件，作为设计的辅助工具
- 创新性日光、人工光联动控制技术
- 节能建筑的智能化测量，控制和管理技术
- 进一步研发能耗检测，信号传感技术等技术工具
- 开发为调试和运行优化——简约和复杂的——节能建筑的工具（能源管理系统）

4. 创新节能示范项目的选择标准：
- 采用整合设计程序
- 尽可能地采用新技术，特别应用是德国政府正在资助研发
- 达到低能耗水平要求
- 较高的建筑设计和城市规划质量
- 生态和经济的可持续性
- 具有复制和实现价值潜力

5. 示范项目分为三个阶段实施：

第一阶段：规划设计和建设，验收调试，操作优化；

第二阶段：两年时间，系统科学监测和记录文件等，以及将监测数据用于建筑优化操作管理；

第三阶段：长期监测，少量深入评估研究，但重点是继续优化建筑节能操作管理。

6. 示范项目经济支持范围：

满足一定前提条件的示范项目可申请资金资助，资助主要有以下工作的费用：
- 示范项目为多专业整体化设计所付出的额外工作
- 外部科学和技术咨询费用
- 示范项目使用新技术的投资
- 研究相关的测量技术的费用
- 特殊情况建筑调试费用
- 示范项目管理费用

7. 示范项目分布

德国能效优化建筑研发项目分别为：
- 新建建筑能效优化项目
- 既有建筑能效优化项目
- 建筑运行管理优化项目
- 真空保温技术项目
- 系统低耗能项目（Niederige-Exergie-Technologien）

其在德国的分布情况见图 6.2-2。

图 6.2-2 德国能效优化建筑研发项目分布情况

6.2.3　欧洲遮阳协会建筑遮阳节能减排报告

欧洲遮阳协会（ES-SO）作为欧盟建筑遮阳产业最高行业协会，2006 年组织权威机构研究了从北欧到南欧不同气候地区 25 个国家的建筑遮阳应用的效果，这些国家是：

1. 东部：奥地利、捷克共和国、匈牙利、波兰、斯洛伐克共和国、斯洛文尼亚；
2. 南部：塞浦路斯、希腊、意大利、马耳他、葡萄牙、西班牙；
3. 西部：比利时、丹麦、法国、德国、爱尔兰、卢森堡、荷兰、英国；
4. 北部：爱沙尼亚、芬兰、拉脱维亚、立陶宛、瑞典。

研究结果表明，建筑遮阳设施冬季能够有效减少热量损失，减少采暖能耗，夏季能够减少太阳辐射，降低空调能耗。

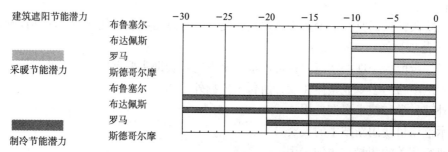

图 6.2-3　欧洲部分城市采用建筑遮阳节能潜力

窗户隔热性能指标与遮阳设施对夏季制冷和冬季采暖节能效果的相关性研究（欧洲部分城市）见图 6.2-4。

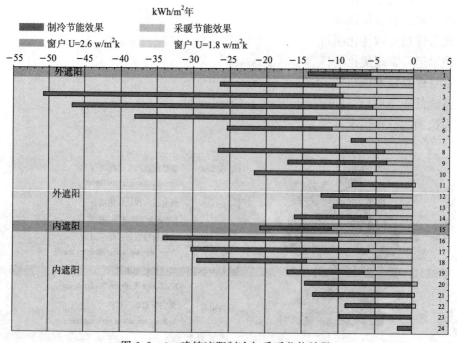

图 6.2-4　建筑遮阳制冷与采暖节能效果

研究报告分别计算出办公建筑居住建筑采用遮阳后的节能潜力，根据上述国家人口分布和人均建筑面积统计数据，遮阳使用率按 0.5 计算，结果显示：欧盟 25 国采用建筑遮阳措施每年冬季采暖节能减排 CO_2 量为 3100 万吨，每年夏季空调节能减排 CO_2 量为 8000 万吨。节能减排效果非常可观！

6.2.4 结语

中国气候条件比同纬度欧洲城市恶劣，采用建筑遮阳措施的节能潜力更大，特别是南方地区。此外，德国及其他欧洲国家的研究及实践经验表明，卷帘窗等遮阳设施，不仅能够节约夏季制冷能耗，同时也能够有效节约冬季采暖能耗。大力发展和普及遮阳技术应是中国建筑节能的下一个重要步骤，是实现节能 65% 目标不可或缺的技术手段，同时也是促进经济发展，扩大就业的有效途径。政府应研究出台相应的政策和经济资助措施，大力推进这一领域的发展。具体步骤可以包括：

1. 编制和完善建筑遮阳技术标准。

2. 出台政策与资助措施。

3. 促进适合中国市场与经济水平的遮阳产品的研发与生产，形成健康市场机制和产能。

4. 促进创新科技产品的研发与技术转化。

5. 促进遮阳产品应用以达到节能环保效果。

6. 促进设计人员培训。

7. 促进施工队伍的培训。

8. 促进示范项目建设与后期监测，数据采集。

9. 促进技术交流。

10. 对建筑遮阳节能减排作用的舆论宣传推广。

6.3 不拘一格的欧洲建筑遮阳

白胜芳

北京中建建筑科学研究院有限公司

摘　要： 本文通过介绍欧洲多种遮阳设施，引进建筑外遮阳观念，结合我国国情，提出了几点思考和建议。

关键词： 欧洲；建筑遮阳；建筑外遮阳设施

建筑遮阳对建筑室内热舒适度的影响明显，见效快，造价低。建筑遮阳作为一种立竿见影的节能手段，在欧洲建筑当中得到充分运用。建筑遮阳的应用，在欧洲已经有几百年的历史，尤其是居住建筑遮阳设施，已经与欧洲建筑美学紧密地结合在一起。凸显出欧洲典型建筑的无穷魅力。

6.3.1 欧洲的住宅建筑遮阳

欧洲居住建筑遮阳多种多样，绝大多数使用的是活动外遮阳，居民已经不习惯住在没有遮阳设施的住宅里。夏季，遮阳设施把炎热的太阳热辐射阻挡在室外，让光线和季风进入室内，少用或者不用空调制冷，室内温度也很舒服。这就是欧洲许多国家尽管人们生活都很富裕，却不在家里安设空调的原因。冬季在夜间，将遮阳帘（板）闭合，可有效阻挡夜间的寒风和冷空气进入室内，有利于保持室内的热舒适度，降低采暖能耗，并且可以防盗；白天把遮阳帘（板）打开，让阳光照射进室内，提高了室内温度和光照度。

位于地中海地区、阳光照射强烈的意大利等国家，更加重视建筑遮阳。住宅建筑全部都有遮阳设施。没有遮阳设施的房子，根本无法出租，更不要说出售了。意大利的住房，其遮阳早已与建筑融为一体，围护结构的透明部分，必定有遮阳设施。窗户与遮阳设施是同时设计、同时制造，在生产线一次性完成。在建筑施工安装窗户的同时，窗户遮阳就已经被同时安装到位。不会有安装好窗户之后再安装遮阳设施的现象。

不论是年代久远的建筑还是现代建筑、新建建筑，建筑遮阳设施在欧洲住宅建筑中应有尽有，不拘一格。这些遮阳设施，不仅为居住者提供了舒适的室内温度，节约了建筑用能，还构成欧洲一道亮丽的城市风景，成为建筑风格的一个有机组成部分。传统式活动外遮阳百叶板，几百年来一直是欧洲民居的传统遮阳设施，通风透光。不用时，打开百叶板，用搭扣扣紧，在有风的天气条件下不会损坏遮阳板。冬季夜晚关闭挡板挡住冷风侵袭，为室内保温增加了一层屏障。还可以起到降低噪音，防盗的作用（图6.3-1）。欧洲的古老建筑，多数有外挑的大屋檐，也为外窗起到遮阳作用（图6.3-2）。金属活动外遮阳百叶帘是欧洲近、现代建筑使用较多

图 6.3-1　传统式外遮阳板

的另一种遮阳设施，有手动和电动两种操作方式。每两条百叶板之间，还留有空隙，便于采光和通风，并具有防盗功能（图 6.3-3）。

图 6.3-2 房屋大挑檐遮阳

图 6.3-3 活动金属外遮阳百叶

可调节金属活动外遮阳百叶板在欧洲居住建筑当中也得到普遍使用。这种百叶板不仅百叶可以进行调节，百叶的外框也可以调节。百叶的调节可以得到不同面积的遮挡作用，而外框的调节，可以调节采光量和通风量的大小（图 6.3-4）。另一种活动外遮阳设施是曲臂织物外遮阳。帘的上半部分与窗户平行展开，下半部分用支架支起，同样可以调节遮阳、通风和采光等不同需求（图 6.3-5）。利用建筑本身的结构构件遮阳也是欧洲居住建筑常用的一种方式。外挑的阳台和装饰线，就起到了遮阳作用，建筑外观整齐，在安全性方式更具有优势（图 6.3-6）。

图 6.3-4 可调节金属活动
外遮阳百叶板

图 6.3-5 曲臂织物外遮阳帘

图 6.3-6 结构构件遮阳

　　欧洲居住建筑几乎100％都采用遮阳设施，而且活动外遮阳设施占绝大多数。从古老的建筑到现代建筑均如此。特别是在阳光照射强烈的意大利，建筑外遮阳设施是房屋使用的基本条件之一。在欧洲许多国家，活动外遮阳设施已经与外窗是一体化产品，在房屋的设计、建造、安装外窗的同时，就一同解决了遮阳问题，无须在建筑建成甚至使用时，才考虑到遮阳问题。由于季风强劲，威尼斯的一些居住建筑采用了中置遮阳的方式，就是将活动卷帘安装在两层独立的玻璃窗中间，可以避免受到强风的侵袭和破坏。

6.3.2　公共建筑遮阳

　　欧洲城市历史悠久，高大宏伟的古典建筑比比皆是。这些建筑向人们诉说着城市的历史，也为我们展现出不同形式的建筑遮阳，有的甚至还为建筑风格起到了画龙点睛的作用。欧洲的古典大型建筑，往往是从建筑构造方面解决遮阳问题。如意大利著名的古罗马竞技场，其围护结构就是几层骑楼叠加的形式，在科学技术和相应产品匮乏的古罗马时期，聪明智慧的古代罗马人利用建筑结构的造型，解决了建筑物遮蔽风雨、遮挡阳光、自然通风问题。为在廊道中活动的人们提供

图 6.3-7　古罗马竞技场夜景

通风、遮阳、避雨的条件（图 6.3-7）。罗马市新区的工商联议会大厦就是参照了古罗马竞技场的风格建造的。建筑师利用建筑结构解决通风、遮阳、避雨、克服眩光进入室内的新式建筑，也是罗马市新区的地标性建筑。建筑的四个立面均参考了类似罗马竞技场的上下左右整体连排的拱形孔洞造型（图 6.3-8），孔洞进深较深，从侧面看类似一排排的骑楼的竖向叠加，其妙处在于：遮挡了阳光直射造成的眩光，白色的建筑外饰面涂层又将光线折射到室内，使室内拥有充足的光亮而没有眩光；拱形连廊有利于遮阳避雨，又有自然风穿廊而过，为室内提供良好的通风条件。如此设计，大大降低了夏季制冷能耗。利用建筑结构造型遮阳也是有效降低夏季空调制冷冬季采暖能耗的可行方式。欧盟议会中心建筑就尽量考虑进了这些综合的节约观念。利用圆形这种较少占用土地面积，达到面积和空间的充分利用的建筑，在玻璃幕墙外采用金属板固定遮阳设施，在建筑外立面分层遮阳。大大减少了太阳辐射，遮挡进入室内的眩光，更重要的是减少了夏季制冷能源使用。同时丰富了圆形建筑外观的造型（图 6.3-9）。

图 6.3-8　罗马新区工商联议会大厦

图 6.3-9　欧盟议会中心

当代欧洲建筑的遮阳形式多种多样，融入了现代化科技内容：建筑表皮遮阳与可呼吸式玻璃幕墙的完美结合，是一种新的建筑外遮阳理念。有的建筑采用固定式毛玻璃作为表皮兼做外遮阳挡板，可以有效地避免眩光进入室内。玻璃之间留出的缝隙可以满足建筑室内通风的需要。在表达建筑美学的同时，考虑了遮阳、通风、挡雨的问题（图6.3-10）；智能控制外遮阳翻板也是一些大型公共建筑的首选，由于是智能控制，可根据天气和气候状况给建筑提供采光、通风、遮阳的最佳途径，有效节约能源并减少了人工控制

图6.3-10 建筑表皮遮阳

的不到位现象（图6.3-11）；在建筑的透明部位安设太阳光伏板，用太阳能发电的同时又起到为建筑遮阳和采光的作用（图6.3-12）。

图6.3-11 智能控制外遮阳翻板

图6.3-12 光伏发电板与遮阳一体化

采用建筑出挑的屋檐，利用结构也可以起到遮阳作用；在玻璃幕墙上做文章，使用Low-E玻璃、充惰性气体的中空玻璃；在外窗的内外层玻璃当中安设遮阳百叶的中置遮阳等形式，都是对建筑透明部分遮阳的好方法，能够取得室内冬暖夏凉的良好效果。

6.3.3 感悟和思考

活动外遮阳是降低建筑能耗、获得室内热舒适环境的良好途径。由于遮阳设施是可移动的，在我们需要阳光时，将其移开，让温暖的阳光进入室内，增加室内温度。尤其是在冬季的夜晚，活动外遮阳主动地将寒风和冷空气挡在室外，有利于在保持室内热舒适度的同时，降低采暖能耗。在夏季，当我们不需要强烈的太阳辐射进入室内时，使用活动外遮阳帘板，阻挡炙热的太阳辐射进入室内，降低了空调制冷的能耗，室内同样可以保持凉爽。建筑活动外遮阳的灵活应用，为人们提供了理想的室内热舒适空间，又可以为节能减排作出巨大的贡献。

欧洲之所以有适宜的气候，清新的空气，美好的环境，拥有可持续发展的良好空间，是他们在经过大工业发展阶段的严重污染后，又历经近几百年的长期努力，在各方面致力

于节能减排和环境保护的结果，值得我们学习借鉴。

毋庸置疑，建筑活动外遮阳是建筑节能十分有效的措施。欧洲的建筑遮阳经验也值得我们学习，但一定要结合中国的特点，研制和开发适合我国国情的遮阳产品，才能够走出我国建筑遮阳发展之路。因此，根据我国国情提出几项建议：

1. 建筑外遮阳应注意防风和酸雨问题

与欧洲国家相比较，欧洲的低矮建筑较多，而我国居住建筑多为高层和超高层建筑，采用外遮阳就需要充分考虑到抗风和克服酸雨侵蚀的问题。我国南方夏热冬暖地区和温和地区，建筑遮阳是节能建筑不可或缺的节能手段，但是每年都有台风和热带风暴侵袭的干扰，适当地采用建筑内遮阳的同时，研制开发外窗与遮阳一体化产品应该是首选。但前提是外窗的质量要有保障。同时，遮阳材料也要具有相当的防酸雨要求。解决好这两点，是今后我国大力推动建筑活动外遮阳的突破口。任务相当繁重。

2. 北方建筑外遮阳设施应有保温性能

我国幅员广阔，在我国严寒和寒冷地区，采用建筑活动外遮阳也十分必要。有专家做过试验，在严寒地区夏季三伏天，从上午 10 点多到下午 3 点之间气温也较高，室内当然可以使用空调降温，但同时增加了能源负担。如果采用外遮阳设施，室内热舒适度可以达到明显改善，就可以不使用空调。使用外遮阳设施，得到了室内热舒适环境的同时又节约了能源，降低了二氧化碳排放。

由于北方冬季需要保温，外遮阳设施应该具有保温性能，如在遮阳金属百叶中间层填充泡沫聚氨酯，增加其厚度。在冬季夜晚使用，可以起到保温作用。

3. 建筑外遮阳的通风和采光问题

建筑外遮阳设施要有透光和通风的条件。无论是我国北方还是南方，在使用遮阳设施的同时，室内均需要有通风和透光，才能够在满足遮阳的同时不必开灯、开风扇，使人们在相对自然的环境中获得理想的室内热舒适条件。使用者可以根据自己的需要调整通风量和透光度，也是遮阳设施的功能所在。

4. 充分认识建筑外遮阳设施对市容的积极影响

活动外遮阳金属百叶，由于金属的硬度和被撬变形的特质，夜间或用户出远门时使用，还可以起到防盗作用。以往，我国许多临街居住建筑，为了安全起见，居住在 1－4 层的住户几乎家家都安装有防盗网，防盗网的材质、形状、颜色、规格等各种元素完全以自家做主，破坏了建筑立面的整体性和美观，影响市容。如果在统一安排下选择同样的活动外遮阳金属百叶，在节能减排的同时，建筑立面风格整齐划一，对市井市容也起到了积极的作用。

5. 建筑设计师应充分认识建筑外遮阳对节能建筑的作用

我国进行建筑节能已有 20 多年的历史，步履艰难，但是势在必行。20 多年来，我国建筑节能标准设计标准已经形成体系，各个建筑气候区的节能设计标准也在不断修订。对节能建筑热工性能的不断提高，使建筑物每一环节对节能要求的压力也在增加。对于围护结构的热工性能而言，外遮阳不失为一种立竿见影、节能效果显著的措施。但是建筑遮阳设计必须从建筑设计伊始就加入进去，才能够避开质量、美学等问题的产生。由此看来，建筑设计师就是这个问题的关键，只有建筑师接受了外遮阳参与进建筑立面美学这个观点，遮阳设计才会迎刃而解。而只有建筑师充分认识到建筑遮阳对节能建筑的积极贡献，才能将遮阳设计进来。融入遮阳设施的建筑，只要对遮阳设施的设计和选型得当，不会影响建筑美学，反而会对建筑美学起到积极的作用。建筑外遮阳可能会推动我国建筑风格走出新的突破之路。

建筑遮阳不是高科技、高难度的设施，在技术上也没有任何神秘可言，只要我们充分认识到它的作用，积极行动起来，相信在不远的将来，建筑遮阳能够为建筑的室内舒适度和节约能源、保护环境方面做出重大贡献。

6.4 德国汉堡联合利华总部大楼的遮阳技术

卢 求

洲联集团-五合国际（5+1 werkhart）

摘 要： 德国汉堡联合利华总部大楼在立面外侧和大面积中庭上方采用了 ETEF 张拉膜，为建筑提供了挡风、避雨和遮阳的有利条件。张拉膜的使用不耗费能源，并为建筑室内提供了理想的光热环境。是节能、环保、可持续发展的公共建筑案例。

关键词： 公共建筑遮阳技术；ETEF 张拉膜；汉堡联合利华总部大楼

6.4.1 项目概况

联合利华的新总部大楼坐落于汉堡港口城的显著位置，游轮的终点码头和施汤德凯（Strand-kai）步行大道交汇处。在建筑密集的市区，公共开放区域本身就是一种珍贵的资源，在汉堡炙手可热的易北河地区尤其如此。联合利华总部大楼在楼内和楼外部开辟了大片的公共区域，这一点是欧洲许多业主和建筑师在新建落成的大型建筑中努力追求的方向，它能够明显提升城市环境质量，改善人们在城市中活动的舒适性，它已成为欧洲绿色可持续建筑的一个重要评价标准。

大楼的外部采用了 ETEF 张拉膜，它充满张力的线条使人联想到航海的船帆，造型新颖独特。这一造型和构造形式的选择同建筑的使用功能与节能设计是密切相连的（图 6.4-1）。

6.4.2 建筑空间布局

大厦的一层可以自由出入，并与上层行政区相连，一层设计了 SPA，咖啡馆、商铺和展览空间等。员工餐厅也设置在这一层，上层楼层设有外置楼梯，在 CEO 讲话或者举行其他会议、晚会时，外置楼梯可以作为通往舞台的通道。

大厦中庭通过玻璃屋顶采光。通过精细的优化模拟计算，有效地控制屋顶阳光的入射强度，同时为办公区提供充足的自然采光。办公区通过人行桥、坡道及楼梯连接。屋顶的玻璃部分全部在北边，南面是封闭的。屋顶钢结构的最大跨度为 37m，它的框架结构是通过圆井解决的。玻璃顶建于钢结构的支架上（图 6.4-2）。

图 6.4-1 大楼的外部采用了 ETEF 张拉膜

图 6.4-2 中庭内景

中庭旁边靠近中心交通核的地方是开场空间，即会客区。它主要作为办公区的入口，并连接中心功能区如：复印区、邮递区及茶水间，同时也是员工短时会面的优选场所。内墙上的轻质木刨花板、金属格子栅板大大降低了混响时间，尽管人事繁多，中庭也非常安静。大楼开创了一种水平和竖直的邻接关系，方便人们的非正式会面。充满活力的气氛有助于员工间畅快的交流，并加强了企业的凝聚力（图 6.4-3）。

大厦的设计极具灵活性，使使用者根据自身需要进行改装非常方便。办公区 35cm 厚的钢筋混凝土楼板是由 2 排 8.10m×8.90m 的柱网支撑，并且两边皆有最大到 3.5m 出挑。建筑仅通过电梯井及楼梯间获得横向支撑，梯井刚性地连接到两层的地下室。因为整个建筑是无缝的，所以加强筋可以达到最小值。不仅是建筑结构方面，在办公设施及建筑技术设备方面也给了使用者足够的空间，使用者可以根据自己的需要进行调节或改造：每位员工都可以根据自己的需要，通过调节规则的散热器，或者调节遮阳板以及可以向外开启的窗户（中庭也是如此），而办公区布置也可以由同模式的办公家具系统自行装配组合完成（图 6.4-4）。

图 6.4-3　中庭内景

图 6.4-4　办公室内景

6.4.3　生态节能方案

联合利华总部大楼遵循着整体可持续性原则。其能源概念集中体现于在适当的地方引用被动式节能技术，以避免采用复杂的工业技术解决方案。为使所有区域都能最大限度获得自然采光，建筑对于每一层的安排都别具匠心。大楼的设施在功能上也有高度的灵活性考虑了未来的需求，每一区域的规划设计部符合最佳室内微气候的要求。

联合利华大厦距离汉堡油轮码头只有一步之遥，停港船只排出的废气是其主要问题。根据环评结果，控制性详规要求建筑设有机械通风系统（考虑到码头有害气体排放），通过新风系统的过滤器可以把二氧化硫从新风中过滤掉。因为业主与建筑师都不想放弃可开启的窗户，因此最终设计了开窗通风和机械通风的混合系统，这样何时开窗，开多长时间都可以由在此工作的员工自主决定。机械通风系统使用了地下管道对外部空气进行预热、预冷，接着处理过的空气通过办公层的双层地板，然后流向中庭并最终通过中庭的顶部开口排出建筑外。排风口处设置了热交换器，热交换器回收的将热量带回热循环中。

大楼设计中非常注重用户的需求，所有区域的设计都充分考虑建筑如何使用。中庭更是重中之重，历经仔细分析才在室内声学方面获得了最舒适的效果并进行了相关优化。由于采用了手动控制散热器，手动调节遮阳帘与防眩光保护，以及也可朝向中庭开启的窗户，每位员工都可以直接改变自己的实时工作环境。

办公区的制冷及采暖都是通过钢筋混凝土楼板辐射系统控制，同时也安装了暖气系统，以满足特殊时段峰值荷载的需求和根据工作区的需要自主调节。对于间歇性使用的区域如：会议室、餐厅等（约占总建筑面积的 7%～8%）安装了冷吊顶系统。大厦冬季采用城市供暖（一次性能源转换系数 0.59），因为基地情况不允许采用地源热泵，因而安装了大功率高效变频压缩制冷机提供夏季冷源（能比 COP=7）。为了不影响楼板辐射采暖制冷效果，大楼办公区域没有设计吊顶，专门为此项目研发的双层地板系统不仅用于满足送风系统、综合布线等的要求，同时也有改善室内声学环境的效果。

6.4.4　外立面膜结构

大楼的外部采用了 ETEF（Ethylen-Tetrafluorethylen）张拉膜结构，这也是一种双层幕墙构造形式，ETEF 膜能够保护优化的电动遮阳设施免受大风和其他天气的影响，同时可以使大厦能够达到自然开窗通风。与双层玻璃幕墙不同，这种立面构造不需要进行水平分区来进行防火处理，因为火灾时 ETEF 膜会熔化，这就满足了相关防火规范的要求。除了满足通风与节能方面的要求，也形成了新颖独特的建筑形象（图 6.4-5）。

ETEF 膜是张拉在建筑外墙上的钢结构杆件之上，为抵抗风力变形，膜结构采用双曲面形式，它的厚度为 0.25～0.30mm，可见光透射率为 95%，并可以透过紫外线，最大承载能力为 50N/mm²，足够抵御汉堡港的强风，使用寿命可达 25～30 年（图 6.4-6）。

图 6.4-5　大楼的外部采用了 ETEF 张拉膜结构　　　图 6.6-6　膜结构后侧的空间效果

6.4.5　遮阳设施

外遮阳设施是德国办公建筑的标准配置，这是达到德国建筑室内舒适度、避免眩光和节能要求的必要手段。多层建筑通常设置室外铝合金活动遮阳百叶帘，高层玻璃幕墙建筑由于高空风速过大，不能简单设置室外铝合金活动遮阳百叶帘，需要设置特殊的室外遮阳或设置在双层幕墙之中。本项目中由于外立面采用了膜结构，形成另一种形式的双层幕墙，有效地保护了遮阳设施不受港口强风的破坏（图 6.4-7）。

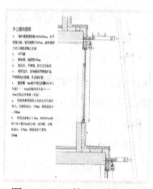

图 6.4-7　外立面剖面

6.4.6　其他生态措施

项目利用原先港口码头废弃用地，生态评估方面也为此获得加分因素。大楼采用无水小便器和中水系统减少了耗水量。大楼尽量采用生态优化建筑材料，尽可能减少对环境的危害，同时考虑了材料以后的拆除和相关的处理费用。由于采取了上述种种措施联合利华总部大楼获得了汉堡港口城生态金奖。大楼运行时的一次性能源消耗低于 $100kWh/(m^2 \cdot y)$。

（注：本文中的图片资料均来源于 Behnisch Architekten。）

6.5 Animeo LON 智能遮阳系统在三星总部大厦中的应用

段 昀

法国尚飞

摘　要： SOMFY（法国尚飞）40 多年来一直为全球各类民用及商用建筑提供智能解决方案。基于 Lonworks 技术的尚飞 Animeo LON 智能遮阳控制系统具有通信协议开放、应用灵活、调试简单、运行稳定、功能强大等特点，在全球有着众多的实际应用案例，并且正逐渐成为世界范围内智能遮阳控制系统发展的风向标。本文介绍了尚飞 Animeo LON 智能遮阳控制系统在韩国三星总部大厦项目当中的应用，着重介绍其先进的遮阳控制理念。

关键词： Animeo LON 智能遮阳系统；三星总部大厦项目；系统功能

6.5.1　三星总部大厦项目简介

SOMFY（尚飞）为位于韩国首尔的三星总部大厦提供了全套的智能遮阳系统——电动卷帘和基于 LON-WORKS 技术的智能遮阳控制系统。此项目是迄今为止亚洲地区业已完成的基于 Lonworks 技术的最大的单体智能遮阳项目——整个大厦共使用 SOMFY（尚飞）ILT 智能电机（带反馈功能）7688 台，所有电机均通过 Animeo LON 智能遮阳控制系统进行集中管理，系统包含近 4000 个 Lonworks 智能节点（见图6.5－1）。

三星总部大厦由三座建筑物组成，极富现代感的设计使它成为韩国首都瑞草商务区的标志性建筑之一。三星集团旗下的三星保险和三星电子等公司已在 2008 年入住新楼，大厦可以为 20000 人提供舒适的办公空间，整座大厦投资约 10 亿美元。

图 6.5－1　韩国三星总部大厦主体建筑

6.5.2　基于 Lonworks 技术的 Animeo LON 系统在三星总部大厦中的应用

1. Lonworks 技术简介

Lonworks（Local Operating Network）技术起于美国，它是一个极为灵活的总线系统，几乎所有的参数都可以由开发者自己定义。它可以通过各种可以想象到的介质传送数据，从双绞线到普通电线，从载波技术到无线技术。传送速率弹性很大，从 2000Bit/s 到 1.25Mbit/s。Lonworks 在建筑电气应用中普遍使用 78kBit/s 的传送速度，相对较高的信息传送速度，使得 Lonworks 技术在处理系统节点反馈信息时具有较大的优势。总线长度从 320 至 500m（网状连接），到最大值 2700m（单线连接），Lonworks 系统一般不需要专用的总线电源。

Lonworks 总线通过变量进行通讯，被传送的数据将被放置于总线结点中，然后再发送至目标地址。数据的传递路径是通过 LON－Talk 协议来规范的。

Lonworks 的系统容量非常地灵活，地址的长短无需事先定义，我们可以根据需要组成相对较为庞大的总线网络。一般对于建筑电气应用最大的解决方案为 32000 个结点，由 127 个结点乘以 255 个子网组成，整个系统通过总线路由器链接而成。

Lonworks 是一种开放的总线技术，所有取得 Lonmark 认证的产品，无论其产自哪一家设备供应商，都可以确保在系统中 100％ 兼容。2008 年年底，Lonworks 技术被批准成为国际标准（ISO/IEC 14908），这必将进一步推动 Lonworks 技术在全球控制领域，尤其是在建筑控制领域中的应用和发展。

2. Animeo LON 智能遮阳控制系统简介

在科技不断发展的今天，人们越来越多的注意到做为自动控制系统的使用者——人，对使用舒适度与控制系统高度自动化的矛盾性需求。近些年来，随着一些新兴自动控制理论的提出，人与自动化控制系统之间的关系正在悄悄地发生着天翻地覆的变化，自动化系统不再仅仅是为了将人从复杂的控制过程中解放出来，同时还需兼顾到自动化系统使用者的舒适感受。Animeo LON 正是专门用于智能遮阳领域的这样一套人性化的自动控制解决方案。

Animeo LON 采用开放性的 Lonworks 技术做为搭建系统的平台，同时允许通过 RS485 总线进行有限的子网拓展。系统在完全开放通信协议的基础上，兼顾了性能与成本。简单来说，Animeo LON 系统具有以下特点：

（1）系统以 LON 平台做为基础平台，系统构建与传统的 Lonworks 系统完全一致，应用层开发完全遵照 Lonmark 标准。

（2）系统可通过 RS485 总线进行子网拓展，有效减少同等规模系统的 LON 节点数。

（3）系统可以通过传统的编程软件，如 Lon 的程序员等进行编程，也可通过尚飞专用的图形化软件进行编程。既照顾到传统的系统集成商的编程习惯，又降低了编程难度。

（4）系统专门针对智能遮阳的特点进行设计，具有许多人性化的功能设计。

基于 Lonworks 的 Somfy Animeo LON 智能遮阳系统概览（见图 6.5-2）。

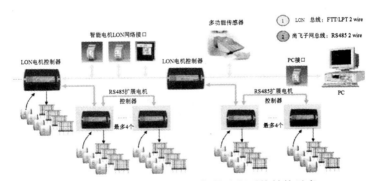

图 6.5-2　Animeo LON 智能遮阳系统结构示意

Animeo LON 系统是一个集中管理、分散控制系统。其开放性、灵活性、可靠性集中体现了现代楼宇管理与智能化控制的最新潮流。它采用模块化系统，易于扩展，因而满足将来的需要并不会以增加今日的投资为代价。Animeo LON 系统具备很强的兼容联网能力，可以与任一家愿意开放其通讯协议的产品或系统实现联网，从而满足同一建筑物内的不同子系统间联动的需求。用户可以很方便地在任何地方，在任意一台操作站上，对所有设备或子系统进行监控，大大提高管理水平及工作效率。

3. 三星总部大厦项目智能遮阳系统功能介绍

（1）高优先级的本地控制

三星总部大厦选择了时下流行的建筑设计元素之一——玻璃幕墙作为建筑物的外立面。出于对建筑节能和用户使用舒适度的考虑，三星总部大厦采用了智能遮阳技术。遮阳系统不仅可以自动、有效的控制建筑物能耗，还可以满足最终用户能够随时中断自动控制信号的需求。例如：当户外阳光照度值超过系统预设的门槛值时，系统会发出自动控制指令，控制卷帘自动向下运行，此时最终用户如果不希望窗帘按照既定规则自动运行，只需要在就近的本地开关上轻轻一按，即可随时终止自动命令。这意味着，在复杂多变的气候条件下，我们不再需要一个持续的本地控制信号来对室内照度进行最佳管理，系统可以通过安装在本地的控制设备随时终止一天之中剩余时间内的所有自动控制信号。

（2）可以进行集成的反馈系统

在韩国，开放性的 LonMark 标准已经作为跨平台集中控制的一条准则被广泛接受。因此，三星总部大厦选择了 SOMFY（尚飞）的 Animeo LON 和带反馈功能的 ILT 智能电机。Animeo LON 控制系统保证了系统的高度灵活性——它可以很容易的与大厦内的灯控系统、空调系统、气象信号采集系统和安防系统等进行集成。此外，很重要的一点是它可以与火灾报警系统进行联动。当火警信号传来时，大厦内所有的窗帘将无条件自动收起以确保建筑物内有害气体的顺利排放。ILT 智能电机内置了反馈单元，配合 Lonworks 系统相对较快的数据传送速率可以非常完美的实现对整个遮阳系统中任意一台电机的实时监控和管理。因此，每一幅卷帘的实时位置以及电机实时状态和故障信息都可以在用户端软件中非常清晰准确的显示出来。

（3）遮阳系统与照明系统联动

Animeo LON 智能遮阳控制系统可以很好的优化和平衡人工照明与自然采光。当户外阳光照度很强，窗帘自动下行以遮蔽阳光的时候，安装于室内的照度传感器会自动检测室内照度是否足够营造舒适的室内办公环境，如果室内照度不足，调光功能启动并根据需要打开适量的光源，最终确保室内始终保持适当的照度并且不浪费额外的能源。

（4）随时随地可进行无线电或红外线遥控升级

Animeo LON 智能遮阳控制系统充分考虑到了很多商业建筑都有在投入使用一段时间后对部分重要区域进行遥控控制升级的需求。系统具备在不进行二次布线不增加硬件模块的基础上通过在电机控制器指定位置插卡的方式实现无线电或红外线遥控升级，真正的即插即用。完全避免了由于重复施工带来的种种不便。

（5）静音电机打造超宁静的办公环境

对于日常工作的办公室和会议室，必须保证室内工作人员注意力的高度集中，确保工作人员不会被由于调光需要电机频繁运行时发出的噪音所打搅。因此，建筑设计者最终选择了 SOMFY（尚飞）ST 系列静音电机。整个大厦共安装了 600 套由 SOMFY（尚飞）ST 静音电机驱动的电动卷帘。由于静音电机经过特殊的电磁设计，电机内部所有传动机构的机械结构也基本采用"软连接"的方式，因此电机运行时发出的噪音即使在最恶劣的条件下，也不会超过 44 分贝。这个级别的噪音基本上是人类听觉的极限，因此电机在运行时发出的噪音基本不会被人察觉。所有静音电机均接入 Animeo LON 智能遮阳控制系统。

（6）可定制的个性化用户端软件

由于大厦内安装了近万幅卷帘，单纯的本地控制难以满足管理者对遮阳系统的管理需要，友好的图形化人机界面成为系统管理的必不可少的工具。三星总部大厦安装了专门为此项目量身定做的用户端软件。通过软件，管理者可以对整座建筑物内的任意一幅窗帘进行实时的状态监控。足不出户，系统管理者就可以对建筑物的遮阳系统进行管理（见图6.5-3，图6.5-4）。

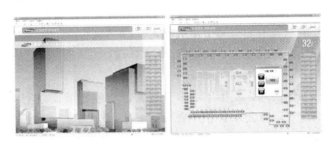

图 6.5-3、图 6.5-4　三星总部大厦智能遮阳控制系统用户端软件界面

6.5.3　结束语

在高速发展的市场中，楼宇科技产品必须始终采用最新的技术以保持竞争力。这尤其适用于经济蓬勃发展的韩国。"事实上，三星集团决定选择 SOMFY（尚飞）产品，这很清楚地表明了我们能够实现来自于楼宇控制、建筑节能和智能遮阳领域的最高级的控制需求。"SOMFY 尚飞韩国的员工 Daniel Lee 如是说。

三星总部大厦部分外观和内部（见图6.5-5）。

图 6.5-5　三星总部大厦部分外观

6.6 德国沃班住宅小区的建筑遮阳和"增能建筑"

白胜芳

北京中建建筑科学研究院有限公司

摘　要： 本文重点介绍了德国沃班生态节能住宅小区的集中建筑遮阳形式，同时强调，在节能建筑中采用遮阳措施，更加有利于建筑节能。

关键词： 住宅小区；外遮阳设施；增能建筑

沃班位于德国佛莱堡南部，距市中心 3 公里。沃班生态节能住宅小区占地面积 40 公顷，拥有 250 套住宅建筑，每公顷容积率在 0.5。有 5000 左右人口在这里生活。1990 年以前，沃班是一个驻军营地。1990 年代以后，此地结束了她的军事使命，从一个军营被策划成为一个充满生机的生态低能耗住宅小区。小区保持了最初的"原生态"状况，绿地、小径、缓坡以及花草树木均被尽量保留下来，营房建筑也有重点地进行保留，并在保留的基础上进行节能改造，使其能耗降到最低。

不断完善的住宅小区建设伊始就以节能降耗为基本原则，小区内所有建筑物全部为节能建筑。根据需要，建筑围护结构采用了 260～400mm 厚不等的高效保温隔热材料、两玻或三玻节能窗。几乎所有的外窗都采用外遮阳设施，这是小区的特色和亮点。小区的能源主要以太阳能发电来满足建筑物在采暖/空调/通风等方面的需求。

在这里，我们重点介绍沃班生态节能小区建筑的外遮阳和采用可再生能源的"增能建筑"。

6.6.1　沃班生态节能住宅小区的外遮阳设施

在节能建筑的基础之上采用建筑外遮阳设施才能够更加体现出节能降耗的意义和价值。

1. 住宅开窗的大小是节能的措施之一

节能建筑的节能手段之一，也体现在窗洞口的大小。由于建筑的围护结构保温隔热性能很好，住宅的南向均为大开窗，以满足冬季室内更多地得到太阳辐射热的需求。而北面的外窗则采用较小的窗户，以阻挡冬季冷风进入室内。为夏季的遮阳隔热，大开窗均采用了活动外遮阳设施，在夏季，活动外遮阳可以阻挡大量的太阳辐射热进入室内。小区建筑采用的一系列节能措施，使建筑的能耗在 15 kWh/m² · 年之内，相当于 1.51 升/m² · 年的油当量。并且，这样的住宅冬暖夏凉，有良好的室内热舒适度。

2. 多种多样的外遮阳设施

根据建筑外形、功能、样式的不同，沃班生态节能住宅小区的外遮阳的方式也有所不同：

（1）由于这个小区以生态节能为主要特色，因此小区内到处可见高大的树木，高大的树木在夏季也成为既遮阳有通风的措施；

（2）在室外公共活动场所处处可见遮阳篷或遮阳伞为室外活动的人们遮阳避暑；

（3）利用建筑本身的结构遮阳：有些建筑的外挑式大屋檐起到了遮阳作用。外挑式大屋檐与太阳能光伏发电板结合，光伏板在发电的同时，又起到遮阳的作用，一举两得；

（4）设有室外连廊的住宅建筑，最高一层住宅的室外连廊上方也安装了太阳能光伏板，这样的设施既为建筑"增能"，还为连廊遮阳；连廊的外立面，也设置有格栅式遮阳通风设施（如图6.6-1，图6.6-2）。有些外窗之外，还设置了固定格栅用以遮阳。甚至在外跨楼梯的栏杆上，也有攀爬藤蔓作为遮阳措施；

图6.6-1　楼层连廊上方的光伏板　　　图6.6-2　楼层连廊外的格栅

（5）活动外遮阳是欧洲采用最普遍的一种遮阳方式。住宅建筑的外窗与活动外遮阳为一体化建筑部品，这就要求外窗具有高质量，外窗与遮阳一体化是这个小区最常采用的遮阳方式之一，同时也是欧洲目前提倡的发展方向。窗户下端或侧面安装有微量通风器或通风孔，使室内空气保持新鲜；

（6）有的外门和外窗外面设置遮阳篷，阳台上方也使用曲臂遮阳篷，这些也是小区内一种遮阳措施，甚至"老虎窗"上也有遮阳设施。斜伸式外用遮阳帘在小区也是常用的遮阳措施之一；

（7）有些建筑采用了活动外遮阳板：在外窗框的上方和下方各安装有一条通长的轨道，两条轨道之间是活动遮阳板，方便户主随时拉动用于遮阳。遮阳板上打有孔洞，起到采光的作用（图6.6-3）；

（8）小区内的窗户均使用节能窗，窗户的双层玻璃中间采用百叶式的中置遮阳（图6.6-4）。还有些住户，即便是设置有活动外遮阳设施，还是在室内再增设一层内遮阳帘，阻挡夏日强烈的阳光进入。

图6.6-3　活动外遮阳板　　　　　图6.6-4　中置遮阳

6.6.2 沃班小区的"增能建筑"

"增能建筑"是节能建筑的一种形式，主要措施是采用太阳能设备。对于沃班小区所有的住宅，在建筑规划时就制定了低能耗住宅的标准：建筑的最高能耗为 65kWh/m²·年。小区的学校和幼儿园等公共建筑节能标准与居住建筑一样，也是如此。小区内的被动式太阳能住宅，使能耗降低在 15 kWh/m²·年之下。太阳能光伏发电设备不仅为住宅和公共建筑提供每天的供暖和生活热水，剩余的能量还可以输送到公共电网。社区绝大多数建筑都安装了太阳能设备，社区的集中供暖和生活热水也是由大型太阳能设备完成。采用太阳能光伏发电的建筑还安装有可调式太阳能光伏能源分配器，使所辖区域内每一幢建筑都能够在需要的时候满足供暖和生活热水供应。

小区内的住宅均为低层建筑，多为小户型，住宅面积在 36 ～168m² 之间。最高为 4 层，以连排式公寓楼居多。低矮的楼层免于使用电梯，也是节约能源的一种方式。各家的空气换气设施与地下室热电联产的废气排气管道联通，由各单元统一的管道组成，内设热回收装置。这样，既节省了各家的管道空间，还由社区统一进行清除和管理，热回收装置是降低建筑能耗的又一措施。

小区内还有 12 栋造型统一的连排式公寓住宅，为区别不同栋号，用 12 种不同颜色将建筑加以区分。建筑全部以太阳能作为能源，建筑屋面采用了朝南向顺坡伸展的坡屋面，全部辅以太阳能光伏发电板，这些光伏发电设备产生的能源完全可以满足住宅的各项用能。太阳能光伏发电能源由主动式能源分配计进行智能管理，并将建筑所需的不同取向（或采暖、或生活热水）的太阳能源进行分配和调整。与普通住宅相比，居住在这里的居民用于能源的花费更少，节省了能源开支。不仅如此，这些"增能建筑"每年还有剩余电量输送到公共电网，年输送量为 9000kWh 左右。向公共电网的输电量，使小区电价更加优惠，再次降低了居民的能源开支。经测试，这些典型的"增能建筑"完全达到了在实验室模拟"增能建筑"的各项节能指标要求。由于采用了太阳能光伏发电设备，使屋面厚度加强，还有降低噪声的作用。

与传统的住宅相比，一套 140m² 的"增能建筑"其年用热量为 1500kWh，年用电量为 2200kWh；而传统住宅年用热量是 11000kWh，年用电量为 38000kWh。

连排公寓式住宅里的居民较集中，为居住者着想，公寓周围分部有几个花园，供大家到室外活动并呼吸新鲜空气。

小区内多数居民住宅的底层，一般均设有公共洗衣室，居民可以集中在这个空间进行家用衣物的洗涤，节省了居住空间和洗涤用能。

6.6.3　结语

强烈的节能意识，是沃班生态节能住宅小区永恒的主题。在这样的主题下面，才有了各种各样、有针对性的技术研究和节能措施，以至不同形式的外遮阳设施。节能建筑，就应该尽可能多地采用节能技术和措施，不能单纯追求节能率的百分比，而是通过综合节能技术使建筑达到低能耗厂高舒适度的要求。节能建筑与外遮阳设施相辅相成的，相得益彰。

关注节能建筑的各个环节，使之成为可持续建筑，为人们提供良好的住宅环境。沃班生态节能住宅小区是一个住宅舒适、环境优美的、适宜人居的小区。她正以新的步伐迎接新的居民的到来。

后　记

　　《建筑遮阳技术》的出版是我国遮阳事业的福音，也是对于多年来我国当代建筑遮阳技术发展的一次较全面的介绍。

　　此书的组稿和编辑工作离不开"中国遮阳网（www.chinasunshade.com）"所做的大量工作。2006 年，"中国遮阳网"还是一家民营机构。从 2007 年开始，"中国遮阳网"与中国建筑业协会建筑节能专业委员会（后提升为建筑节能分会）合作，成为其下属遮阳专业委员会的专业网站。2010 年遮阳专业委员会进行换届改选，主任由宁波万汇休闲用品有限公司总经理马准安先生担任。之前，因为"国家需要你"这句话，马准安先生为召开"中国遮阳国际论坛"积极准备，2010 年 6 月论坛成功举办，有 150 余家国内遮阳企业，280 余位代表参会；除国内著名专家参会外，还邀请到来自美国、加拿大、德国、日本、瑞士等国遮阳方面的专家参加会议，并无偿支付了几十万元的会议相关费用，却不留姓名。为支持"中国遮阳网"的发展，专门注册了上海天为广告传媒有限公司，为网站运营投入了大量资金和人员，默默无闻地为国家遮阳事业做出贡献。在这里我们向马准安先生多年来为遮阳技术发展做出的无私奉献表示由衷的感谢。

　　建筑遮阳技术，是建筑节能专业委员会多年来为我国建筑节能事业攻克的又一个"堡垒"。自 1994 年建筑节能专业委员会成立开始，就为我国建筑节能技术在多个技术领域进行了深入探索和推进：从制订建设主管部门的"九五、十五、十一五建筑节能规划"，到制订国家和行业建筑节能设计标准、外墙保温技术、墙体新型保温隔热材料、既有建筑节能改造、节能门窗、集中供热节能、供热计量收费可行性研究、暖通空调、供热/空调设备运行节能、清洁能源和新能源利用、遮阳和建筑遮阳技术以及行业的建筑遮阳系列标准，并举办了多次国际间建筑节能技术研讨会，推动我国建筑节能事业的发展。随着我国建筑节能事业的不断深入，建筑节能专业委员会为推进和探索我国建筑节能之路，做出了艰辛和应有的卓越贡献。

　　在这里，我们也要感谢"中国遮阳网"的各位轮值主编。在这些人当中，绝大多数专家也正是建筑节能专业委员会专家组成员。在多年来，他们为推进我国建筑节能事业不断进行着深入探讨、研究和工程实践。《建筑遮阳技术》的出版，同样离不开他们的支持。他们是（按姓氏拼音排序）：冯雅、付祥钊、蒋荃、李家泉、李峥嵘、刘俊跃、卢求、孟庆林、彭红圃、任俊、王立雄、许锦峰、杨仕超、曾晓武、赵士怀和赵文海。在这里，我们也对他们表示由衷的感谢。

　　与任何技术一样，建筑遮阳技术也要有自己的根。当建筑遮阳植根于我国各个不同建筑气候区，以自己的优势和特色为节能建筑增光添彩，为节能减排、环境保护默默奉献时，正是我国建筑节能事业欣欣向荣、所向披靡的一个新时期的到来！

　　最后，我们还要感谢中国建筑工业出版社对本书出版的大力支持。我国 20 多年的建筑节能事业，需要文字记载、需要文献支持。中国建筑工业出版社把出版建筑节能图书、推动行业进步作为自己的使命，发现和支持，不懈地努力和坚守，多年真诚与作者合作、竭诚为读者服务，这是非常难能可贵的。

2013 年 4 月 26 日，于北京